モータ駆動システムのための

磁性材料活用技術

工学博士　藤﨑　敬介　編著

コロナ社

編著者・執筆者一覧

■ 編著者

藤　崎　敬　介（豊田工業大学）

■ 執筆者

氏名	所属	担当
藤　崎　敬　介	（豊田工業大学）	1～7章，9章，12章
Nicolas　Denis	（株式会社チャレナジー）	8章
八　尾　　惇	（富山県立大学）	8章
川　添　良　幸	（東北大学未来科学技術共同研究センター，東北大学名誉教授）	10章
赤　城　文　子	（工学院大学）	11章
松　尾　哲　司	（京都大学）	13章
池　田　文　昭	（株式会社フォトン）	14章
進　藤　裕　司	（川崎重工業株式会社）	15章
小田原　峻　也	（元 北見工業大学）	16章
榎　園　正　人	（ベクトル磁気特性技術研究所，大分大学名誉教授）	17章
杉　本　　諭	（東北大学）	18章
中　島　　晋	（日立金属株式会社）	19章
西　内　武　司	（日立金属株式会社）	20章
大　森　賢　次	（日本ボンド磁性材料協会）	21章
広　沢　　哲	（物質・材料研究機構）	22章
曽根原　　誠	（信州大学）	23章
山　崎　克　巳	（千葉工業大学）	24章
清　水　敏　久	（首都大学東京）	25章
青　木　哲　也	（株式会社デンソー）	26章
脇　若　弘　之	（信州大学名誉教授）	27章

（2018年8月現在，執筆順）

カバーの写真は，ナノ結晶磁性材料で試作したモータのステータコア（白い部分は保護用のテープ，この試作品は，国立研究開発法人新エネルギー・産業技術総合開発機構（NEDO）の助成事業の結果得られたものです）

は じ め に

内燃機関と電気モータとをハイブリッドさせる電気自動車の商用化・販売は，自動車だけではなく，船・飛行機といった移動手段全般の適用となり，移動体を電気モータにて駆動させる方向付けを行ったものといえる。これは，内燃機関の駆動から電気モータの駆動という移動手段の革命とも考えられる。バッテリーといった電気エネルギーの蓄積技術の問題は本質的に残るとしても，高効率・高応答な電気モータへのこの流れは，パワーエレクトロニクス技術によるものともいえ，今後ますます普及拡大していくものといえる。

電気モータ自体は100年以上前から使用され，これまで第二次産業革命の一つの主役となっていた。しかし，今回移動革命を引き起こすモータ駆動システムは，その固有の技術から出てきており，それによる新たな技術的な要請が出てきている。一つは当時なかったパワーエレクトロニクスによる可変速駆動技術であり，それによりモータの動作点・動作環境の変動という新たな要請が出てきた。もう一つは，モータの設置場所が従来の地上置きから移動手段に搭載される機上置きとなることであり，これによりモータ駆動システムのさらなる小型・高効率化の要請が出てきた。

こうした中，モータの高効率化は，省エネルギー技術の社会的要請と相まってこれまで幅広く研究開発がなされてきた。現時点でもかなりの小型・高効率化は実現されてきたものといえる。しかし，移動革命によりさらなる応用展開の拡大はモータ駆動システムにこれまで以上の小型・高効率化を要求しているものといえる。こうした中，これまで技術的難解さにより磁性材料に起因する鉄損のほうはあまり研究が見られなかったが，こうした要請のもと，モータ駆動システムにおける磁気特性の研究は，これから本格的に行うべき技術課題となってきた。

そこで本書は，モータ駆動システムの高効率化を磁性材料の観点で述べるものである。そこにはモータ，パワーエレクトロニクス，磁性材料といった異なる技術分野が重要な要素技術として存在する。それぞれの要素技術の高効率化はそれぞれの研究開発で深く進行しているが，ここで見落としがちなのは，モータ駆動システムを全体像として見た場合に，その高効率化がどこまで得られるかということである。それらは電磁界現象として，電気回路を介して相互に関連しているものといえ，それらの融合化が強く求められる。

技術の融合化には，それぞれの技術の本質をよく理解することが重要で，その上での相互作用の影響を論じることができる。そこで本書は，モータ駆動システムに関するモータ，パワーエレクトロニクス，磁性材料といった異なる分野の技術者・研究者にとって，磁性材料に関するモータ駆動システムの技術の融合を幅広く理解することを目標に執筆を試みたものである。

モータ駆動システムは，いまや家庭，自動車，オフィス，製造現場といったところで大小さまざまなモータが応用されており，モータ駆動システム技術の研究開発だけではなく，その製造，設置，運用，保守および管理，経営に至る幅広い立場の方々が関与している。技術的進歩の激しいモータ駆動システムの各応用先において，立場の異なる方々が正しく判断し遂行していくためには，相互の技術的議論が不可欠である。

そこで本書では，モータ駆動システムに関する必要最低限の内容を記載することにした。このため，概念を先行としたところがあり，かなり「ざっくり」とした議論となっている。詳細は各専門書に譲るとしても，各専門家から見れば議論の粗さが目につくかといえるが，上記の主旨ということでご容赦いただきたい。各読者の琴線に触れることができれば幸いである。

最後に，本書の執筆を快諾していただいた執筆者各位，および出版に運んでいただいたコロナ社に改めて謝意を表し，はじめの言葉とする。

2018年7月

藤﨑　敬介

目　　　次

1. モータ駆動システムと磁性材料：本書の構成

Part I　総論（パワーエレクトロニクスによる磁性材料への改革要求の背景）

2. モータ駆動システムにおける磁性材料への技術要請

3. 磁　性　材　料

4. 電気モータ

5. パワーエレクトロニクス

6. 電磁界融合学

Part II　活用技術（パワーエレクトロニクス励磁と磁性材料の活用）

7．PWM インバータ励磁による磁気特性と計測技術

8．インバータ励磁時のモータコアの鉄損特性

9．材料特性を活かしたモータ

Part III　磁化現象とそのモデル化

10.　磁化の発現と高飽和磁化の可能性

11.　磁区構造とマイクロマグネティクス計算

12. 多結晶磁界解析

13. プレイモデルによる磁気ヒステリシスモデル

14. 熱力学モデルによる磁気ヒステリシスモデル

15. 等価回路による高周波電磁気特性の表現

16. 半導体特性と磁気特性との連成解析

17. 二次元ベクトル磁気特性

Part IV 将来の磁性材料

18. 磁性材料のこれまでと今後

19. 低損失な軟磁性材料

20. Nd-Fe-B 系焼結磁石

21. 希土類ボンド永久磁石

22. 永久磁石のレアアース問題

23. 高 周 波 磁 気

Part V 磁 気 応 用

24. モータの鉄損計算

25. インダクタのコアロス

26. 自動車での磁気応用

27. リニアモータでの磁気応用

1 モータ駆動システムと磁性材料：本書の構成

1.1 モータとパワーエレクトロニクスと磁性材料[1)〜10)†]

電気モータは，交流や直流の電気エネルギーをトルクと回転数の機械エネルギーに変化する機器として，100年以上前から社会に幅広く利用されている。蒸気機関に続く第二次産業革命の一つの主役であった。

50 Hz や 60 Hz といった商用周波数での交流の電力系統網が普及していくと，一定周波数，一定電圧をベースにした電気モータが，ファン，ブロワといった上下水道や送風機の動力源として使用されてきた。そこでは，位置制御，速度制御，トルク制御といった正確で詳細な制御技術は使用されておらず，電気モータは地上置きであるためにモータの小型・高効率化は必ずしも第一義的な課題ではなかった。その中で，磁性材料は高調波を含まない商用周波数での使用であったため，JIS や IEC で定められている磁性材料の評価方法は，時間高調波を含まない正弦波励磁で十分であった。

これに対して，スイッチング動作による可変周波数・可変電圧が可能なパワーエレクトロニクス技術は，電気モータ，特に交流モータの可変速駆動を可能にした。電気モータによる高効率かつ高応答な可変速駆動は，電気モータの移動手段への応用を可能とし，いまや自動車だけではなく船，機関車，飛行機といった移動手段すべてにおいて電気モータの駆動・推進が検討され実用化さ

† 肩付き数字は，章末の引用・参考文献番号を表す。

れている。

モータ駆動システムが移動手段全般に搭載されるようになると，限られたエネルギー源にて駆動させることになるので，その駆動システムへの第一の要求仕様は，これまで以上の高効率化・低損失化および小型軽量化である。これは，これまで数多くの研究がなされているパワーエレクトロニクス分野だけではなくモータ本体に対しても要求される。

モータの損失は大きく分けて，**図1.1**のように機械損，銅損，鉄損に分けられる。機械損は，ロータが回転することによって生じる風損およびロータを機械的に支持するベアリングでの摩擦損である。銅損は，銅コイルに励磁電流および渦電流が流れることによって生じるジュール損である。鉄損は，ステータやロータなどの鉄心（磁性材料）に交流磁界が発生し，磁気ヒステリシスのB-H曲線（B：磁束密度，H：磁界）によって生じる損失である。このほかとして漂遊負荷損を追記する事例もある。スロット高調波やインバータなどによる時間高調波によって導電体に生じる渦電流のジュール損失であるが，銅コイルで生じる場合には銅損，鉄心で生じる場合には鉄損と分けて考えれば上記3種類の中に入るので，ここでは割愛する。

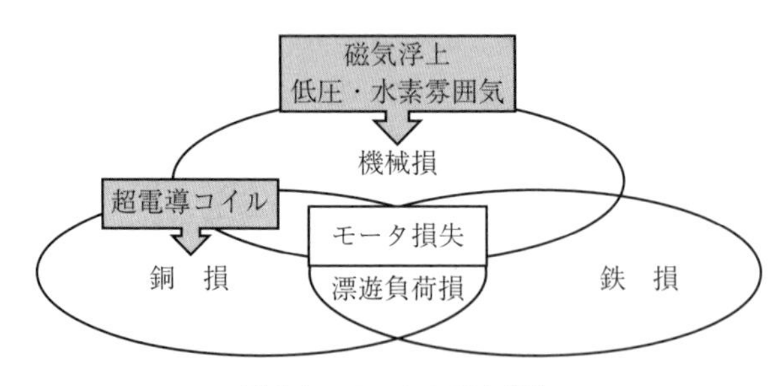

図1.1　モータの三大損失

こうしたモータ損失のうち，機械損は低圧または水素雰囲気にすることで風損を，また電磁吸引制御式磁気浮上技術を応用した磁気ベアリングによる非接触支持を用いることで摩擦損を，限りなく0にすることができる。また銅損は，超電導コイルを用いれば0にすることが原理的に可能である。しかし鉄損の低減策については，原理的に 0 というところまで至っていないのが現状といえる。さらに鉄損を発生させる磁性材料は，飽和磁化による非線形特性や磁区構造を持ち，磁気異方性，応力感受性，磁気ヒステリシス性といった複雑な特性を持つ。つまり，モータ損失の 3 大要素のうち，低減が原理的に難しく理解が難解なのは鉄損といえ，その特性がモータ研究において残された課題といえる。そこで，本書ではモータ損失のうち，十分には解明されていない磁性材料に着目して述べることにする。

磁性材料は，**図 1.2** に示すように外部磁界 H_{ext} により磁化され（M の発生）

$$B=\mu_0 H_{ext}+M \tag{1.1}$$

による大きな磁束密度 B を得ることができる。大きな磁束密度は，後述するようにモータ，変圧器およびリアクトルの小型高出力を実現する。外部磁界は電気回路内に流れる電流とアンペールの法則により生じる。回路内の電流は印加される電圧と回路のインピーダンスと誘導起電圧との回路方程式により生じる。そして，モータの可変速駆動に使用される電気回路がパワーエレクトロニクスである。

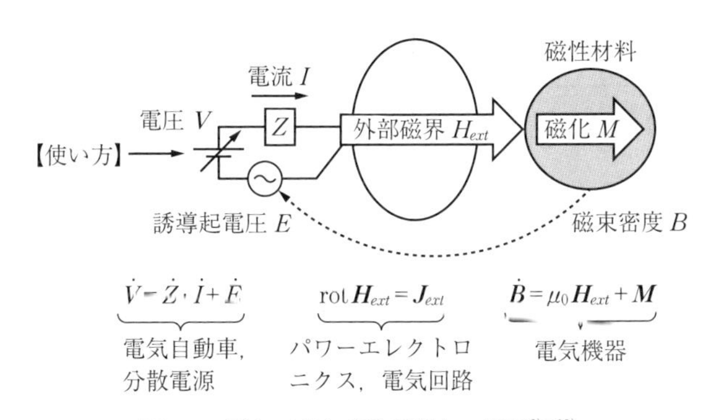

図 1.2　電気工学と磁性材料との関係[2)〜10)]

インバータなどパワーエレクトロニクス器は，その回路内にある電力用半導体のスイッチングにより動作しているので，本質的に時間高調波成分が生じることになる。このためモータに使用される磁性材料は，高調波成分を含むパワーエレクトロニクス器による励磁，略してパワーエレクトロニクス励磁となる。

パワーエレクトロニクスのスイッチング動作は，後述のようにスイッチングのタイミングを変えるだけで，同時に高効率かつ高応答に電圧および周波数を可変することができる。このためパワーエレクトロニクスの応用としては，**図1.3**のようにモータ駆動だけではなく電力系統への応用にも展開され，パワーエレクトロニクス技術の進展を進めている。動作周波数の高周波化は，一般に機器の小型軽量化になるので，磁性材料にも高周波動作が要求される。特に高周波大容量となると，抜熱方法が大規模化するので，低損失高磁化への要求はきわめて高い。さらに，電力用半導体のスイッチング動作は時間高調波成分を生じさせ，それにて励磁される磁性材料は損失増大を招く。

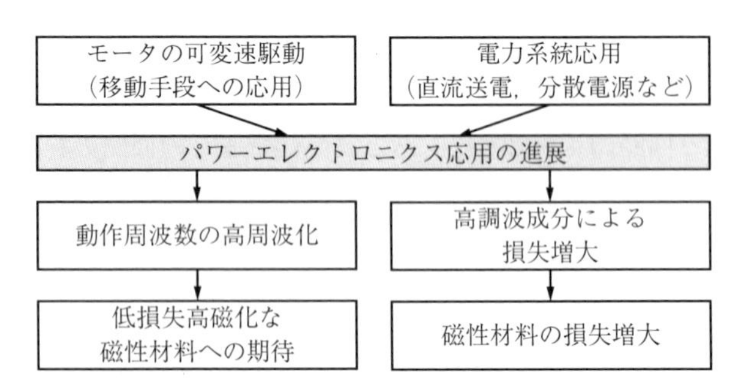

図1.3　パワーエレクトロニクス進展による新技術の必要性

つまり，モータ駆動システムでは，モータは磁性材料を用いることで大きな磁束密度を得，小型軽量化を実現できるが，スイッチング動作によるパワーエレクトロニクス励磁となり，その高周波動作および高調波成分の発生により

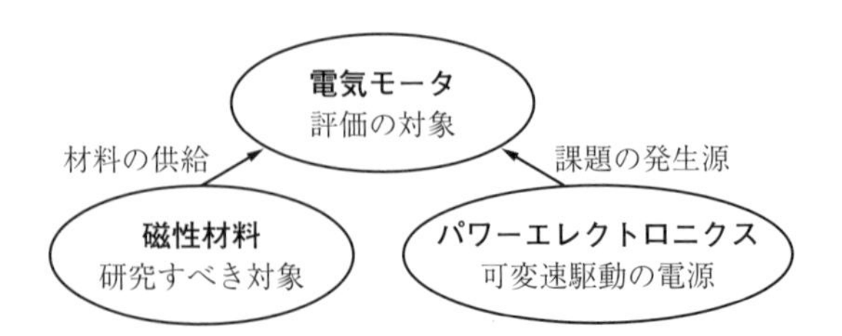

図1.4　パワーエレクトロニクス励磁におけるモータ駆動システムの磁性材料活用技術

モータ駆動システム全体の損失の増大という新たな課題が生じることになる。そこでは，**図1.4**のようにパワーエレクトロニクス技術が損失増加の課題の発生源であり，その評価はモータで行われるべきであり，その損失の発生元・研究対象・解決方法が磁性材料となる。

1.2 本 書 の 構 成

そこで本書では，モータ駆動システムの小型・高効率化を磁性材料の視点で捉え，その基礎から応用まで述べる。五つのPartに分け，その詳細を記す。

まず，Part Iでは総論として，パワーエレクトロニクスによる磁性材料への改革要求の背景について述べる。併せてモータ駆動システムを構成するモータ，パワーエレクトロニクス，磁性材料の三つの要素技術について，必要最低限の基礎技術について概括する。特に，モータ，パワーエレクトロニクスと磁気との間には，電気工学と磁気工学という大きな技術の障壁が想定されるので，それぞれの分野にとって大事な概念に特化して記す。最後に機器，応用，材料の電磁界の融合学について述べる。

つぎに，Part IIでは磁性材料の活用技術として，パワーエレクトロニクス励磁特性と磁性材料のモータ活用について述べる。パワーエレクトロニクス励磁特性としては，まず磁性材料の損失増加現象およびそこでの磁気現象について述べ，その後モータでのコア損特性について述べる。つぎに磁性材料の活用技術として市販されている低鉄損材料のモータ適用について述べ，モータにおける鉄損低減策について述べる。

Part IIIでは，モータ駆動システムの関係者に磁性材料をより深く理解してもらえるように，磁性材料の基礎および磁気特性のモデル化について述べる。まず電子スピンによる磁化の発現，磁区構造および多結晶磁性体といった磁性体マルチスケールの視点で広い意味での磁化現象をより深く捉える。その後，磁気ヒステリシス現象のモデル化，高周波磁気特性のモデル化，パワーエレクトロニクス回路における半導体特性と磁気特性との連成解析のモデル化について言及する。最後に磁気特性のベクトル性について述べる。

さらにPart IVでは，将来の磁性材料について述べる。まず磁性材料のこれまでと今後について概括し，低損失な軟磁性材料について述べる。モータの小型高効率化に大きく貢献してきた永久磁石，つまりその焼結材，ボンド材について述べ，そこにおけるレアアース問題も含めて言及する。最後にパワーエレクトロニクス励磁問題となる高周波磁気について述べる。

最後にPart Vとして磁気応用について述べる。磁性材料のモータ応用およびリアクトル応用について研究状況を述べ，磁性材料を利用した電気機器の応用として電気自動車およびリニアモータの応用について述べる。

引用・参考文献

1) 本蔵義信，藤﨑敬介：“最新の磁性材料の開発”，電気学会誌，Vol.134，No.12，pp.828-831（2014）.

2) 電磁アクチュエータシステムのための磁性材料とその評価技術調査専門委員会：“電磁アクチュエータシステムのための磁性材料とその評価技術”，電気学会技術報告，No.1397（2017-12）.

3) 藤﨑敬介：“高効率モータ駆動システムにおける磁性材料特性”，MATERIAL STAGE，Vol.16，No.4，pp.12-13（July 2016）.

4) 藤﨑敬介：“今後の電気エネルギーの磁性材料に必要な磁気特性”，BM ニュース，No.53，pp.22-26（2015-04）.

5) K. Fujisaki：“Advanced magnetic material requirement for higher efficient electrical motor design,” 第38回日本磁気学会学術講演会, Symposium “Challenge of Magnetics to Improve Energy Efficiency”, 4aB-2（2014-09）.

6) 藤﨑敬介：“今後の磁性材料とパワーエレクトロニクスに関して”，日本磁気学会第202回研究会，エネルギーに関連する磁性材料の現状とその展開（ISSN 1882-2940），202-1，pp.1-6，中央大学駿河台記念館（2015-05-26）.

7) 藤﨑敬介：“パワーエレクトロニクス励磁下における磁性材料の磁化現象”，パワーエレクトロニクス学会誌，Vol.42，pp.3-6（2016）.

8) 藤﨑敬介：“電磁アクチュエータシステムのための磁性材料の必要性と課題”，S22(1)-S22(4)（第5分冊），電気学会全国大会，5-S22-1，S22-1，S22(1)-S22(4)（第5分冊）（2015-03）.

9) 藤﨑敬介："電磁アクチュエータシステムのための磁性材料の必要性と課題"，平成 29 年度電気学会全国大会，5-s13-1，富山大学五福キャンパス（2017-03-15 ～ 17）．
10) 藤﨑敬介："パワーエレクトロニクス進展により必要とされる磁性材料の磁気特性"，電気学会マグネティックス研究会，MAG-13-149（2013-12）．

Part I　総論（パワーエレクトロニクスによる磁性材料への改革要求の背景）

2　モータ駆動システムにおける磁性材料への技術要請

1997 年，内燃機関とモータとが駆動するハイブリッドカーがはじめて商用化され，電気モータによる移動手段の応用が本格的に実用化になった。モータ駆動システムの制御性の高さにより，燃費向上と環境負荷低減となった電気モータの駆動利用は，自動車の大きな流れを作っただけではなく，**図 2.1** のように船[1]，機関車[2]，飛行機[3] といった移動手段全般にまで普及する大きな動きとなっている。船では，重量物である発電部とモータ駆動部とを船内の前後に配置することで船の重量均衡を図ったり，乗客への静かな船旅を与えたりと

（a）　自動車

（b）　船

（c）　機関車

（d）　飛行機

図 2.1　電気モータを用いた移動手段の普及[1)~3)]

いった付加価値を与える。機関車では出力の向上に寄与し，飛行機では動力部分の電動化が進んでいる。特に飛行機では，**図 2.2** のように商用の大型航空機への実行可能性調査が行われている。国内線飛行燃料の約半分は空港内での低速走行で消費されているといわれており，そのために空港内での走行の効率向上が，MW クラスの発電と電動化の前提で検討がなされている。飛行機の市場規模は，経済産業省の調査報告によると，アジア太平洋地域の市場拡大を中心に，今後 20 年間に約 3 万機・約 4 兆ドルの世界市場が出るものといわれており，飛行機分野のモータ駆動の利用機会はますます増えるものといえる[5),6)]。

(Boeing 777-200LR（300 人乗り航空機）の仕様で基本設計，ターボエレクトリックタイプ（タービンエンジンで発電機を駆動して電気を作り，14 個のモータで推進），30 MW 発電機 2 台，4 MW モータ 14 台)

図 2.2　航空機の電気モータ駆動の実行可能性調査[4)]

このように，移動手段は国内エネルギーのおおよそ 3 割程度を消費する大きな領域において，電気モータが全般的に利用されるようになった。そこで，そうなった技術的背景とそこでの技術課題について考えてみる。

2.1　これまでのモータとこれからのパワーエレクトロニクス励磁モータ

これまで電気モータは，第二次産業革命で大きな役割を果たし，クリーンな動力源として使用されてきた。そこでは，当時普及してきた電力系統を電源として用いることで，動力源を高効率かつ安定に供給してきた。水力や火力を用いてシャフトを回転させ電気を作る発電機は，集中化させ大型化させることで高効率となった。電気エネルギーの蓄積は原理的に難しく，発電力と負荷の消費量とはつねに同じでなければならず，同期発電機をはじめ大型化することで安定化も狙ってきた。負荷としては，モータ以外に，照明器具，情報通信機器などがあり，安定かつ高効率・低コストであることが求められてきた[10]。

このように電力系統網では，種々の負荷が同時に接続されている共通仕様となっているために，その電圧および周波数が一定であることが重要であった。このため電気モータの電源は，周波数が商用周波数（50/60 Hz），電圧は 100 V や 6 600 V などの一定電圧が前提となる。

そこでのモータは，水や空気に一定の圧力（電磁トルク）を与える上下水道やファン・ブロワといった送風機などで使用されており，地上置きであった。つまり，周波数・電圧一定による定速モータ時代といえる。**図 2.3** は，実際に使用されている冷暖風の送風機であり，誘導機がおもに使用されている。

図 2.3　30 kW，200 V，三相交流 60 Hz，誘導機（冷暖送風機，豊田工業大学）[13]

これに対しパワーエレクトロニクス技術の進展は，可変速駆動を可能とした。

一例として同期機を考える。モータのトルク T，電圧 V_a，回転角周波数 ω_m の基本的な式は式 (2.1) ～ (2.4) のように表される[11]。

$$T = r\Phi_f I_a \tag{2.1}$$

$$V_a = -\frac{\mathrm{d}\Phi_f}{\mathrm{d}t} \tag{2.2}$$

$$\omega_e = 2\pi f \tag{2.3}$$

$$\omega_m = \omega_e \tag{2.4}$$

ここでは，2 極（1 極対）を想定し，r：ロータの半径，Φ_f：界磁の発生する磁束，I_a：電機子電流，ω_e：電気回転角速度，f：電源周波数である。式 (2.1) はローレンツ力の式であり，式 (2.2) は誘導起電圧の式であり，式 (2.3) は電源周波数とモータ内の回転磁界の角速度の式であり，式 (2.4) は回転磁界の回転角速度とロータの回転角速度とが同期していることを示す式である。

式 (2.2) の磁束の変化は，同期機の場合回転速度となるので，電機子電圧は，モータの回転速度に比例することになる。また式 (2.3) と式 (2.4) より，電源周波数はモータの回転速度に比例することになる。つまり，モータの回転数を変えた場合には，モータの電圧および周波数を変えなければいけないことになる。この場合，出力トルクは，式 (2.1) よりモータの負荷に必要とされるトルクに応じて電機子電流が流れることになる。

移動とは後述のように可変速となるので，その駆動源でモータを使用する場合にはモータも可変速となる。可変速であれば式 (2.3) より電源の周波数も変えなければいけないし（可変周波数），式 (2.2) より電源の出力電圧も変えなければいけない（可変電圧）。さらに，こうした可変電圧・可変周波数は，速度の変化とともにリアルタイムで変える必要があり，その電力の変換効率は高効率だけではなく高応答でなければいけない。

2.2　移　動　と　は

ここで自動車，船，飛行機で行われている「移動」について考察してみる。移動とは，**図 2.4** のように物体や人といった移動体が移動始めの点 A から移

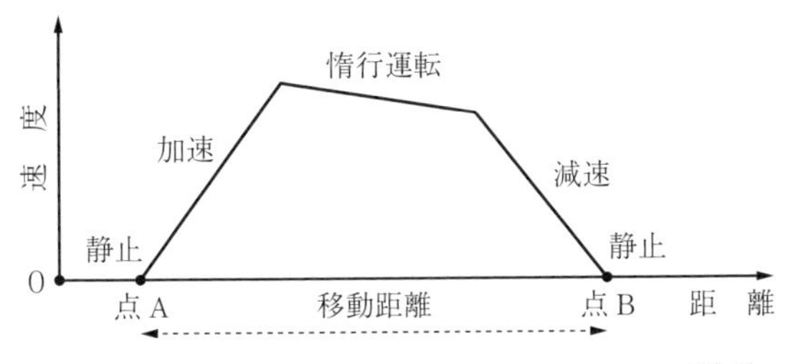

図 2.4　移動における速度と距離との一般的な関係[12),13)]

動終わりの点Bへ移ることである。移動体は，点Aと点Bとでは必ず速度0の静止状態でなければならず，移動行為においては点Aと点Bとの間に何らかの速度を付与させる必要がある。つまり，移動においては速度を付与する加速と，目的地で静止状態になるための減速が必ずあり，その間一定速度などの惰行運転などが存在する。現実の移動ではこれらがいくつか組み合わされたものとなるが，移動には必ず加速と減速が存在し，それは速度が時々刻々変化する「可変速」状態といえる。駆動装置を移動手段に適用する場合には，この可変速をできれば高効率かつ高応答に実現することが大切である。

以上のように，移動するには可変速駆動でなければならず，それをモータで実現しようとすると可変電圧・可変周波数を高応答かつ高効率に実現しなければいけないことがわかる。この高応答かつ高効率な可変電圧・可変周波数の電力変換技術は，パワーエレクトロニクス技術の出現によってはじめて実現されるようになった。

パワーエレクトロニクス技術は，5章で詳述するように電力用半導体のスイッチング動作により可変電圧・可変周波数を高応答かつ高効率に実現させることができる。つまり，電気モータだけではなくパワーエレクトロニクス器と一緒になった**図2.5**のようなモータ駆動システムではじめてモータの移動手段

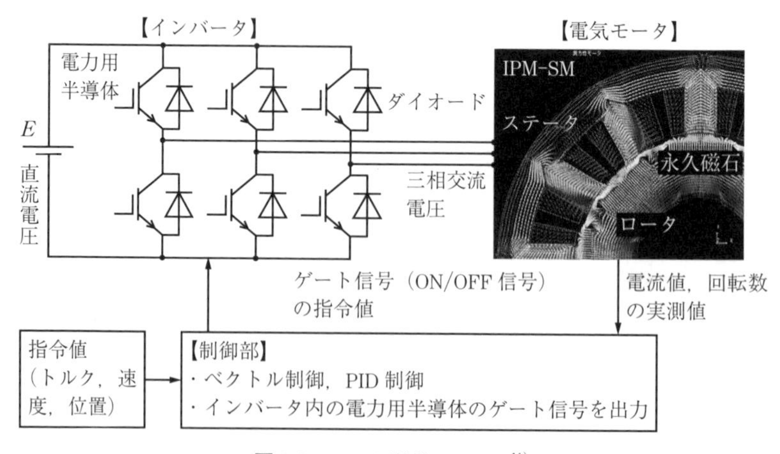

図2.5　モータ駆動システム[11)]

への適用が可能となったといえる。自動車に限らず，船，飛行機といった移動手段全般にモータ適用が可能となったのは，少なくともパワーエレクトロニクス技術が前提といえる。

モータ駆動システムでは，モータの回転数に応じて電圧や周波数をリアルタイムに変更しなければいけないので，モータの回転数などを計測し，インバータの半導体に所定のON/OFF信号を出すフィードバック制御を必須としている。つまり電気モータ，インバータそして制御部から構成される。

制御部では種々の制御理論が用いられている。ベクトル制御理論は，高性能ではあるが，すぐには制御しにくい交流モータを制御しやすい直流モータのように扱うことのできる理論であり，位置や速度といった所定の指令値に対して高応答を実現している。電流制御，速度制御，位置制御の多重ループ構造を持ち，簡単なところではそれらはPI制御が用いられている。制御的にはインバータの出力電圧指令がインバータに対して出ることになるが，最終的には出力電圧に対し，インバータ内のそれぞれの電力用半導体のゲート信号指令（ON/OFF指令）を出力することになる。

2.3 電気エネルギーとパワーエレクトロニクス技術

エネルギーは，石油や石炭などの化学エネルギー，熱・圧力・力・位置などの機械エネルギー，電気エネルギー，光・放射エネルギー，生物エネルギー，原子力エネルギーなどいくつかの形態で存在する。その中でも電気エネルギーは，それ自体では存在せず，化学エネルギーや位置エネルギー，原子力エネルギーからのエネルギー変換を通じて得られるため，二次エネルギーといわれている。しかし電気エネルギーからは，動力，位置，光，熱，暖房・冷房の温度，情報の動作源といった人間生活に直接必要な数多くの物理量に変換され，さらに新たに有機・無機物質，金属精錬への応用が考えられている。その特性は，制御性，応答性，安全性，清潔性，可逆性に優れ，さらには再生可能エネルギーとしての資源の多様性に対応できている。このように，電気エネルギーは他のエネルギー形態と比べて優位性が高く有用であるために，その使用割合は**図 2.6** のように年々増えている。

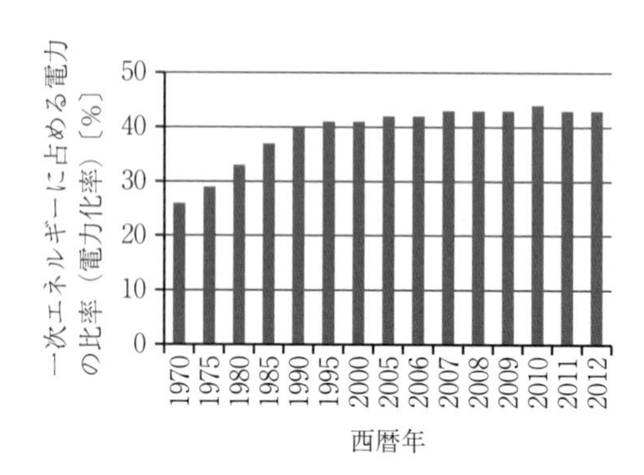

図 2.6　供給される一次エネルギーのうち，電気エネルギーとして使用される割合の年次推移[6),9),13),14)]

こうした中，電気エネルギーの利用に関し近年新たな動きが出ている。一つはこれまでに述べてきた移動革命であり，もう一つは再生可能エネルギーおよび分散電源システムの普及拡大である。

太陽光発電は風力発電など自然界で発生しているエネルギーを電気エネルギーに変換し，電力系統と接続させる再生可能エネルギーは，発生する電力や周波数などが必ずしも一定ではなく時々刻々変化するものである。一方では，その電気エネルギーを他分野にて利用してもらえるように電気エネルギーを送電する電力系統は，その後の利用者に随意に利用できるように電圧，周波数，位相が厳格に定められたものになっている。このため，その間に高応答かつ高効率に電気エネルギーを変換させる必要があり，そこにパワーエレクトロニクス技術が利用されている。

この発電と負荷（消費）とを接続するのは，これまでは大電力系統が中心であったが，パワーエレクトロニクス技術で電気エネルギーが自由にかつ低コストで変換できるようになると，蓄電技術と相まって**図 2.7** のような分散電源システムが mW 程度から GW，またはそれ以上までさまざまな容量で使用されるようになってきた。

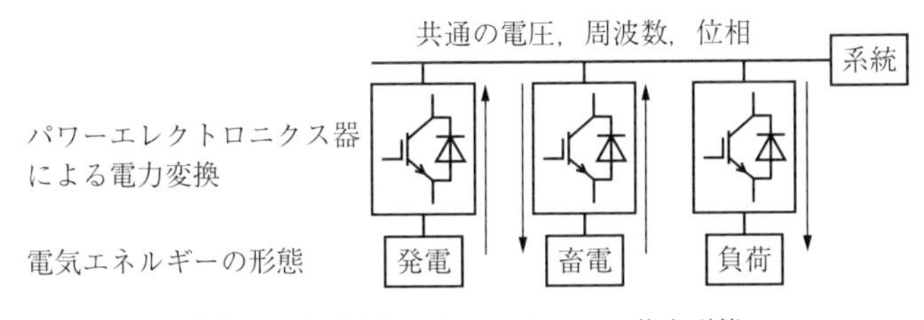

図 2.7 分散電源システムの一つの基本形態

電源容量の小さいところでは mW 程度の携帯電話・スマホクラスであり，W クラスのパソコン，kW クラスの電気自動車，ホームエレクトロニクス，MW クラスの工場，病院，そして GW またはそれ以上の国レベルの電力系統がこの分散電源システムの一種といえる。そこでは基本的には，電力系統からの受電も含む発電，バッテリーなどへの蓄電，情報処理や駆動・照明・冷暖房などの負荷・消費の 3 要素から構成される。発電，蓄電，負荷の電圧，周波数等は必ずしも同一ではなく時間的にも変動するので，共通の系統を用いて電力を融通するには，パワーエレクトロニクス技術による電力変換技術がきわめて有用である。

もともと上述のように利用性に優れた電気エネルギーであるので，発電と蓄電と電気エネルギー変換技術とを用いることにより，その利用が急速に拡大しているといえる。

こうした分散電源システムは，電源容量によりその技術の普及レベルが**図 2.8** のように異なっている。携帯電話・スマホクラスは，すでに幅広く普及しており，現在さらなる小型高性能化に向かっている。パソコンクラスもノートブックなどで一部普及している。電気自動車，ホームエレクトロニクスではハイブリッドカーなど一部実用化しているが，総じて試作レベルであり，本格的普及はこれからである。工場，病院，そして GW またはそれ以上の国レベルの電力系統は，開発途上であったり将来構想レベルであったりといえる。

つまり，モータによる移動革命および電力系用への応用を考えると，パワーエレクトロニクス技術の応用展開が大幅に増えているといえる。

例えば米国では，2005 年米国の電気エネルギーの 3 割がパワーエレクトロ

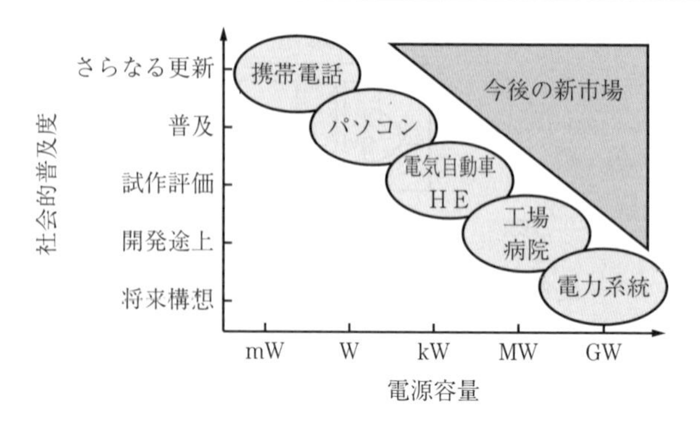

図 2.8　分散電源システムの電源容量と社会的普及度

ニクスを介して利用されているが，2030 年にはその割合が 8 割に達するとの話が出ている[23]。そこで，パワーエレクトロニクス技術普及における技術課題を考えてみる。

2.4　パワーエレクトロニクスにおける高周波化要求と磁性材料[7),8)]

パワーエレクトロニクスの応用例として電気自動車などで使用されている**図 2.9** のような昇圧チョッパの事例を考える。図 2.9（a）の回路において電力用

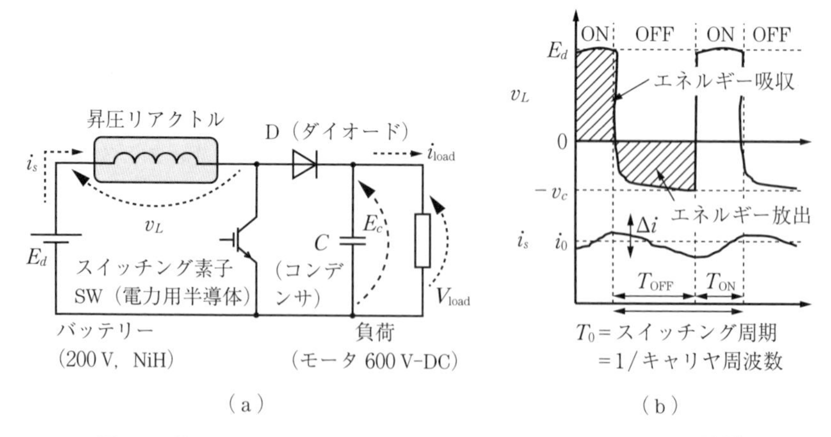

図 2.9　昇圧チョッパ回路とリアクトルコア電圧，電流の時間波形[14),21)]

半導体のON時間をT_{ON}，OFF時間をT_{OFF}として，スイッチング周期$T_0=T_{ON}+T_{OFF}=1/f_c$（f_c：スイッチング周波数）を一定として半導体をON/OFFさせると，リアクトルに流れる電流i_sおよび端子電圧v_Lは図2.9（b）のようになる。

半導体がONのときは，$v_L=E_d$とリアクトル電圧はバッテリー電源電圧に等しくなり，リアクトルに流れる電流i_sは増加する。この間のリアクトル電流の増加分をΔi_Lとすると，スイッチング周期が十分小さいとすると$v_L=L(\mathrm{d}i_s/\mathrm{d}t)$より

$$E_d T_{ON} = L\Delta i \tag{2.5}$$

となる。半導体のスイッチング動作が準定常状態であるとすると，ON時に増加したリアクトル電流の増加分は，OFF時には低下して同じ値にならなければいけない。このため，OFF時のリアクトル電圧は負となり，$-v_c$になったとすると

$$-v_c T_{OFF} = -L\Delta i \tag{2.6}$$

が成立する。これより，$E_d T_{ON}=v_c T_{OFF}$，つまり

$$E_d i_0 T_{ON} = v_c i_0 T_{OFF} \tag{2.7}$$

となる。ここでi_0はリアクトルに定常的に流れる電流値とする。式(2.7)の左辺はON時のリアクトルのエネルギーであり，それはバッテリーからリアクトルに伝送され蓄積されたリアクトルの磁気エネルギーといえる。また，式(2.7)右辺はOFF時のリアクトルのエネルギーであり，それはリアクトルから負荷方向に伝送されるエネルギーといえる。つまり，リアクトルはバッテリーの電気エネルギーを電力用半導体のスイッチング動作のONの期間，一時的に蓄えているといえる。

スイッチング周期T_0が小さいほど，つまりスイッチング周波数f_cが大きいほど，エネルギーを蓄えるT_{ON}が小さくなるので，一時的にリアクトルに蓄積される電力エネルギーは小さくなる，つまりリアクトルは小型にできる。ただし，リアクトルに磁性体を用いたほうがエネルギー密度は大きくなるが，飽和磁化が存在する以上，エネルギー密度には上限が存在する。

つまり，電力用半導体のキャリヤ周波数を大きくしたほうが，リアクトルの形状は小型になるといえる。回路内にリアクトルはある割合を占めているので，高周波化によるリアクトル形状の小型化は回路自体の小型化につながる。電気自動車をはじめとした移動体における駆動装置に対する小型化要求は大きいので，電力用半導体の高速スイッチングへの要求は高まっている。このことは，リアクトルの主材料である磁性材料に対しても高周波動作が要求されることになる。ここで問題となるのは，磁性材料自体がそれに追従しているかどうかということである。

最近のパワーエレクトロニクス技術の進歩により，従来高価であった電力用半導体素子もムーアの法則のように年々費用対効果が向上している。これに対し，磁性材料のほうが必ずしも追従しているとはいい難い。**図 2.10** は，20

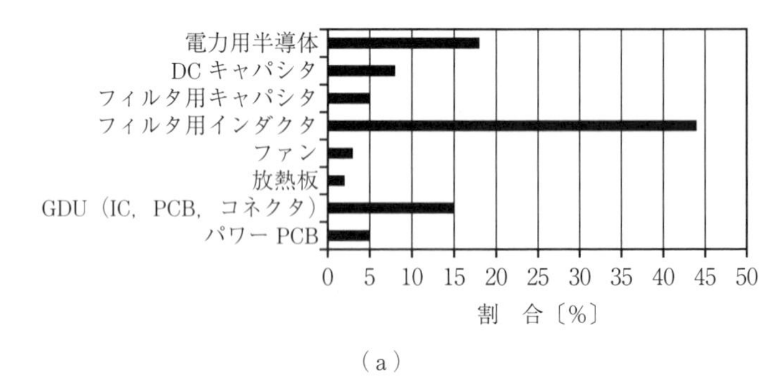

（a）

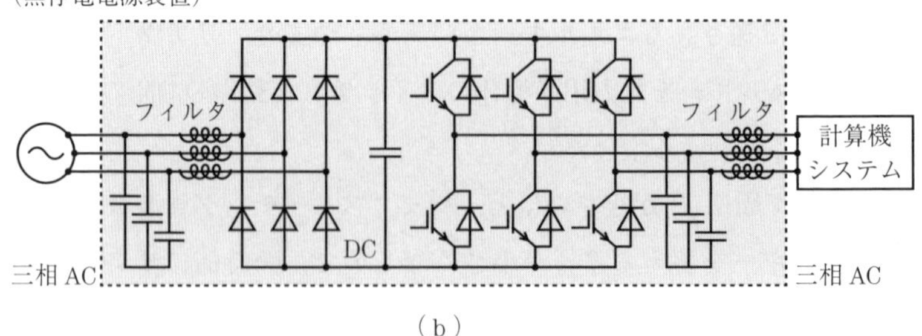

（b）

図 2.10　20 kV·A UPS システムの各素子のコスト分析[16),19),22)]

kV·A の UPS（無停電電源）システムの各素子のコスト分析を示したものである[22]。従来かなりの割合を占めたであろう電力用半導体の割合が 18％まで低下している。電力を蓄積するキャパシタや冷却関連は 10％以下であり，その中で大きな割合を占めているのがフィルタ用インダクタの 44％である。つまり，磁性材料がコスト的に大半を占めていることがわかる。

インバータによる変換システムの中で，磁性材料の重量割合の一例を**図 2.11**（a）に示す[23]。1.5 MV·A の大容量インバータで，磁性材料が重量の 3 割強と大きな割合を占めている。同図（b）は，1 MV·A 当りの電源装置の重量を横軸に，縦軸にその効率を示したものである。動作周波数が，20 kHz 以下から 40 kHz 以上と高周波になるほど装置は小型になっているが，効率は低下している。高周波領域における磁性材料の損失が問題になっているといえる[24]。

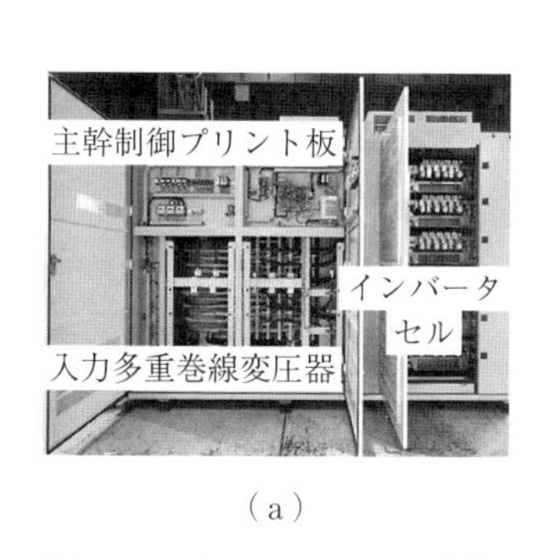

（a）

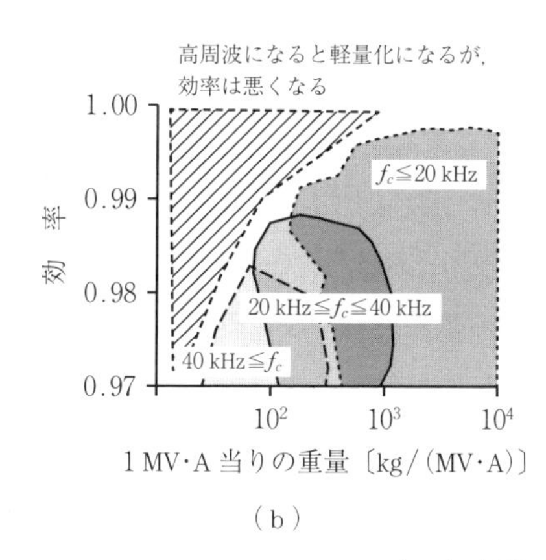

（b）

図 2.11 インバータによる変換システムにおける磁性材料の重量割合（図（a））[23]と高周波化による小型・低効率化（図（b））[24]

電力用半導体も日進月歩で低価格・高機能を実現し，その結果動作周波数は高くなり，装置の小型化が図られている。しかし，価格，体積，損失の点で問題になっているのが磁性材料であることがわかる。つまり，高周波動作に耐えられ，動作磁束密度が大きく，低損失で低価格な磁性材料の出現が強く望まれている。

電力用半導体材料として現在 Si が用いられているが，**図 2.12** のように耐圧性，導電性，高エネルギーバンドの点で Si 材料より優れている半導体材料：GaN，SiC が国内外で精力的に研究されている。これにより高周波でより高電圧でのパワーエレクトロニクス装置ができることになるが，磁性材料に対する高周波で高磁束密度，低損失・低価格な要求はますます高まるものといえる。

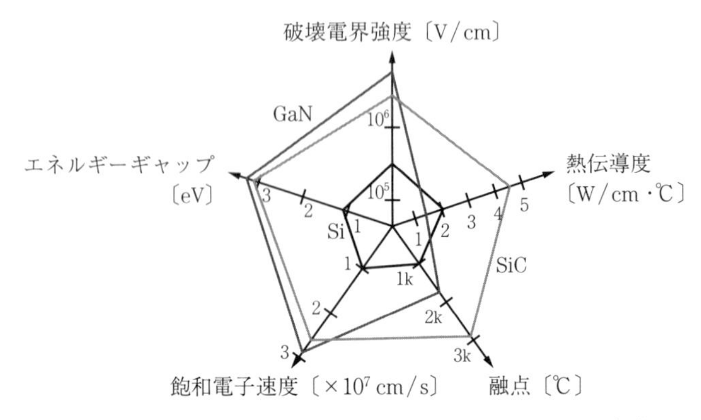

図 2.12　電力用半導体の新材料 SiC，GaN の物性値比較[14),21)]

このように電力用半導体の技術進展の割に磁性材料の研究開発が進んでいない状況を少し考察してみる。**図 2.13** は，こうした電力用半導体の新たな動きに対する磁性材料の取組みの考え方をまとめたものである。同図の上のラインはおもに磁性材料の流れで，磁性材料の製造プロセス，それからできた磁性材料，それをおもに用いたモータ，その駆動源としておもに利用した電気自動車である。下のラインはおもに電力用半導体の流れで，半導体の製造プロセス，それからできる電力用半導体，それをおもに用いたインバータ，その変換器を

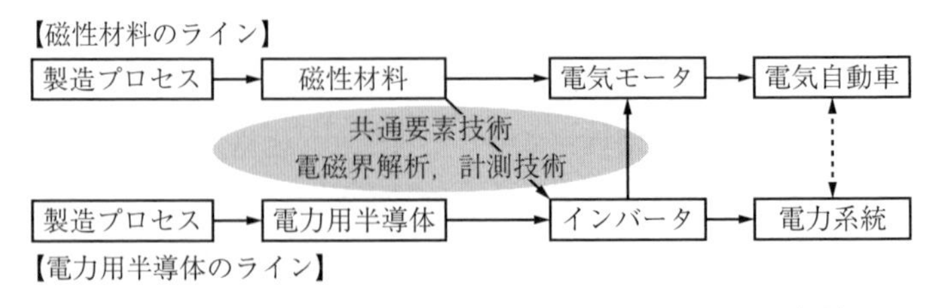

図 2.13　磁気工学と電気工学・パワーエレクトロニクス[11)~21)]

用いた電力系統である。電気自動車および電力系統を利用するのはおもに人間といえる。

この上下のラインが一つに結び付くのはモータ駆動システムである。これを介して磁性体と半導体とは関連していくのであるが，それぞれの前後を見ているだけでは両者はあまり関係なさそうに見える。しかし，今回の GaN や SiC といった高性能材料による半導体の出現は，磁性材料にも強い変革を要求している。つまり，自分の研究・技術領域およびその前後を見ているだけでは十分ではないともいえる。

図 2.13 における各要素技術の立脚とする学問を考えてみると，そこには物理・冶金，材料・化学工学，電気・電子，機械システムなど異なる学科・学問から構成されているといえる。今回の半導体と磁性材料との関係を考える上では，これらをすべて理解・把握することが強く要求されている。ここに電磁界融合学の必要性が出てくる。

2.5 電気エネルギー応用における磁性材料

磁性材料の利用は大きく分けて，ハードディスクなどの情報・通信系とモータ・変圧器などの電力系とに分けることができる。ここで取り上げる電力系では，硬磁性材料と軟磁性材料とが使用されている。

硬磁性の永久磁石は，残留磁束密度 B_r が大きく比較的原材料として入手しやすい NdFeB が出現して，モータに幅広く使用されている。同期モータや直流モータでは，一定磁束を出す「界磁」が必要で，これまで電磁石が使用されてきた。しかしそれだと，外部電源と接続して励磁する必要が生じ銅損が発生するので，効率，保守，小型化などの点で課題があった。永久磁石はこうした問題を解決できるが，高速時の速度制御が難しかったり，蛇行運転時の引きずり損の発生および誘導起電圧の発生などが生じたりといった問題もある。

一方では軟磁性は次式のように，小さな外部磁界（H_{ext}）により磁性材料が「磁化される」（M）ことで大きな磁束密度（B）が得られるために，多く使用されている。

$$\boldsymbol{B} = \mu_0 \boldsymbol{H} + \boldsymbol{M} \tag{2.8}$$

このようにして導出された大きな磁束密度は，そのおもな原理により3種類の利用形態に分類される機器で使用される。

まず，次式の電磁誘導作用を利用した変圧器である。

$$\mathrm{rot}\,\boldsymbol{E} = -\frac{\partial \boldsymbol{B}}{\partial t} \tag{2.9}$$

発生している磁束と鎖交するように巻かれた電磁コイルの端子に上記の誘導起電圧が生じ，その端子を負荷側に接続することで電流が流れる。巻数を変えることで端子電圧を変えることができ，変圧器は電気エネルギーの変換装置といえる。

つぎに，次式で示されるマクスウェルの応力に応じた電磁力を利用したのがモータである。

$$\boldsymbol{F} = \oiint_{ThinSteelPlate} \left[T_m\right] \cdot \boldsymbol{n}\mathrm{d}S \tag{2.10}$$

$$\left[T_m\right] = \frac{1}{\mu_0}\begin{bmatrix} \frac{1}{2}\left(B_x^2 - B_y^2 - B_z^2\right) & B_x B_y & B_x B_z \\ B_y B_x & \frac{1}{2}\left(B_y^2 - B_z^2 - B_x^2\right) & B_y B_z \\ B_z B_x & B_z B_y & \frac{1}{2}\left(B_z^2 - B_x^2 - B_y^2\right) \end{bmatrix} \tag{2.11}$$

ロータといった対象物を囲む閉じた平面上に，式(2.11)のマクスウェルテンソルを式(2.10)のように面積分することで，対象物に作用する電磁力が発生する。マクスウェルテンソルを見ると，単位面積当りの電磁力はおおよそ磁束密度の2乗に比例することになる。大きな磁束密度を得るために軟磁性材料が用いられるが，磁性体には飽和磁化が存在するので，式(2.11)より単位面積当りの電磁力に上限が存在することがわかる。対象物に電磁力が作用し速度が発生すると，磁束が電磁コイルと鎖交することで電磁コイルの端子に速度起電力が発生する。速度起電圧以上の電圧を印加させると電源から機器にエネルギーが流れてモータとなり，その逆になると発電機となる。

磁気エネルギーは次式で定義され，そのエネルギーの蓄積を利用したのがリアクトルといえる。

$$E = \int \boldsymbol{H} \cdot \mathrm{d}\boldsymbol{B} \tag{2.12}$$

リアクトルは電気回路の素子として利用され，電流が流れることで磁界が生じ磁化させることで大きな磁束密度が生じ，磁気エネルギーが生じることになる。交流界において1周期のある区間のエネルギーを蓄え，残りの区間にそれを放出している。

2.6　モータ研究の今後

高効率・高応答な移動方法を実現させるモータ駆動システムは，その安価さもあって，各産業界だけではなく各家庭，自動車内で数多く使用され，いまや産業・社会の「米」とも考えられている。モータの応用展開がますます進展することを考えると，その研究の方向性を考えることは今後の技術動向に大きく関与するものといえる。

可変速モータの多くはパワーエレクトロニクスで制御されるので，その複合システムは高度に組織化・統合化可能となる。電気を使用するので情報系のIT技術などとの親和性も高く，モータ駆動システムの制御によりそれらをネットワークで接続できれば，巨大なシステムインテグレーションが可能となる。つまりモータの今後を考えると，一つにはシステム工学，数理学に基づくモータ数理といった新たな方向性が展開される。

同時に，高効率化・小型化・高応答化の要求はますます高まり，その実現のためには，もはやモータ形状や制御性だけでは十分ではなく，モータの材料，その製造方法，また原子・スピンレベルまで遡った研究開発が予想される。つまり，モータの今後のもう一つの方向性は，モータ自体を電子のスピンや原子の動きから電気自動車の応用までを物理現象として幅広く新たに捉え，構築するモータ物理といった方向性が考えられる。

両方向は**図 2.14** のように見方を変えると，cm 程度の大きさのモータをミクロ・ナノメートルサイズまで遡って捉える微視化の方向と，そのモータをいくつかネットワークにて接続する社会システムといった km 程度以上の大きさで議論する巨視化の方向と考えることができる。移動手段の応用といった新たな利用の拡大は，研究分野にも新たな取組みを必要とする。

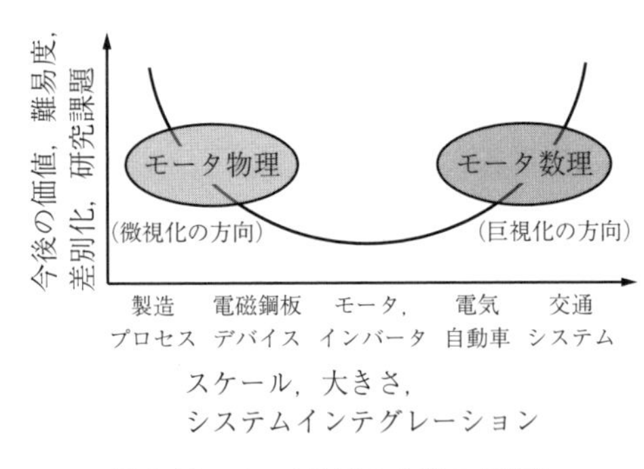

図 2.14　モータ研究の今後の方向性

引用・参考文献

1）　http://osaka-mizubebar2012.seesaa.net/category/14537690-3.html（2018 年 5 月 16 日現在）
2）　http://www.jrfreight.co.jp/transport/improvement/development.html（2018 年 5 月 16 日現在）
3）　https://www.ana.co.jp/ja/jp/promotion/b787_9/（2018 年 5 月 16 日現在）
4）　https://ntrs.nasa.gov/archive/nasa/casi.ntrs.nasa.gov/20150002081.pdf（2018 年 5 月 16 日現在）
5）　経済産業省製造産業局 航空機武器宇宙産業課：“我が国航空機産業の現状と課題”，第 59 回評価小委員会補足資料 2（2013-03）.
6）　http://www.meti.go.jp/committee/summary/0001640/pdf/059_h02_00.pdf（2018 年 5 月 16 日現在）
7）　藤﨑敬介：“基調報告「次世代モータと磁性材料の課題」”，日本磁気学会 第 3 回岩崎コンファレンス，“磁気理工学のエネルギ分野への革新的展開”，日

立金属・高輪和彊館（2014-12-03 ～ 04）.

8）K. Fujisaki："Future Magnetic Material Property Installed in and Driven by Power Electronics Technology", IUMRS-ICAM 2015（14th International Union of Materials Research Societies - International Conference on Advanced Materials）, IV-1Th3F1-1（IS）, Jeju, Korea（2015-10-29）.

9）http://www.fepc.or.jp/library/pamphlet/zumenshu/pdf/all01.pdf（2018 年 5 月 16 日現在）

10）スタインメッツ全集，第 1 巻（工業数学），第 2 巻（電気工学理論綱要），第 3 巻（交流現象の理論及び計算），第 4 巻（電気回路の理論及び計算），第 5 巻（電気機器の理論と計算），第 6 巻（放電波動及び衝撃），コロナ社（1910）.

11）藤﨑敬介："永久磁石とその応用：第 6 回　磁石応用最前線"，まぐね，Vol.11，No.1，pp.34-41（2016-02）.

12）藤﨑敬介："非標準条件下磁気特性（インバータ励磁特性）"，平成 29 年度電気学会全国大会，2-s2-4，富山大学五福キャンパス（2017-03-15 ～ 17）.

13）藤﨑敬介："高性能磁性材料を用いたモータコア特性と電気工学の新たな流れ"，BM ニュース（日本ボンド磁石協会），No.57，pp.37-40（2017-04-01）.

14）藤﨑敬介："今後の電気エネルギーの磁性材料に必要な磁気特性"，BM ニュース，No.53，pp.22-26（2015-04-01）.

15）藤﨑敬介："高効率モータ駆動システムにおける磁性材料特性"，MATERIAL STAGE, Vol. 16, No. 4, pp.12-13（July 2016）.

16）藤﨑敬介："電磁アクチュエータシステムのための磁性材料の必要性と課題"，平成 29 年度電気学会全国大会，5-s13-1，富山大学五福キャンパス（2017-03-15 ～ 17）.

17）電磁アクチュエータシステムのための磁性材料とその評価技術調査専門委員会："電磁アクチュエータシステムのための磁性材料とその評価技術"，電気学会技術報告，No.1397（2017-12）.

18）藤﨑敬介："パワーエレクトロニクス励磁下における磁性材料の磁化現象"，パワーエレクトロニクス学会誌，Vol.42，pp.3-6（2016）.

19）藤﨑敬介："今後の磁性材料とパワーエレクトロニクスに関して"，日本磁気学会　第 202 回研究会，エネルギーに関連する磁性材料の現状とその展開（ISSN 1882-2940），202-1，pp.1-6，中央大学駿河台記念館（2015-05-26）.

20）K. Fujisaki："Future Trend of Electrical Motor Drive System,"第 39 回日本磁気学会学術講演会シンポジウム，"Energy Magnetics improving motor efficiency"，09aA-3，講演概要集 2015，pp.91-92，名古屋大（2015-09-09）.

21）藤﨑敬介："パワーエレクトロニクス進展により必要とされる磁性材料の磁気特性"，電気学会マグネティックス研究会，MAG-13-149（2013-12）．
22）J. W. Kolar, F. Krismer, and H. P. Nee：What are the "Big CHALLENGES" in Power Electronics?, Presentation for the 8th International Conference of Integrated Power Electronics Systems（CIPS 2014），Nuremberg, Germany（Feb. 25-27, 2014）.
https://www.pes-publications.ee.ethz.ch/uploads/tx_ethpublications/CIPS_2014_Kolar_Challenges_Power_Electronics_Video.pdf（2018 年 5 月 16 日現在）
23）富士電機株式会社カタログ：高圧インバータ　FRENIC4600FM5e，2014-09（2014a/G2007）/KO-D/CTP5EP
24）T. Heidel："ARPA-E Initiatives in High Efficiency Power Conversion"，APEC（Applied Power Electronics Conference and Exposition）（2014），Plenary Session Presentations, Fort Worth（2014）.
http://www.apec-conf.org/Portals/0/Plenary%20Presentations/Speaker%204%20Heidel%20PRES.pdf（2018 年 5 月 16 日現在）

3 磁性材料

電気エネルギーで利用されている磁性材料は，外部磁界を印加すると磁化現象が起こり大きな磁束密度を得ることができる。大きな磁束密度は，モータ・発電機，変圧器，リアクトルといった磁性材料の応用機器においてきわめて重要な役割を果たしている。このため，磁性材料には大きな磁束密度を得る磁化過程と，磁化現象によって生じる鉄損が重要な材料指標となる。ここでは，モータや変圧器で多用されている電磁鋼板を中心に，磁化過程と鉄損の現象について概略を述べる。

3.1 磁性体マルチスケール

磁性材料は，その取り扱うサイズにより異なる物理現象を引き起こし，その支配方程式も異にする[1)～4)]。

電気自動車などメートル（m）サイズでは，モータ駆動システムがその駆動源として使用される。電気自動車の走行特性は，原則としてニュートン力学により支配される。そのモータは，小さな電流，磁界で大きな磁束密度を得ることができる軟磁性材料が鉄心として使用されており，センチメートル（cm）サイズを持つ。電気モータの発生する電磁トルクはマクスウェルの電磁方程式で支配される。軟磁性材料としてよく使用されている電磁鋼板は，電気抵抗を増やし渦損を減らすために数％の Si を含んでおり，そこでは数ミリメートル（mm）からマイクロメートル（μm）前後のサイズの結晶粒を持つ多結晶体の集合組織である。各結晶粒の内部には粒径より小さいマイクロメートル（μm）

サイズの磁区構造を持っており，磁区構造間の磁壁が移動し磁化回転することで磁化過程が進む。磁区構造は，LLG（Landau-Lifshits-Gilbert）式にて支配される[5),6)]。原子がいくつか集まった磁区構造の内部ではすべてが飽和磁化ベクトルしか存在しておらず，その飽和磁化はナノメートル（nm）サイズの電子のスピンにより生成される。スピンの挙動は，量子論のシュレーディンガー方程式に支配される。

このように，磁気特性の理解および改善，向上のためには，それぞれのスケールでの磁気現象，支配方程式を理解する必要がある。個々の詳細な内容はPart III にて述べる。ここではそれらを概括し，磁気現象理解の一助とする。

3.1.1 磁 化 の 発 現

磁化の発現は電子のスピンに起因し，多体問題の量子論に支配されている。各原子構造，分子構造に起因する磁化を持ち，物性値として飽和磁化が存在する。

原子番号やその合金に応じて飽和磁化が異なり，その飽和磁化はスレーター・ポーリング（Slater-Pauling）曲線として実験的に得られている[1)~3)]。

常温常圧では，Fe，Ni，Co およびその合金が大きな磁化を持つ強磁性体となっている。その中でも鉄が比較的大きな飽和磁化を持ち安価に製造されるので，モータ，変圧器の鉄心として使用される。電磁鋼板は，常温などでは bcc（body centered cubic）構造を持ち，**図 3.1** のようにその結晶方位により磁気特性が異なる。(100) 方位は，磁化容易軸となり一番磁気特性が優れている[7)]。(110) 方位はそのつぎで，(111) 方位がそのつぎとなっている。そこで**図 3.2** のように，磁化容易軸方向（100）を圧延方向に，鋼板の面を [011] の Goss 面[8)] に結晶方位をそろえた材料が GO（grain-oriented）材で，磁気異方性の強い材料となる[9)]。そこでは磁化容易軸方向を陽に持つので，その方向に磁束が流れれば磁気特性の優れた材料となる。GO 材の結晶粒径は数十 mm 程度と大きな多結晶体で，結晶方位を数％程度に集積した集合組織である。逆に，結晶方位をランダムにした多結晶体では磁気異方性は少ない等方性材料と

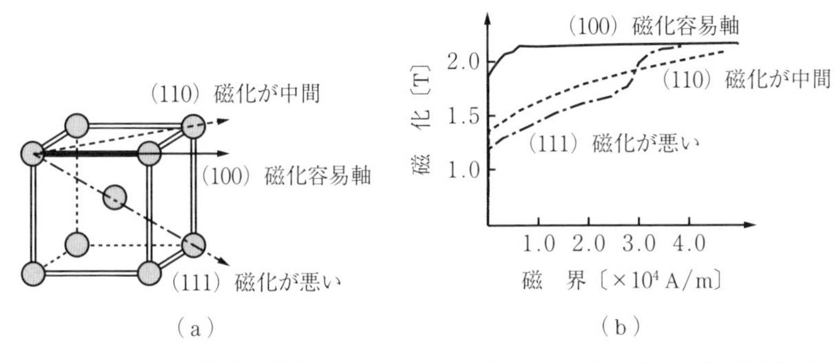

図 3.1　鉄の bcc 構造と結晶方位（図（a））およびそのときの磁化特性（図（b））

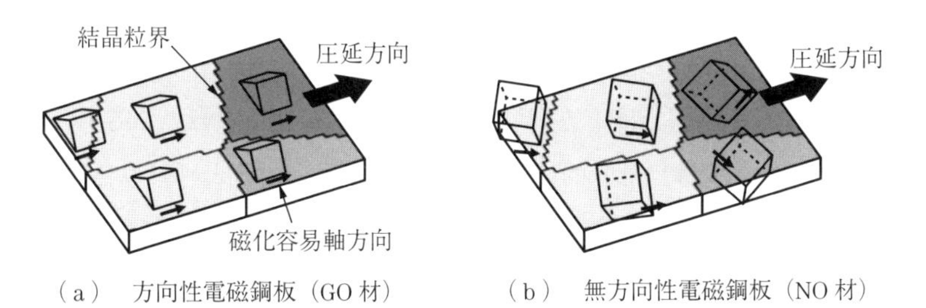

（a）　方向性電磁鋼板（GO 材）　　（b）　無方向性電磁鋼板（NO 材）

図 3.2　結晶方位をいくつか持った集合組織の電磁鋼板

なり，モータなどで使用される NO（non-oriented）材となる[10]。

3.1.2　磁　区　構　造

ワイス（Weiss）により原子レベルの飽和磁化は熱擾乱（じょうらん）に打ち勝ってそろうことが示され，ランダウ・リフシッツ（Landau-Lifshits）により磁区構造が理論的に研究されたといわれている[5]。強磁性体では，同一の飽和磁化ベクトルを持つ磁区がいくつか存在し，磁気エネルギーが最小となるように各磁区の方向や形状が決まる磁区構造を持つ[12]。飽和磁化ベクトルの向きが異なる境界のところは磁壁と呼び，磁壁と磁壁との間隔は磁区幅と呼ぶ。その後，磁気構造がビッター（Bitter）により観察され，その存在が示された。磁気エネルギーとしては，静磁エネルギー，異方性エネルギー，交換エネルギー，減磁エネルギー，外部応力エネルギー，磁気ひずみエネルギーで構成される。

この磁気エネルギーが最小となる条件より外部磁界ベクトル $\boldsymbol{H}$ と飽和磁化ベクトル $\boldsymbol{M}$ との関係式が次式で示されるLLG式である[5),6)]。

$$\frac{\mathrm{d}\boldsymbol{M}}{\mathrm{d}x} = -\gamma\boldsymbol{M}\times\boldsymbol{H} + \frac{\alpha}{M_s}\boldsymbol{M}\times\frac{\mathrm{d}\boldsymbol{M}}{\mathrm{d}t} \tag{3.1}$$

ここで，γ は電子の磁気回転比，有効磁界 H は外部磁界と内部磁界に量子力学的な補正を加えた磁界であり，α はギルバート（Gilbert）定数と呼ばれる無次元量の定数，M_s は飽和磁化である。

外部磁界が強磁性体を励磁させると，磁壁移動が起こり，磁極が出現し磁化現象がマクロに発現する。**図3.3**上は，磁性材料のある瞬間におけるLLGによる磁区構造の計算結果を示したものである。灰色部分は上向きに飽和磁化ベクトルが向き，黒い部分は下方向に飽和磁化ベクトルが向いている[11)]。GO材など実際の磁性体では，部分的に矢印状のランセット磁区と呼ばれる磁区が存在し，鋼板表面に磁極を発生させて磁区幅を小さくさせる[9)]。

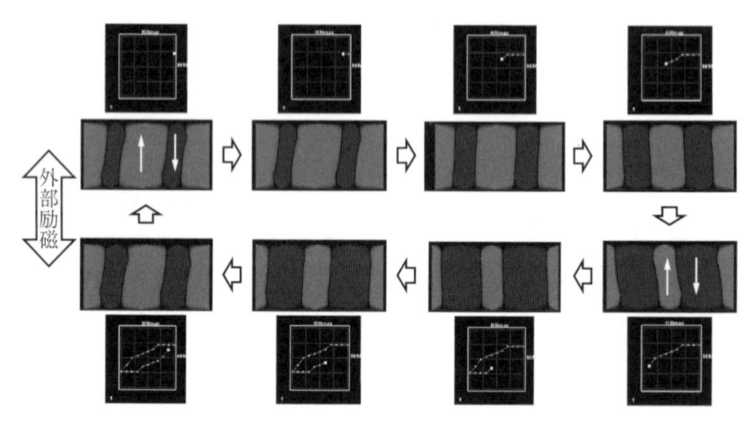

図3.3　LLG式で計算した磁区構造（上下方向に交流外部励磁）

そこに外部磁界が上下に交互に（交流として）励磁されると，図3.3下のように磁壁移動が起こり，磁区幅が伸びたり縮んだりする。つまり，外部励磁により黒い下向きの飽和磁化ベクトルが支配的になったり，灰色の上向きの飽和磁化ベクトルが支配的になったりする。これはミクロ現象であり，マクロ的にはそれらを平均化した磁化ベクトルが発現する。

各時刻における磁区構造の上または下に，平均化した磁化特性（M-H曲線）をも併せて示す。外部磁界により磁壁移動が起こり，磁化過程が進行している様子が本数値解析で表現されている。

3.1.3 多 結 晶 体

電磁鋼板は多結晶体の集合組織を持っている[12]。GO 材の場合は**図 3.4**（a）のように数十 mm 程度の大きさの結晶粒を持ち，NO 材の場合は図 3.5（b）のように数十 μm 程度の大きさの結晶粒を持つ[13]。

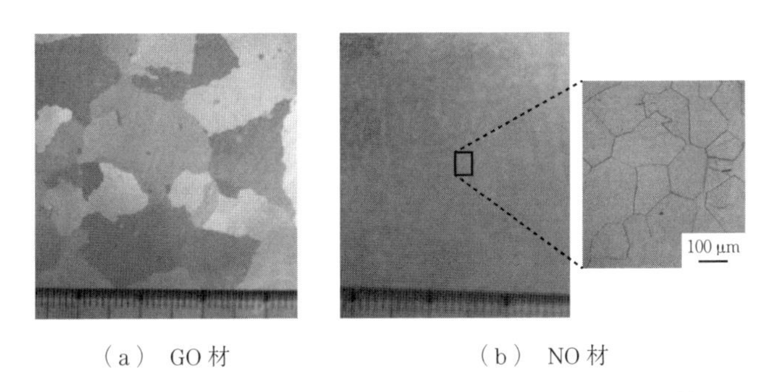

（a） GO 材　　（b） NO 材

図 3.4 GO 材と NO 材の多結晶構造（絶縁皮膜を剥いだ後）

GO 材は Goss 方位に集積度を高めた材料となっており，磁気異方性が強い。変圧器におもに使用され，低鉄損を実現すべく GO 材を分割配置させ，主磁束が磁気容易軸方向に向くように鋼板を配置させている[12]。

これに対し，NO 材では各結晶粒の方位が必ずしも特定の方向に向かないようにしており，これにより任意の方向の磁気特性がほぼ同じ磁気特性を持つ磁気等方性を有する。モータコアの場合，モータの回転や三相交流の励磁方法により磁束が鋼板内に種々の方向に向くので，等方な磁気特性は一体コアとして成型させることができ，利用されやすい。

結晶粒の間の境界である粒界では，結晶方位が変わるので磁区構造が変わり，磁極も出やすく，このために磁壁移動の妨げとなる。結晶粒が大きいほど粒界も少なくなるが，一方では磁区幅も大きくなり，磁壁移動による渦電流の発生（異常渦電流）も増える。このように結晶粒の大きさも材料の磁気特性に影響を与えることになる。

3.1.4 結晶粒制御

結晶粒の大きさは，**図3.5**のように焼なまし時間を変えることで結晶粒径をある程度制御することができる[14]。圧延などで塑性変形された材料はその内部に格子欠陥によるひずみエネルギーを多く持つ。焼なまし時間が長くなると，格子欠陥によるひずみエネルギーの解放現象が徐々に起こって回復が起こり，結晶粒が少しずつ大きくなる。ある時間を超すと欠陥を含まない安定な結晶粒が形成され，それ以外の欠陥の多い領域を蚕食（さんしょく）し，欠陥によるひずみエネルギーを一挙に消滅する一次再結晶が起こり，粒径が急速に大きくなる。これによりひずみエネルギーは消滅するが，再結晶粒は比較的小さく，その相互間の粒界面積は大きい。そこで，さらに焼なまし時間を長くすると粒界エネルギーを駆動源とした結晶粒成長，つまり正常結晶粒成長が引き続いて起こる。この過程である条件がそろうと，再結晶粒の中の特定の少数な結晶粒が，それ以外の結晶粒より急速に成長する現象，つまり二次再結晶が起こる。

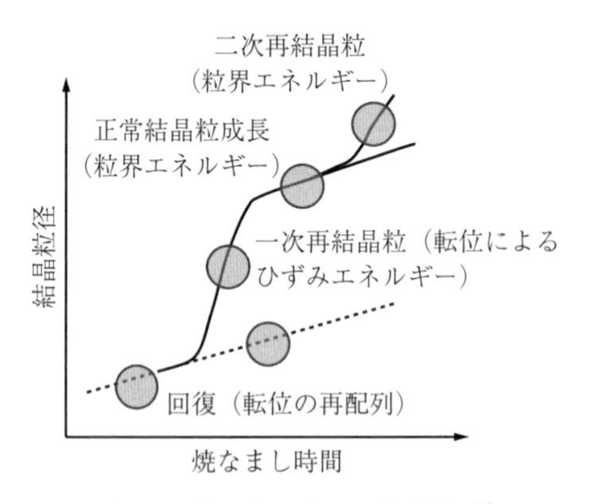

図3.5　焼なまし時間と結晶粒径[14]

再結晶時間は，そのときの温度と**図3.6**のようにアレニウス（Arrhenius）の式で表現される。つまり，焼なまし温度が大きいほど急速に再結晶時間が短

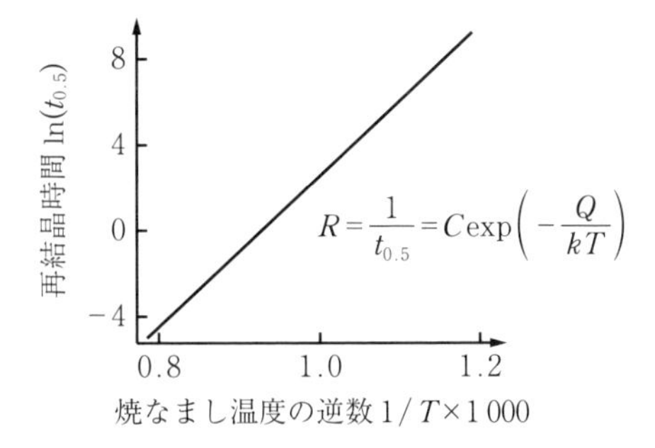

図 3.6 焼なまし温度（T）と再結晶時間 $t_{0.5}$ [14)]

くなる。

3.2 磁 化 過 程

磁性体に外部磁界を印加したときの磁化過程を考えてみる。**図 3.7** のように，最初は磁壁移動により磁化現象が進展する。しかし，それが終了し，外部磁界ベクトルの向きと結晶方位から来る飽和磁化ベクトルの向きとが異なると，飽和磁化ベクトルが外部磁界の方向と一致するように回転させる磁化回転が起こる。最後に，外部磁界の向きと磁界回転後の飽和磁化ベクトルの向きとが同じになると，磁化過程は終了する。磁壁移動より磁化回転のほうが多大な

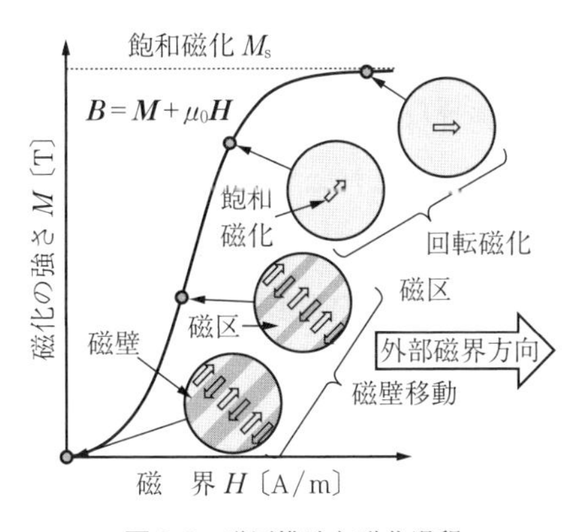

図 3.7 磁区構造と磁化過程

るエネルギーを必要とするので，最後の磁化過程では大きな外部磁界を必要とする。

図 3.7 の磁化過程は一般に初磁化曲線といわれているが，実際に交流磁界を磁性体に印加させると，**図 3.8** のように磁気ヒステリシス現象が出てくる。

磁気ヒステリシス曲線の内部面積は磁気エネルギーになるので，1 周期分にわたって積分した

$$W_{\mathrm{Fe}} = \frac{f}{\rho}\int_{t}^{T+t} H\,\mathrm{d}B \tag{3.2}$$

は外部磁界にて鋼板が励磁されることによって生じる損失（発熱），つまり鉄損となる。

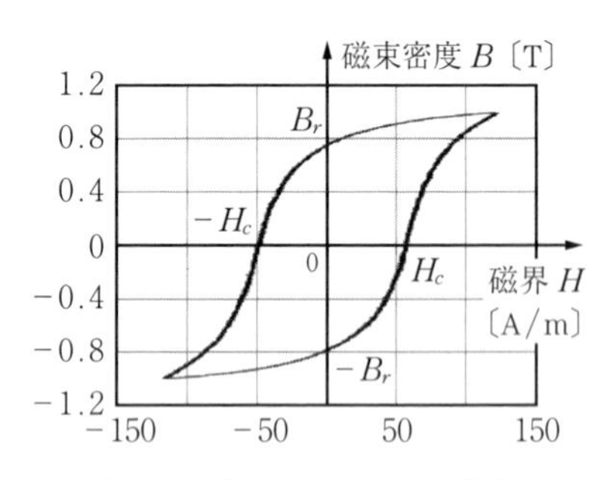

図 3.8　磁気ヒステリシス曲線

図 3.8 の磁気ヒステリシス曲線で，磁束密度 B との切片は残留磁束密度 B_r といい，磁界 H との切片は保磁力 H_c という。B_r や H_c が小さいと 1 周期励磁の鉄損が小さいので，軟磁性材料といわれ，モータや変圧器およびリアクトルに鉄心材料として使用される。これに対し，B_r や H_c が大きいと，外部磁界がなかったり小さかったりしても残留磁束密度 B_r の磁束密度を出すので，硬磁性材料つまり永久磁石といわれる。同期モータや直流モータの界磁部などに使用される。

3.3 鉄　　　　損

図3.8で示される磁気ヒステリシス曲線の内部面積である鉄損は，**図3.9**のように大きく分けてヒステリシス損と渦電流損とに分けられる。

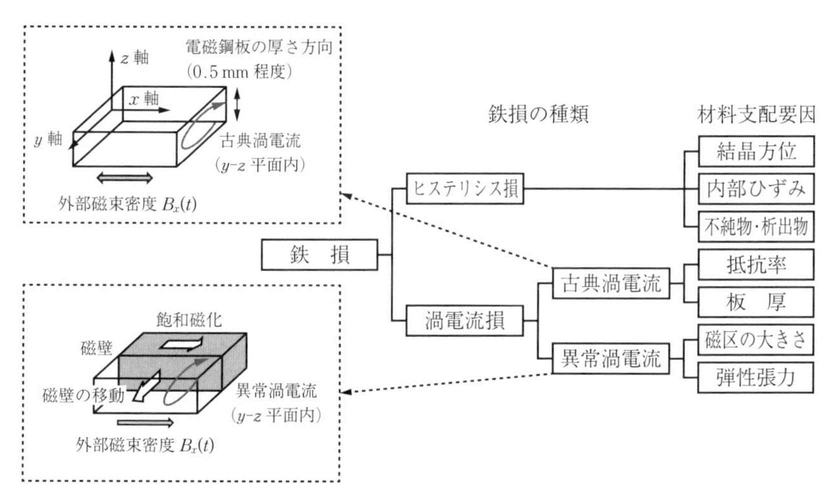

図3.9　鉄損の内訳とその発生要因

ヒステリシス損は，直流励磁にて生じるもので，磁化過程においてピンニングなどによる磁壁移動の妨げなどによって生じる。磁性材料の内部にある不純物・析出物や，磁性材料の内部に残存する残留内部応力，結晶方位の異なる結晶粒界の存在によって生じるものである。

渦電流損は，交流励磁によってはじめて生じるもので，さらに古典渦電流損と異常渦電流損とに分けられる。古典渦電流損は，鋼板内に流れる交流磁束の時間的変化に対し，その変化を妨げるように誘導起電圧が生じ，その結果鋼板内に渦電流が発生し，ジュール損を生むものである。このため，電気抵抗率が大きく鋼板の厚さが薄いほうが古典渦電流は小さくなる。これに対し，異常渦電流損は，磁区構造の磁壁移動によって生じるものである。交流外部磁界による磁壁移動は材料内の磁束の変化といえるので，それによる誘導起電圧，渦電流が生じ，ジュール損となったものである。このため，電気抵抗率などに加えて磁区幅が狭いほうが異常渦電流は小さくなる。

鉄損の3要素のうち，商用周波数程度の低周波ではヒステリシス損の影響が大きいが，kHz程度になると古典渦電流が，そしてGHz程度の高周波になると異常渦電流の影響が大きくなる。

ヒステリシス損は直流励磁で生じるので，励磁する磁界の周波数に比例するが，渦電流自体は周波数に比例し，そのジュール損は渦電流の2乗に比例するので，渦電流損は周波数の2乗に比例する。このため，鉄損を周波数で除した値を縦軸に，周波数を横軸にとると大まかに**図3.10**のようになる。この線の切片がヒステリシス損であり，周波数が増え縦軸が増える分だけ渦電流損となる。この傾向の定量性は，比較的近い周波数の間では成立するが，大きく周波数が異なる領域では成立しにくい。特に，周波数が大きくなって浸透深さが鋼板厚さより小さくなり始めたら，その差が大きくなるので注意を要する。

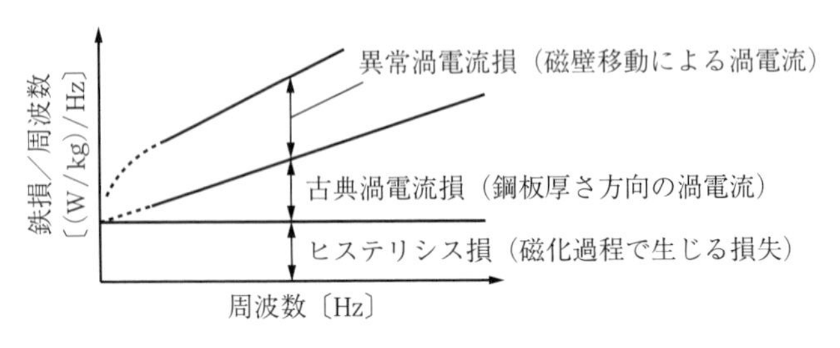

図3.10　鉄損の周波数特性とその内訳

この定性的な議論を定式化したのがスタインメッツ（Steinmetz）の式である[15)]。

$$W_{\mathrm{Fe}} = k_h f B^{\alpha} + k_e f^2 B^2 \qquad (3.3)$$

ここで，k_h，k_e，f，Bはそれぞれヒステリシス係数，渦電流係数，励磁周波数，1周期の最大磁束密度である。また，αは係数で1.6から2あたりをとる。この式は100年ほど前のスタインメッツの実験結果より得られたものである。

3.4 高周波磁化

これまでの磁性材料はおもに50/60 Hzといった商用周波数で使用されてきたが，パワーエレクトロニクス技術の普及で動作周波数が高周波化したり高調波成分の影響が出てきたりすると，磁性材料にも高周波での低鉄損化が期待される。

高周波化には一つには鋼板の厚みの影響が大きいが，同時に電気抵抗率の低下が重要となる。電磁鋼板など鉄系では，その含有している成分に応じて電気抵抗率が**図3.11**のように変化する[4]。

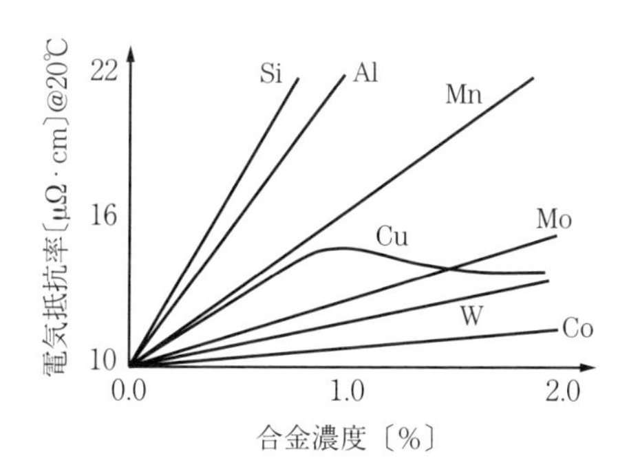

図3.11 鋼板における合金濃度と電気抵抗率[4]

実際の電磁鋼板ではSiが含有している。一般的にSiが含有すると硬化し，圧延がしにくくなる。通常の電磁鋼板には3%程度のSiが含有している。Si濃度が6.5%になると磁気ひずみが0になり，応力感受性は低くなる。

3.5 応力の影響

残留応力は，鋼板をパンチングなど打ち抜いて切断するときや，焼ばめなどコアを固定するときなど，モータコアの製造時などに生じる。**図3.12**は，電磁鋼板を切断したときの切断面とそのときの残留応力の数値解析分布を示す。

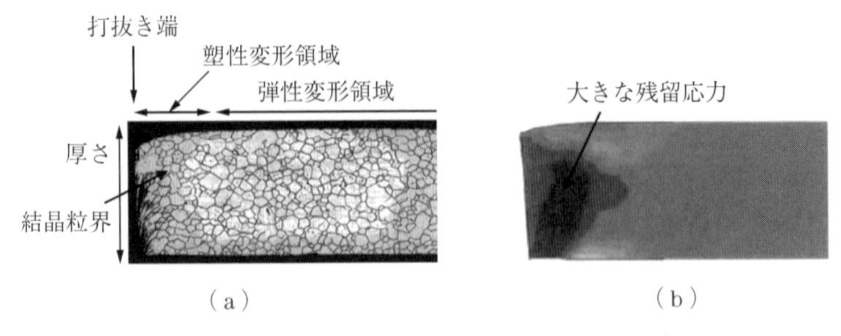

図 3.12 電磁鋼板切断時の残留応力（NO 材）[15]

打抜き端から鋼板の厚さ程度のところまでは塑性変形領域で，そこには残留応力が生じていることがわかる。また，それ以外の部分は弾性変形領域となって応力が残っている[16]。

また**図 3.13** は，鋼板の励磁する方向に圧縮応力（図中の $\sigma<0$）や引張応力（図中の $\sigma>0$）を印加したときの磁気特性を示す。図 3.13（a）は磁化特性で，引張応力では同じ磁界に対して大きな磁束密度となり磁化特性はやや改善されるが，圧縮応力では同じ磁界で小さな磁束密度となり磁化特性は悪化する。図 3.13（b）の鉄損特性を見ると，引張応力では同じ磁束密度に対し鉄損がやや小さくなるが，圧縮応力では鉄損が増加している。鋼板への応力の影響はヒステリシス損によるものである[16),17]。

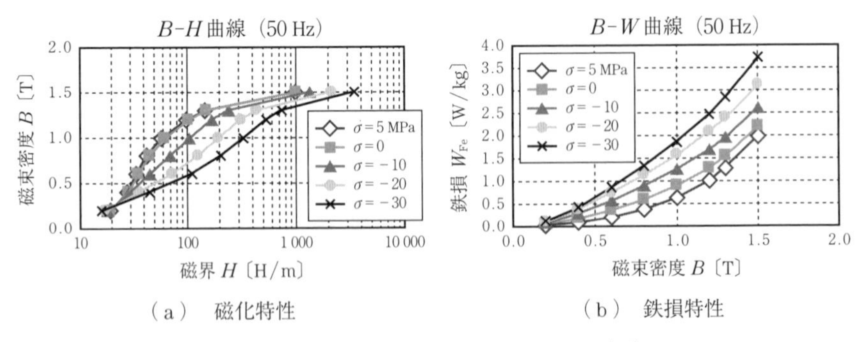

（a） 磁化特性　（b） 鉄損特性

図 3.13 応力印加時の磁気特性（NO 材）[16),17]

3.6 磁 気 異 方 性

一般的に磁性材料は，励磁する方向によって磁気特性が異なる磁気異方性を持っており，それにはいくつか種類がある。

一つは前述の図3.1のように鉄原子のbcc構造に起因する磁気異方性で，結晶方位に依存する異方性なので結晶磁気異方性と呼んでいる。これに対し，磁性体を粒子状にしたときの粒形状による形状磁気異方性，磁界中熱処理によって発現する弱い誘導磁気異方性，鋼板を引っ張った方向の磁気特性が良くなる応力による異方性などがある。結晶方位をそろえたGO材には結晶磁気異方性が出ているが，NO材でも実測すると多少の異方性を含んでいる。

磁気異方性が発現すると，鋼板を励磁する磁界ベクトルの方向と磁性密度ベクトルとの方向とは一般的には同じにはならない。このように鋼板の磁気特性は鋼板内の二次元平面内にて本質的にベクトル性を持つ。このため，こうしたベクトル性を持つ磁束密度と磁界の材料計測には，**図3.14**のように二次元ベクトル磁気計測が用いられる[18),19)]。詳細は17章にて述べるが，ここでは現実の鋼板の磁気特性を知っておくべきだといえるので，その磁気特性の一例を**図3.15**を用いて説明する。

図3.15は，鋼板に大きさ1Tの磁束密度ベクトルを360°，1回転させたと

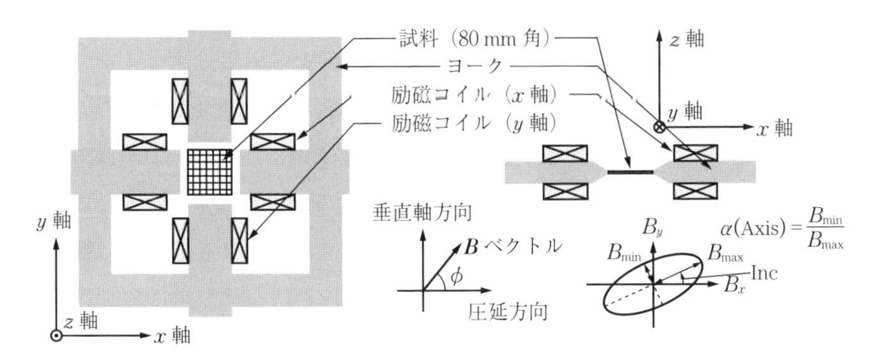

図3.14　二次元ベクトル磁気特性の計測装置

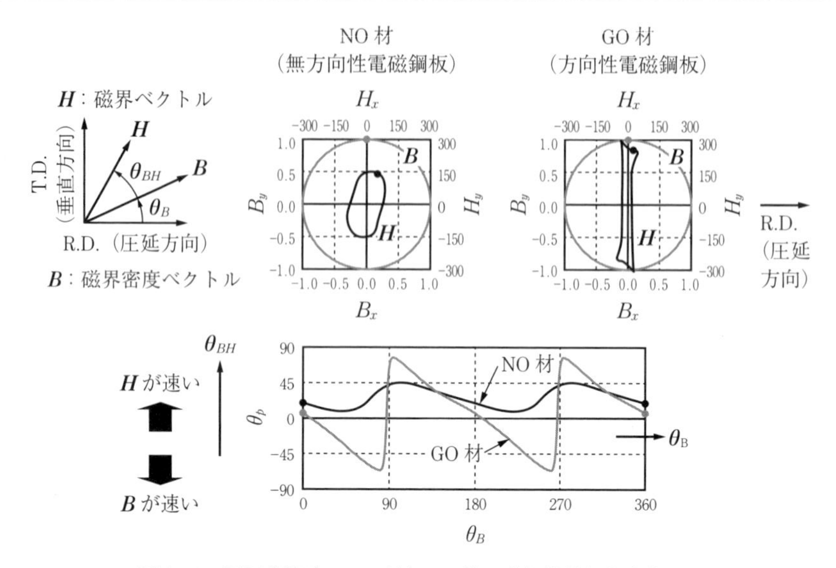

図 3.15　回転磁界時の NO 材と GO 材の磁気特性と角度差 θ_{BH}

きの磁気特性，および磁界ベクトルと磁束密度ベクトルの位相差 θ_{BH} を示したものである。図 3.14 の磁気計測器において，中央の鋼板は x 方向と y 方向との方向を独立して励磁できるようになっている。鋼板内の x 方向と y 方向との磁束密度を計測し，所定の磁束密度となるように励磁させる。ここでは磁束密度ベクトルの方向は磁化容易軸方向から反時計回りに回転し，その大きさが 1 T となる円形の回転磁束とした。x 方向と y 方向の磁束密度ベクトルが所定の回転磁界となるようにフィードバック制御により x，y 方向の電圧を変え励磁させる。鋼板上に x 方向と y 方向の磁界を計測する磁気計測コイルを配置し，磁界ベクトルも同時に計測する。GO 材では，磁束密度 1 T の円形の回転磁束を得るのに，磁界は非常に変形した形をしており，圧延方向と垂直方向とで磁気特性が大きく異なることがわかる。NO 材でも磁界は多少変形した形となっており，磁気異方性が出ていることがわかる。位相差 θ_{BH} 特性では横軸は磁束密度ベクトルと圧延方向との角度差 θ_B をとっているが，GO 材だけではなく NO 材でも θ_{BH} は一定となっていないことがわかる。このことは 1 周期の比透磁率は方向性を持ち，一定ではないことを意味する。これからも GO 材だけではなくNO材も異方性を持っていることがわかる。

3.7 磁 気 計 測

磁性材料の磁気特性は，磁気計測にて得られる。上述のように磁界と磁束密度との関係はそれぞれにベクトル性を持っているために二次元ベクトル磁気計測にて行うべきである。また，モータはインバータで駆動されるので，JIS，IEC規格の正弦波励磁ではなくインバータ励磁で評価すべき，ともいえる[22),23)]。しかし，計測自体に多大なる時間と計測技術を要するために，通常はもっと簡易な方法が用いられる場合がある。**図3.16**はその例で，それぞれEpstein法，SST（single sheet tester）法，Ring試料法である。

（a） Epstein法[19)]

（b） SST法[20)]

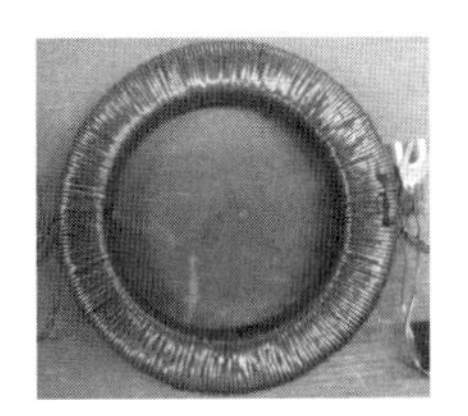

（c） Ring試料法[21)]

図3.16　磁気計測装置

Epstein法は，JISやIECといった国内外の規格で定められた磁気計測法[19)]で，図3.16（a）に示すように，30 mm×280 mmの短冊状の鋼板試料を複数枚井桁状に組み上げ，鋼板を直接励磁させる。励磁電流と磁路長で磁界を，二次誘導起電圧の時間積分により磁束密度を計測する。励磁電源は時間高調波を含まない正弦波で励磁し，鋼板に応力が印加しないようにしている。

Epstein法ではある程度の量の鋼板を必要とするが，試作時など少量の材料にでも対応できるように単板計測できるSSTもJIS C 2556にて規定されている[20)]。図3.16（b）はSSTの一例で，U字の励磁コイル（この写真の下にある）により5 mm×300 mm程度の鋼板1枚を励磁している。鋼板にはBコイルが巻かれ，その両端の電圧を時間積分することで磁束密度が得られ，鋼板直上に配置されたHコイルの両端電圧を時間積分することで磁界を得ている。Ring試料法では，鋼板をRing状に切断積層し，鋼板を直接励磁している[21]。

3.8　情報系磁気と電力系磁気

磁性材料の応用は大きく分けて**図3.17**のように，ハードディスク応用などの情報系と，モータや変圧器応用などの電力系とに分類できる。

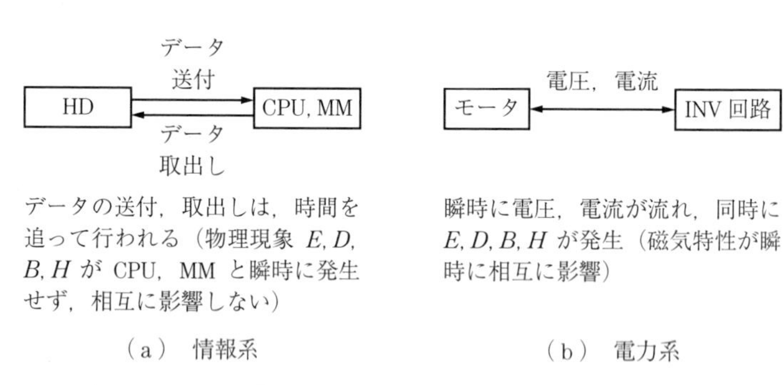

図3.17　磁性材料の使われ方

情報系では，CPU（central processor unit）やMM（main memory）で発生するデータをHD（hard disc）に蓄積させたり，蓄積されたデータを取り出したりしている。HD内部にある磁性材料には，E（電界），B（磁束密度），D（電束密度），H（磁界）といった電磁気的物理現象が発生している。しかし，CPUやMMからHDに送付したり取り出したりするデータは，時系列を持ってHDに対して逐次出し入れしているため，CPUやMMとHDとの間には，E，B，D，Hといった電磁気的物理現象を介した相互作用は存在しない。このため，HDの磁性材料の研究開発は，周辺機器との相互作用をあまり考慮せず独立して行うことができる。

これに対し電力系では，インバータ回路で発生された電圧がモータに印加され，モータとの電気回路により電流が流れる。インバータ回路やモータ内部では電圧を印加し電流が流れると同時に，E（電界），B（磁束密度），D（電束密度），H（磁界）といった電磁気的物理現象が瞬時に発生する。このため，インバータ回路とモータとの間には電圧や電流を介して，電磁気的物理現象が瞬時に起こっているので，両者間には相互作用が発生する。通常，線形動作領域や単一周波数で動作している限りでは，インバータ回路とモータとは独立して設計，製作することができる。しかし，磁性材料の非線形性やインバータの高調波などが発生すると，両者には相互作用が発生する。このため，電力系の磁性材料の研究開発は，材料だけが独立して行うことは難しく，インバータ励磁での磁気特性評価など実使用条件での材料評価を行わなければいけない。特に小型軽量化のための磁性材料を磁束密度の大きいところで使用させたり，スパークな電圧や電流が発生したりすると，磁気特性の非線形などが生じ，当初の線形系で設計した動作特性と異なることがある。こうした現象が生じると，機器の破損や燃焼にもつながることが想定される。これが，電力系磁性材料の研究開発の進め方において，情報系と大いに異なるところである。

後述するように電磁界融合学の中に，情報系で培われたスピントロニクス技術などを適切に取り入れ構築していくことが今後の電力系磁気の研究に必要なことといえる。

引用・参考文献

1）近角聰信：“強磁性体の物理 上・下”，裳華房（1978）．
2）茅誠司：“強磁性”，岩波全書 158，岩波書店（1952）．
3）太田恵造：“磁気工学の基礎 I，II” 共立全書 200，201，共立出版（1973）．
4）R. M. Bozorth：“Ferromagnetism,” p.40, Wiley-IEEE Press（1993）．
5）L. D. Landau and L. M. Lifshitz：“On the theory of the dispersion of magnetic permeability in ferromagnetic bodies”, Physik. Zeits. Sowjetunion, 8, pp.153-169（1935）．
6）T. L. Gilbert：“A Lagrangian formulation of the gyromagnetic equation of the magnetic field”, Physical Review, 100, p.1243（1955）．
7）K. Honda and S. Kaya：Sci. Repts., Tohoku Imp. Univ., 15, p.721（1926）．
8）N. P. Goss：“Electrical sheet and method and apparatus for its manufacture

and test", U. S. Patent No.1965559 (1934).

9) 菅洋三：“方向性電磁鋼板の低鉄損化の開発動向”，日本鉄鋼協会 西山記念講座 “軟磁性材料の最近の進歩”，pp.150-196 (1995-02).

10) 小原隆史：“無方向性珪素鋼板の高機能化の開発動向”，日本鉄鋼協会 西山記念講座 “軟磁性材料の最近の進歩”，pp.106-149 (1995-02).

11) A. Hubert and R. Schaefer："Magnetic Domains, The Analysis of Magnetic Microstructure", Springer (2000).

12) 長嶋晋一編著：“集合組織”，丸善 (1984).

13) 新日鐵住金：“図解　わかる電磁鋼板”，第2版，新日鐵住金 (2013).

14) 古林英一：“再結晶と材料組織　金属機能を引き出すために”，材料学シリーズ，内田老鶴圃 (2000).

15) Chas. P. Steinmetz："On the law of hysteresis", Transactions on the American Institute of Electrical Engineers, Vol.IX, No.1, pp.3-64 (1892).

16) K. Fujisaki, R. Hirayama, T. Kawachi, S. Satou, C. Kaidou, M. Yabumoto, and T. Kubota："Motor Core Iron Loss Analysis Evaluating Shrink Fitting and Stamping by Finite-Element Method", IEEE Transactions on Magnetics, Vol.43, Issue 5, pp.1950-1954 (May 2007).

17) K. Fujisaki and S. Satoh："Numerical Calculations of Electromagnetic Fields in Silicon Steel Under Mechanical Stress", IEEE Transactions on Magnetics, Vol.40, No.4, pp.1820-1825 (July 2004).

18) M. Enokizono："Two-dimensional Magnetic Property", IEEJ-A, Vol.115, No.1, pp.1-8 (1998).

19) K. Fujisaki, Y. Nemoto, S. Sato, M. Enokizono, and H. Shimoji："2-D vector magnetic method in comparison with conventional method", 7th International Workshop on 1&2-Dimensional Magnetic Measurement and Testing. Proceeding, edited by J. Sievert (PTB-E-81). pp.159-166 (2002).

20) JIS C 2550-1：2011　電磁鋼帯試験方法—第1部（日本規格協会）

21) JIS C 2556：2015　単板試験器による電磁鋼帯の磁気特性の測定方法（日本規格協会）

22) International Electrotechnical Commission, 60404-3, Second edition (1992)

23) 藤﨑敬介，山田諒，日下部隆弘：“PWM インバータとリニアアンプの励磁電源による鉄損・磁気特性の差異”，電気学会論文誌 D，Vol.133，No.1，pp.69-76 (2013).

4 電気モータ

電気モータ自体は，電気関係の読者にとって大学等で習得し既知である場合が多いが，同時に読者として考えている磁気関係者にとっては必ずしも専門領域となっていることは少ないものといえる。今後，さらなる高効率・小型化を考える上で，磁気関係者にとっても電気モータの基礎の習得は重要なことといえる。そこでここでは，電気モータの基本原理から概要の必要最低限の内容を抽出し説明することにする。

4.1 電気モータの原理と基本構造

電気モータは，電圧と電流の積である電気エネルギーを入力し，電磁気現象により電磁トルクを出力するものである。電磁トルクが導出される原理，およびそれの時間積分で得られる速度，位置の関係を**図 4.1** に示す。実際にはこの図の電磁気現象は瞬時に発生するが，電磁気の現象一つひとつを電磁気の原理に分解することがその理解につながることといえるのでここに記す。

電気モータを電源系統やインバータ回路などに接続して，電圧を印加する。誘導起電圧をも含む回路方程式により電流が流れる。電気モータ内では，電流からアンペールの法則より磁界が発生し，強磁性体を励磁することで磁化現象が起こり，大きな磁束密度を得ることができる。磁束は静止部のステータと回転部のロータとの間を行き来し，それぞれの電磁コイルと鎖交し合う。電磁コイルと鎖交する磁束密度の時間変化は同時に誘導起電圧を生じ，上述の電気回路式の一つの項となる。ステータとロータ間の空隙部にある磁束密度分布にマ

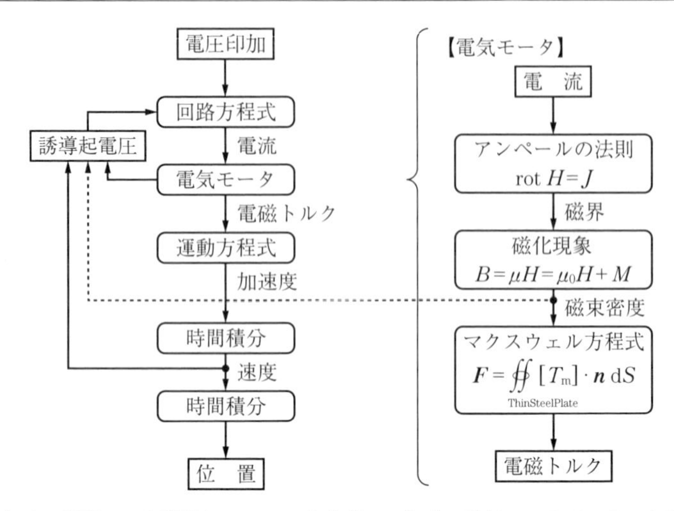

（a）電気モータ駆動システムの全体像　（b）電気モータでのトルク発生

図 4.1　電圧印加によるモータの位置制御

クスウェル応力式を適用することで，電磁トルクが得られる。運動方程式をもとに電磁トルクを慣性モーメントで除した角加速度が導出され，その時間積分より角速度，さらにその時間積分より角度が得られる。角速度および角度に半径を掛ければ，それぞれ速度，距離となる。

上記のように電気モータは，電圧と電流の積である電気エネルギーからトルクと角速度の積である機械エネルギーに変換する変換装置ともいえる。このために，電源が入力であり，トルクと角速度が出力である。

モータはいうまでもなく回転体であるが，それは静止しているものに対する回転体である。このため，モータの基本構成は**図 4.2** のように，静止体（ステータ）と回転体（ロータ）とで構成される。ステータは地上部に設置され，電源も地上より供給されることが多いので，電源はステータに供給されることが多い。これに対しロータは，ステータから電磁気エネルギーの供給を受け，電磁気現象がステータとロータに相互に作用して電磁トルクが発生する。

実際の電気モータは，電源の種類，モータの機構，電磁トルクの発生に応じていくつかの種類に分けられる。それを，**図 4.3** に示す。電源としては，直流

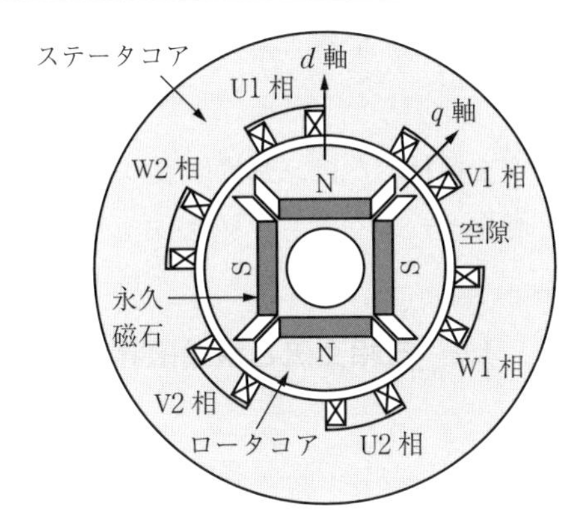

図 4.2　モータの構造とステータ，ロータ（IPM-SM，集中巻き，4 極の例）

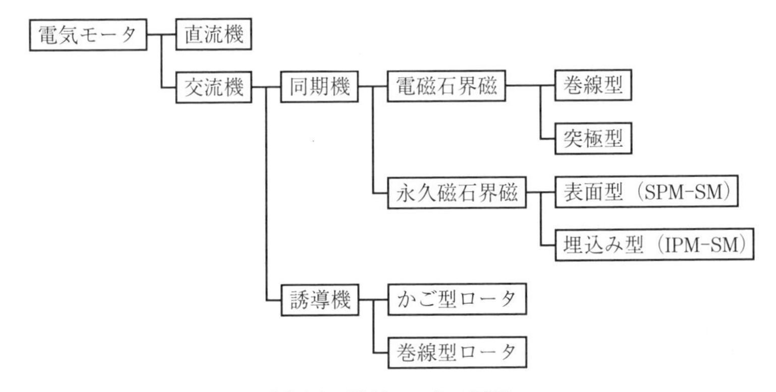

図 4.3　電気モータの種類

電源と交流電源とがある。

直流モータは，電機子と界磁とで構成され，電機子に流れる電流と界磁の発生する磁束とのローレンツ力で電磁トルクが発生する。整流子を介して電機子に流れる電流の向きを変え，界磁の磁束の向きと電機子の電流の向きがつねに一方向となるようにし，電磁トルクを一定方向に発生させる。整流子では機械的接触部に電気を流している。このためアークなどが発生し，劣化が進み，定期的な保守を必要とし，あるレベル以上の大型設備はできないなどの問題が生じる。原理的には理解しやすい直流モータであるが，整流子の機能をパワーエレクトロニクス器（インバータ）で置き換える交流モータが現在多く使用されるようになった。

ここではまず，モータを概括した後，交流理論の基礎の概要を説明し，現在および今後とも数多く使用される交流モータについて述べる。

4.2 三相交流と移動磁界[1)]

交流は変圧器により電圧を容易に昇圧・降圧ができ，直流と比べて遮断が比較的容易であるため，大規模送配電が可能となった。このため，第二次産業革命以降電力系統には直流ではなく，交流が用いられるようになった。

交流の基本は単相交流であり，単相交流の電圧と電流の関係を把握する必要がある。電圧と電流の関係は，交流電源とそれに接続された負荷状況を把握する必要があり，交流では負荷はインピーダンスつまり複素数で記述される。そこでは，単一周波数のみ存在していることが前提で，電気回路内の負荷は集中定数の線形動作を前提としている。複素数の基本は，オイラー（Euler）の次式である。

$$e^{j\theta} = \cos\theta + j\sin\theta, \quad j = \sqrt{-1} \tag{4.1}$$

これにより，単一周波数fを前提としたときの位相差を議論することができる。

いま，電流を次式の複素数で表現するとする。変数の上のドットは，その変数が複素数であることを示し，ドットが付かない変数は実部のみとする。

$$\dot{I} = I_0 e^{j\omega t} \tag{4.2}$$

ここで，角周波数$\omega = 2\pi f$である。これより，実際に流れる電流は，その実部をとって

$$I = \mathrm{Re}[I_0 e^{j\omega t}] = I_0 \cos\omega t \tag{4.3}$$

となる。

いま，電源に接続されている負荷は，抵抗RとインダクタンスLとの集中定数で表現されているとする。モータなどではMHz以下の比較的低周波で使

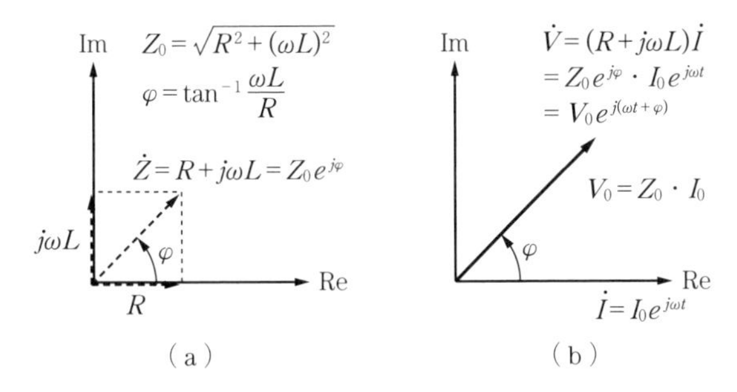

図 4.4 インピーダンス，電圧・電流の複素数表示

用され，電磁気における変位電流項は一般に無視されるので，これで表現される。するとそのインピーダンスは，**図 4.4** のように

$$\dot{Z}=R+j\omega L=Z_0e^{j\varphi} \tag{4.4}$$

$$Z_0=\sqrt{R^2+(\omega L)^2},\quad \varphi=\tan^{-1}\frac{\omega L}{R} \tag{4.5}$$

で表記される。すると，電圧は複素数表示すると

$$\dot{V}=\dot{Z}\cdot\dot{I}=Z_0e^{j\varphi}\cdot I_0e^{j\omega t}=Z_0\cdot I_0e^{j(\omega t+\varphi)}=e^{j\omega t}(Z_0I_0e^{j\varphi}) \tag{4.6}$$

となる。実際に印加される電圧は

$$V=\mathrm{Re}[\dot{V}]=Z_0I_0\cos(\omega t+\varphi)=V_0\cos(\omega t+\varphi),\quad V_0=Z_0I_0 \tag{4.7}$$

となる。ここで，電流と電圧とは同一周波数ではあるが，その間に**図 4.5** のように φ だけの位相差が生じることになる。

このときの（有効）電力について考える。電力は，電流と電圧の積なので，瞬時電力 $P(t)$ は

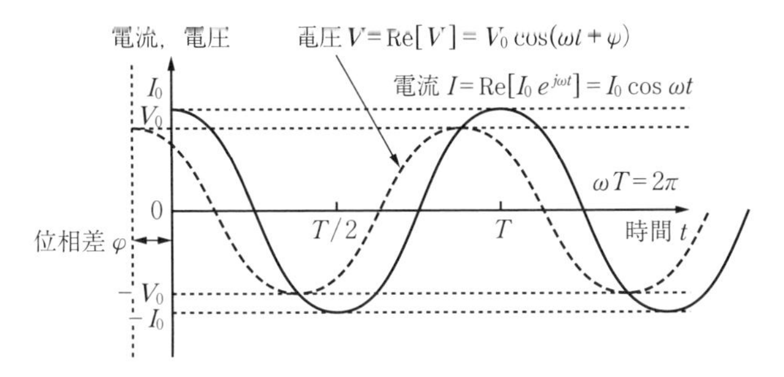

図 4.5 交流電流・電圧の時間波形と位相差

$$P(t)=IV=\frac{1}{2}I_0V_0\left(\cos(2\omega t+\varphi)+\cos\varphi\right) \tag{4.8}$$

となる。これより，単相交流の瞬時電力は，一定ではなく2倍波の交流成分が存在し，時変であることがわかる。瞬時電力の1周期分を考えると，上式を時間積分して

$$P_0=\frac{1}{T}\int_t^{t+T}P\,\mathrm{d}t=\frac{1}{2}I_0V_0\cos\varphi \tag{4.9}$$

となる。I_0 と V_0 とは電流と電圧のピーク値であり，それを $\sqrt{2}$ で除した値がそれぞれの実効値であるので，$I_0V_0/2$ は電流，電圧の実効値の積である。これを皮相電力といい，式 (4.9) を有効電力という。有効電力と皮相電力との比である $\cos\varphi$ を力率という。力率は電流と電圧との位相差によって生じ，負荷のインダクタンス成分によって生じる。また，次式で定義される値を無効電力という。

$$Q_0=\frac{1}{2}I_0V_0\sin\varphi \tag{4.10}$$

電流が流れる銅ケーブルの太さは流したい電流の値で決まり，電気絶縁性は印加したい電圧の値で決まる。つまり，銅ケーブルや電気絶縁性といった電気設備は皮相電力で決まる。しかし，その設備に対し実際に使える電力は有効電力である。このため，それらの比である力率は，電気設備をどこまで有効に使用できるかを示す指標といえる。力率を大きくすることは，電気設備を有効に使用する上で大切なことである。

瞬時電力が時変であることは，モータや発電機を大規模に使用するときに大きな問題が生じる。モータや発電機は，電気エネルギーと機械エネルギーとの変換装置ともいえ，損失がない理想状況を考えると，電気エネルギー IV と機械エネルギー $T\omega$（T：トルク，ω：角周波数）が

$$IV=T\omega \tag{4.11}$$

でなければいけない。電気エネルギーが時変であれば，機械エネルギーも時変でなければならず，トルクまたは回転数が2倍周期で振動することになる。大型のモータや発電機のトルク，または回転数をこのように時変にすることは機

械強度上あり得ず，もし実現したとしても機械的破損，故障は頻出するといえる。

そこで，こうした電気エネルギーの時変問題を解決するのが三相交流である。三相交流は，U 相，V 相，W 相の大きさは同じで位相差が $2\pi/3$ を持つもので，電流の各相は次式で表現される。

$$I_U = I_0 \cos \omega t, \quad I_V = I_0 \cos\left(\omega t - \frac{2\pi}{3}\right), \quad I_W = I_0 \cos\left(\omega t - \frac{4\pi}{3}\right) \tag{4.12}$$

三相交流に接続される負荷は，各相同一の三相平衡な状態を考えると，電流と電圧との間に位相差 φ があるので，各相の電圧は次式で表現される。

$$V_U = V_0 \cos(\omega t + \varphi), \quad V_V = V_0 \cos\left(\omega t - \frac{2\pi}{3} + \varphi\right), \quad V_W = V_0 \cos\left(\omega t - \frac{4\pi}{3} + \varphi\right) \tag{4.13}$$

このときの電圧・電流の時間波形を**図 4.6** に示す。このときの瞬時の電力 P_3 は次式で与えられる。

$$\begin{aligned} P_3 &= I_U V_U + I_V V_V + I_W V_W \\ &= I_0 V_0 \left(\cos(\omega t) \cos(\omega t + \varphi) + \cos\left(\omega t - \frac{2\pi}{3}\right) \cos\left(\omega t - \frac{2\pi}{3} + \varphi\right) \right. \\ &\quad \left. + \cos\left(\omega t - \frac{4\pi}{3}\right) \cos\left(\omega t - \frac{4\pi}{3} + \varphi\right) \right) \end{aligned}$$

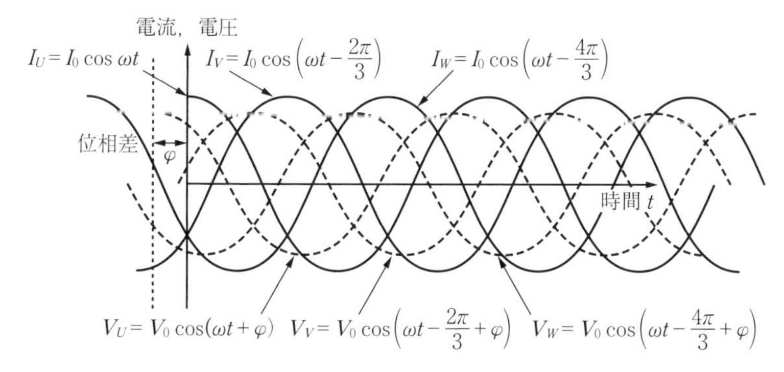

図 4.6　三相交流の電圧・電流の時間波形

$$= \frac{3}{2} I_0 V_0 \cos\varphi \tag{4.14}$$

これより三相交流の瞬時電力 P_3 は時間変動成分を持たない時不変であることがわかる。つまり，三相平衡な状態での電気エネルギーはつねに一定である。このため，大型発電機や大型モータといった大型の電気・機械変換装置には，三相交流が使用される。

モータや発電機における三相交流でもう一つ重要な概念に移動磁界（回転磁界）がある。回転磁界としては，ここで述べるロータの外周に沿った磁極の回転（移動）以外に，ステータやロータの鉄心のある点における1周期の磁界ベクトルの軌跡が円形や楕円形等になる現象も指す場合がある。この両者はともに「回転磁界」と呼ばれているが異なる現象であるため，前者を移動磁界と呼び，後者を回転磁界と呼ぶ。後者は17章で細述する。

いま，単層巻きのステータコアの内径に沿った円周方向を x 方向，半径方向を y 方向として**図4.7**上のように横展開した構造を考える。三相コイルは同図下のように結線（Y結線）し，三相交流電流が流れるものとする。電流の向きに応じて，**図4.8**のように右ねじの法則による磁界が発生する。**図4.9**のよ

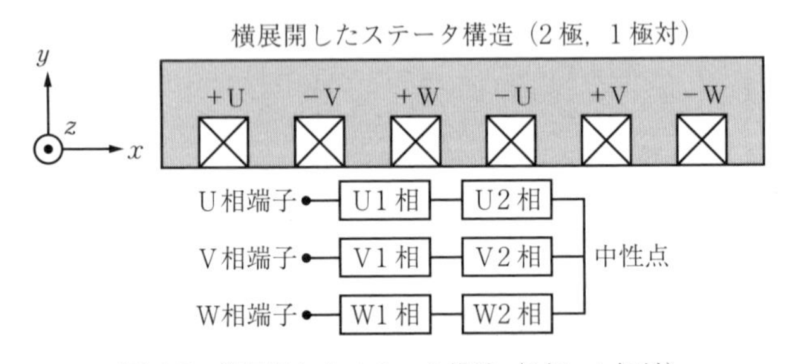

図4.7　横展開したステータ構造（2極，1極対）

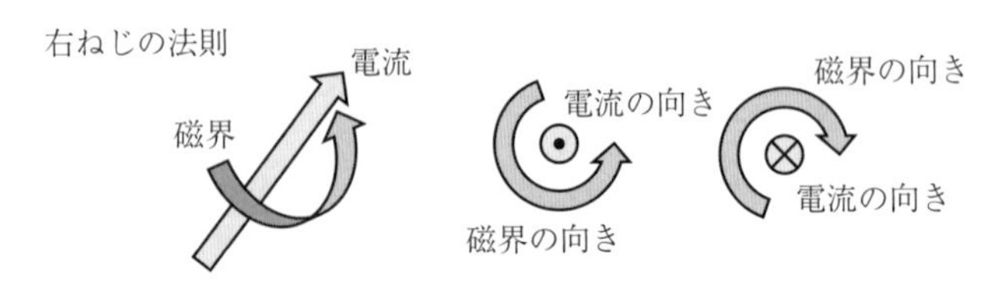

図4.8　右ねじの法則による電流の向きと磁界の向き

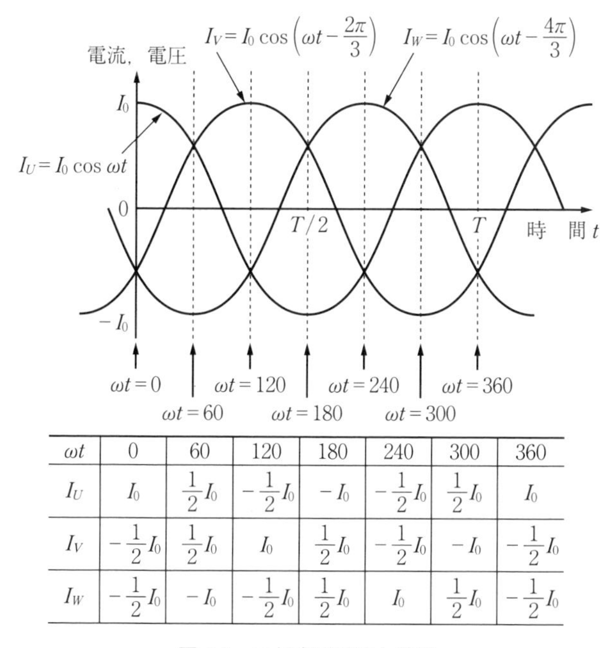

ωt	0	60	120	180	240	300	360
I_U	I_0	$\frac{1}{2}I_0$	$-\frac{1}{2}I_0$	$-I_0$	$-\frac{1}{2}I_0$	$\frac{1}{2}I_0$	I_0
I_V	$-\frac{1}{2}I_0$	$\frac{1}{2}I_0$	I_0	$\frac{1}{2}I_0$	$-\frac{1}{2}I_0$	$-I_0$	$-\frac{1}{2}I_0$
I_W	$-\frac{1}{2}I_0$	$-I_0$	$-\frac{1}{2}I_0$	$\frac{1}{2}I_0$	I_0	$\frac{1}{2}I_0$	$-\frac{1}{2}I_0$

図 4.9　三相交流電流と時刻

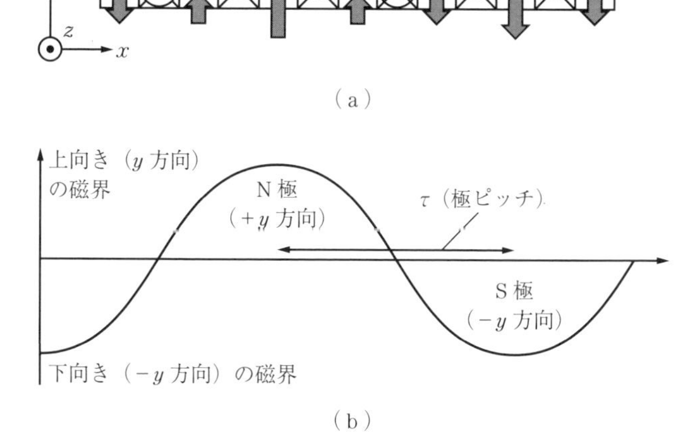

図 4.10　$\omega t = 0$ のときの電流分布（図（a））とそのときの y 方向磁界の空間分布（図（b））

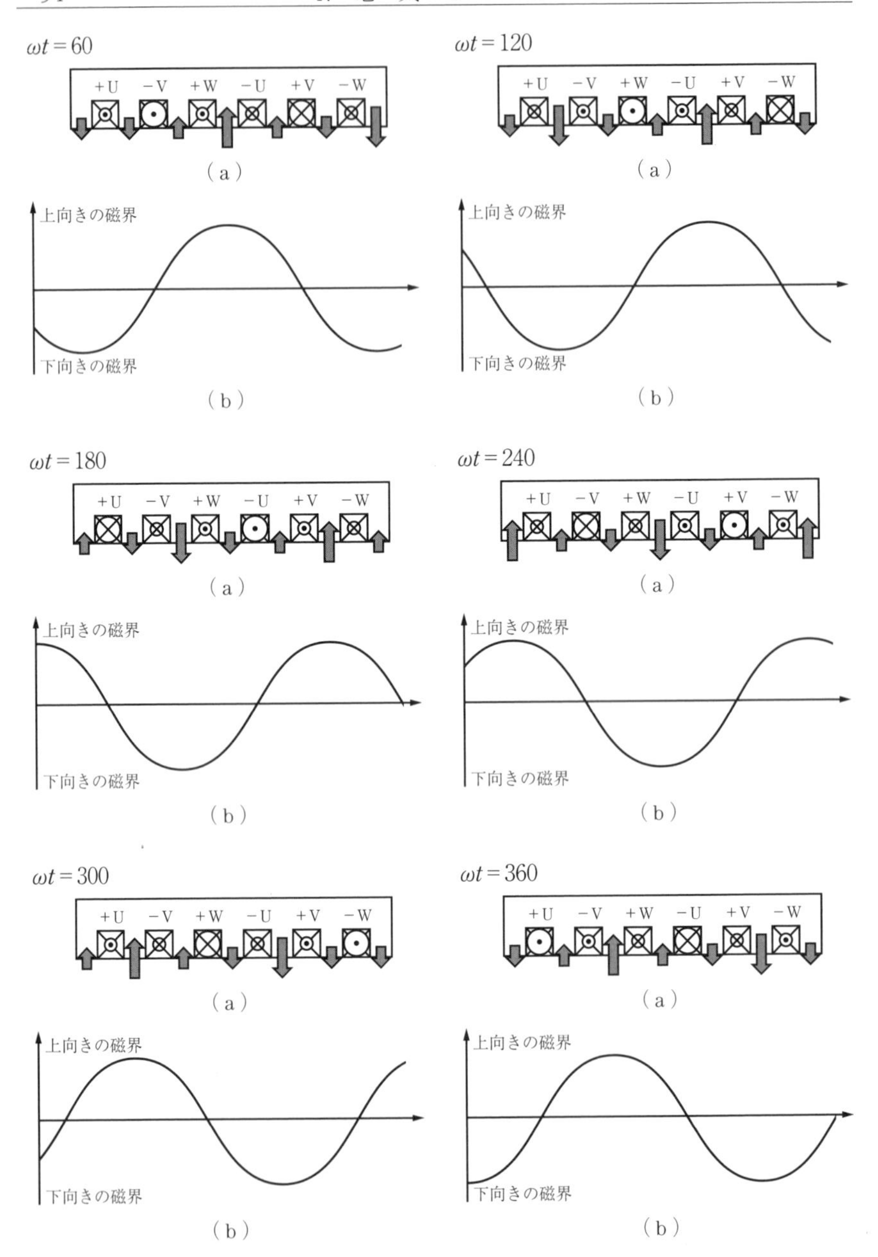

図 4.11　1周期の各時刻における電流の分布およびそのときの磁界の分布

うに流れる三相交流電流に対し，$\omega t=0$，60，120，180，240，300，360度の各時刻における電流を取り上げる。ここでは，各時刻における電流の向きと磁界の向きとを考える。

例えば，$\omega t=0$ のときを取り上げる。図4.9より

$$I_U = I_0,\quad I_V = -\frac{1}{2}I_0,\quad I_W = -\frac{1}{2}I_0 \tag{4.15}$$

となるので，電流の分布は，**図4.10**（a）のようになる。右ねじの法則により，そのときの y 方向磁界に対する x 方向の空間分布は，同図（b）のようになる。

時刻 $\omega t=0$，60，120，180，240，300，360度における電流分布とそのときに発生する磁界分布を**図4.11**に示す。y 方向に沿った各位置における磁界は単振動であるが，三相交流を適切に結線することで，x 方向に磁界が移動する移動磁界が発生することがわかる。1周期で，2極分（1極対分）磁界が移動している。そこで，極ピッチを τ（N極とS極との距離）とすると，磁界の移動速度 v_0 は次式となる。

$$v_0 = 2\tau f \tag{4.16}$$

ロータの半径を r とすると，ステータの磁極の移動する回転角周波数 $\omega_0=rv_0$ となる。これはまた同期速度，同期角速度ともいう。

4.3 交 流 モ ー タ[2)〜4)]

適切に結線されたステータに三相交流の電流を流すと，S極やN極といった磁極が生じ，同時に回転角周波数 ω_0 にて空間的に移動する移動磁界が発生する。この場合，それとロータの回転角速度 ω_m（機械回転速度という）と同じであるか異なるかで，モータの種類が異なる（ここでは簡便のためにモータの極数を2，極対数=1とする）。

$$\omega_m = \omega_0 \tag{4.17}$$

のときを同期モータといい

$$\omega_m \neq \omega_0 \qquad (4.18)$$

のときを非同期モータ，または誘導モータという。

まず同期機について考える。電磁石や永久磁石を用いてロータにステータの極数と同じ数の磁極を発生させると，移動磁界の角速度とロータの角速度とは同じになるので，ロータの磁極とステータとの磁極との相対的位置関係は変わらないでロータは回転する。ここで，ステータのN極とロータのS極などといった異極配置にした場合には磁力による引き合う力が発生することになる。この力が同期モータにおける電磁トルクの（一つの）発生源である。

磁極を発生させるロータ構造としては，電磁石式と永久磁石式とがある。電磁石式は，ロータ電磁石構造とし，その電磁コイルに電流を直接流す必要があるので，スリップリングを介して外部直流電源に接続している。ロータの電磁石構造としては突極型と円筒型とがある。

突極型は磁極の発生する方向（図4.2の d 軸方向）に鉄心が突き立てられており，その直交する方向（同図の q 軸方向）には銅の電磁コイルが巻かれており，鉄心がない。このため，d 方向と q 方向とのリラクタンス成分は異なり，その差によって生じるリラクタンストルクが新たに発生し，電磁トルクは大きくなる。しかし突極型は回転体としては構造的に対称ではないために，高速回転および大型化には不向きである。

これに対し円筒型は，ステータのスロット構造をロータの円周方向に均一に配置し，そこに銅コイルを巻き付け，直流電流を流し磁極を発生させる。このため，d 方向と q 方向のリラクタンス成分は同じになり，リラクタンストルクは発生せず，電磁トルクはその分低下する。しかし，回転体としては回転対称なので高速回転および大型化に適している。

ロータが同期速度で回転していると，ロータの磁極とステータとの磁極との相対的位置関係は変わらないので，両磁極の間に角度差 δ が存在する。これが同期機における負荷角である。ロータの回転方向に対し，ロータの磁極（例えばN極）位置がステータの回転磁界の磁極（例えばS極）位置より，進んでいればロータの発生する磁極がステータの磁極を従えている（発生させている）と捉えることができるので，このときが同期発電機，つまり機械エネルギーから電気エネルギーに変換していることになる。逆に，ロータの磁極（例えばＮ極）位置がステータの回転磁界の磁極（例えばＳ極）位置より，遅れていればステータの発生する磁極がロータの磁極を従えている（発生させている）と捉えることができるので，このときが同期電動機（同期モータ），つまり電気エネルギーから機械エネルギーに変換していることになる。このように同じステータ，ロータの形状においても，負荷角の正負で発電機になったりモータになったりする。

ロータから見るとステータの磁極は静止しているように見えるので，ロータには原則として渦電流は発生しない。しかし実際には，回転しているロータからステータを見ると，ステータのスロットの有無が見え，鉄心のあるスロット部分では磁束が大きくティース部分では磁束は小さくなるので，スロット高調波が発生する。これがロータ側に渦電流を発生させる。インバータ励磁の場合，スイッチング動作による時間高調波成分がさらに加わる。

これに対し，誘導モータでは，ステータの発生する移動磁界の回転速度はロータの回転速度より速くて，ロータからはステータの磁束は

$$\omega_s = \omega_0 - \omega_m \tag{4.19}$$

の回転速度で移動しているように見える。これを滑り角周波数 ω_s という。つまり，ロータでは ω_s の角速度にて磁界が移動しているので，その電磁誘導作用により ω_s に応じて誘導起電圧が生じる。ここで

$$s = \frac{\omega_0 - \omega_m}{\omega_0} = \frac{\omega_s}{\omega_0} \tag{4.20}$$

を滑りと定義する。ロータ側で誘導起電圧に応じて積極的に渦電流を流すような構造にすると，ロータに渦電流が発生する。こうしたロータ構造としては，コイルエンド部を短絡させたかご型や同期機の円筒型と同じ巻線型がある。かご型は構造が単純で堅牢安価である。巻線型はスリップリングを介して外部の回路や電源と接続させることができ，ロータの二次抵抗を変えたり，外部電源と接続させたりすることができる。

ステータに流れる励磁電流により発生する磁界とロータの渦電流により発生する磁界との合計が，ロータ外周近傍の磁束密度となる。合計磁界からの磁束密度とロータの渦電流とのローレンツ力が，誘導モータに発生する電磁トルクである。

ここで，滑り$s=1$のロータが静止している状態を考えると，このときはロータに渦電流が発生し，ある電磁トルクが発生する。印加電圧一定でロータが回転し，滑りが小さくなると電磁トルクも増える。しかし，$s=0$となってロータの回転速度が同期速度になるとロータに渦電流は発生しないので，トルクは0となる。

誘導モータは，その動作原理は複雑であるが，構造が簡単で堅牢である。ロータに渦電流を流すため，その分損失は増え効率は永久磁石モータほど大きくはない。しかし，ステータに電圧を印加しないでロータだけを回していても，誘導起電圧はステータに発生しない。また，永久磁石モータのようにステータを励磁しないので引きずり損は発生しない。このため，電気自動車への適用も進んでいる。

4.4 永久磁石型同期モータ

現在のエアコンや電気自動車の駆動モータとしておもに使用されている永久磁石モータは，同期機の界磁部を永久磁石で用いたものである。NdFeBといった比較的廉価な材料で残留磁化が大きくできる永久磁石の出現で多用化されている。図4.2は永久磁石モータの構造図である[1),2)]。

永久磁石をロータの界磁として使用するので，電磁石のようにスリップリングを必要とせず，また界磁発生のための追加の電力を必要としない。このため，従来のモータより小型高効率が実現される。

永久磁石モータの動作原理は，原則として電磁石式と同じではあるが，永久磁石の比透磁率がほぼ1で空気とほぼ同じであることが特性を異にしている。

永久磁石の配置としては，それをロータの表層に配置させる「表面永久磁石型同期モータ」(surface permanent magnet synchronous motor, SPM-SM)と，ロータ内部に埋め込む「埋込み式永久磁石型同期モータ」(interior permanent magnet synchronous motor, IPM-SM)とがある(**図 4.12** 参照)。

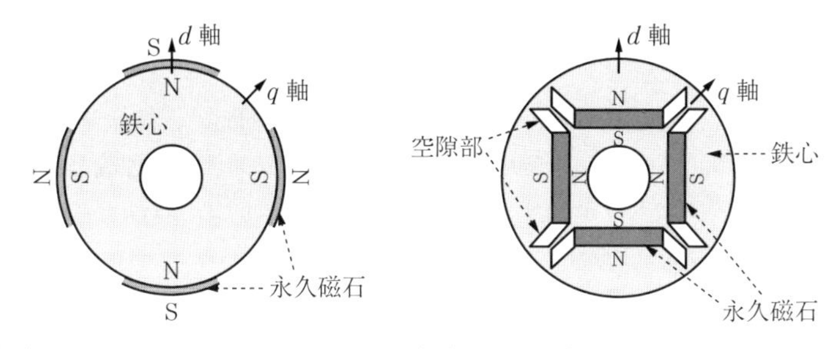

(a)　表面永久磁石型同期モータ (SPM-SM)　　(b)　埋込み式永久磁石型同期モータ (IPM-SM)

図 4.12　ロータにおける永久磁石の配置[3)]

永久磁石自体の比透磁率は 1 強程度でほぼ空気と同じと考えられるので，SPM-SM では d 軸のリラクタンス X_d と q 軸のリラクタンス X_q とが同じであり，円筒型同様にリラクタンストルクは発生しない。しかし IPM-SM の場合には，d 軸のインダクタンス L_d と q 軸のインダクタンス L_q とが異なるので，突極型同様にリラクタンストルクが発生する。しかし，永久磁石自体の比透磁率は 1 強程度でほぼ空気と同じなので，$X_d < X_q$ となり，リラクタンストルクの成分は負となる。このため，負荷角特性では電磁石の円筒型と比べ位相が $\pi/2$ ずれることになる。

永久磁石モータが加速して速度が大きくなると電機子の端子に発生する誘導起電圧はそれだけ大きくなるので，電源はそれ以上の電圧を印加させる必要がある。一般に電源の印加電圧にはバッテリー容量などのため上限がある。そこでそれ以上に角速度を上げようとすると，誘導起電圧を下げる必要があり，そのために界磁の磁束を下げる必要がある。電磁石界磁の場合には，スリップリングを介して界磁に流れる電流を小さくすることで，界磁の発生する磁束を小さくすることができる。永久磁石の場合にはその発生する磁束の大きさを変えることは難しいので，電機子の発生する磁束を界磁に作用させて磁束を低下させる弱め界磁制御方式を用いる。具体的には，ステータの磁極位置とロータの磁極位置とを変えて制御する。

引用・参考文献

1) 小郷寛，石亀篤司，小亀英己："基礎からの交流理論"，電気学会（2002）.

2) 杉本英彦，小山正人，玉井伸三："AC サーボシステムの理論と設計の実際—基礎からソフトウェアサーボまで"，モータエレクトロニクスシリーズ，総合電子出版社（1990）.

3) 武田洋次，森本茂雄，松井信行，本田幸夫："埋込磁石同期モータの設計と制御"，オーム社（2001）.

4) 藤﨑敬介："永久磁石とその応用：第6回 磁石応用最前線"，まぐね，Vol.11，No.1，pp.34-41（2016-02）.

5 パワーエレクトロニクス

40 年以上前から本格的に研究されてきたパワーエレクトロニクス技術は，その応用は一部の電気エネルギーに限られてきた。しかしこれから 10 ～ 20 年内外で電気エネルギーの 8 割がパワーエレクトロニクス技術を介して利用されるようになると，その位置付けは大きく変わろうとしている。このため，電気関係者だけではなく，パワーエレクトロニクス技術の重要な構成要素である磁気関係者にも必要最低限の知識は習得すべき事項といえる。ここではパワーエレクトロニクス技術の概要について述べ，その中でも基本といえる単相インバータを取り上げ，その動作について詳しく述べることにする。

5.1 パワーエレクトロニクス技術の概要[1)～3)]

パワーエレクトロニクスは，電力用半導体をスイッチング動作として用い，H ブリッジなどの回路を組んで交流（alternating current，AC）や直流（direct current，DC）の電力変換を行う技術である。電力用半導体の ON/OFF のスイッチングのタイミングだけで高効率・高応答な電力変換を行い，可変周波数・可変電圧を実現している。モータの制御理論によりその周波数や電圧の指令値が決まり，所定の位置，速度，トルクが得られるようになっている。つまり，パワーエレクトロニクス技術の構成要素は，**図 5.1** のように，おもに電力用半導体，回路，制御から構成される複合技術といえる[1)～3)]。

そこでは電圧，周波数を任意に，かつ高効率・高応答に出力できるために，モータの可変速度制御が経済的にできるようになり，いまや移動手段全般への

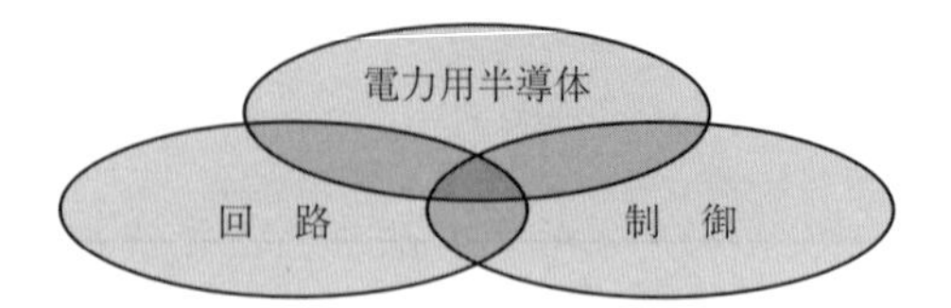

図 5.1　パワーエレクトロニクス技術の 3 要素

適用が図られている。モータとパワーエレクトロニクス技術とが一体となったモータ駆動システムが，移動革命の中心的技術であるともいえる。

電気モータや電気回路には磁性材料が多く使用されている。それらは，パワーエレクトロニクス器による励磁，またはパワーエレクトロニクス回路内での励磁が行われている。そこで，パワーエレクトロニクス器による磁性材料の励磁をパワーエレクトロニクス励磁と呼ぶことにする。

電力用半導体としては素子に流れる電流の向きで ON/OFF を決める二端子素子と，外部信号により ON/(OFF) を決めることができる三端子素子とがある。二端子素子としてダイオードがあり，三端子素子としてはサイリスタ，バイポーラトランジスタ，MOSFET（metal-oxide-semiconductor field-effect transistor），GTO（gate turn off thyristor），IGBT（insulated gate bipolar transistor）などがあり，容量，応答性といった目的に応じて使用されている。

電気エネルギーの形態は大きく交流と直流とに分けられるので，電力変換の仕方は**図 5.2** のように考えられる。電力の変換の仕方により代表的な電力変換の回路名が存在する。

制御としては，パワーエレクトロニクス回路内での電流制御，速度制御などがあり，交流モータの制御としてベクトル制御がある。さらに，その外側の

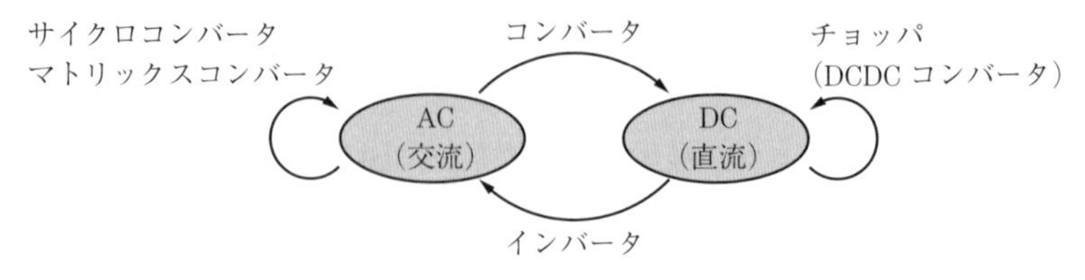

図 5.2　パワーエレクトロニクスの機能とそのときの回路（電力変換技術）

ループとしてロボットのようにいくつかのモータを制御する方法などがある。

以上のように，パワーエレクトロニクス技術はいくつかの技術要素で構成されている複合技術であり，それらすべてを説明することは本書の主旨ではない。それは専門書に譲るとし，ここではモータ駆動システムや磁性材料の技術を考えるのに必要なパワーエレクトロニクス技術の根幹，つまり，スイッチング動作およびモータ駆動システムのおもな電源となっているインバータ回路を中心に述べる。

5.2 電力用半導体のスイッチング動作

パワーエレクトロニクス回路では，電力用半導体が使用され，スイッチング動作をしている。

電力用半導体に流れる電流を I，それに印加する電圧を V とすると，電力用半導体で消費される電力 P は，**図 5.3** のように

$$P = IV \tag{5.1}$$

である。

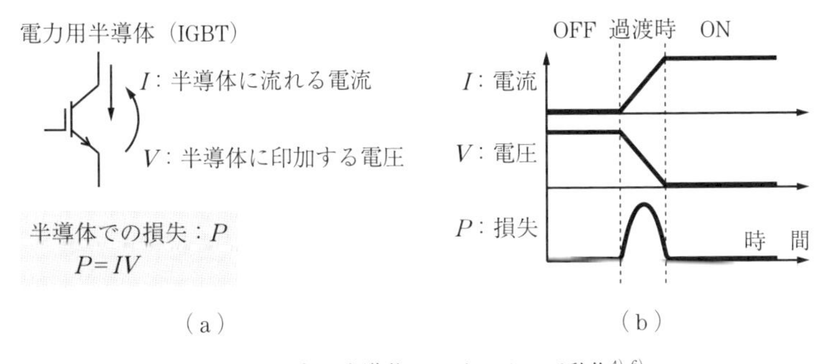

図 5.3 電力用半導体のスイッチング動作[4),6)]

いま，図 5.3（b）のように，電力用半導体が OFF 状態から ON 状態になったとする。ここで OFF 状態では電流は流れず，また ON 状態では電力用半導体は短絡し電圧は印加されない，さらに OFF 状態から ON 状態への切替え（ま

たその逆も）は瞬時に行える，といった理想状態を考える。すると，OFF状態では電流が流れず，$I=0$ なのでそのときの電力用半導体の損失 $P=0$ となる。ON状態では短絡しているので電力用半導体には電圧がかからず $V=0$ なので，電力用半導体での消費電力 $P=0$ となる。

つまり，電力用半導体が理想状態であるとすると，OFF状態かON状態のどちらかしかないので，半導体の損失は「0」ということになる。

後述するように，インバータといったパワーエレクトロニクスでは電流の流れる主回路にはおもに電力用半導体で構成されている。このため，理想的なスイッチング動作をする限り電力変換での損失は0ということになる。また，ON/OFF間のスイッチングの切替えは瞬時に行えるので高応答といえる。これが，パワーエレクトロニクス器の高効率・高応答な動作を可能としている理由である。

しかし，現実の半導体では，ON状態からOFF状態またはその逆においては，電圧，電流の立上り，立下りといった過渡状態が存在し（Si半導体でμs程度），その間に，スイッチング損失が生じる。また，ON状態でも半導体の電気抵抗は0ではないので，流れる電流に応じてジュール損が発生する。また，OFF状態でも漏れ電流が多少流れるので，その分の損失が生じる。このため，パワーエレクトロニクス器の電力変換の効率は必ずしも100%とはなっていない。しかし，そうした損失は一般的にそれほど大きいものではない。

5.3　インバータ回路とその動作[4)]

パワーエレクトロニクス回路としてはいくつか存在するが，ここでは一例として，DCからACに電力変換をさせる**図5.4**のような単相インバータを考える。そこには，スイッチング動作をする4個の電力用半導体（回路内ではIGBT）S_1～S_4 とその対となるダイオード（フライホイールダイオードともいう）でHブリッジを構成している。入力は直流電圧 V_{DC} である。出力は負荷に接続されてその電圧を V とする。

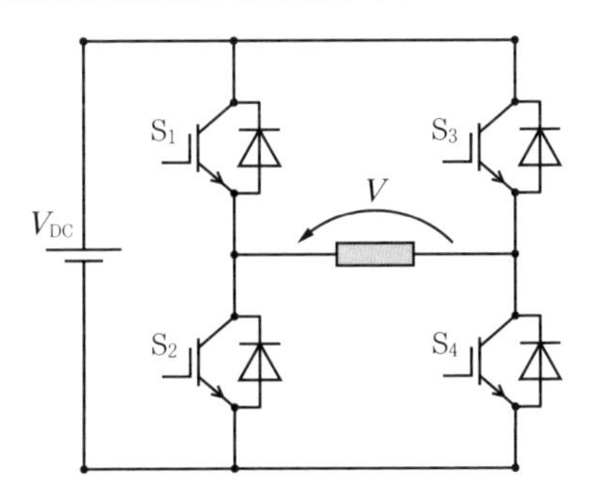

図 5.4 単相フルブリッジインバータ回路

ここでインバータ回路内の同一レグ（図 5.4 の S_1 と S_2，または S_3 と S_4）にある半導体は同時に ON すると，直流電源からの短絡電流が流れ半導体が熱破壊させられるので

$$S_1 = \overline{S_2}, \quad S_3 = \overline{S_4} \tag{5.2}$$

の制約条件を入れる必要がある。ここで記号の上のバーは，ON/OFF の反転を意味する。すると，4 個の電力用半導体 S_1 ～ S_4 に対して**表 5.1** のように 4 種類のモードを考えることができる。この各モードに対する回路およびそのときの出力電圧を考えると，**図 5.5** のようになる。つまり，電力用半導体 S_1 ～ S_4 のスイッチングパターンによって，出力電圧 V は $-V_{DC}$，0，V_{DC} の 3 種類を選択できることがいえる。

表 5.1 電力用半導体のスイッチング動作とそのときのモード

	S_1	S_2	S_3	S_4
モード 1	ON（○）	OFF（×）	OFF（×）	ON（○）
モード 2	ON（○）	OFF（×）	ON（○）	OFF（×）
モード 3	OFF（×）	ON（○）	ON（○）	OFF（×）
モード 4	OFF（×）	ON（○）	ON（○）	OFF（×）

そこで，例えばスイッチングモードを（モード 4 を使用しないで）

モード 2 → モード 1 → モード 2 → モード 3 → モード 2 → モード 1 → モード 2 →…

と時系列で動作させると，**図 5.6** のような出力電圧波形を得ることができる。

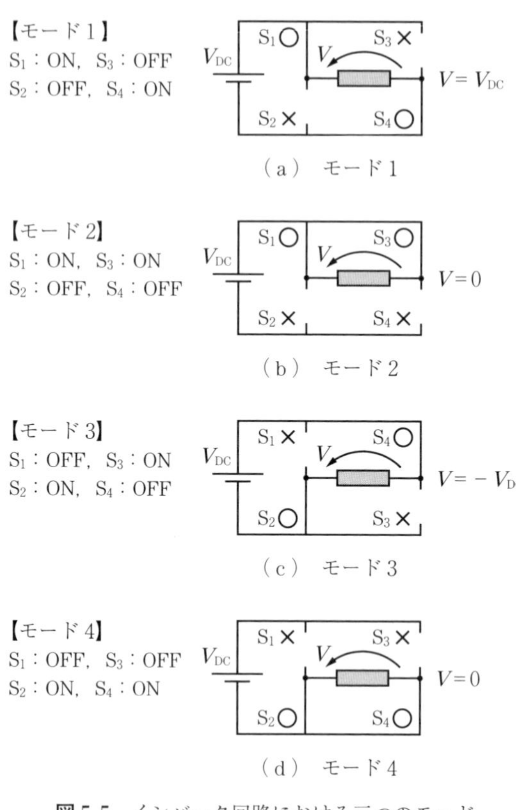

図 5.5　インバータ回路における三つのモード

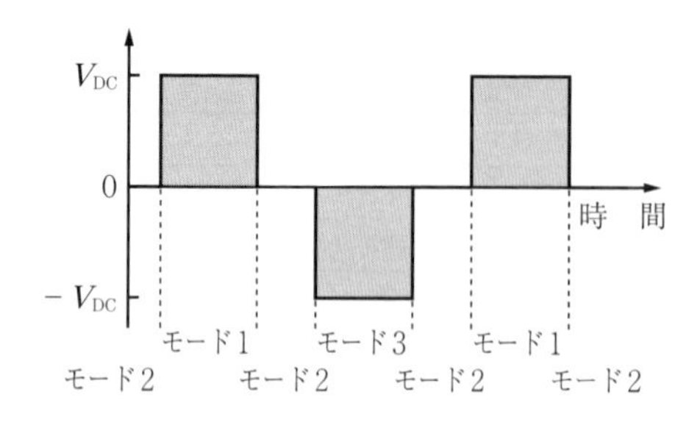

図 5.6　単相インバータの出力電圧波形

そこでは，出力電圧波形が，＋電圧と－電圧とが交互に出力している。交流波形の定義は，＋電圧と－電圧とが一定周期で交互に繰り返すことであるので，この電圧波形は交流波形といえる。つまり，図 5.4 の単相インバータ回路は，電力用半導体のスイッチング動作によって直流入力から交流出力に電力変換ができたことになる。

図 5.4 の回路はメイン部分しか示していないが，おもな電圧，電流はこの回路内に印加され流れるので，インバータ回路はおもに電力用半導体のみで構成されることになる。スイッチング動作をしている限り，理想的には電力用半導体の消費電力は「0」なので，図 5.4 のインバータ回路は，理想的には損失「0」で直流から交流に変換していることになる。しかも，操作端は原則として半導体のスイッチング動作なので，高応答に操作することができる。つまり，インバータ回路は高効率・高応答な電力変換器といえる。

図 5.6 の電圧波形は，交流波形であるが，通常の正弦波と異なる。それは，電力用半導体のスイッチング動作に起因する電圧波形の立上り，立下りにある。ステップ状の電圧波形はフーリエ展開すると高調波成分を持つ。このため，インバータの出力波形は基本波成分以外に，高調波成分を本質的に持つことになる。

いま，図 5.6 の電圧波形 V が基本周波数として f_0 の周期波形を持っているとすると

$$V = V(\omega t) \tag{5.3}$$

ここで $\omega = 2\pi f_0$ となり，これをフーリエ級数展開して

$$V(\omega t) = \sum_{i=1}^{\infty} v_i \sin\left(i\omega t + \varphi_i\right) \tag{5.4}$$

となる。これより，電圧波形 V は，全体の実効値

$$V_{rms} = \sqrt{\frac{\int_t^{t+T} V(\omega t)^2 \mathrm{d}t}{T}} \tag{5.5}$$

ここで $T = 1/f_0$：周期が定義され，さらに基本波成分の実効値

$$V_0 = v_1 \tag{5.6}$$

との 2 種類が定義される。

電磁トルクは通常基本波に対して出力されるが，損失は実効値で評価される

ことが多い。一般に

$$V_0 \neq V_{rms} \tag{5.7}$$

である。

インバータの出力電圧および出力周波数を変えることを考える。**図5.7**より，出力電圧の矩形波の幅を広げると出力電圧は大きくなり，幅を狭くすると出力電圧は小さくなる。図5.7のように出力電圧の矩形波の間隔が基本波の周期なので，その間隔を広くすると基本波の周波数は小さくなり，周期を狭くすると基本波の周波数は大きくなる。

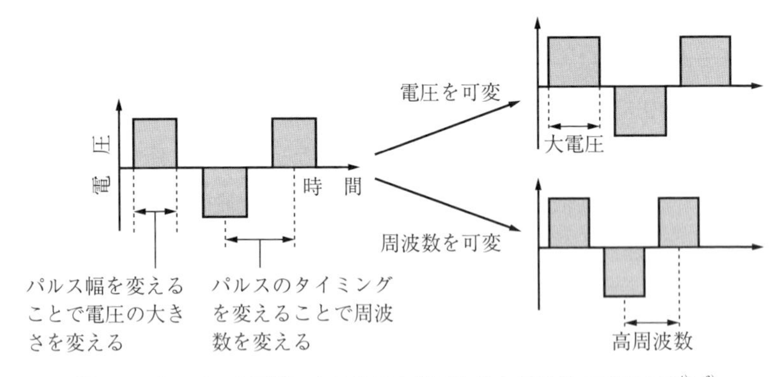

図5.7　インバータ回路における出力電圧と出力周波数の可変方法[4)～6)]

電圧波形の矩形波の幅や間隔は，図5.7のように表5.1の各モードの切替えのタイミング，つまりスイッチング素子S_1～S_4のON/OFFの切替えのタイミングで変えることができる。つまり，インバータの出力電圧の大きさを変えたり周波数を変えたりするには，スイッチング素子S_1～S_4のON/OFFの切替えのタイミングを変えることで実現できるといえる。

ただし，スイッチング動作であるために高調波成分は必然的に生じることになる。高調波成分は一般に電磁波環境を悪化させたり，負荷にある鉄心の損失を増加させたりする。このためにある程度高調波成分を下げる必要がある。

インバータ出力波形の高調波成分を低減させる方法としてはいくつかあるが，基本波波形以外により高周波なキャリヤ周波数を持つ三角波などを用いる正弦波 PWM（pulse-width modulation）インバータ方式などがよく利用されている。

図 5.8 は，インバータ内にある 4 個の電力用半導体のスイッチングパターンを決めるロジックである。波高値 m（変調率という）の基本周波数 f_0 を持った正弦波と，波高値 1 のキャリヤ周波数 f_c を持った三角波を生成し，両者の大小関係より 4 個の電力用半導体のスイッチングパターンを決める。

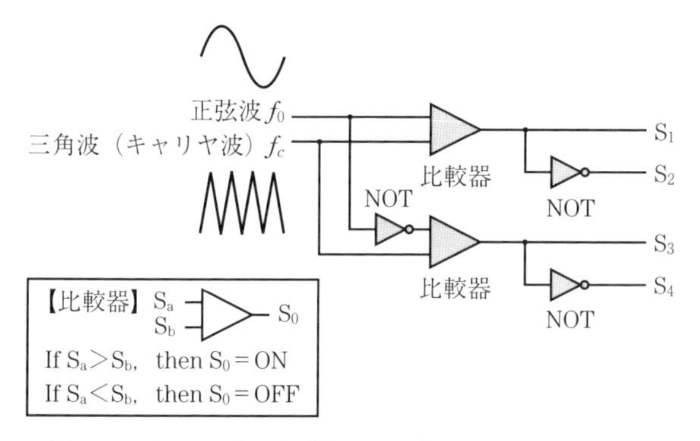

図 5.8　4 個の電力用半導体の ON/OFF スイッチングのタイミングの決定方法

すると，正弦波および三角波の時間波形は**図 5.9** のようになり，スイッチング素子 S_1 ～ S_4 の ON/OFF の切替えのタイミングが示される。このスイッチング素子 S_1 ～ S_4 の ON/OFF 状態から各モードが割り出され，そのときの出力電圧波形が出てくる。正弦波 PWM インバータにおける実測した出力電圧の時間波形の一例を**図 5.10** に示す。

S_1 と S_2 といった一つのレグ内にある電力用半導体の ON/OFF スイッチングの切替えを考える。半導体素子に ON/OFF 信号が入っても半導体に流れる電流が印加される電圧は急激に ON/OFF することはできず，徐々に電流や電圧が増減する過渡状態が存在する。Si 系デバイスでおおよそ 1 μs 程度の立上り時間である。これに素子ごとにばらつきが加わる。そこで，S_1 と S_2 が同時に ON になると短絡電流が流れ素子の破壊が起こるので，ある程度余裕を持って ON/OFF スイッチングの切替えを行う必要がある。それがデッドタイム t_d

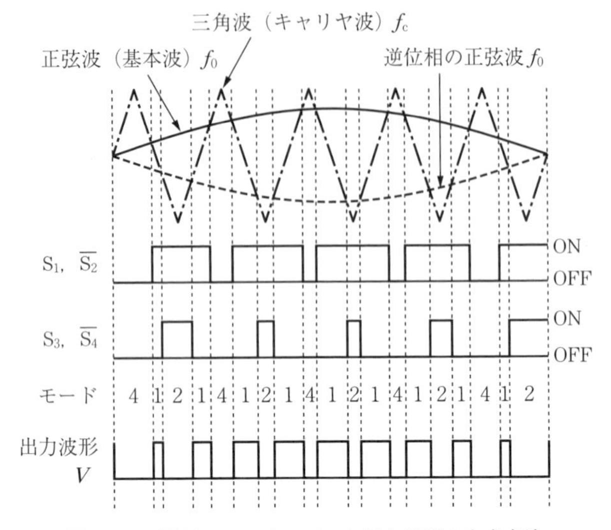

図 5.9　正弦波 PWM インバータ出力波形の生成方法

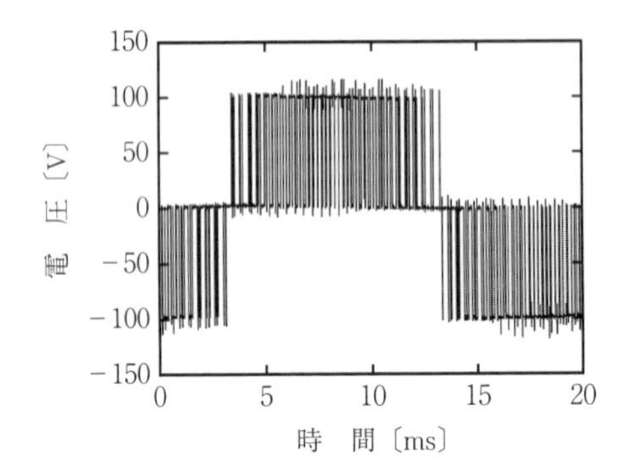

図 5.10　正弦波 PWM インバータの出力電圧の時間波形の一例[5)]

である。

図 5.11 の上二つの図は，理想的な素子の場合で，ON/OFF スイッチングの切替えが瞬時に行われるとしている。実際には素子のばらつきや立上り時間等があるので，図 5.11 の下二つの図のように，上アームが ON から OFF に代わる際，下アームはデッドタイムの分だけ遅れて OFF から ON に推移している。

キャリヤ周波数 f_c が低く半導体の応答性が十分に早い場合には，デッドタ

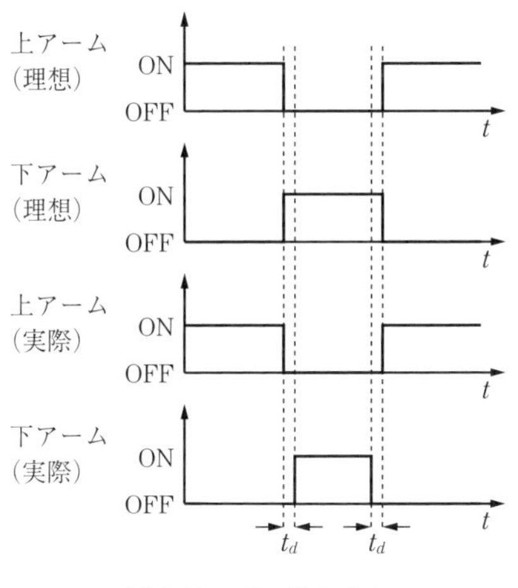

図 5.11　デッドタイム

イムの影響は見られないが，f_c が高く半導体の応答性に近くなると，t_d の影響が出始める。

5.4　パワーエレクトロニクスの意義[5),6)]

電気エネルギー技術の社会的使用は，100 年以上前の照明やファン・ブロアのモータなどのための電力系統の普及で実現した。そこでは，経済的にかつ動的に電力を変換する技術として変圧器を用いていたので，周波数は時間高調波成分を含まない商用周波数（50/60 Hz）に固定であった。つまり，電気エネルギー技術の理論体系および電磁材料は，スタインメッツをはじめとした多くの先人の努力の結果，商用周波数を前提として構築されていることを意味する。

しかし，パワーエレクトロニクス技術およびその本格的普及は，商用周波数の前提を大きく崩すことになる。それは

1.　動作周波数の多様化，特に高周波化
2.　スイッチング動作による高調波の出現

という新たな動作点および複数周波数を前提としている。

これまでの電気工学は，単一周波数や線形性を前提に複素数にておもに表現する電気数学や電磁気学を基礎としてきた。回路，電気機器，電力系統，そしてその応用・材料が中心であった。これに対し，高調波成分を含むパワーエレクトロニクスの利用が 10 ～ 20 年内外で電気エネルギーの 8 割に達するといった状況を考えると，これまでの電気工学の前提が成り立たなくなる。例えば，電磁材料にも高周波・高調波を前提とした新しい電磁材料が望まれることになる。その中でも容量・重量，価格，損失の点で大きな割合を占める磁性材料は特にその必要性が高い。

パワーエレクトロニクスの普及およびその及ぼす影響を考えると，高周波化や高調波含有を前提としたパワーエレクトロニクス技術をベースとした新たな電気工学の学問体系が構築されるときがすでに来ているものと考える。

引用・参考文献

1） 河村篤男，横山智紀，船渡寛人，星伸一，吉野輝雄：“パワーエレクトロニクス学入門―基礎から実用例まで”，コロナ社（2009）．
2） R. W. Erickson and D. Maksimovic：“Fundamental of Power Electronics”, second edition, Kluwer Academic Publications（2001）．
3） Y. Hase：“Handbook of Power Systems Engineering with Power Electronics Applications”, second edition, Wiley（2013）．
4） 藤﨑敬介：“非標準条件下磁気特性（インバータ励磁特性）”，平成 29 年度電気学会全国大会，2-s2-4，富山大学五福キャンパス（2017-03-15 ～ 17）．
5） K. Fujisaki：“Future Trend of Electrical Motor Drive System”，第 39 回日本磁気学会学術講演会シンポジウム，“Energy Magnetics improving motor efficiency”，09aA-3，講演概要集 2015，pp.91-92，名古屋大（2015-09-09）．
6） 藤﨑敬介：“今後の電気エネルギーの磁性材料に必要な磁気特性”，BM ニュース，No.53，pp.22-26（2015-04-01）．

6

電磁界融合学[1)]

モータ駆動システムをはじめとした電磁エネルギー機器は，電流・電圧および周波数を任意に高応答に得ることができるパワーエレクトロニクス技術を用いることにより，新たな二つの展開を迎えようとしている。一つは，国内エネルギー消費の2～3割を占める輸送部門の電動化であり[2)～6)]，もう一つは国内エネルギー消費の3～4割を占める有機化学，無機材料，金属産業の3分野におけるGHz程度の周波数領域でのマイクロ波応用技術である[7),8)]。前者はこれまでの内燃機関だけの駆動から電気モータとのハイブリッドおよび電気のみの駆動であり，一種の移動革命の様相を呈している。後者は，マイクロ波を有機，無機，酸化金属に照射すると，高速の低温反応，還元・窒化反応，省スペースプロセスといった従来にない新たな付加価値を伴っており，一部プロトタイプの試作が行われている[9)]。マイクロ波はこれまでマグネトロンなどが電源として用いられているが，高周波用半導体材料の研究・開発でGaN-FETを用いた半導体電源の利用も始まってきた。

このように国内エネルギー消費のほとんどが電気エネルギーで消費される様相を呈しているが，その根底には，電磁界数値解析により電磁界を照射したときの物理現象が把握できるようになり，パワーエレクトロニクス技術により必要とする電圧，電流，周波数を持つ電気エネルギーが高効率，高速かつ安価に変換でき，自由に幅広く活用できるようになったためと考えられる。電磁界現象を場として捉える考え方は，それらの構成要素を個別で議論することはむしろ意味はなくなり，全体として捉えなければいけない状況を作っているといえる。そこで，それらを**図6.1**のように電磁界融合学として位置付け，考察する

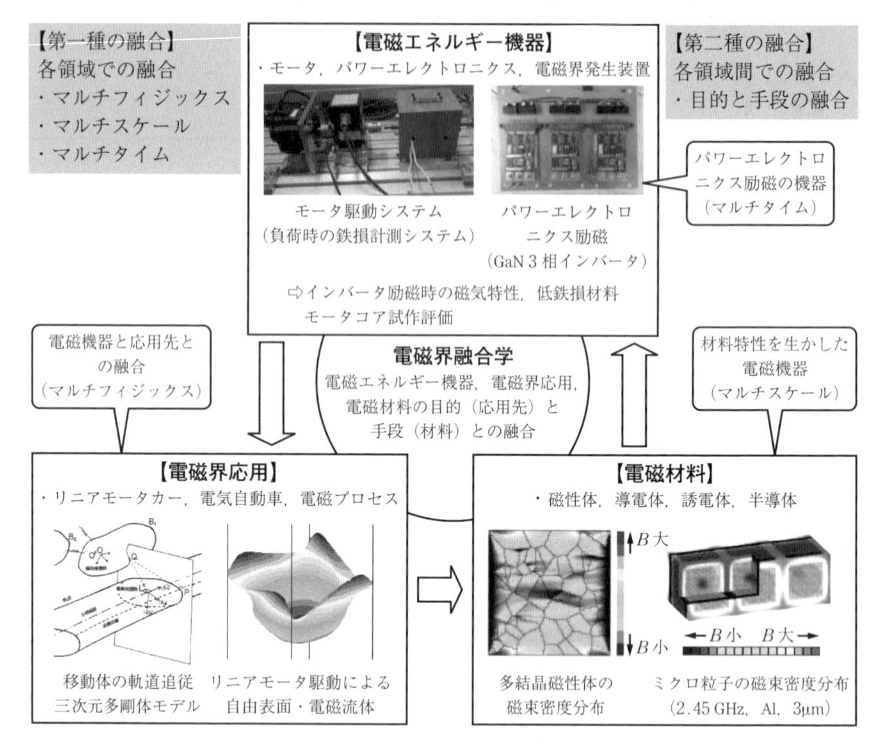

図 6.1　電磁界融合学[1)]

ことにする。

6.1　マルチスケール，マルチフィジックス，マルチタイム（第一種の融合）

電磁界融合学の概念図を図 6.1 に示す。そこでは，「電磁エネルギー機器」と「電磁界応用」と「電磁材料」とを構成要素とし，「もの」の流れをおもに示している。

モータ駆動システムやパワーエレクトロニクス器といった「電磁エネルギー機器」は，電気自動車，リニアモータカー，電磁プロセスといった「電磁界応用」にて使用される。その一部である電磁プロセスは，電磁鋼板や半導体といった材料を製造する。製造された材料の一部は，モータやパワーエレクトロニクス器となって「電磁エネルギー機器」を構成する。つまり，「電磁エネルギー機器」と「電磁界応用」と「電磁材料」との関係は，すべてではないが一部「もの」自体が流れ，移行していく関係にあるといえ，この三者は「三つ巴（みつどもえ）」の関係といえる。以下，その構成要素の詳細を見てみる。

6.1.1　電磁界応用

回転モータ自体はステータとロータとが固定され，電磁気的に閉じた空間での応用のため短ギャップが可能となって高効率化が実現しているが，その応用に際してはギヤやトランスミッションといった機械機構を必要とする。このため，直接駆動のリニアモータカーのほうがより小型・軽量・高速化を実現できる。

直接駆動は，対象物との間に電磁力を出す直接作用の一種といえるが，対象物に電磁界を直接照射・作用させることで物質的に新たな現象を引き起こすことが出てきている。ここに，電磁界応用における新たな展開を見られる。電磁プロセスは，比較的低周波の電磁界を材料プロセスに作用させて速度を付与させたり熱を供給したりして高品質・高生産プロセスを実現させている。高周波のマイクロ波の電磁界を有機物，無機物，酸化金属に照射させると，従来にない新たな反応，つまり高速反応・低温反応，新物質の創出，還元・窒化反応の促進といった現象を発現する。

こうした電磁界応用は，電磁界現象だけではなく，流体，伝熱，凝固，化学反応，制御，多剛体，振動といった種々の物理現象が同時に起こるために，電磁界のマルチフィジックス現象となっている。**図 6.2** は電磁プロセスにおける電磁界マルチフィジックスモデルの例であるが，溶鋼（溶けた鉄）に電磁力を付与して流速を凝固表面に与えることで，鋼材の品質向上を実現させている。凝固厚みの変化や介在物の付着状況を評価するために，電磁界，流動，伝熱凝固，品質，プロセス制御の数値解析を行っている[10)〜12)]。

マルチフィジックスでは異なる物理現象の相互作用があるときに考慮すべき事項である。その相互作用の強弱により，モデルの構成が異なる。異なる物理

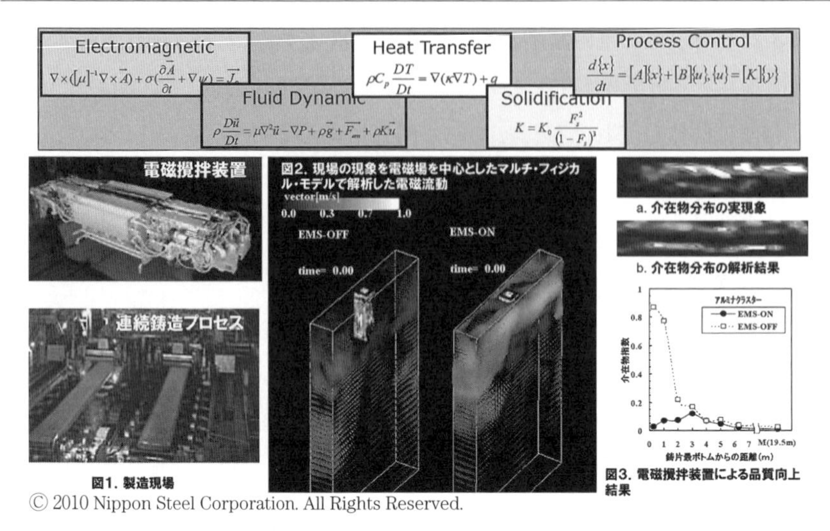

図 6.2　電磁プロセスにおける電磁界マルチフィジックスモデルの例[2)~4)]

現象が密接に関わっていると，それらを同時に計算しなければいけない。いくつかの物理現象の相互作用が小さく疎に結合しているとみなせるときは，いくつか仮定を置くことで両者を個別に解析できる。解析対象とする技術課題により結合の仕方が異なる。つまりマルチフィジックス解析は，解析対象の物理現象により，物理現象の結合の仕方が変わり，解析手法も変わる。

電磁界，伝熱，熱力学，構造，流体といった物理現象をモデル化するマルチフィジックスモデルの場合，基本方程式は偏微分のベクトル解析であるので，どれか一つの基本的な概念や解析手法を習得できれば，横展開はある程度類推がきくことが多い。マルチフィジックスで取り扱う大きさとしてはメートル程度の大きさのものが多い。

電磁プロセスなどは図 6.1 の「電磁界応用」の一例であるが，製造プロセスからは種々の材料が製造され，「電磁材料」もその一つである。

6.1.2　電　磁　材　料

電磁界で考える電磁材料は，磁性体，導電体，誘電体，半導体があり，それは原子構造から結晶，バルク・複合材料などスケールの異なる物理現象を取り扱うマルチスケール現象となっている。特に磁性体は，結晶粒と原子レベルとの間にミクロスケールの磁区構造を持ち，現象をより複雑にしている。**図 6.3** に磁性体マルチスケールのモデルを示す。ミクロ・マクロ等の使い方は学問領域，学科により異なるが，ここではこのように考えることにした。

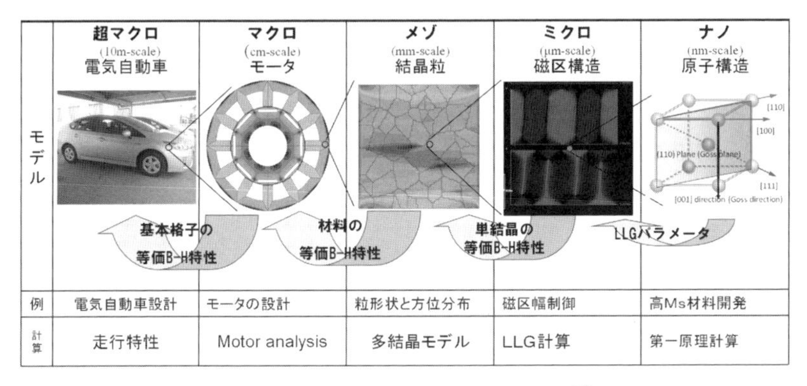

図 6.3　磁性体マルチスケールのモデル[13)]

メートル程度の大きさの電気自動車は，cm 程度のマクロスケールのモータで駆動され，モータコアは多結晶体の電磁鋼板でできている。結晶粒の大きさは mm 程度のメゾスケールであり，各結晶粒の内部には µm 程度のミクロスケールの磁区構造でできている。磁区構造は，nm 程度の大きさの各原子の電子のスピンで決められる飽和磁化となっている。各スケールではそこで支配する方程式が異なり，それらを上手に接続することができれば，電気自動車を電子レベルで開発，設計ができることになる。例えば，ナノスケールで従来にない高飽和磁化の磁性材料ができれば，電気自動車の駆動部の小型・高出力化が実現できることになる，などである。

図 6.4 はマイクロ波のマルチスケール解析の例である。誘電体では磁区構造といったものは存在しないが，ある程度の粒形状といった複合材料の影響を加味する必要はある。

図 6.4　マイクロ波のマルチスケール解析の例

6.1.3　電磁エネルギー機器

磁性体をはじめ電磁材料は，モータ駆動システムといった電磁エネルギー機器にて使用される。電力用半導体を用いるパワーエレクトロニクス技術は，モータを制御する電源として用いられる。パワーエレクトロニクス使用の場合，その電圧，電流の計測およびその時間領域での数値解析において，異なる周波数，時間スケールに対処しなければいけないといった新たな課題を出している。まとめたものが**図 6.5** のパワーエレクトロニクスにおけるマルチタイムである。

基本動作周波数 f_0，高調波成分を低減させるためのキャリヤ周波数 f_c，電力用半導体のスイッチング動作における立上り時間 t_r，（およびその逆数である立上り周波数 $f_r=1/t_r$），電圧・電流波形を表現するのにディジタル処理するためのサンプリング周波数 f_s（A-D 変換により 1 秒間に何個のデータを計測するか），といった種々の周波数領域が図 6.5 のように存在する。

計測の場合だけではなく，これを電磁界数値解析する場合にはさらに課題が生じる。特に磁性材料の B-H 曲線といった非線形性や磁気ヒステリシス特性を考慮すると，多大な時間を要する。

例えば，GaN インバータ励磁で $f_0=50$ Hz，$f_c=10$ kHz，$t_r=10$ ns（$f_r=100$ MHz），の電流・電圧波形の計算を行う場合，電圧の立上り現象をも表現しようとすると，立上り時間をさらに 10 分割して $t_s=1$ ns で非線形の過渡計算となる。三次元モデル正弦波 50 Hz で CPU-Time = 1 day の計算時間を要したとすると，インバータ励磁では 20 000 日 CPU-Time = 55 年 CPU-Time の計算時

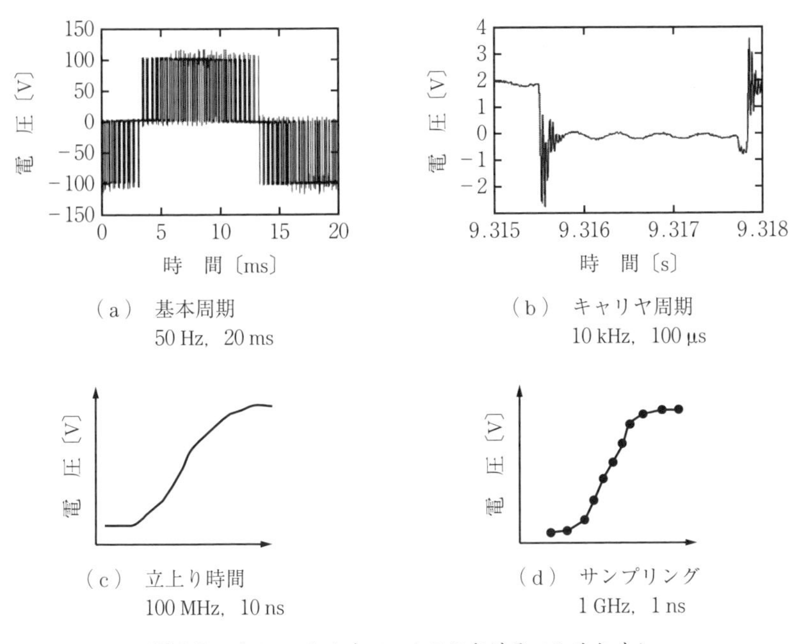

（a） 基本周期
50 Hz，20 ms

（b） キャリヤ周期
10 kHz，100 μs

（c） 立上り時間
100 MHz，10 ns

（d） サンプリング
1 GHz，1 ns

図 6.5 パワーエレクトロニクスにおけるマルチタイム

間を要することになる。これは多大なる計算時間なので，何らかのモデル化が必要である。

6.1.4 第一種の融合学

電磁応用ではマルチフィジックス，電磁材料ではマルチスケール，電磁エネルギー機器ではマルチタイムといった複数の技術・学問を融合したものを一例として紹介した。その視点は重要で，小型軽量・高効率・高生産といったさらなる社会的要請に応えることができるものである。

マルチスケール，マルチフィジックス，マルチタイムといった複数の技術・学問の学際領域や融合する学問は，従来の学問領域に入りにくいので，これまでの学問領域にとどまる限りではいくつかの制約が生じる。しかし，異なる学問領域を両者とも深めることができれば，両学問の合わせたパラメータは倍加するので，その組合せは指数関数的に増加することになる。そこで深い洞察により，より良いパラメータの組合せを見い出すことができれば，それはさらなる小型軽量・高効率・高生産の向上を図ることができる。例えば，リニアモータの極数，周波数，構造と電磁プロセスの評価である品質との関係を理解できれば，さらなる品質向上のプロセスが実現できることになる。

そのためには，電気工学や電磁気学といった単一の技術，学問だけにとどまるだけでは不十分であり，それらを含めて関連技術を習得し，それらとの相互作用も含めて融合学を考える必要がある。ここでは，これを第一種の融合と位置付けることにする。

こうした融合学を進めるための問題点は，ある程度専門性を極めた研究者，技術者が，どうやって異分野の専門性を深めるかである。電気工学と材料工学といった異なる学問領域を習得するためには，本来なら学部レベルまで遡って習得しないと，その基本的概念は身に付かないものといえる。しかし，一般学生のように1科目15回の講義を複数科目習得することは，すでに専門性を極めた研究者にとっては一般的に不可能に近い。そこで，各学問，科目の基本的概念だけを抽出して数回程度の講義を異分野の専門家に行うことが解決策ではないかと考える。学問体系の理解，応用展開および研究の進め方などはすでに習得済みといえるので，講義内容次第ではこれで十分といえる。今後こうした専門家に対する異分野講義が融合学を展開する手掛かりといえる。

6.2 第二種の融合学（目的と手段の融合）

図6.1における電磁エネルギー機器，電磁界応用，電磁材料の三つの要素との関係をさらに，「目的」と「手段」との関係で考察してみる。

電磁エネルギー機器は，その応用・目的はリニアモータや電磁プロセスといった電磁界応用である。目的に応じて設計すべき機器構成は異なる。例えば効率0.1%以下のリニアモータであっても，電磁攪拌装置として品質向上に供するということがあれば，十分に実用化に供する[14]。機器をさらに改善高効率化するためには，その構成要素である電磁材料の発展を待つしかない。機器向上の手段は材料にある。

電磁界応用をどういった構成にするかといったことは，どんなプロダクトを作りたいかによって決まる。例えば，電磁プロセスにて電磁材料を作る場合には，所定の機能が得られる材料を作ることができるかによって，その評価が決まる。それをさらに良くしようとすると，それ自体の改善もあるが飛躍的な発展には，電磁攪拌装置といった新しい電気エネルギー機器の導入を必要とする。

電磁材料は何のために作るのかというと，本来はその材料を使用する側からの視点，例えば「電磁エネルギー機器」の特性向上を上げるため，といえる。電磁材料の特性を向上させようとすると，その製造プロセスにまで立ち入る必要がある。

ここに，図6.1のような電磁界融合学の必要性が生じる。

感性や社会，輸送や構造物応用といった指標はここには存在せず，このループ以外のものもあり，必ずしも閉じた内容とはいえない。しかしその範囲内で考えると，機器，応用，材料といった三つの技術は，それぞれ目的と手段の関係にあるといえる。

すべての技術において，その「目的」と「手段」の明確化は大切なことである。「目的」は何を作るかといった方向性を示し，「手段」でどうやって作るかが実現する。通常はそれぞれのそれまで培ってきた個別技術内にとどまろうとすると，その目的と手段はそれ以外に存在するので，制御不能な不安定な状況に陥ることがある。そこでもし，それらをそれ自体の中で把握することができたら，「何を作るか」と「どう作るのか」といったことは自ら行うことができるのである。これが第二種の融合学の意義といえる。第一種の融合学は，機器，応用，材料といったそれぞれぞれの技術領域内での融合といえるが，第二種の融合では，技術領域間の融合となる。

モータ駆動システムはその一例といえる[1]。両者ともたいへんなことではあるが，今後の研究および教育の方向性を示唆するものといえ，ここに提示する。

引用・参考文献

1) 藤﨑敬介：“電磁界融合学とモータ駆動システム”，平成 28 年度電気学会全国大会，5-025，東北大学川内北キャンパス（2016-03-16 ～ 18）．
2) 電磁アクチュエータシステムのための磁性材料とその評価技術調査専門委員会：“電磁アクチュエータシステムのための磁性材料とその評価技術”，電気学会技術報告，No.1397（2017-11）．
3) 藤﨑敬介：“等価物性値による電磁界マルチスケール”，日本機械学会誌，11 月号，Vol.119，No.1176，pp.20-23（2016-11）．
4) 藤﨑敬介：“等価物性値による電磁界マルチスケール”，日本機械学会 2016 年度年次大会，W122004，九州大学伊都キャンパス（2016-09-13）．
5) 藤﨑敬介：“電磁アクチュエータシステムのための磁性材料の必要性と課題”，S22（1）-S22（4）（第 5 分冊）電気学会全国大会，5-S22-1，S22-1，S22（1）-S22（4）（第 5 分冊）（2015-03）．
6) 藤﨑敬介：“電磁アクチュエータシステムのための磁性材料の必要性と課題”，平成 29 年度電気学会全国大会，5-s13-1，富山大学五福キャンパス（2017-03-15 ～ 17）．
7) 藤﨑敬介：“マイクロ波プロセス”，電気工学ハンドブック，第 7 版，41 編 4.4，pp.2106-2107（2013）．
8) 藤﨑敬介：“マイクロ波プロセッシングのエネルギー的意義”，第 9 回日本電磁波エネルギー応用学会シンポジウム（Sympo2015），O-26，pp.70-71（2015-11-20）．
9) マイクロ波化学株式会社のホームページ：http://mwcc.jp/（2018 年 5 月 16 日現在）
10) 藤﨑敬介：“電磁場マルチフィジカルモデルのプロセス応用”，電気学会全国大会，H21.1，No.5-209（2009）．
11) 藤﨑敬介，平山隆，根本泰：“電磁マテリアルソリューション展開”，新日鉄技報，No.379，pp.70-74（2003）．
12) 藤﨑敬介，平山隆，和嶋潔：“マルチフィジカルモデルによる電磁プロセスソリューション”，新日鉄技報，No.379，pp.54-58（2003）．
13) 藤﨑敬介：“小型高効率モータのための磁性体マルチスケール”，平成 24 年電気学会全国大会，5-008（2012-03）．
14) K. Fujisaki：“In-Mold Electromagnetic Stirring in Continuous Casting”, IEEE Trans. on Industry Applications, Vo.l37, No.4, July/August, pp.1098-1104（2001）．

7　PWM インバータ励磁による磁気特性と計測技術

電気自動車などの移動手段にモータ駆動システムが利用され，モータのコアとして使用される電磁鋼板がインバータで励磁されることになった。いままでの電磁鋼板は，時間高調波成分を含まないリニアアンプで励磁での材料評価であったために，インバータにて電磁鋼板を励磁すると，従来の磁気特性とは異なる現象が出ている。以下，その特性について詳細を述べる。

7.1　インバータ励磁による磁気特性の計測装置

電気モータの鉄心に使用される電磁鋼板は，安価で高磁束密度・低鉄損な磁気特性を持つ。この電磁鋼板をはじめとした磁性材料の磁気特性は，JIS および IEC の規格によって時間高調波を含まないリニアアンプによる正弦波励磁にてその磁気特性を計測することになっている[1),2)]。しかしながら，電磁鋼板をモータ駆動のコア材料で使用するときには，**図 7.1** のように可変速駆動となるため，可変周波数・可変電圧のインバータにて電磁鋼板を励磁することになる[3),4)]。インバータ励磁では電力用半導体のスイッチング動作によって時間高調波成分が本質的に発生するために，それがどの程度磁気特性に影響を与える

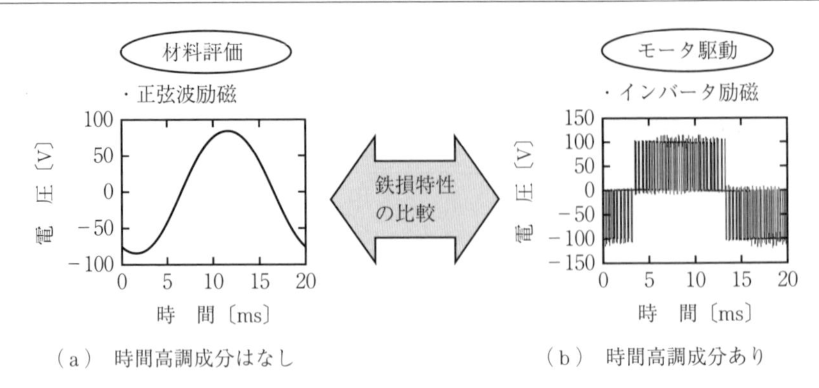

（a）　時間高調成分はなし　　　　（b）　時間高調成分あり

図 7.1　磁性材料の正弦波励磁（JIS，IEC で規格化，図（a））とインバータ励磁（モータ駆動時の励磁方法，図（b））

のか明らかにする必要がある。ここでは，正弦波励磁の磁気特性と比較することで，インバータ励磁時の磁性材料の磁気特性を明らかにしていく。

電磁鋼板を放電加工機によりリング状に切断し，積層し，アクリルケースに入れ，その周りを銅コイルで巻き付け，リング試料を作成した[5)]。一次コイルに n_1 ターン，二次コイルに n_2 ターンの 2 種類の銅コイルを巻き付ける。一次コイルの端子を単相インバータに接続して電圧を印加することで電流 I_1 を流す。リング形状の中心経路より磁路長 l_1 を想定して鋼板に流れる磁界 H を次式より算出する。

$$H=\frac{n_1 I_1}{l_1} \tag{7.1}$$

二次コイル端子を電圧プローブに接続し，誘導起電圧 e_2 を計測し，その 1 周期 T_0 の時間積分より磁束密度 B を次式にて算出する。

$$B=\frac{1}{n_2 S}\int_t^{t+T_0} e_2 \mathrm{d}t \tag{7.2}$$

ここで，S はリング試料の断面積である。これより B-H 曲線の磁気特性が計測され，鉄損 W_{Fe} は次式より導出される。

$$W_{\mathrm{Fe}}=\frac{f_0}{\rho}\int_t^{t+T_0} H\mathrm{d}B \tag{7.3}$$

ここで，ρ は電磁鋼板の密度，$f_0=1/T_0$ は基本周波数である。

比較のために時間高調波成分を含まないリニアアンプと接続し，正弦波励磁時の磁気特性をも計測する。

今回用いるインバータとしては時間高調波成分をできるだけ下げるために正弦波PWMインバータを用いる。そこでは，基本周波数（f_0）を持つ正弦波の基本波信号とキャリヤ周波数（f_c）を持つ三角波信号との交点より，インバータ回路内の電力用半導体のON/OFF時刻を決め出力する。このためにインバータ出力電圧波形は，図7.1（a）のようにキャリヤ周波数に応じた幅の狭い矩形波が生じ，低次の高調波成分を抑え負荷の鉄損を下げている。**図7.2**はその計測システムである。

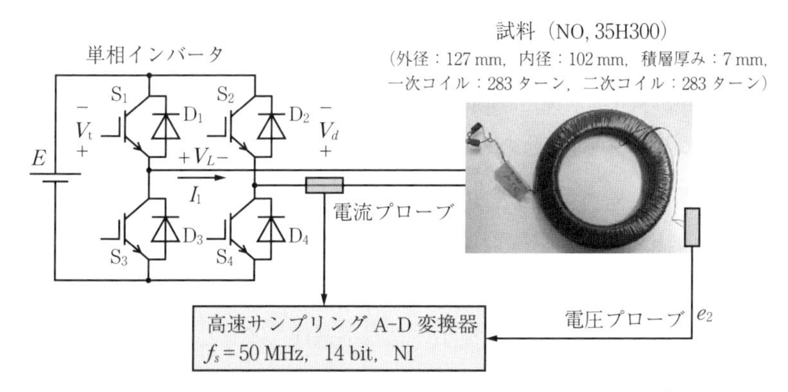

図7.2　インバータ励磁時のリング試料の磁気計測システム[5)]

7.2　インバータ励磁によるマイナーループの発生

計測した磁気特性（B-H曲線）を**図7.3**に示す[5)]。図7.3（a）のほうは時間高調波を含まない正弦波励磁にて電磁鋼板の磁気特性を測定したものである。JISなどの規格に従っており，きれいなB-H曲線を得ることができる。これに対しインバータ励磁した図7.3（b）のほうは，インバータのキャリヤ波に応じた細かいリップルが出ていることがわかる。この場合，1周期の最大磁束密度がどちらも1Tとなるようにしている。そのリップル成分を部分拡大して

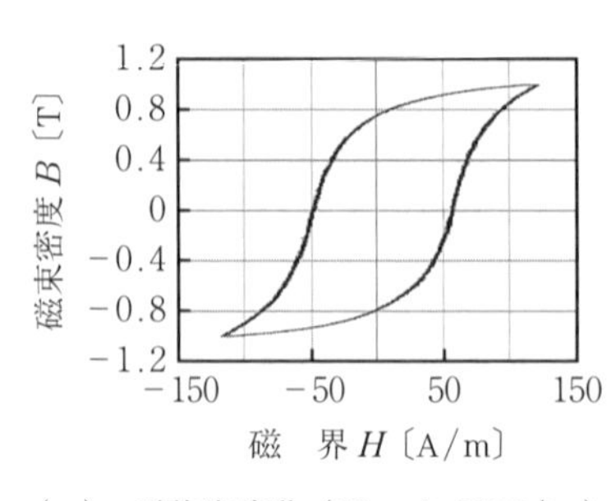

（a）　正弦波励磁（W_{Fe}＝1.22 W/kg）

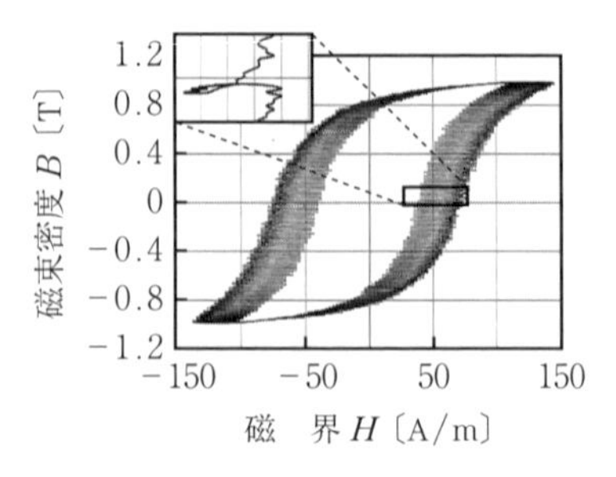

（b）　インバータ励磁（m＝0.4）（W_{Fe}＝1.65 W/kg）

0.35 mm thickness silicon steel, f_0＝50 Hz, f_c＝10 kHz, B_{max}＝1 T

図 7.3　PWM インバータ励磁による磁気特性[5)]

みると，マイナーループを形成している。クローズドループの場合には，そこの部分が鉄損計算の二重積分になるので，鉄損の増加になる。この場合，正弦波励磁とインバータ励磁との鉄損値を比較すると，インバータ励磁のほうが35%ほど増加していることがわかる。このように，インバータ励磁により生じるマイナーループにより電磁鋼板の鉄損が増加することがいえる。

インバータ励磁による鉄損増加の影響を評価するために，従来の正弦波励磁ではほぼ同一の鉄損値である 2 種類の材料を選び，インバータ励磁の変調率特性を計測した。変調率は，電力用半導体の ON/OFF 信号を決める基本周波数の正弦波とキャリヤ周波数の三角波との波高値の比である。結果を**表 7.1** に示す。鋼板厚み 0.35 mm 厚と 0.5 mm 厚の鋼板では，正弦波励磁での両者の鉄損はほぼ同じであるが[5)]，インバータ励磁すると鉄損が 1 割から 5 割程度増加

表 7.1　インバータ励磁による鉄損増加[5)]
（かっこ内の数字は正弦波励磁の鉄損を 100 としたときの割合）

励磁方法＼鋼板厚み			鉄　損〔W/kg〕	
			0.35 mm	0.50 mm
PWM インバータ励磁	変調率	0.4	1.65（135）	1.78（150）
		0.6	1.45（118）	1.53（129）
		0.8	1.38（113）	1.40（118）
正弦波励磁			1.22（100）	1.19（100）

することがいえる。変調率が大きくなると鉄損が下がっている。インバータの入力電圧である直流電圧が下がり，キャリヤ波による電流のリップルの大きさが小さくなり，図7.3（b）のマイナーループが小さくなるためといえる。0.35 mm厚と0.5 mm厚との鋼板の特性の差で評価すると，鋼板厚みの小さい0.35 mm厚のほうが鉄損の増加割合は小さく，0.5 mm厚のほうが鉄損の増加割合が大きいことがわかる。鋼板の厚みが大きくなると，キャリヤ周波数成分による高調波の渦電流が大きくなるためといえる。

つまり，従来の正弦波励磁での鉄損評価では同一であった材料であっても，インバータ励磁では異なる鉄損特性を示すことがいえる。

上記のようにインバータ励磁により鉄損が1～5割増加しているが，この増加割合の意義について，JIS，IECで定められている電磁鋼板の規格をもとに考察してみる。

表7.2は，0.35 mm厚および0.50 mm厚の電磁鋼板の種類を高グレード材から順に示したものであり，鋼種が1グレード上がるとどの程度鉄損が増加するかをも併せて記した。これによると，鋼種が1グレード下がると鉄損が7～22%程度増加することがわかる。つまり，インバータ励磁による鉄損が増加する割合は，鋼種でいえば1～2グレードの差異を生じるものといえ，その増加割合は大きなものといえる。

表7.2 電磁鋼板のグレードとその差による鉄損差[5]
（B=1.5 T，f_0=50 Hz）

0.35 mm厚み	鉄損差割合〔%〕	0.50 mm厚み	鉄損差割合〔%〕
35A230	8.7	50A270	7.4
35A250	20.0	50A290	6.9
35A300	20.0	50A310	12.9
35A360	22.2	50A350	14.3
35A440	—	50A400	17.5

7.3 インバータ励磁によるキャリヤ周波数特性

インバータの制御方法による鉄損への影響を評価するために，そのパラメータの一つであるキャリヤ周波数特性について考える。**図 7.4** はその図である。0.35 mm 厚の鋼板および 0.50 mm 厚の鋼板は，ともに正弦波励磁では同じ鉄損を示す材料である。しかしインバータ励磁では鋼板厚みの大きい 0.50 mm 厚の鋼板の方の鉄損が大きいことがわかる。これは，鋼板の厚みが大きいほうがキャリヤ周波数による高調波成分による渦電流の発生が大きくなるためと考えられる。

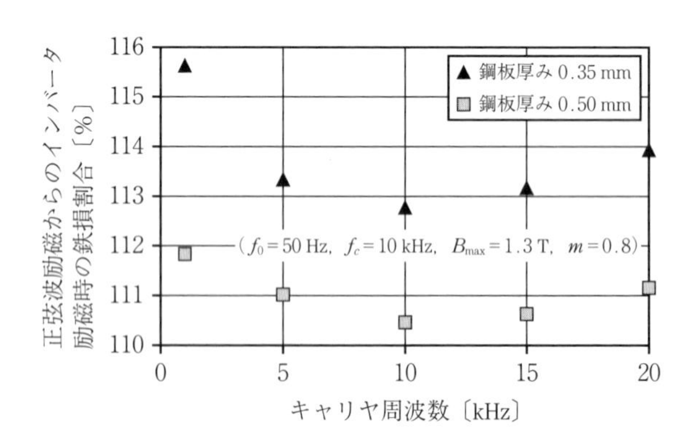

図 7.4　キャリヤ周波数と鉄損増加割合

キャリヤ周波数を増加させると，10 kHz くらいまでは鉄損は低下していくが，20 kHz といった高キャリヤ周波数では逆に鉄損が増加している。キャリヤ周波数が増加するとその渦電流成分は増えるが，それ以上に高調波成分は減り，かつ表皮効果により渦電流の発生する浸透深さも浅くなるために，高調波による損失の影響は減っていくものといえる。これに対し，20 kHz といった高キャリヤ周波数になると，インバータのデッドタイムの影響が出てきて，その分パルス幅が狭くなる。1 周期の最大磁束密度 B_{max} = 1.3 T：一定を維持しようとするとその分直流電圧を上げたりしなければいけないので，鉄損が増加し始めるものといえる。

このように，キャリヤ周波数を上げれば鉄損は減少するが，さらに上げようとするとデッドタイムの影響により鉄損が逆に上がる傾向があることがいえる。

7.4 電力用半導体のオン抵抗によるマイナーループの発生

インバータ励磁におけるマイナーループの部分の発生は，式 (7.3) より鉄損の二重積分になり得るので，鉄損の増加につながる。そのメカニズムをより詳細に検討してみる。

マイナーループを詳細に見ると，実は**図 7.5** の B-H 曲線の部分拡大のように同図（b）のクローズドループと同図（c）のオープンループとの2種類のマイナーループが発生していることがわかる[6)]。その発生領域は同図（a）のように磁界 H の正負で異なっている。クローズドループは，B-H 曲線の式 (7.3)

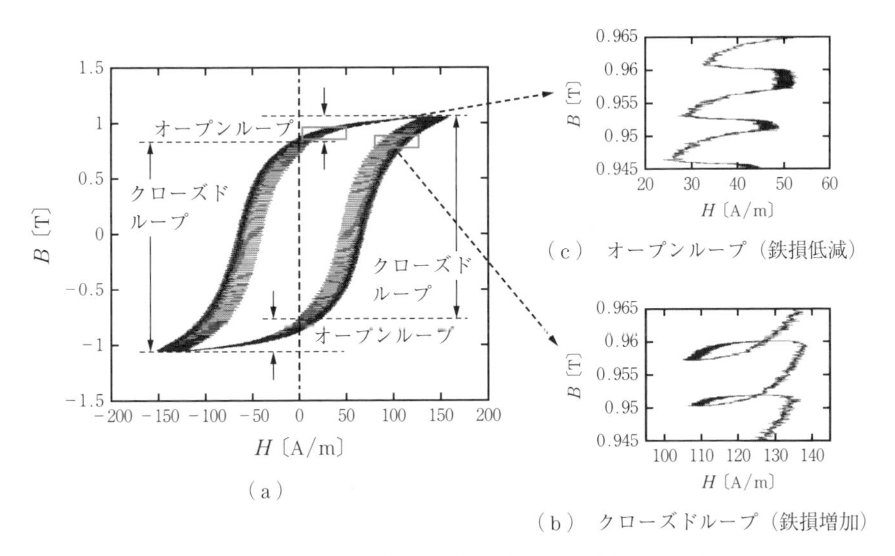

図 7.5 インバータ励磁 B-H 曲線におけるマイナーループのクローズドループとオープンループ

のように内部面積が鉄損なので，その領域は二重積分になり鉄損が増加するが，オープンループは B-H 曲線の内部面積に相当するところが欠落しているといえるので，逆にその分鉄損が減少する。

発生箇所としては，クローズドループは，H が正の値でかつ B-H 曲線の増加しているときか，H が負の値で B-H 曲線が減少しているときに発生し，逆にオープンループは H が正の値で，かつ B-H 曲線の減少しているときか，H が負の値で B-H 曲線が増加しているときに発生している。

クローズドループの詳細現象をインバータ回路と併記して**図 7.6** をもとにして考えてみる。同図（a）の B-H 曲線内にあるクローズドループを部分拡大し（同図（b）参照），時刻 L，M，N を考える。時間 LM で磁束密度・磁界ともに上昇し，時間 MN で磁束密度・磁界ともに減少している。同図（c）より磁束密度の時間波形を見てもそのようになっている。磁束密度は誘導起電圧の時間積分より得られるので，磁束密度の増加している時間 LM では，同図（d）を見ると電圧は正であるが，磁束密度が減少している時間 MN では，電圧は負になっている。

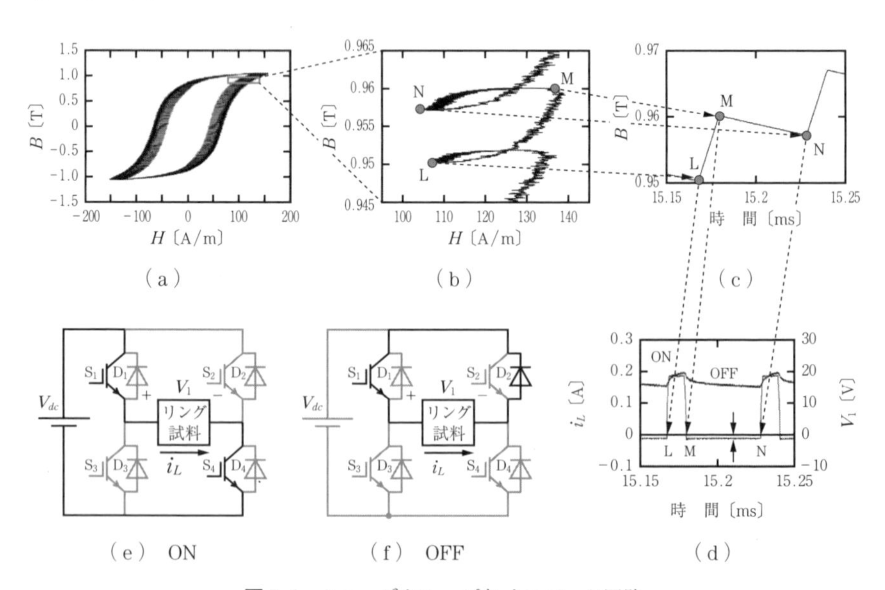

図 7.6　クローズドループとインバータ回路

時間 LM においてインバータ回路は同図（e）となり，時間 MN においてインバータ回路は同図（f）となる。同図（e）の ON 状態において直流電圧 V_{dc} は，半導体 S_1 の ON 電圧 V_{S_1}，試料の電圧 V_1，半導体 S_4 の ON 電圧 V_{S_4} を経由しているので，次式の関係が得られる。

$$V_{dc} = V_{S_1} + V_1 + V_{S_4} \tag{7.4}$$

半導体の ON 電圧は，直流電圧 V_{dc} より十分に小さいので負荷電圧はほぼ V_{dc} と同じになる。これに対し同図（f）の OFF 状態において，半導体 S_1 の ON 電圧 V_{S_1}，試料の電圧 V_1，ダイオード D_3 の ON 電圧 V_{D_3} の回路は閉回路を形成するので，次式の関係が得られる。

$$0 = V_{S_1} + V_1 + V_{D_3} \tag{7.5}$$

つまり試料電圧は，半導体 S_1 の ON 電圧 V_{S_1} とダイオード D_3 の ON 電圧 V_{D_3} の分だけ負の値をとることになる。電力用半導体の ON 電圧により磁束密度は下がりクローズドループを形成するといえる。

つぎに，オープンループの詳細現象をインバータ回路と併記して**図 7.7** をもとに同様に考える。同図（a）の B-H 曲線内にあるオープンループを部分拡大

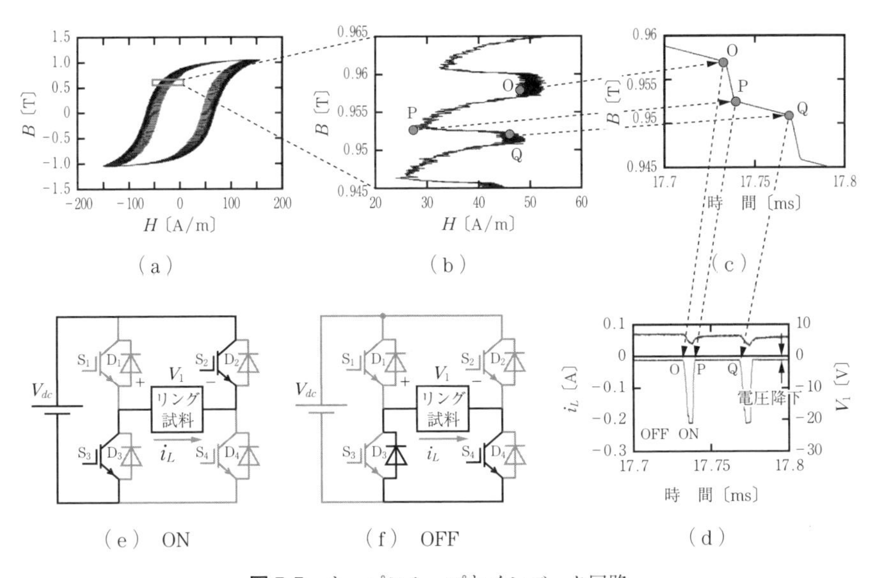

図 7.7　オープンループとインバータ回路

し（同図（b）参照），時刻 O，P，Q を考える。時間 OP で磁束密度・磁界ともに減少し，時間 PQ で磁束密度・磁界ともに減少している。同図（c）より磁束密度の時間波形を見てもそのようになっている。磁束密度は誘導起電圧の時間積分から得られるので，磁束密度の減少している時間 OP では，同図（d）を見ると電圧は負であるが，磁束密度が減少している時間 PQ でも，電圧は負になっている。

時間 OP においてインバータ回路は同図（e）となり，時間 PQ においてインバータ回路は同図（f）となる。同図（e）の ON 状態において直流電圧 V_{dc} は，半導体 S_3 の ON 電圧 V_{S_3}，試料の電圧 V_1（ただし向きが違うので負となる），半導体 S_2 の ON 電圧 V_{S_2} を経由しているので，次式の関係が得られる。

$$V_{\mathrm{dc}} = V_{S_3} - V_1 + V_{S_2} \tag{7.6}$$

半導体の ON 電圧は，直流電圧 V_{dc} より十分に小さいので試料電圧はほぼ V_{dc} と同じになり負となる。これに対し同図（f）の OFF 状態において，半導体 S_4 の ON 電圧 V_{S_4}，試料の電圧 V_1，ダイオード D_2 の ON 電圧 V_{D_2} の回路は閉回路を形成するので，次式の関係が得られる。

$$0 = V_{S_4} + V_1 + V_{D_2} \tag{7.7}$$

つまり試料電圧は，半導体 S_4 の ON 電圧 V_{S_4} とダイオード D_2 の ON 電圧 V_{D_2} の分だけ負の値をとることになる。ON 状態でも OFF 状態でも試料電圧は負となり，それを時間積分する磁束密度はともに減少するので，オープンループが形成されるといえる。

以上のようにインバータ励磁による鉄損増加の要因に，インバータ回路内における電力用半導体の ON 電圧特性が関係していることがわかる。

7.5　電力用半導体特性と鉄損

前節で，電力用半導体の ON 電圧特性がインバータ励磁における鉄損に影響を与えることが判明した。そこで，ON 電圧の異なる電力用半導体をいくつか選び，それを用いてインバータ回路を試作し，インバータ励磁下の磁気特性について実験を行った[7]。

まずスイッチ用の半導体として，定格が小さくON電圧が小さいバイポーラトランジスタとMOSFET，および定格が大きくON電圧が大きいIGBTを選び，それぞれON電圧の小さなダイオードと大きなダイオードとを組み合わせインバータ回路を試作した。3種類の電力用半導体を用いたインバータの半導体特性を**表7.3**に示す。

表7.3 3種類の電力用半導体を用いたインバータの半導体特性

	スイッチング半導体素子			フライホイールダイオード		
	型　番	最大定格	測定したON電圧	型　番	最大定格	測定したON電圧
バイポーラトランジスタインバータ	Bipolar transistor 2SC3422 (TOSHIBA)	40 V 3 A	39 mV	Schottky diode 2GWJ42 (TOSHIBA)	40 V 2 A	330 mV
MOSFETインバータ	MOSFET 2SK2382 (TOSHIBA)	100 V 12 A	40 mV	Schottky diode 2GWJ42 (TOSHIBA)	40 V 2 A	330 mV
IGBTインバータ	IGBT PM75RSA060 (MITSUBISHI)	600 V 75 A	700 mV	Si-diode PM75RSA060 (MITSUBISHI)	600 V 30 A	800 mV

結果を**図7.8**に示す。3種類のインバータで励磁した全体の磁気特性は図7.8 (a-1)，(b-1)，(c-1) のように一見みな同じように見えるが，部分拡大して見ると，図7.8 (a-2)，(b-2)，(c-2) のようにマイナーループの大きさが異なる。ON電圧が小さい同図 (a-2)，(b-2) は小さなマイナーループであるが，ON電圧が大きい同図 (c-2) は大きなマイナーループになっている。その結果，ON電圧が小さいバイポーラトランジスタインバータ励磁やMOSFETインバータ励磁の鉄損値は小さいが，ON電圧が大きいIGBTインバータ励磁の鉄損値は1割以上大きくなっている。

つぎに次世代の電力用半導体として期待されているSiC材料を用いた電力用半導体を素子として用いたインバータ（略してSiCインバータ）と従来のSi-IGBTの電力用半導体を素子として用いたインバータ（略してIGBTインバータ）とで，磁性材料を励磁したときの磁気特性を見てみる。**表7.4**はそのとき

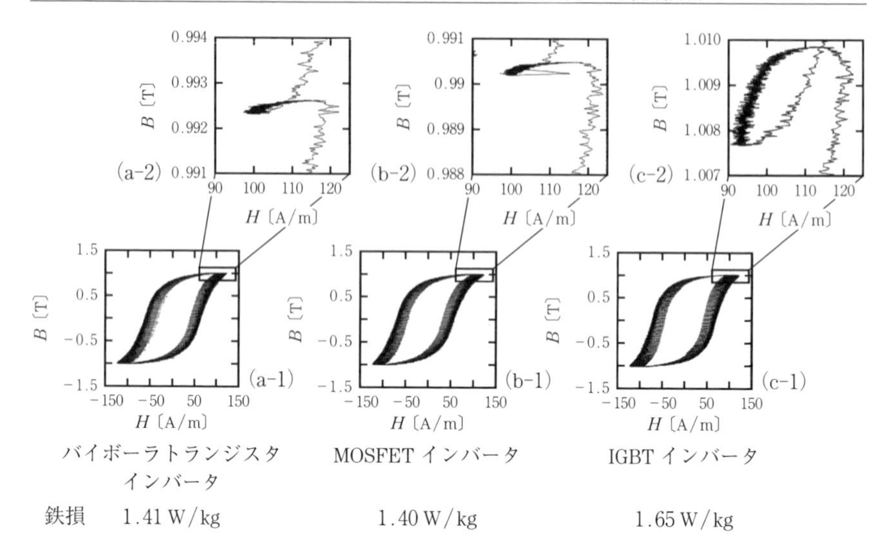

図7.8　3種類の電力用半導体で作成したインバータで励磁したときの*B*-*H*曲線（(a-1)－(c-1)）とマイナーループ形状（(a-2)－(c-2)）とそのときの鉄損値

表7.4　SiC材料とSi-IGBTで製作したインバータの半導体特性

インバータのタイプ	スイッチング半導体			フライホイールダイオード		
	型　番	最大定格	ON電圧〔mV〕（カタログ）	型　番	最大定格	ON電圧〔mV〕（カタログ）
(a) SiC インバータ	SiC-MOSFET SCT2080KE (ROHM)	1 200 V 35 A	30 (20)	Schottky diode 1GWJ43 (TOSHIBA)	40 V 1 A	35 (200)
(b) IGBT インバータ	IGBT FGW30N60VD (Fuji E.)	600 V 30 A	610 (700)	Si-diode 6A4 (Rectron)	400 V 6 A	720 (650)

の半導体特性である。SiC材料を用いた半導体素子は，Si系の素子よりON電圧が1桁以上小さいことがわかる。

SiCインバータとIGBTインバータとで磁性材料が入ったリング試料を励磁したときの磁気特性（*B*-*H*曲線）を**図7.9**に示す[8),9)]。同図（a）のように全体の*B*-*H*曲線では，両者の磁気特性には差異は見えにくいが，部分拡大した同図（c）のようなマイナーループではその形状に差異がある。つまり，ON

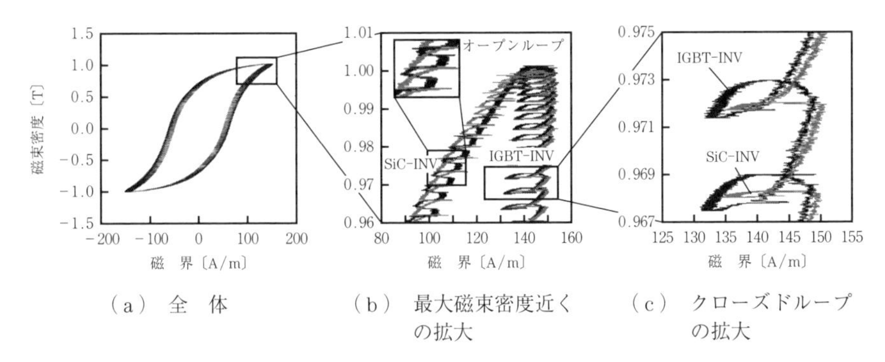

（a） 全 体　（b） 最大磁束密度近くの拡大　（c） クローズドループの拡大

図 7.9 SiC 材料と Si-IGBT で製作したインバータで励磁したときの B-H 曲線とマイナーループ形状（$m=0.6$, $f_0=50$ Hz, $f_c=10$ kHz）[9)]

電圧の小さい SiC インバータのマイナーループのほうが，ON 電圧が大きい IGBT インバータのそれより，形状が小さいことがわかる。

両インバータで磁性材料が入ったリング試料を励磁したときのキャリヤ周波数を変えたときの鉄損特性を**図 7.10** に示す。クローズドループの形状が SiC インバータのほうが小さいためか，鉄損では SiC インバータのほうが若干小さいことがわかる。

以上のように，電力用半導体の特性に応じてその負荷である磁性材料の鉄損値が異なることがいえる。

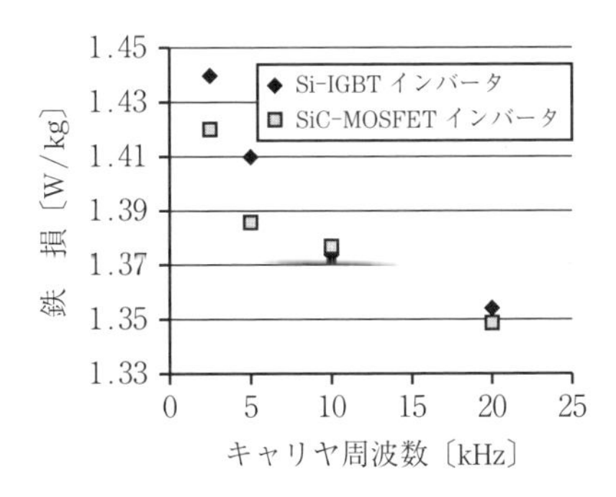

図 7.10 SiC 材料と Si-IGBT で製作したインバータで励磁したときの鉄損特性[9)]（変調率一定 $m=0.6$）

7.6 インバータ励磁現象の計測技術

インバータ励磁時の磁気計測は，通常A-D（analog-digital）変換器を介してディジタル処理して計測している。このためディジタル化した計測データが，出力電圧の矩形波の表現や*B-H*曲線におけるマイナーループの表現が適切かどうか，計測した鉄損に誤差はどれくらいあるかを把握することが大切である。そこで，A-D変換機のサンプリング周期や測定bit数について検討を行った[10),11)]。

図7.11は，1秒間のサンプリング点数を500 kS（つまり50万個のデータ）から50 MSまで変えたときの鉄損の特性を示したものである。50 MSから測定データを粗くして15 MSまではほぼ一定の鉄損値となっているが，それ以降は徐々に小さい値となっている。**図7.12**は，そのときのマイナーループの形状を示したものである。15 MSまではマイナーループをよく表現しているが，5 MSくらいからその形状が変わり始め，1 MS以下では形状は大きく変化していることがわかる。Si系半導体のインバータの場合，矩形波の立上り時間はμsつまり1 MHz程度で，この立上りの波形を少なくとも数点以上で表現しようとする必要があるためといえる。これより5～15 MS程度のサンプリングは必要だといえる。

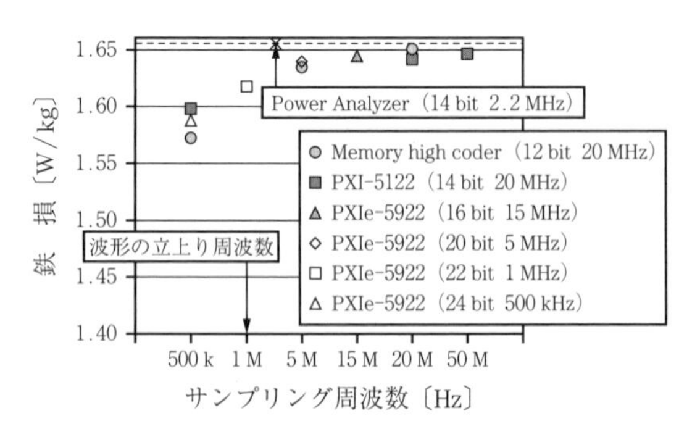

図7.11　A-D変換器におけるサンプリング周期と鉄損の特性[10),11)]

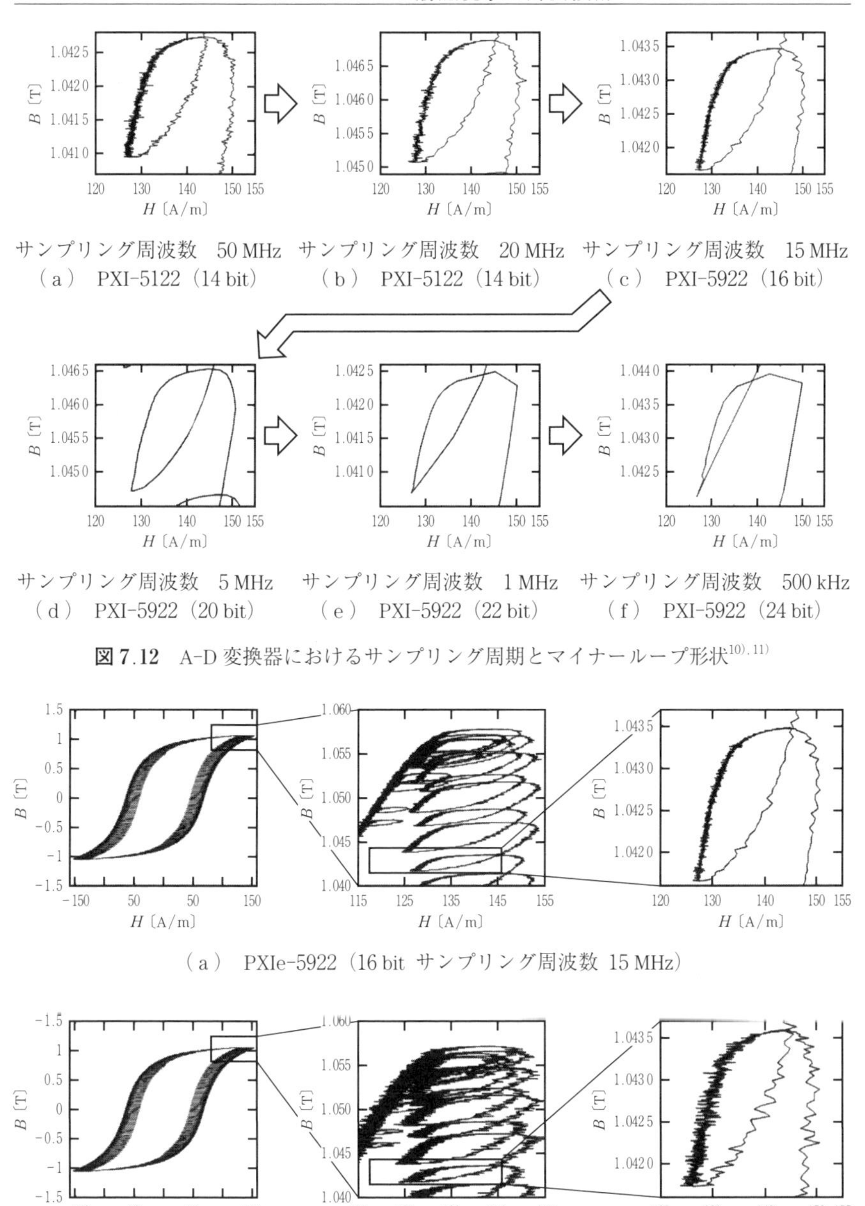

図 7.12　A-D 変換器におけるサンプリング周期とマイナーループ形状[10),11)]

図 7.13　A-D 変換器における bit レートと B-H 曲線およびマイナーループ形状[10),11)]

つぎに bit 数の問題について考えてみる。**図 7.13** は，16 bit の解像度と 12 bit の解像度で計測した *B-H* 曲線を部分拡大も含めて示したものである。マイナーループを見る限りでは両者の差異は小さく，12 bit でもそれなりの計測ができているものといえる[10),11)]。

7.7　磁性材料に要求される磁気特性

以上述べてきたように，インバータをはじめとしたパワーエレクトロニクス励磁により磁性材料，磁気特性およびそのための磁気計測技術は大きく変化してきた。これはパワーエレクトロニクス技術の持つスイッチング動作による高調波成分による影響と任意の周波数を作ることによる動作点の変化といえる。このため，パワーエレクトロニクス励磁下では，磁性材料に要求される *B-H* 曲線といった磁気特性は用途によって大きく変わるものといえる。

パワー系の磁性材料は，前述のように軟磁性材料ではモータ，変圧器，リアクトルであり，硬磁性ではモータの界磁に使用されている。このため，それぞれの用途によって必要とされる *B-H* 曲線を示したものが**図 7.14** である。

同図（a）は，JIS，IEC で規格化された磁気特性で，50/60 Hz といった商用周波数で時間高調波を含まないリニアアンプで励磁される[1),2)]。モータ応用の場合にはキャリヤ高調波を含むインバータにて励磁されるので，そのときの *B-H* 曲線は，同図（b）のようにマイナーループを含んだものとなっている[5)]。変圧器の小型化のために高周波化させると，そのときの磁気特性は同図（c）のようになる[12)]。リアクトルを昇圧チョッパなどに用いると，動作周波数が例えば 20 kHz とすると，バイアスされた直流分だけ偏磁した動作点での高周波磁気特性となる。永久磁石を同期モータの界磁に応用させると，ステータの三相交流による移動磁界の角速度とロータの回転する角速度とは同じであるので，基本周波数成分での励磁はないが，ステータのスロット形状に起因されるスロット高調波やインバータのキャリヤ周波数に応じたスイッチング動作による時間高調波成分は，永久磁石に作用することになる[13)]。

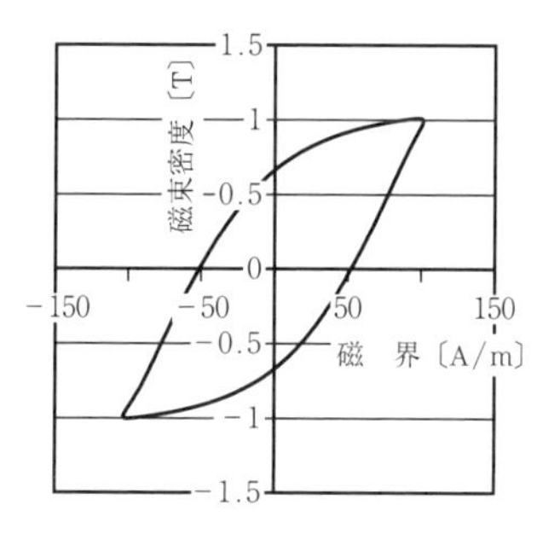

（a）　正弦波励磁（JIS，IEC 規格）

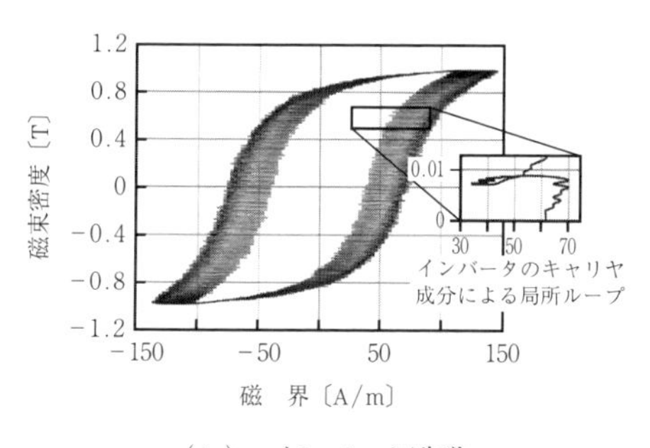

（b）　インバータ励磁

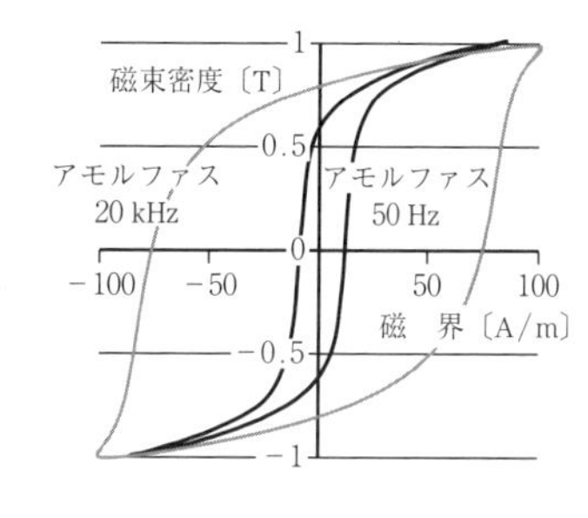

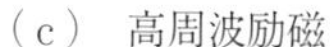

（c）　高周波励磁

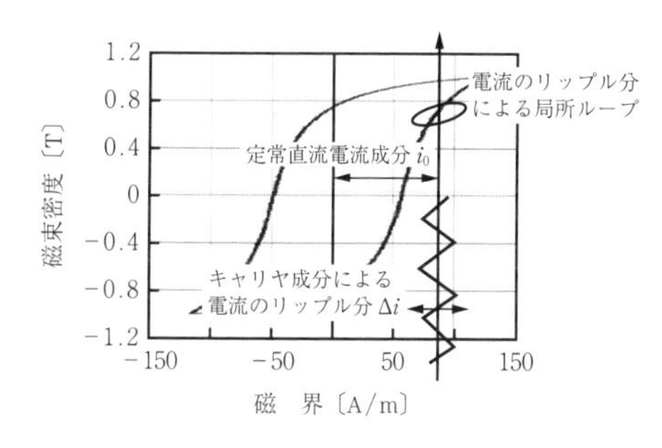

（d）　リアクトル励磁時の局所ループ

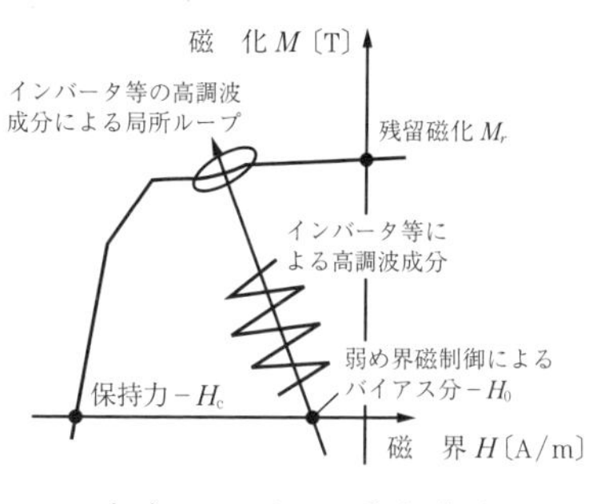

（e）　モータでの永久磁石

図 7.14　磁性材料の用途別で用いられる磁気特性

このように，磁性材料に要求される磁気特性はその用途によって異なることがわかる。

最後に，パワーエレクトロニクス技術の進歩に伴い，磁性材料に要求される基本仕様について考えてみる。**図 7.15** は，横軸に周波数，縦軸に電力量を

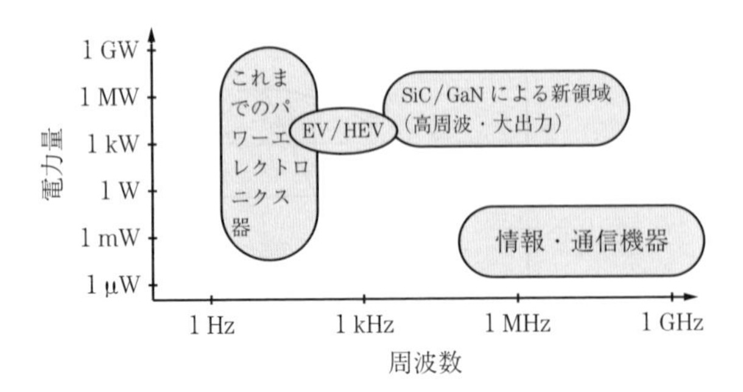

図 7.15　パワーエレクトロニクス技術の進歩に伴う電気機器の高周波大容量化と磁性材料への要求

とって現在および将来使用される機器をプロットしたものである[14)～21)]。50/60 Hz といった商用周波数の低周波領域では，電力系統応用をはじめとした大電力機器が使用されており，mW 程度の低電力ではあるが MHz から GHz 程度の高周波領域では，IT 関係を中心とした情報・通信機器が使用されている。スマホ・携帯電話やノートパソコンといった電源の領域はこのレベルである。これが数 kW のモータ駆動を用いている HEV をはじめとした電気自動車では kHz 程度のスイッチング周波数のパワーエレクトロニクス機器が用いられてきている。

問題は，この領域に，GaN や SiC といった高周波・高耐圧の新しい半導体材料が研究開発され，実用化を目指していることである。具体的には周波数領域では kHz から MHz，電力では kW から MW 程度の領域での動作と考えられる。このため，高周波・大電力の磁性材料もまた同様に必要性が生じることになる。半導体の量産化技術を考えると，磁性材料にも量産化技術が求められるものといえる。

こうした「高周波・大容量」域の未踏領域の適用拡大をする上では，従来の科学技術だけで対応できるところもあれば，不十分なところも出てくる。不十分なところとして，具体的には以下の技術課題が考えられる。まず，共通の基礎技術課題としては

1)　新たな電磁気学

① 磁気飽和領域および磁気ヒステリシスを考慮したときの変位電流と渦電流現象の特性解明

② 変位電流と渦電流を考慮したときのマクロとミクロとの関係

③ マルチフィジックス，マルチスケール，マルチタイムの電磁気学

④ 同上の電磁界数値解析技術

2) 計測評価技術

① 高周波の電流センサ，特に位相特性

② 高周波励磁時の磁気特性計測技術

③ 高周波・大出力の計測・可視化

つぎに，応用技術課題としては，以下が考えられる。

1) 高周波・大出力時の電磁気材料

① 高周波・低損失かつ高磁化の磁性材料

② 高周波・低損失な誘電体，導電体

③ 同上の量産化技術

2) 本格的な電磁波干渉

① EMC 問題（空間的）

② 回路・系統内でのサージ電圧の影響評価

3) 人体への影響，電磁波シールド技術

このように，パワーエレクトロニクス技術の進歩による高周波・大電力化の動きは，その実現に向けて新たな技術課題の解決を必要としている。その中でも特に，磁性材料の研究開発は喫緊の課題といわれている。

引用・参考文献

1) JIS C 2550-1：2011　電磁鋼帯試験方法―第1部（日本規格協会）；JIS C 2556：2015　単板試験器による電磁鋼帯の磁気特性の測定方法（日本規格協会）

2) International Electrotechnical Commission, 60404-3, Second edition (1992)

3) 本蔵義信，藤﨑敬介：“最新の磁性材料の開発”，電気学会誌，Vol.134,

No.12, pp.828-831 (2014).

4) 藤﨑敬介："電磁アクチュエータシステムのための磁性材料の必要性と課題", 平成 29 年度電気学会全国大会, 5-s13-1, 富山大学五福キャンパス (2017-03-15 ～ 17).

5) 藤﨑敬介, 山田諒, 日下部隆弘："PWM インバータとリニアアンプの励磁電源による鉄損・磁気特性の差異", 電気学会論文誌 D, Vol.133, No.1, pp.69-76 (2013).

6) K. Fujisaki and S. Liu："Magnetic Hysteresis Curve Influenced by Power-Semiconductor Characteristics in PWM Inverter", Journal of Applied Physics, Vol.115, 17A321 (2014).

7) D. Kayamori and K. Fujisaki："Influence of Power Semiconductor On-Voltage on Iron Loss of Inverter-fed", The 10th IEEE International Conference on Power Electronics and Drive Systems, 22-25 April 201, Kitakyushu, JAPAN, PEDS B3P-Q01-9034, pp.840-845 (2013-04).

8) 萱森大介, 藤﨑敬介："SiC-MOSFET と IGBT を用いたキャリア周波数 2.5 kHz の PWM インバータ励磁下の電磁鋼板における鉄損特性の考察", 電気学会半導体電力変換研究会, SPC-13-028, 同志社大 (2013-01).

9) 小田原峻也, 萱森大輔, 藤﨑敬介："極低オン電圧半導体素子を用いたインバータ励磁下における電磁鋼板の鉄損特性に関する一考察", 電気学会論文誌 D, Vol.134, No.7, pp.649-655 (2014).

10) 萱森大介, 藤﨑敬介："サンプリング周波数と分解能の違いによるインバータ励磁時の鉄損値の比較", 電気学会マグネティックス研究会, MAG-12-052, 横浜 (2012-06).

11) 小田原峻也, 萱森大輔, 藤﨑敬介："インバータ励磁下における磁気特性評価に対するサンプリング周波数の影響", 電気学会論文誌 A, Vol.135, No.7, pp.385-390 (2015).

12) 藤﨑敬介："パワーエレクトロニクス進展により必要とされる磁性材料の磁気特性", 電気学会マグネティックス研究会, MAG-13-149 (2013-12).

13) 藤﨑敬介："永久磁石とその応用：第 6 回　磁石応用最前線", まぐね, Vol.11, No.1, pp.34-41 (2016-02).

14) 電磁アクチュエータシステムのための磁性材料とその評価技術調査専門委員会："電磁アクチュエータシステムのための磁性材料とその評価技術", 電気学会技術報告, No.1397 (2017-12).

15) 藤﨑敬介："非標準条件下磁気特性 (インバータ励磁特性)", 平成 29 年度電気学会全国大会，2-s2-4，富山大学五福キャンパス（2017-03-15 ～ 17）．

16）藤﨑敬介："磁性材料特性を生かしたモータ駆動システム"，第 24 回 MAGDA コンファレンス，東北大学，OS-1-2，pp.379-380（2015-11-13）．

17）藤﨑敬介："パワーエレクトロニクス励磁下における磁性材料の磁化現象"，パワーエレクトロニクス学会誌，Vol.42，pp.3-6（2016）．

18）K. Fujisaki："Advanced magnetic material requirement for higher efficient electrical motor design"，第 38 回 日本磁気学会学術講演会，Symposium "Challenge of Magnetics to Improve Energy Efficiency"，4aB-2（2014-09）．

19）藤﨑敬介："今後の磁性材料とパワーエレクトロニクスに関して"，日本磁気学会　第 202 回研究会，エネルギーに関連する磁性材料の現状とその展開（ISSN 1882-2940），202-1，pp.1-6，中央大学駿河台記念館（2015-05-26）．

20）藤﨑敬介："電磁アクチュエータシステムのための磁性材料の必要性と課題"，（第 5 分冊）電気学会全国大会，5-S22-1，S22-1，S22(1)-S22(4)（第 5 分冊）（2015-03）．

21）藤﨑敬介："今後の電気エネルギーの磁性材料に必要な磁気特性"，BM ニュース，No.53，pp.22-26（2015-04-01）．

8 インバータ励磁時のモータコアの鉄損特性

本章では，**図 8.1** に示す 8 極 12 スロット集中巻きの埋込み式永久磁石型同期モータ（interior permanent magnet synchronous motor，IPM-SM）を用いた損失測定の事例を述べる。

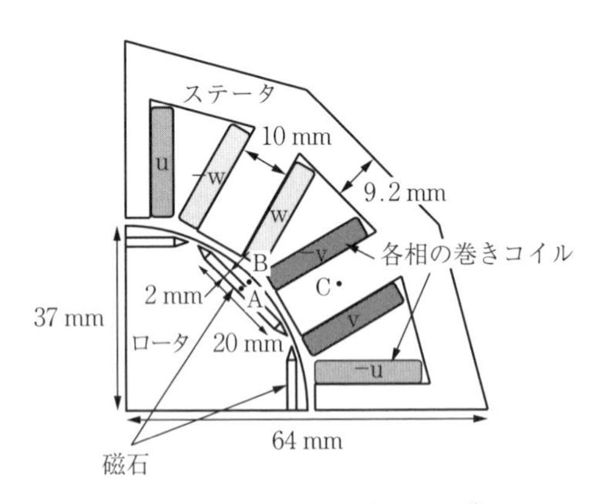

図 8.1　IPM-SM の 1/4 モデル[3)]

8.1　埋込み式永久磁石型同期モータ

本モータのステータコアおよびロータコアは，無方向性電磁鋼板（35H300）を約 135 枚積層して製作している。永久磁石には，Nd-Fe-B 焼結磁石を用い，これをロータコアに埋め込んでいる。各ティースには，直径 1 mm の銅線を 37 回巻いており，これを 4 直列させることで 1 相分のコイルとしている。**表 8.1** に IPM-SM の電気的特性を示す。

表 8.1　IPM-SM の電気的特性

相抵抗 R_s	0.498 Ω
d 軸インダクタンス L_d	2.44 mH
q 軸インダクタンス L_q	3.70 mH
750 rpm 時のピーク誘導起電圧（中性点と各相間）	20.1 V

8.2 測　定　方　法

ここでは，IPM-SM のコア損を評価する測定方法として，引きずり損測定，無負荷損測定，負荷損測定の三つを紹介する。このコア損は，磁石損，ロータ損，ステータ損の三つの損失の和で構成されるものとする。なお，8.4 節以降に示す各条件下での測定回数は 15 回とし，この平均値を測定値とする。加えて，結果にはその偏差も併せて示す。

8.2.1　引きずり損測定

図 8.2 に，引きずり損測定システムの構成を示す。引きずり損とは，着磁ありロータ（着磁した磁石を挿入したロータ）を，コイルに電流を流していない状態で外部モータから強制的に回転させたときに生じるコア損のことである。具体的には，同図に示すように，駆動側に当たる左側の BLDC（brushless DC）モータにより，右側の IPM-SM を外部から回転させ，そのときに得られるト

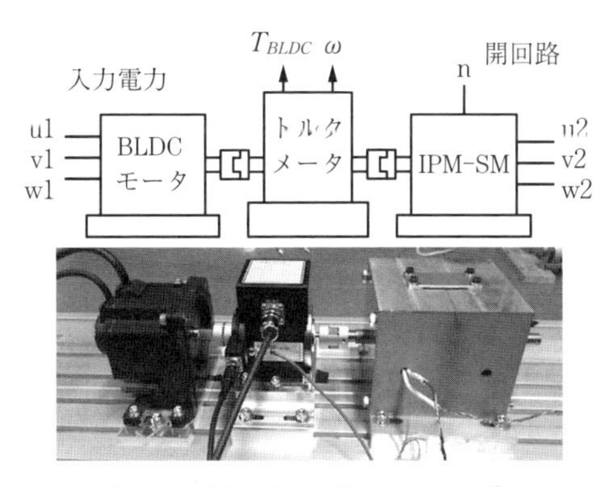

図 8.2　引きずり損測定システム[3)]

ルクと回転数をトルク検出器を用いて測定する。ただし，このとき回転数とトルクの積から得られる損失 P_{BLDC} の中には，引きずり損に加えてベアリング等による機械損が含まれている。したがって，機械損を分離するために，着磁なしロータ（着磁していない磁石を挿入した同形状・同質量のロータ）を同回転数で回して得た機械損 P_f を差し引くことで，引きずり損 $P_{i,drag}$ のみが得られる。

$$P_{i,\,drag}=P_{BLDC}-P_f=\omega T_{BLDC,\,mag}-\omega T_{BLDC,\,demag} \tag{8.1}$$

ここで，ω は回転数，$T_{BLDC,\,mag}$ および $T_{BLDC,\,demag}$ はそれぞれ，着磁ありおよびなしのロータを用いた場合のトルクである。

8.2.2　無負荷損測定

図 8.3 に，無負荷損測定システムの構成を示す。このシステムは，三相インバータにより IPM-SM に電力を供給し，ロータを回転させるものである。ここで，モータの回転数制御は，エンコーダを用いたベクトル制御で行う。無負荷損測定では，IPM-SM の出力側には何も接続せず，トルクが 0（機械的出力が 0）である状態でコア損を評価する。このとき，IPM-SM に生じる無負荷時のコア損 $P_{i,\,noload}$ は，以下の式で記述される。

$$P_{i,\,noload}=P_{3\Phi}-R_s(I_u^{\,2}+I_v^{\,2}+I_w^{\,2})-P_f \tag{8.2}$$

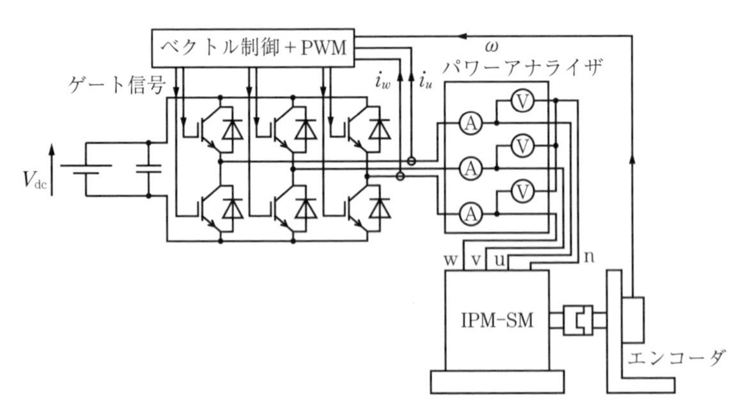

図 8.3　無負荷損測定システム[3)]

ここで，$P_{3\Phi}$ はパワーアナライザで得られた IPM-SM への入力電力，R_s は巻線抵抗，I_u，I_v，I_w は各相の電流実効値である。

8.2.3 負 荷 損 測 定

図 8.4 に，負荷損測定システムの構成を示す。実際にモータを駆動するときには，モータに負荷（回されるもの）を接続する。ここでは，この負荷として BLDC モータに抵抗を接続したものを用い，このときに得られるトルクと回転数をトルク検出器により測定する。式で表すと負荷時のコア損 $P_{i,\,load}$ は以下のようになる。

$$P_{i,\,load}=P_{3\Phi}-R_s(I_u^2+I_v^2+I_w^2)-P_f-\omega T_{out} \tag{8.3}$$

ここで，T_{out} は負荷時のトルクである。

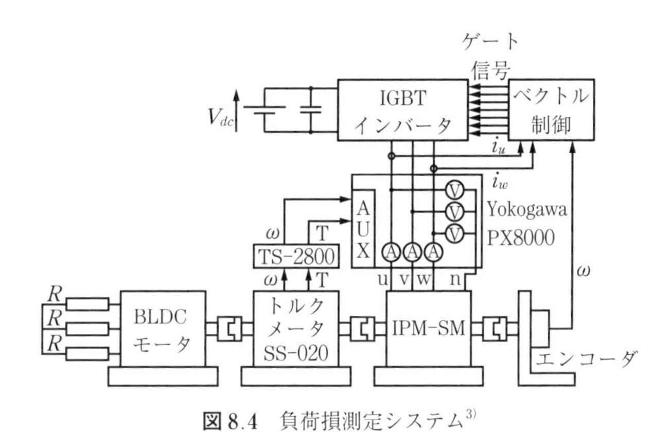

図 8.4　負荷損測定システム[3)]

8.3　解析モデルおよび解析方法

本章では，実験データの検証を行うため，数値解析も行う。ここでは，磁界解析法および鉄損解析方法について述べる。

8.3.1　解 析 モ デ ル

図8.5に，三次元磁界解析モデルを示す。この三次元モデルは，図のように二次元モデルを z 方向に電磁鋼板の1枚分の厚さ（350 μm）に拡張し，かつ上面と下面には1 μm の絶縁層（空気）を設けており，コイルと永久磁石は z 方向に無限に長いモデルとなっている。なお，本モデルは周期性を考慮し，1/4モデルとしている。

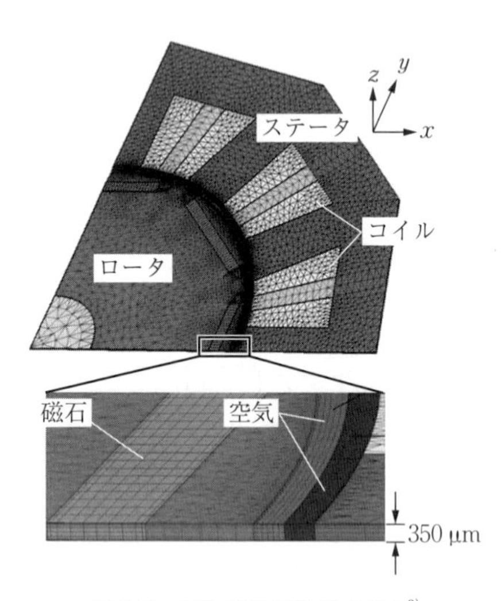

図8.5　三次元磁界解析モデル[3)]

8.3.2　磁 界 解 析 法

磁界解析法は，有限要素法を用いた通常の A-φ 法による三次元非線形過渡応答解析とする。以下に，三次元場での基礎方程式を示す。

$$\mathrm{rot}(\nu\,\mathrm{rot}\boldsymbol{A})=\boldsymbol{J}_0-\sigma\left(\frac{\partial}{\partial t}\boldsymbol{A}+\mathrm{grad}\,\varphi\right)+\nu_0\,\mathrm{rot}\boldsymbol{M} \tag{8.4}$$

$$\mathrm{div}\left\{-\sigma\left(\frac{\partial}{\partial t}A+\mathrm{grad}\,\varphi\right)\right\}=0 \tag{8.5}$$

ここで，$\boldsymbol{A}$，φ，$\boldsymbol{J}_0$，$\boldsymbol{M}$，ν，ν_0，σ はそれぞれ，磁気ベクトルポテンシャル，電気スカラポテンシャル，コイル電流密度，永久磁石の磁化，磁気抵抗率，真空の磁気抵抗率，電気伝導率である。未知変数は $\boldsymbol{A}$ と φ であり，これを解くことで，磁束密度および渦電流密度が得られる。

なお，引きずり損の解析では，コイル電流を0としてロータを強制的に回転させる。無負荷損および負荷損の解析では，実測で得られた電流値もしくは電圧値を入力することで解析が行える。

8.3.3 鉄損解析法

まず，ヒステリシス損は，スタインメッツの式により算出する。一般にスタインメッツの式は，鋼板に流れる磁束密度の通過断面の面積平均値に対して適用できるが，本解析モデルは鋼板1枚分の三次元モデルであり，鋼板厚さ方向に磁束密度が分布するため，厚さ方向に平均をとり，スタインメッツの式を適用する。具体的には，**図8.6**の鋼板厚さ方向に一括した要素 β の磁束密度 B_β を次式(8.6)のように，その中にある要素 α の磁束密度 $B_{\alpha,k}$ の高さ平均から算出する。

$$B_\beta = \frac{1}{H_L}\sum_{k=1}^{N_z} B_{\alpha,k} h_k \tag{8.6}$$

ここで，h_k，H_L はそれぞれ，要素 α の高さ，要素 β の高さ（鋼板の厚さ）であり，添え字 k は要素 β 中の要素 α の要素番号を表す。ヒステリシス損 W_{hys} は，この B_β から次式(8.7)で算出する。

$$W_{hys} = \sum_{i=1}^{Nh} K_{hys,i}\left(B_{\beta,t,i}^2 + B_{\beta,r,i}^2\right) f_i \tag{8.7}$$

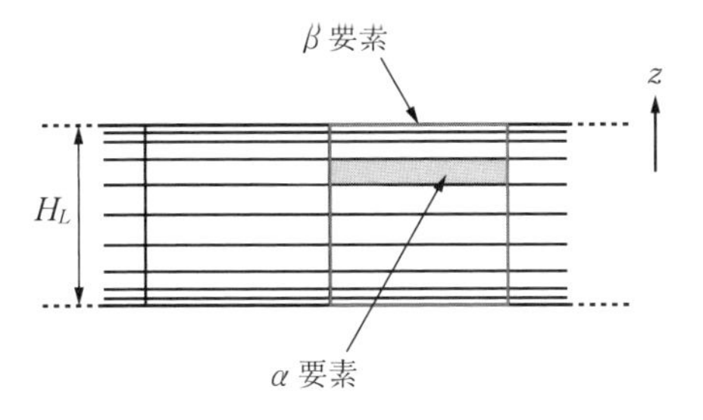

図8.6 磁束密度の平均化[3)]

ここで，K_{hys}，B，f はそれぞれ，ヒステリシス損係数，磁束密度，周波数を示す。添え字 i，t，r はそれぞれ，高調波の次数，周方向（θ 方向），半径方向（r 方向）であることを示す。

つぎに，渦電流損であるが，本磁界解析では式 (8.4) の右辺第 2 項により本質的な渦電流密度が算出される。したがって渦電流損 W_{ed} は，渦電流密度 $\boldsymbol{J}_e$ と電気伝導率 σ を用いて算出する。ただし，これだけでは，古典渦電流損が得られるのみであり，磁壁移動に起因する異常渦電流密度は考慮されない。そこで，これを考慮するために異常渦電流損係数 κ を古典渦電流損失に掛けた次式 (8.8) で求める。

$$W_{ed} = \frac{\kappa}{T_e} \sum_{ie=1}^{Ne} \sum_{t=1}^{Nt} \frac{\left| \boldsymbol{J}_e(t) \right|^2}{\sigma} V_{ie} \Delta t \tag{8.8}$$

ここで，V，T_e，Δt はそれぞれ，要素の体積，電気角 1 周期，時間刻み幅（ステップ間隔）であり，添え字 ie，t はそれぞれ，要素番号，ステップ番号を示す。なお，電磁鋼板の異常渦電流損係数 κ は，文献 1) を参考に，ここでは 2 とし，永久磁石では磁壁移動はなく異常渦電流損が生じないとみなし 1 とした。

8.4 IPM-SM のコア損評価結果

8.4.1 コア損のキャリヤ周波数依存性とビルディングファクタ

本項では，まず負荷測定によりキャリヤ周波数に対するコア損を評価する。キャリヤ周波数は，1，2，5，10，20 kHz で変化させ，その他の駆動条件は，回転数 750 rpm，出力トルク 1 N·m，デッドタイム 3.5 μs，直流印加電圧 180 V，d 軸電流 0 A とする。**図 8.7** に，IPM-SM のコア損のキャリヤ周波数依存性を示す。キャリヤ周波数を高くするとコア損は減少している。これは，高キャリヤ周波数では，高調波振幅が抑えられることや，表皮効果によりキャリヤ周波数成分は鋼板表面だけに集中し，鋼板全体で見たときにはその影響が小さくなることが原因として考えられる。

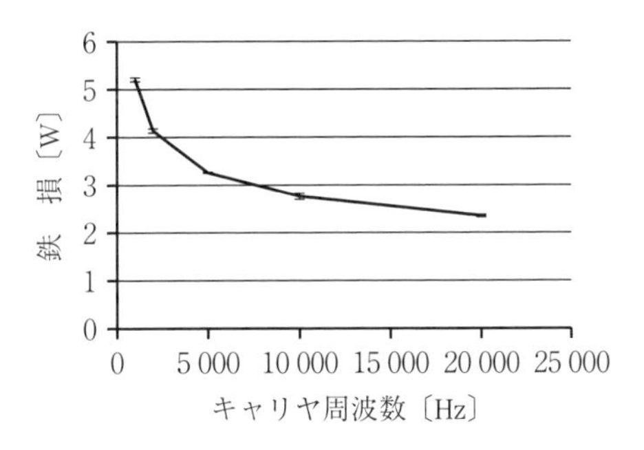

図 8.7　コア損のキャリヤ周波数依存性[8)]

図 8.7 では，IPM-SM のコア損について述べたが，電磁鋼板そのものの損失については，JIS（Japanese Industrial Standards）および IEC（International Electrotechnical Commission）などの規格に従い，時間高調波を含まない正弦波で励磁された場合の鉄損値を標準値にするようになっている。しかしながら，電気自動車などでのモータ駆動システムでは，可変速駆動のために PWM インバータが用いられることから，このインバータ励磁下での鉄損値を正確に把握する必要がある。また，電磁鋼板をコアの形状にして実駆動することによる鉄損特性への影響もきちんと把握しておく必要がある。

そこで，上記のコア損とリング試料の鉄損とを比較し，励磁方法の違いおよび鋼板をコア形状にすることによる影響を評価する。ここでは，以下 2 種類の方法により，リング試料を励磁する。

（a）　正弦波励磁

（b）　単相インバータ励磁

このとき，実駆動時の IPM-SM のコア損失特性（図 8.7 参照）とリング試料から求まる鉄損の関係は，ビルディングファクタ（building factor，BF）で評価する。この BF は，実駆動時のコア損÷リング試料から求まる鉄損と定義する（詳細については文献 2）を参照）。

図 8.8 に，IPM-SM のステータコアの BF を示す。同図中，“BF（sine-fed）” は，（a）正弦波励磁下のリング試料から導出した損失と IPM-SM のステータコア損を比較した値，“BF（inverter-fed）” は，（b）単相インバータ励磁下

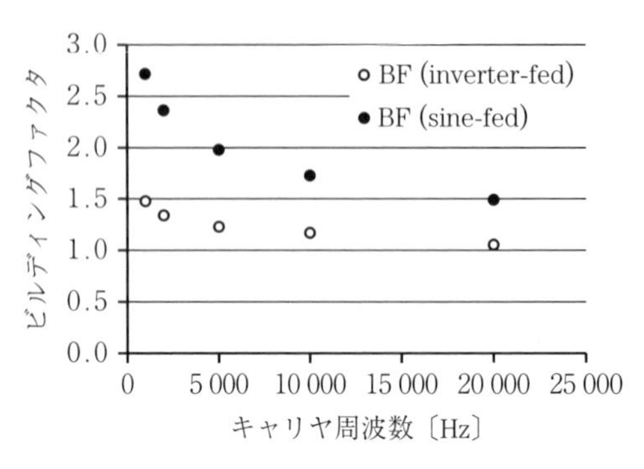

図 8.8　ビルディングファクタ（BF）[2)]

のリング試料から導出した損失と IPM-SM のステータコア損を比較した値をそれぞれ示す。図 8.8 より，まず IPM-SM の駆動と同じインバータ励磁下での BF（inverter-fed）を見ると，BF は 1.1 ～ 1.5 程度となっていることがわかる。このことから，電磁鋼板をコアにして実駆動することによって，鉄損が増加することがわかる。この増加要因として，以下のことが考えられる。

1）　交番磁界と回転磁界が存在すること[4),5)]

2）　マグネット形状の影響が存在すること[6)]

3）　エアギャップ近傍でフリンジング効果が発生すること[7)]。

つぎに，BF（sine-fed）を見ると，BF（inverter-fed）に比べて 1.5 ～ 1.8 倍程度になっている。これは，インバータ励磁に必然的に含まれる時間高調波の影響等であると考えられる。

8.4.2　コア損の変調率依存性

本項では，負荷測定により変調率に対するコア損を評価する。三相 PWM 制御では，各相の基本波電圧の実効値 $V_{f,\,rms}$ は以下で近似できる。

$$V_{f,\,rms} = m\frac{V_{\mathrm{dc}}}{2\sqrt{2}} \tag{8.9}$$

ここで，m は変調率，V_{dc} は直流印加電圧である。一定の出力に対しては，$V_{f,\,rms}$ は一定となるため，例えば，直流印加電圧が増加した場合には，変調率

が下がり $V_{f,\,rms}$ を一定に保つように制御される。ここでは，直流印加電圧を 50 ～ 200 V で変化させることにより，所望の変調率を得てコア損を評価する。その他の駆動条件は，回転数 750 rpm，出力トルク 1 N·m，デッドタイム 3.5 μs，d 軸電流 0 A とし，キャリヤ周波数は，1，10，20 kHz で変化させる。

図 8.9 に，直流印加電圧に対する変調率の変化を示す。**図 8.10** に，IPM-SM のコア損の変調率依存性を示す。図 8.10 より，高変調率時には，IPMSM のコア損が減少することがわかる。つぎに，このコア損と変調率の関係を数値解析により確認する。**図 8.11** には，無負荷測定時の数値計算結果と実験結果（キャリヤ周波数 1 kHz）を示すが，まず無負荷時でも，負荷時と同様に変調率の増加に伴いコア損が小さくなっていることがわかる。また同図より，解析結果は実験結果とほぼ同様の傾向を示しており，変調率の変化はおもに渦電流損と磁

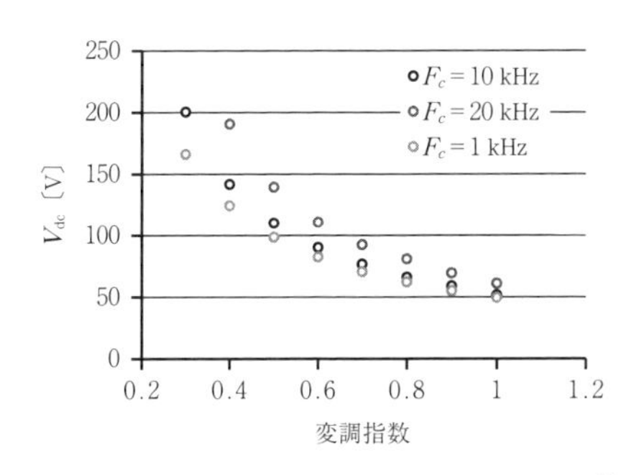

図 8.9　直流印加電圧に対する変調率の変化[8)]

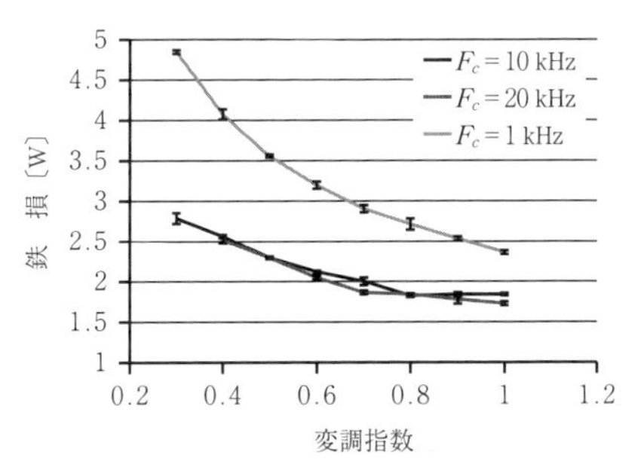

図 8.10　変調率依存性[8)]

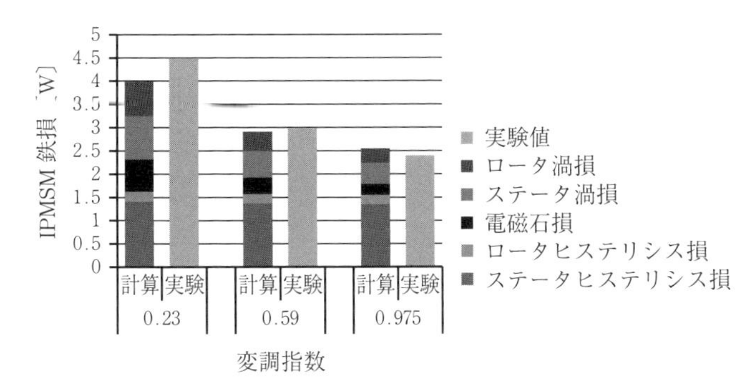

図 8.11　変調率依存性の数値計算結果および実験結果[9)]

石損に影響していることがわかる。特に，磁石損に大きく影響していることが見受けられる。

最後に，上述した変調率とコア損の関係を DFT（discrete Fourier transformation）により検討する。**図 8.12** に無負荷時の相電圧波形を示し，**図 8.13** および**図 8.14** に相電圧および相電流の DFT 結果をそれぞれ示す。図 8.13 を見ると，変調率が変化しても，相電圧の基本波成分は一定（$V_{f,\,rms}$ が一定）となっている。しかしながら，変調率が変化すると，電圧の高調波成分については一定とならない。このことは，磁束密度波形に影響を及ぼす。**図 8.15** に，高変調率および低変調率時の磁石中心点（図 8.1 の点 A）での半径方向の磁束密度波形を示す。**図 8.16** に，図 8.15 に対応する DFT 結果を示す。図 8.16 を

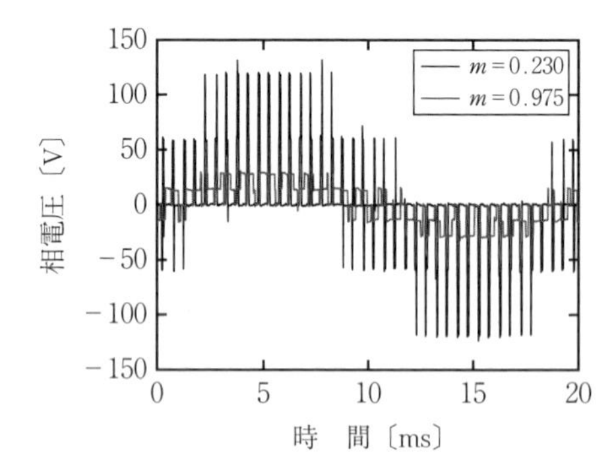

図 8.12　低変調率および高変調率時の相電圧波形

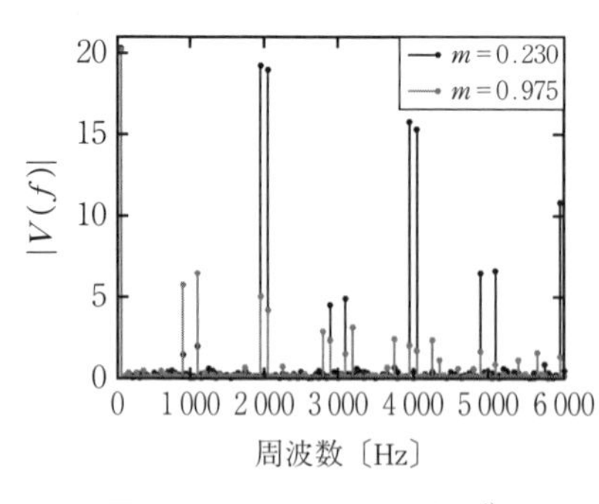

図 8.13　相電圧の DFT 結果[9)]

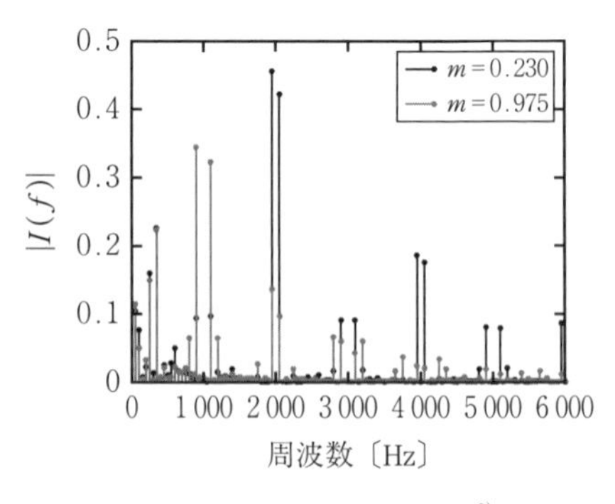

図 8.14　相電流の DFT 結果[9)]

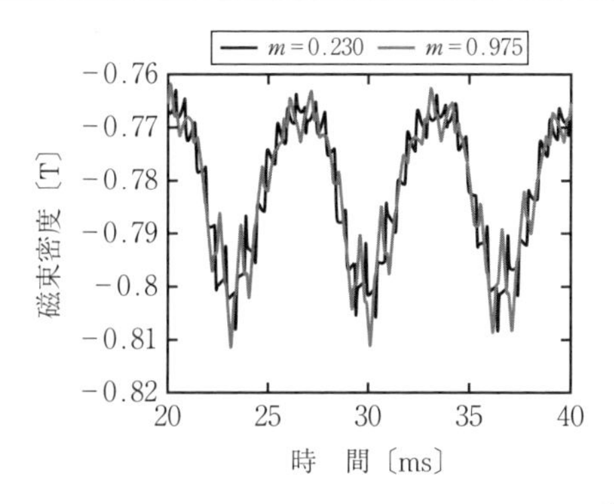

図 8.15 磁石中心点での半径方向の磁束密度波形[9)]

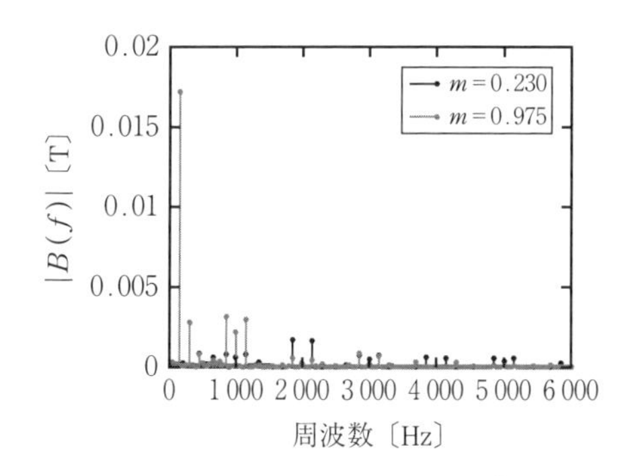

図 8.16 磁束密度の DFT 結果[9)]

見ると，2 kHz 以上の高調波で，低変調率時の振幅が高変調率時の振幅より大きくなっている。渦電流損は周波数の 2 乗に比例するため，高変調率時より低変調率時では，渦電流損が増加する。

8.4.3　コア損のデッドタイム依存性

本項では，無負荷測定によりデッドタイムに対するコア損を評価する。ここで，デッドタイムとは，インバータ回路における 1 レグのハイサイドとローサイドのスイッチング半導体が同時にオン状態になることを防ぐために挿入する無駄時間のことである。本測定では，デッドタイムを 3.5，4.0，4.5，5.0 μs で変化させる。その他の駆動条件は，回転数 750 rpm，直流印加電圧 180 V，d

軸電流 0 A とし，キャリヤ周波数は，1，10，20 kHz で変化させる。**図 8.17** に，IPM-SM のコア損のデッドタイム依存性を示す。図 8.17 より，本測定の範囲内では，デッドタイムがコア損に影響を及ぼしていないことがわかる。また，キャリヤ周波数を変更した場合のデッドタイムに対するコア損の偏差は 0.7%以下である。

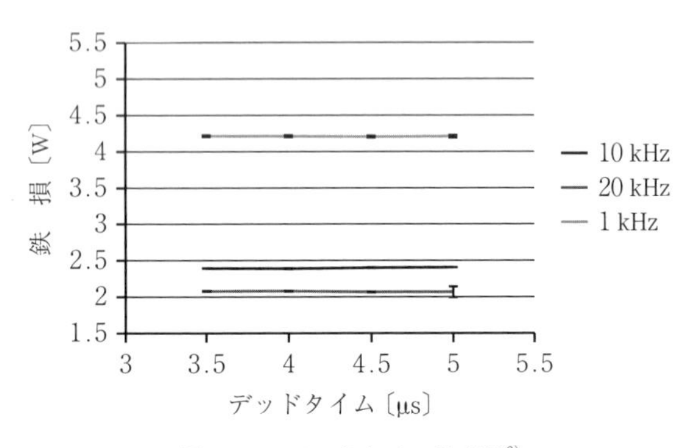

図 8.17　デッドタイム依存性[8)]

8.4.4　コア損の負荷依存性

本項では，無負荷測定および負荷測定によりコア損を評価する。本測定では，回転数を 750 rpm，トルクを 1 N·m（負荷測定時），デッドタイムを 3.5 μs，直流電圧を 180 V，d 軸電流を 0 A とし，キャリヤ周波数を 1，10，20 kHz で変更する。**図 8.18** に，負荷測定時および無負荷測定時の IPM-SM のコア損

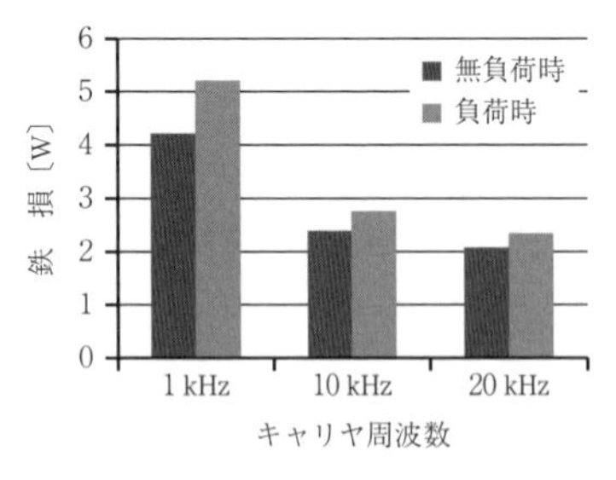

図 8.18　負荷時および無負荷時のコア損[8)]

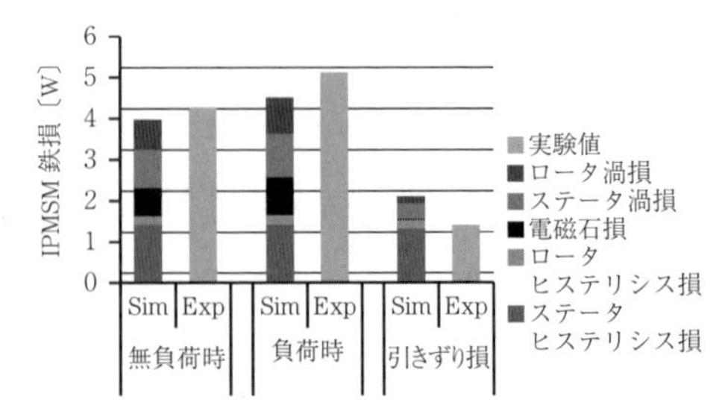

図 8.19　負荷時，無負荷時および引きずり損測定時のコア損[3)]

を示す。同図より，すべてのキャリヤ周波数に対して，無負荷時より負荷時のほうが，コア損が大きくなっていることがわかる。

図8.19に，負荷測定時，無負荷測定時（キャリヤ周波数1 kHz），および引きずり損測定時でのコア損の測定結果と解析結果を示す。同図より，負荷時のコア損が最も大きく，引きずり損測定時のコア損が最も小さくなっている。また，解析結果より，負荷時，無負荷時および引きずり損測定時のヒステリシス損はほぼ一定であるが，渦電流損失は変化している。まず，引きずり損測定時には，インバータで励磁しているわけではないため，時間高調波が現れない。これにより，時間高調波成分に起因する損失が現れず，損失が他の測定法に比べて小さくなる。つぎに，負荷時の電流基本波成分は，無負荷時の電流基本波成分よりも大きく，この差が損失の差を生んでいると考えられる。

引用・参考文献

1）C. Kaido：“Method of Evaluating Anomalous Eddy Current Loss in Electrical Steel Sheets”, Journal of the Magnetics Society of Japan, Vol.33, No.2, pp.144-149 (2009).

2）N. Denis, S. Odawara, and K. Fujisaki：“Attempt to evaluate the building factor of a stator core in inverter-fed permanent magnet synchronous motor”, IEEE Trans. Ind. Electron., Vol.64, No.3, pp.2424-2432 (Mar. 2017).

3）N. Denis, Y. Wu, S. Odawara, and K. Fujisaki：“Study of the effect of load torque on the iron losses of permanent magnet motors by finite element analysis”, in Proc. 11th Int. Symp. on Linear Drives for Ind. Appl., Osaka (Sep. 2017), pp.1-5 (accepted for presentation).

4）L. Ma, M. Sanada, S. Morimoto, and Y. Takeda：“Prediction of iron loss in rotating machines with rotational loss included”, IEEE Trans. Magn., Vol.39, No.4, pp.2036-2041 (Jul. 2003).

5）K. Fujisaki, S. Satoh, and M. Enokizono：“Influence of vector magnetic property with rotational magnetic flux, magnetic hysteresis and angle difference on stator core loss”, J. Jpn. Soc. Appl. Electromagn. Mech., Vol.20, pp.360-365 (2012).

6) K. Yamazaki and Y. Seto："Iron loss analysis of interior permanent-magnet synchronous motors - Variation of main loss factors due to driving condition", IEEE Trans. Ind. Appl., Vol.42, No.4, pp.1045-1052 (Jul.-Aug. 2006).
7) M. S. Rylko, B. J. Lyons, J. G. Hayes, and M. G. Egan："Revised magnetics performance factors and experimental comparison of high-flux materials for high-current DC-DC inductors", IEEE Trans. Power Electron., Vol.26, No.8, pp.2112-2126 (Aug. 2011).
8) Collaboration research between DENSO company and Electromagnetic Energy System Laboratory, Toyota Technological Institute
9) Y. Wu："Finite element analysis for the iron loss investigation of PMSM excited by inverter", Master's thesis, Electromagnetic Energy System Laboratory, Toyota Technological Institute (Feb. 2017).

9 材料特性を活かしたモータ

現在，電気モータの鉄心材としておもに使用されている材料は，無方向性電磁鋼板（non-oriented steel，NO）である。NO材は，結晶粒径が数十μm程度の多結晶体で構成されており，結晶磁気異方性を持つ鉄原子の結晶方位が各結晶粒で原則ランダムに向くように集合組織化されているため，比較的磁気異方性の少ない材料となっている。電気モータに電流が流れると，その垂直平面上に，つまり電磁鋼板の平面内に磁束は流れる。モータの回転および三相交流電流により，流れる磁束は一般的に平面内の任意方向に流れるので，鋼板の二次元平面上には磁気異方性がないことが望ましい。

モータに流れる交流電流の平行方向に誘導起電圧が生じるので，鋼板に渦電流が流れないようにするために，表層にはμm程度の電気絶縁層が塗布されている。また，鋼板内にも渦電流が流れにくくするために数%程度のSiが含有されており，電気抵抗を大きくしている。

さらに電磁鋼板は，その製造においても鋳造と圧延による量産化プロセスを用いているために低価格を実現している。このように電磁鋼板は，性能としても経済的にも優れたものになっているために，モータの鉄心材料として幅広く使用されている。

しかし，自動車だけではなく船，飛行機といった移動体すべてにモータ駆動システムが適用されるようになると，駆動源もこれまでの地上置きから駆動源も移動体とともに移動する機上置きになる。このようにモータの適用対象が増えるにつれ，モータへの要求仕様も多様なものになっていくものといえる。その一部は，多少の経済性は目をつぶるとしても，モータ低損失化へのさらなる要求であると考えられる。そこで，市販されている低鉄損材料を用いて低鉄損モータの研究に取り組むことにした。

市販化されている低鉄損材料として，GO 材[1),2)]，アモルファス材，ナノ結晶材[3)] を取り上げ，その特性を**表 9.1** にまとめた。NO 材としては比較的低鉄損材料である 35H300 を取り上げた。

表 9.1　従来材（NO 材）と低鉄損材との特性比較[4),5)]

軟磁性材料	ナノ結晶	アモルファス	GO 材	NO 材	備　考
鉄　損	0.049	0.224	0.632*	1.105	50 Hz，1 T，W/kg
飽和磁化 M_s	1.23	1.63	2.03	2.11	T
厚　み	18	25	350	350	μm
電気抵抗	1.2	1.2	0.46	0.52	μΩ·m
密　度	7.3	7.33	7.65	7.65	kg/dm³
具体的材料	FT-3M	2605HB1M	35ZH135	35H300	

〔注〕 *磁化容易軸方向の鉄損値

GO 材は，結晶粒径が数十 mm 程度の方向性電磁鋼板（grain-oriented steel，GO）である。結晶方位として磁化容易軸方向を圧延方向にできるだけそろえることで磁気異方性が強いが低鉄損な材料としている。磁束の向きが磁化容易軸方向に向くように切断した鋼板を配置することで GO 材は変圧器におもに使用されている。磁化容易軸方向の鉄損としては，NO 材の約半分程度になっている。飽和磁化，鋼板厚みおよび電気抵抗は NO 材とほぼ同程度である。GO 材のモータ適用時には，GO 材の磁気異方性特性を考慮する必要がある。

アモルファス材は，鋳造時に急冷することで結晶の組織化を持たない構造となっており，粒界に起因する磁壁移動の妨げがなく薄くて電気抵抗も大きい。鋼板厚みが 25 μm 程度と NO 材と比べてきわめて薄い。このために，NO 材より 5 分の 1 程度と低鉄損材料となっている。また，磁気異方性を持たない等方性材料ではあるが，多元系成分を用いているため飽和磁化が小さい。硬度は高くコア化の加工時の課題となっている。また，応力印加に対する磁気特性の感受性は高い。

ナノ結晶材料はアモルファス材を数十nm程度に再結晶化させることで単磁区構造とし，磁壁移動もなく磁化回転による磁気特性を持つ。このため，NO材より約20分の1以上の低鉄損となっている。鋼板厚み，電気抵抗などはアモルファス材と同程度であるが，さらなる多元系成分であるために飽和磁化がアモルファス材よりさらに小さくなっている。再結晶のため高温で処理しており鋼材としてはきわめてもろく，コアとしての一体成型化および電気絶縁層の確保などの課題がある。

このほかのナノ結晶材として，アモルファス材より飽和磁化を大きくした高B_s材などもあるが，ここでは低鉄損なナノ結晶材に着目する。

ここでは，こうした低鉄損材料を用いて鉄心コアを試作し，モータコアとしての鉄損特性を計測し，数値解析との比較を行ったので，以下にその詳細を述べる。

9.1 方向性電磁鋼板を用いた異方性モータ

GO材とNO材の磁化特性，鉄損特性を**図9.1**に示す。GO材は磁化容易軸方向とその垂直方向の特性を示している。GO材は，磁化容易軸方向と垂直軸方向とでは大きな差を示し，磁気異方性がきわめて大きな材料であることがわかる。NO材はその中間に位置している。

GO材は磁束密度の方向によって磁気特性が異なる磁気異方性を持っているため，GO材をモータコアとして使用する場合，NO材をGO材に置き換えた

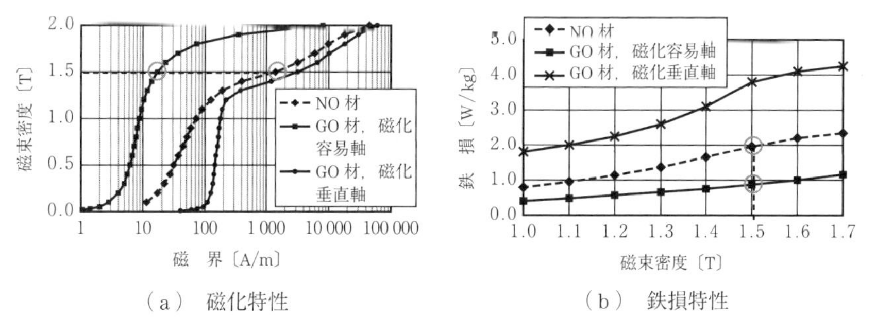

（a） 磁化特性　　（b） 鉄損特性

図9.1 方向性電磁鋼板（GO材）と無方向性電磁鋼板（NO材）の磁気特性

だけでは十分ではない。モータでは磁束がGO材の磁化容易軸方向だけではなく，その垂直方向にも流れるので，モータ鉄損の増加を招くからである。ステータコアに流れる磁束を考えると，ティース部は半径方向，ヨーク部は回転方向におもに流れる。そこで，ティース部は半径方向に磁化容易軸方向となるように，ヨーク部は回転方向に磁化容易軸方向となるように，**図9.2**のようにGO材を分割構造にする。GO材をティース部とヨーク部との鋼片ピースに分割し，モータコアに配置するので「異方性モータ」と呼ぶ[6)〜8)]。

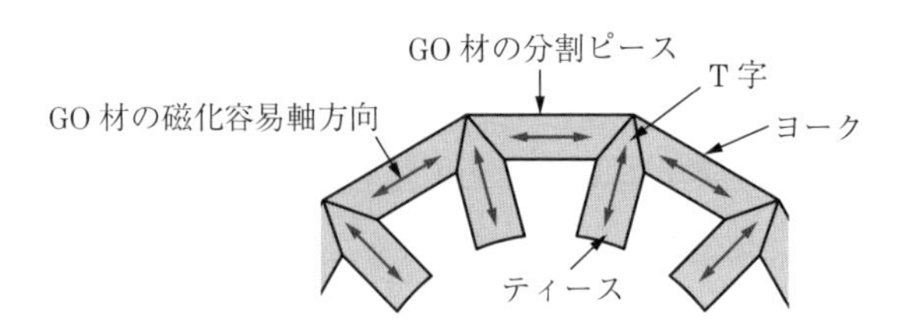

図9.2　GO分割ピースを用いた異方性モータ

GO分割した異方性モータでは，ティース部とヨーク部とが分割しているために，ステータのコアとしての外形精度，特に内径の機械精度に注意を払う必要がある。ステータコアの内側にロータが配置されており，それがステータとの空隙長を一定にして高速で回転するからである。そのため，分割ピースを用いてステータコアとして製作する際には，**図9.3**のようにステータの内外形を所定の大きさにするための専用ジグを用意した。

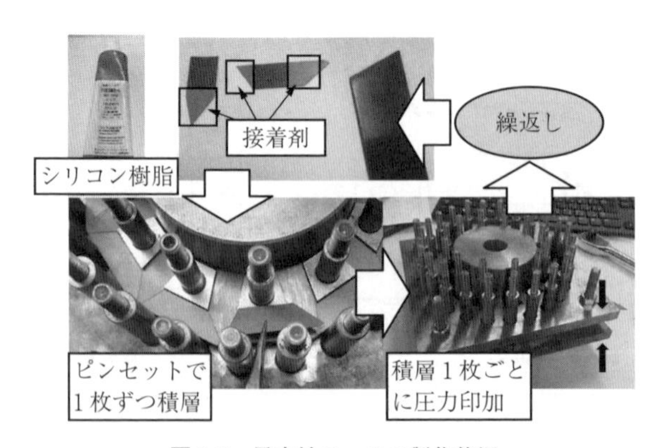

図9.3　異方性モータの製作状況

GO分割ピースの表面に1枚ずつシリコン樹脂の接着剤を塗布し，ピンセットにて所定のコアに設置し，ティース部：6枚，ヨーク部：6枚の計12枚の鋼片ピース1層分を配置させる。その後，厚さ5mmのステータコア大の鋼板をその上に置き，万力で締め上げ30分程度保持した後，つぎの層の鋼板ピースの塗布にかかる。それを47mmの積層方向に134層積み上げて計1608枚程度の鋼板ピースを用いてステータコアを製作した。今回はじめての試作でもあり，ステータコアを製作するのに2箇月程度を要した。

製作したステータコアの写真を**図9.4**に示す。参考までに同形状の従来のNO材一体コアの写真をも示す。ステータの外径：128mm，内径：76.5mm，ステータ-ロータ間の空隙長：1.25mmであり，12スロット8極（4極対）集中巻きモータである。NO材モータコアはNO材をステータコア形状に一体打抜きをし，積層している。異方性モータコアは，ティース部とヨーク部とが分割され，その接合部であるT字部では，ラップ接合している。ティース部の中心線から非対称な形状とすることで，一つ下の層のヨーク部との接合を一部面接合とし，ティース部とヨーク部との機械的接着強度を上げている。

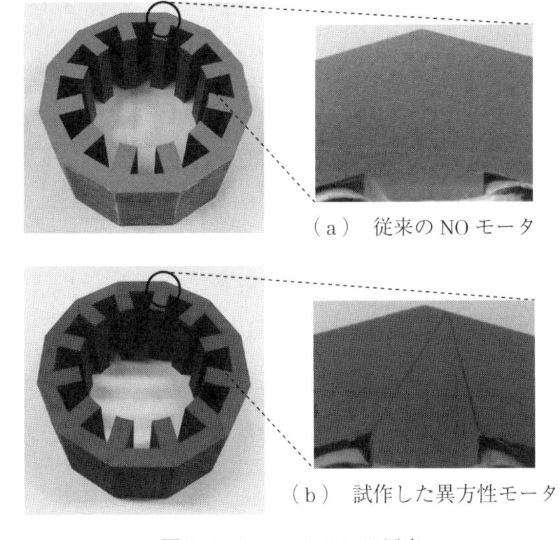
（a）従来のNOモータ
（b）試作した異方性モータ

図9.4　ステータコアの写真

異方性モータと従来の NO モータのコア損特性を計測するために，引きずり損実験を行った。引きずり損実験では，着磁した永久磁石ロータをモータに装着させ，ロータを外部のモータにて駆動させて永久磁石の発生する磁束にてステータコアを励磁させ，そのときに発生するトルクをトルク計で計測する。引きずり損は，電磁トルクに角速度をかけた機械入力から機械損を引いて計測する。機械損は，永久磁石を着磁させていないロータをモータに装着させ，同じ角速度で回転しているときのトルクより算出している。ロータのコア材は従来の NO 材を用いている。

併せて，この同一条件にて二次元電磁界非線形過渡の数値解析を実施した。得られた各要素の磁束密度の時間波形をフーリエ級数に展開し，角周波数成分でスタインメッツ式を適用して鉄損を求めた。磁気異方性は磁束密度ベクトルを磁化容易軸方向と垂直軸方向とに分解し，それぞれに非線形の初磁化特性を適応する二軸異方性を用いた。磁化容易軸および垂直軸の方向の鉄損特性（B-W 曲線）を周波数ごとに別途計測し，計測した周波数以外の任意の周波数の鉄損特性は，その近くの 2 周波数の磁気特性より算出する。ロータ内にある永久磁石の発生する磁束はステータを介して再びロータに戻り閉磁路を形成するが，スロット形状に応じたスロット高調波がロータを励磁する。このため，永久磁石には導電率（$1.6\times10^{-6}\,\Omega\cdot\mathrm{m}$）を持たせて渦電流が流れるようにし，それより渦電流損を算出した。また，ロータコアにも高調波の磁束が発生し鉄損を生じる。このため計測したコア損には，ステータ鉄損だけではなく永久磁石の渦電流損およびロータの鉄損が含まれている。**図 9.5** に異方性モータと従来の NO モータの引きずり損の計測と数値解析の結果を示す。

結果を見ると，GO 分割の異方性モータおよび NO モータの引きずり損の計測結果と解析結果とは同じ値を示しているといえる。計測結果の引きずり損ではステータ損，ロータ損，永久磁石損の分離ができないので，解析結果にてその内容を分析してみる。

NO モータ，GO モータともに永久磁石およびロータの材質・形状が同じであるために，永久磁石損およびロータ損はほぼ同じ値になっている。そこで，

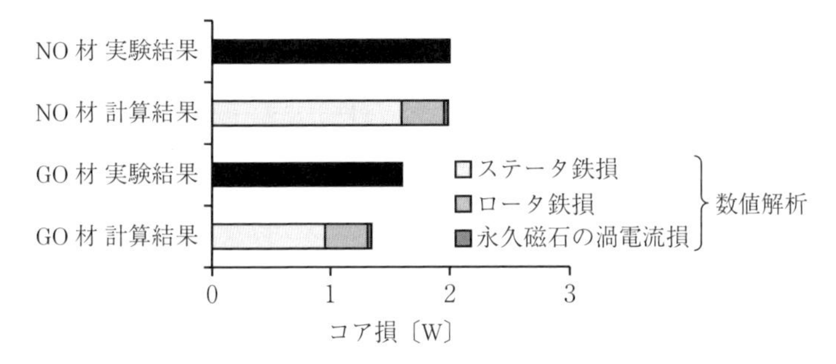

図 9.5 異方性モータと従来の NO モータの引きずり損の計測と数値解析の結果

それ以外の材料を NO 材から GO 分割材に変更したステータ損に着目すると，おおよそ半分程度になっていることがわかる。

9.2 アモルファスモータ

結晶粒界がなく薄くて電気抵抗の大きいアモルファス材の鉄損は，GO 材の磁化容易軸方向の鉄損より小さい。さらなる鉄損低減のために，アモルファス材をモータのステータコアに適応することを考える。

図 9.6 は，アモルファス材と従来の NO 材との鉄損特性を比較したものである。NO 材は飽和磁化が 2 T 程度まであるので，そこまでの鉄損特性を示しているが，アモルファス材の飽和磁化は 1.63 T と低いので，そこまでの特性しか示していない。しかし，鉄損はおおよそ 5 分の 1 程度と小さい。

アモルファス材は，磁気的には等方性なので，NO 材同様に一体打抜き加工が可能であり，機械強度は高い。しかし，硬度が高いため切断加工が難しく，25 μm 厚と極薄である。その表面には電気絶縁被膜は特に施されていないが，その表層には 10 nm 程度の酸化物の電気絶縁層があるといわれている。また応力感受性がきわめて高く，材料からモータコアに成形する際にかかる機械的残留応力および電気絶縁性の問題がある。このために，モータコアの試作方法として 4 種類を考え，その鉄損特性を引きずり損で計測した。結果を**図 9.7** に

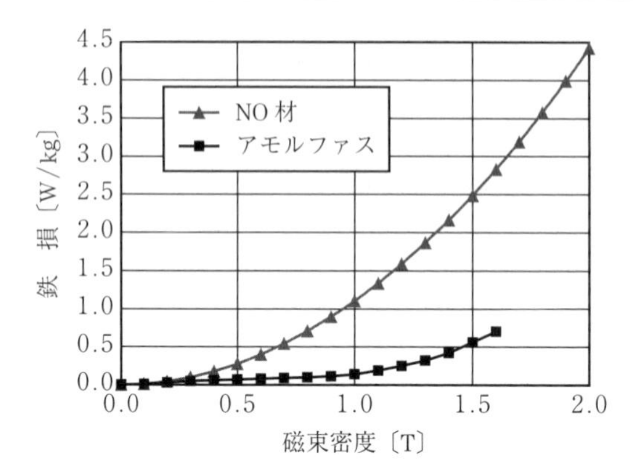

図 9.6　アモルファス材（Metglas（2605HB1M），日立金属株式会社製）と従来の NO 材（35H300，新日鐵住金株式会社製）との鉄損特性（50 Hz）

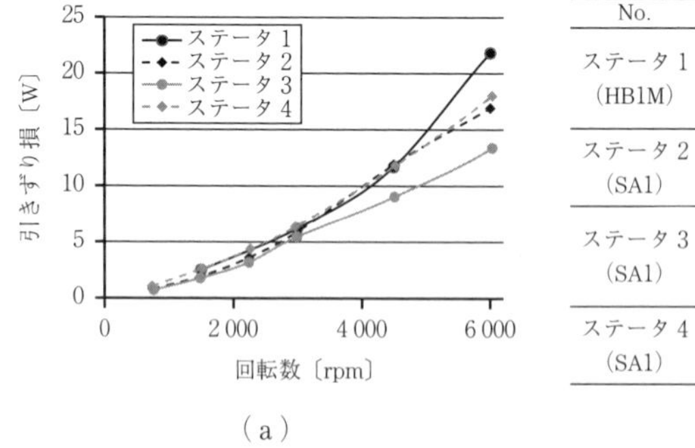

（a）

No.	工　程
ステータ 1 （HB1M）	1. シートを 47 mm 分積層，固定 2. 型彫り放電加工 3. ワイヤ放電加工 4. 真空含浸接着
ステータ 2 （SA1）	1. はけ塗によりシートを 47 mm 分積層，固定 2. 細孔放電加工（スタート穴） 3. ワイヤ放電加工
ステータ 3 （SA1）	1. シートを 47 mm 分積層，固定 2. 真空含浸接着（低粘度の含侵液を使用） 3. 細孔放電加工（スタート穴） 4. ワイヤ放電加工
ステータ 4 （SA1）	1. エッチングにより 1 枚ずつ面方向加工 2. 上記コア用シートを 47 mm 分積層，固定 3. 真空含浸接着

（b）

図 9.7　試作した 3 種類のアモルファスコアの製作方法（図（b））とそのときの引きずり損特性（図（a））[9]

示す[9),10)]。ここでのコア切断方法はすべてワイヤカットを用いているが，アモルファスコアの製造方法の違いによって，ステータコアの鉄損特性が倍・半分程度の差異が生じていることがわかる。積層方向の電気絶縁性の確保および量産化技術と併せて，アモルファスコアの製作方法は今後の重要な技術課題といえる。1 888 枚程度のアモルファスを積層したことになる。製作したアモルファスコアの一例を**図 9.8** に示す。別途巻いた銅コイルをステータコアに設置し，モータとして使用する際に外れないように糸で鉄心に巻き付け，それが鉄

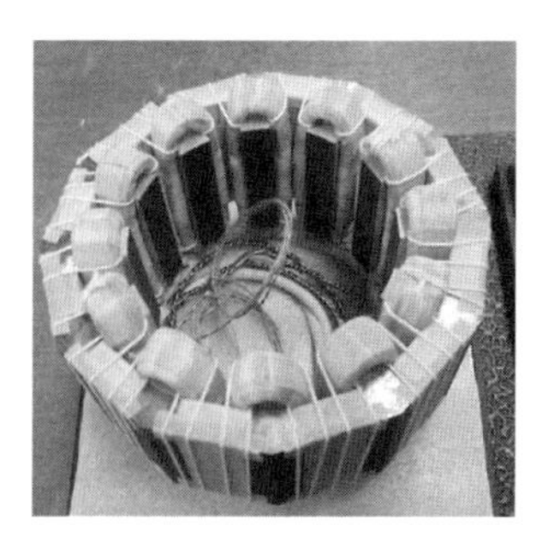

図 9.8　製作したアモルファスコアの写真（銅コイル付き）

心と接する際に切れないように白い補助テープで養生している。

図 9.9 にアモルファスモータコアと従来の NO モータコアとの引きずり損の計測と解析との比較を示す。解析は，二次元非線形過渡電磁界解析で，得られた磁束密度時間波形からスタインメッツ式を用いて鉄損を計算している。NO モータのほうは解析と計測とよく一致しているが，アモルファスモータのほうは，計測した鉄損値が解析したそれより大きく出ている。今回試作したアモルファスモータコアには，積層方向の絶縁性，製作時の応力印加およびコア切断時の短絡などが考えられ，その分鉄損が増加したものといえる。

上記解析結果のステータ損，ロータ損，永久磁石損の内訳を**図 9.10** に示す。

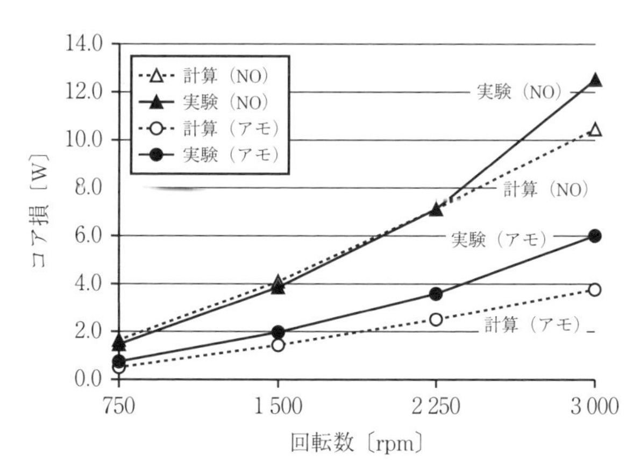

図 9.9　アモルファスコアと従来の NO モータコアの引きずり損の比較（計測と計算との比較）[11), 12)]

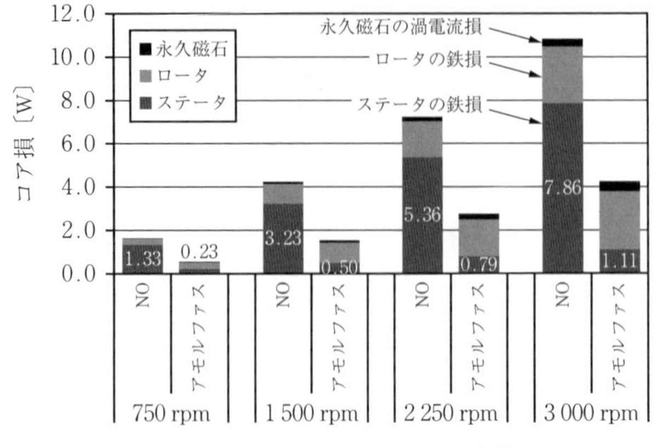

図 9.10　計算結果の損失の内訳[11),12)]

NO モータとアモルファスモータとには同じ材質・形状のロータ，永久磁石を用いているので，両者のロータ損，永久磁石損は同じ値になっている。

NO 材をアモルファス材に変更したステータ損で，NO モータとアモルファスモータとで比較すると，アモルファスのコア損のほうが 5 分の 1 から 7 分の 1 程度に低下していることがわかる。回転数，つまり励磁周波数で見ると周波数が高いほうが NO モータの損失が大きくなっているが，アモルファスの損失はそれほど大きくなっておらず，両者の差異は高周波ほど拡大している。極薄で高電気抵抗なアモルファス材の高周波特性が優れていることがわかる。

9.3　ナノ結晶モータ

電磁鋼板などでは結晶粒が小さくなると単位面積における結晶粒界が増え，それによる磁壁移動の妨げが起こるためにそれに反比例して鉄損が増加するが，100 nm 以下程度になると単磁区による磁化回転による磁化過程となるので，逆に粒径の 6 乗程度に比例して鉄損が低下することが知られている。ナノ結晶材料は，アモルファス材に数十 nm 程度の単結晶を再結晶化させたもので，機械強度はなくきわめてもろいがアモルファスより鉄損が著しく小さくなる。今回，ナノ結晶材をモータのステータコアに適応し，ナノ結晶モータを試作した。

図 9.11 にナノ結晶材料で製作したモータ・ステータコアを示す[13),14)]。ナノ結晶材料のカットシートを樹脂漕につけ,高圧力下で樹脂を含浸させ,湯中にてワイヤカットを用いてステータコア形状に切断した。製造されているナノ結晶材料の幅の制約により 4 分の 1 構造とし，それらを接合して一体コアとした。

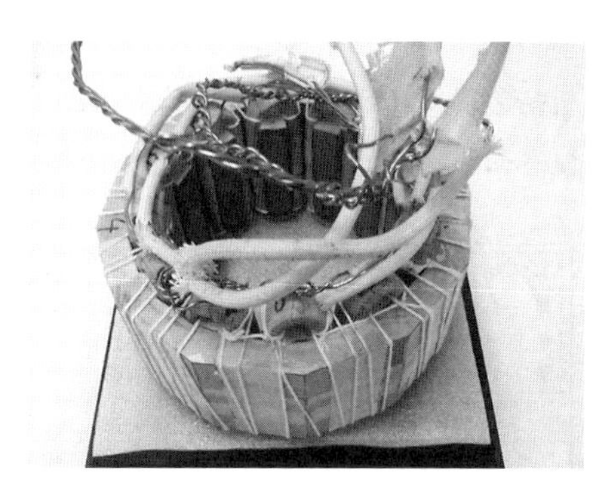

図 9.11 ナノ結晶材料で製作したモータ・ステータコアの写真

試作したナノ結晶モータを用いて，引きずり損のコア損を計測した。比較のために，NO 材だけではなくこれまで計測した GO 分割モータ（異方性モータ），アモルファスモータのコア損も含めて **図 9.12** に示す。NO モータ，GO モータ，アモルファスモータ，ナノ結晶モータの順にコア損が低下していることがわかる。

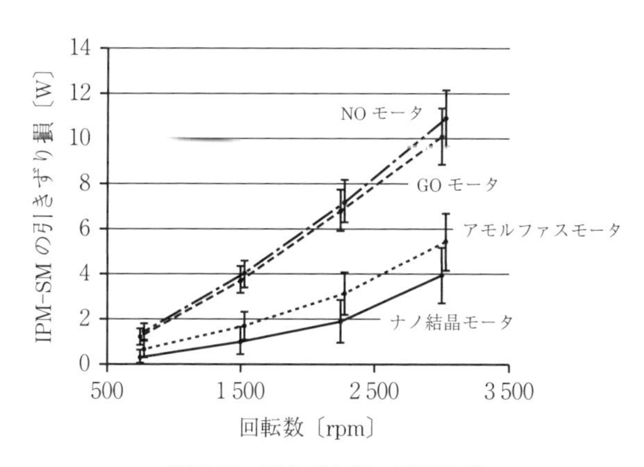

図 9.12 引きずり損の計測結果

しかし，コア損にはステータ損だけではなく，従来材のロータ損や永久磁石損も含まれているので，その分離を行うために数値解析との比較を**図 9.13** に示す。解析は，二次元非線形過渡電磁界数値解析である。NO モータ，ナノ結晶モータともに，解析と計測結果とはほどよい一致をみている。これまで同様，ロータ損と永久磁石損は，NO モータ，ナノ結晶モータともに同じ値であることがわかる。解析結果にてステータ損を比較すると，従来の NO モータよりナノ結晶モータのほうが 20 分の 1 程度低下していることがわかる。

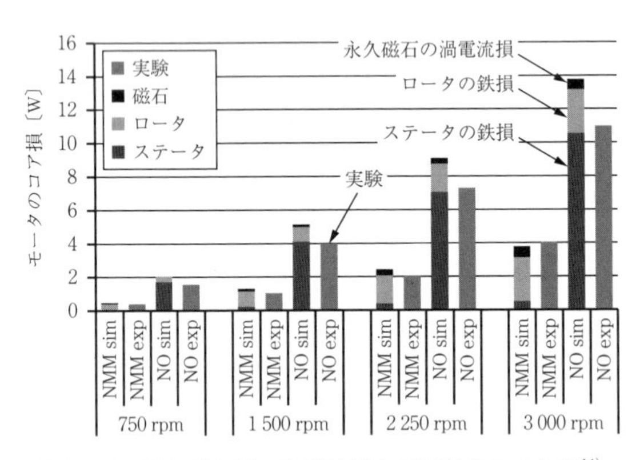

図 9.13　引きずり損の計測結果と解析結果との比較[14)]

20 分の 1 程度に低下したナノ結晶モータの鉄損の位置付けを，他の損失と比較してみる。**図 9.14** で，ステータを NO 材からナノ結晶材にすると損失は

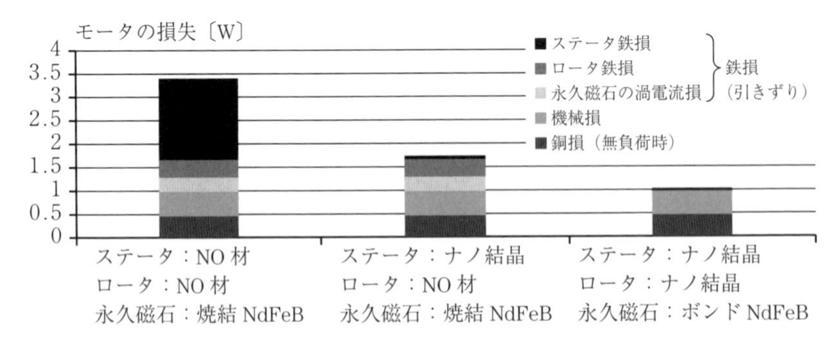

図 9.14　材質によるモータ損失の内訳（750 rpm，50 Hz，ステータ損，ロータ損，永久磁石損は引きずり損の解析値，機械損はそのときの計測値，銅損は 750 rpm での無負荷時の計測値）

大幅に下がるが，まだロータ損および永久磁石損が存在する。そこでロータにナノ結晶材を適応し，永久磁石として電気抵抗が大きく渦電流がほとんど流れないボンドNdFeB磁石を応用すると，いわゆる鉄損はきわめて小さくなる。それまでの焼結NdFeB磁石と比べると残留磁束密度は小さい。参考までに，そのときの機械損および別途計測した無負荷時の銅損をも付記している。ナノ結晶のステータ，ロータ，ボンドNdFeB永久磁石のモータの場合，ステータ損，ロータ損および永久磁石損を合計した鉄損は，機械損や銅損と比べてきわめて小さな値となっている。つまり，ナノ結晶材料を用いると機械損や銅損と比べて鉄損はきわめて小さい値となっているので，ナノ結晶材料は飽和磁化が小さいなどの技術的課題はあるものの，鉄損低減の究極の材料といえる。

これより，超電導コイルによる銅損低減，真空（およびそれに近い状況）および磁気ベアリングによる機械損低減，そしてナノ結晶材による鉄損低減が実現できれば，モータ損を究極まで低減したモータができるものといえる。

引用・参考文献

1) N. P. Goss："Electrical sheet and method and apparatus for its manufacture and test", U. S. Patent No.1965559 (1934).
2) T. Yamamoto, S. Taguchi, A. Sakakura, and T. Nozawa："Magnetic properties of grain-oriented silicon steel with high permeability Orientcore HI-B", IEEE Transactions on Magnetics, Vol.8, No.3, pp.677-681 (1972).
3) Y. Yoshizawa, S. Oguma, and K. Yamauchi："New Fe-based soft magnetic alloys composed of ultrafine grain structure", J. A. P. Vol.63, 6044 (1988).
4) 新日鐵住金カタログ：http://www.nssmc.com/product/sheet/list/motors-transformers.html（2018年5月16日現在）
5) ナノ結晶軟磁性材料FINEMET，日立金属：https://www.hitachi-metals.co.jp/products/elec/tel/pdf/hl-fm9-h.pdf#search=%27finemet%27（2018年5月16日現在）アモルファス http://www.hitachi-metals.co.jp/products/infr/en/pdf/hj-b10-b.pdf（2018年5月16日現在）
6) 武田慎也，藤谷幸平，藤﨑敬介："異方性モータ試作及び引きずり損失特性の検討"，電気学会マグネティックス研究会，MAG-14-024（2014-03）.

7） S. Takeda, K. Fujitani, S. Odawara, and K. Fujisaki：“Trial Manufacture of Magnetic Anisotropic Motor and Evaluation of Drag Loss Characteristics”, Proceedings of the 2014 International Conference on Electrical Machines (ICEM), Berlin, Germany, pp.2049-2055 (2014).

8） K. Fujitani, N. Haruta, and K. Fujisaki：“Evaluation of Stator Core Iron Loss of ‘Magnetic Anisotropic Motor’”, EVTec, Yokohama, 20144081 (2014).

9） 井上政己，小田原峻也，藤﨑敬介：“アモルファス金属材料におけるモータ鉄芯加工法の検討”，電気学会回転機リニアドライブ研究会資料，RM-16-098，LD-16-106（2016-09-08）.

10） 家城昌治，狐崎直文，藤﨑敬介：“アモルファスモータコア加工方法による鉄損特性”，電気学会リニアドライブ研究会資料，LD-16-022，関西大学 100 周年記念会館（2016-01-16）.

11） 岡本昭太郎，藤谷幸平，藤﨑敬介：“アモルファス鉄芯を適用した IPMSM の有限要素法による鉄損特性評価”，電気学会リニアドライブ研究会，LD-14-040（2014-07）.

12） S. Okamoto, N. Denis, M. Ieki, and K. Fujisaki：“Core Loss Reduction of an Interior Permanent Magnet Synchronous Motor Using Amorphous Stator Core”, IEEE Trans. Ind. Appl., Vol.52, No.3, pp.2261-2268 (May/June 2016).

13） N. Denis, M. Inoue, K. Fujisaki, H. Itabashi, and T. Yano：“Iron Loss Reduction of Permanent Magnet Synchronous Motor by Use of Stator Core Made of Nanocrystalline Magnetic Material”, IEEE Intermag 2017 Dublin, ER-11 (2017).

14） N. Denis, M. Inoue, K. Fujisaki, H. Itabashi, and T. Yano：“Iron Loss Reduction of Permanent Magnet Synchronous Motor by Use of Stator Core Made of Nanocrystalline Magnetic Material”, IEEE Trans. Magn., Vol. 53, No.11, 8110006 (2017).

Part III　磁化現象とそのモデル化

10　磁化の発現と高飽和磁化の可能性

大学理工系の標準的教科書における磁性に関する記述には，強磁性，常磁性，反磁性，フェリ磁性，…という分類学が登場し，モータ駆動システムへの応用ともなると，それに基づいたきわめて詳細な数値解析がなされる。では，これらに共通の磁性そのものの根源は本当にわかっているのか？　磁性には電子スピンが関与しており，それが整列した場合に発現すると教える。これは正しい概念の提示である。しかし，その整列の理由に関しては誤解の上に構築された理論に基づいて理解したつもりでの応用がなされ続けている。量子力学の導入部分の適切な例題として，クーロン積分，交換積分，等と説明が並ぶ。実は，これは量子力学誕生時にスレーターが導入した摂動論[1)]に基づくのであるが，本章で実証するように，この説明は一見正しそうに見えるだけでまったくの間違いである。何と90年もの長きにわたって，この本質的誤解が標準的に教えられてきた（いる）。教科書問題というと歴史のみが取り上げられるが，理科でも数学でも問題はたくさんあるのに表立って登場しないのは，マスコミに文科系の人が多いからか，一般読者には理工系の話題は興味がないと決めつけているからだと思われる。さらに，本章のテーマである量子力学は自分の頭で考えてもよく理解できる範囲をはるかに超えた問題であると勝手に誤解し，鵜呑みにしている向きも多い。それが一般市民である分には何ら問題ないのであるが，理工系の研究者ともなると，研究開発に支障を来す（間違っていることを無理に理解しようとするが，やはりおかしいと感じているため，納得できない）。ただ単に提示された定式を覚えて，応用するにとどまる。本質的に問題なのは，モータ駆動システムへの応用ともなれば，複雑な対象を扱うため，たくさんのパラメータが必要となり，現象論的にフィッティングすることで元の式が間違っていても観測事象の説明が付いてしまう。以下に述べるように量子力学自体が難しいわけではなく（ニュートン力学でも高校で習うカーテシアン座標での重力下のボールの飛跡レベルを超え，独楽の歳差運動を扱うともなれば，球座標系やラグランジアンが必要で，量子力学の原子の問題と同等の数学力が求められる。解析力学では，ニュートン方程式の二次微分を一次微分の二つの式に分け，ハミルトン形式を扱う。座標 x と運動量 p の空間を使うため，不確定性原理 $[x, p] = -i\hbar$ を容易に導入でき，量子力学の体系構築に寄与した），多体問題が難しいのであり，そのため，実験値を説明する「わかりやすい（が，間違った）」模型が作られ，それが流布している。スーパーコンピュータの進展によって多体問題を精密に解くことが可能になり，最近になって磁性の問題の本質が理解できるようになった。やっと工学応用を目指す研究者・実務家が筋良く勉強できる環境が整備されたともいえる。教科書を書き直して正しい講義内容を実施するだけではなく，関係する工業界にも広める必要がある。磁性の産業応用に関する基盤が21世紀になってはじめて確立されたことの意義は大きい。

本章では，最初に多体問題の困難さの例を，太陽系としての月の軌道を例に導入し，それに続いて原子，分子の電子状態の正しい理解法を述べる。従来まったく間違って教え込まれてきて（そのために量子力学がわからなくなった）複数の原子から分子や結晶が構成される真の理由を会得し，それを基盤として磁性の根源理解へと進む。

10.1　多体問題の困難さ

「常識」では錬金術は過去の非科学的思想の代表である。化学的手法では卑金属原子を貴金属に変えることができなかったのは，原子核変換のエネルギーが必要だったためであることはいまでは常識である。しかし，21 世紀のナノテクノロジーが，錬金術を新たな形で復活させた。原子や分子の持つ特異な性質を組み合わせて従来から使われていた材料より根本的に優れた機能を持つ新物質が創り出され，環境に優しい素材を使って持続可能な世界を実現させることができる。量子力学が出てくるから，錬金術を間違って理解したりナノテクノロジーがわからなかったりするのか？　実は，そういう問題ではなく，三体問題に代表される多体問題の難しさがすべての根源に横たわっている。小学校のときから常識だった，月は地球の衛星であるという「常識」さえ間違っている。数年前に，惑星の数をいくつにするかが話題に上ったが，そこで議論されるべき本当の重要問題は一般にはまったく理解されていない。**図 10.1** を見ればわかるように，太陽（S）の周りの運動という観点では，月（M）は地球（E）

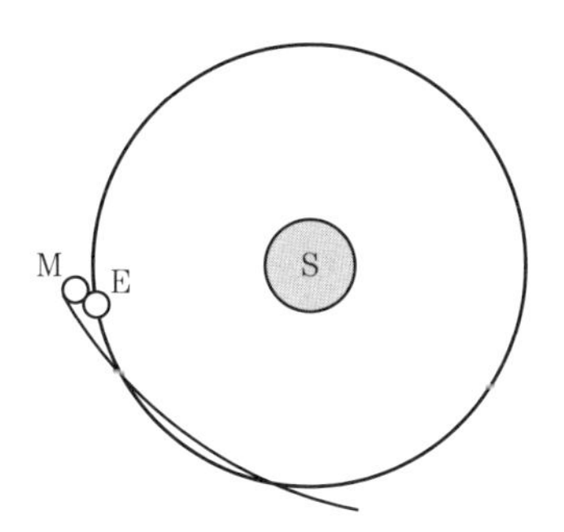

図 10.1　太陽の周りの地球と月の軌道。太陽からより近くなったり遠くなったりしながら，絡み合うように一緒に回っている（この図は誇張してあり，実際の縮尺で描くと月の軌道は線の太さ内にあり識別できない。1 年に 12 回地球と月の関係は太陽からより近くなったりより遠くなったりする）。地球以外の太陽系惑星である木星や土星の衛星に対しては，太陽から遠くにあって質量が小さいので太陽との重力を摂動で扱える。月は太陽に近く，質量もそれなりに大きいために衛星という分類はできないが，地球中心の考え方（時速 10 万 km もある地球の公転速度を感じないことから生じる）から衛星に分類する誤解を生んでいる。

の周りを回ったりなどしていない。重力の値を計算すれば，一番強いのはもちろん太陽と地球。二番目は太陽と月。そして地球と月の間の重力はその半分ほどである。これで月を衛星と呼ぶのはおかしい（太陽と月の重力は摂動扱いできない！）[2]。地球と月の関係は連星系と呼ぶのがふさわしく，太陽の周りのほとんど同一の軌道を時速 10 万 km もの超高速で一緒に回転している。慣性の法則は恐ろしいものでわれわれはこのスピードをまったく関知しないため，月が地球の周りを回っていると誤解してしまう。学校で習った事柄や常識を鵜呑みにし，歴史の教科書では天動説を間違っているといっているのに，月が地球の衛星であると信じていたのでは，いまだに天動説を脱却していない。太陽と地球と月は，どこも摂動で扱える力関係にはなっていない三体問題の関係にあり，この多体問題は難しい問題の代名詞なのである。常識に基づく分類学ではなく，問題を定量的に扱うことにより正しい理解が得られる。ファインマンは，“What I can not compute, I do not understand.”という名言を残している。

10.2　原子から分子や結晶ができるときに起こることの真実

物理学および化学の実験的研究が大きな進展をした 100 年ほど前，無生物・生物によらず，あらゆる物質の性質が電子の状態によって決まることが判明した。そして，量子力学によってその詳細が理解できることが示された。しかし，基盤となる支配方程式としてのシュレーディンガー方程式（ディラック方程式）と構成要素である電子および原子核，およびそれらの間のクーロン相互作用がわかったからといって，多体の電子が関与する系の構造と物性を精密な数値計算によって解明することは，当時の計算機能力ではまったく不可能であった。そのため，量子力学に基づくいろいろな模型が登場した。

一番簡単な例を挙げれば，二つの水素原子から構成される水素分子の電子状態模型である。量子力学の入門書に載っている有名なハイトラー・ロンドン模型（以下 HL）[3] では，各水素原子の 1 s 電子軌道をパウリの排他律が成立するように重ね合わせで水素分子の状態を表す。標準的説明として，「電子雲が重なって分子状態ができる」と書いてあり何となく納得させられるが，逆に最初から量子力学がよくわからなくなる最大の原因でもある（電子という実体が雲だと教えるからわからなくなる。雲というのは観測の問題の表現である。古典的な物体は光を当てても変わらず観測できる。一方，電子の場合には約 10^{-30} kg と質量がきわめて小さいため光を当てると移動してしまうが，その移動範囲は限られていてそこを雲と呼ぶのである）。この系の電子状態を精密な数値計算によって求めると，質的に異なる結果になる。HL では，二つの孤立した水素原子が近付いて水素分子が構成されるとき，運動エネルギー T が下がり，ポテンシャルエネルギー V が上昇して，その差として全エネルギー $E=T+V$ が低下して安定化する。

しかし，実は，これは以下に示すように「自然の摂理に反する」安定化であることを証明できる。電子どうしは負の電荷を持つ粒子であり，斥力（せきりょく）を及ぼし合っている。これは古典的な考えというわけではなく，負の電荷を持つ粒子どうしが近寄って安定化するというのは量子力学でもあり得ない。自分でよく考えれば，教科書のほうがおかしいことに気付いたはずであるが，量子力学は普通と違う世界だからしょうがないと決めつけてしまい，それ以降は思考が停止した人が多い（一般の人はそれでもよいかもしれないが，理論物理学を専門とする人に多いことが問題である。もっとも最初に述べたように理科という学問は原理や法則を覚えるものと信じ込まされて以来，長年悩まず，あっさり既存の概念を受け入れる態度を育てられてきてしまっているからというのが根本の問題だと思われる）。全エネルギーを低下させて系を安定化させることができるのは，正の電荷を持つ原子核と負の電荷を持つ電子の間のクーロン相互作用のみである。つまり，V を下げるためには，電子が原子核に近付いて安定化する以外に方策がない。すると，電子は原子核に吸い寄せられてしまわないためにより高速運動するようになって T は上昇する。その差として，全エネルギー $E=T+V$ が低下する。

図 10.2 に，2 個の水素原子から水素分子が構成されるときに起こる電荷密度分布変化の概念図を示す。また，**表 10.1** に二つの水素原子から水素分子が

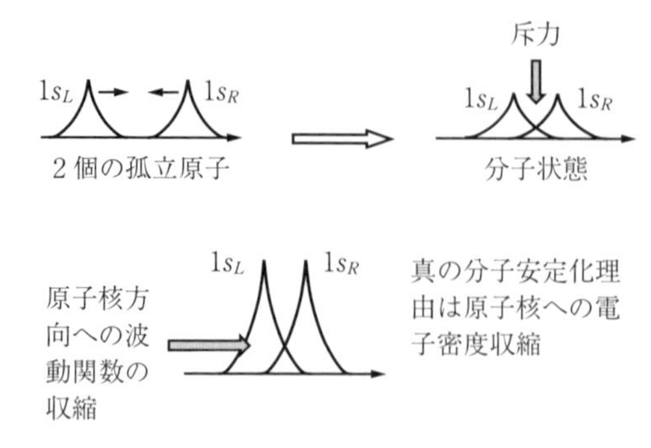

図 10.2　2個の水素原子から水素分子が構成されるときに起こる電子密度分布変化の概念図

表 10.1　二つの水素原子から水素分子が構成される場合に起こるエネルギー変化。ハイトラー・ロンドン模型（HL），1s軌道のみの分子軌道法（MO），ハートリー・フォック法（HF），拡散モンテカルロ法（DMC），および実験値。水素原子の1s軌道のみを用いた従来の分子結合の説明は，空間が三次元であることに由来した必要条件であるビリアル定理に反しているので，本質的に誤りである。

精度の問題ではなく，正負が逆。

〔eV〕	条件	HL	MO	HF	DMC	実験値
ΔE	負	−2.48	−2.88	−3.63	−4.75	−4.75
ΔT	正	−5.01	−4.22	3.63	4.8 (1)	
ΔV	負	2.53	1.33	−7.27	−9.6 (1)	
$-\Delta V/\Delta T$	2	0.5	0.3	2.0	2.0 (1)	

完全に一致

構成される場合に起こるエネルギー変化を示す。運動エネルギーとポテンシャルエネルギーの変化（ΔT と ΔV）を別々に算定すると，HL および MO では，T が低下し，V は上昇している。これが自然の摂理に反することは必要条件であるビリアル定理を満たさない（正負が違う）ことから明白である。HF は電子相関を含まないが，水素分子の安定化の原因が V の減少であることを正しく記述している。もちろん，シュレーディンガー方程式をそのまま解く DMC では現象を正しく表し，実験値を精密に再現する[4)]。このビリアル定理とカスプ条件を満たす精密な DMC と HF との差である相関エネルギーの大きさを**表 10.2** に示す。HF の値に比べ，せいぜい数％の大きさであることがわかる。

表 10.2　DMC による水素分子の精密計算結果。HF との差である相関エネルギーを各項に対して示すが，きわめて小さいことがわかる。

	E	T	V_{en}	V_{ee}	V_{nn}	V	ビリアル比	R_{eq}
HF	−1.133 65(2)	1.133 3(1)	−3.648 4(1)	0.661 13(2)	0.721 4	−2.266 9(1)	2.000 3(2)	1.386
DMC	−1.174 47(4)	1.174 9(14)	−3.653 5(17)	0.588 0(4)	0.713 7	−2.351 8(19)	2.002(3)	1.401
相　関	−0.040 81(5)	0.041 6(14)	−0.004 1(17)	−0.073 1(4)	−0.077	−0.084 8(18)	2.040(69)	

〔注〕 V_{en} は電子–原子核間ポテンシャル，V_{ee} は電子–電子，V_{nn} は原子核–原子核，R_{eq} は平衡状態での原子間距離を表す。

HF との差である相関エネルギーの値を各項に対して示す[4]。HF と DMC の両理論ではビリアル定理が成り立つため，その差として定義される相関エネルギーについても，ビリアル定理が成り立つ。この関係より，電子相関を考慮することで，HF 理論よりも運動エネルギーは増加し，全ポテンシャルエネルギーはその 2 倍量だけ減少していることがわかる。この点がビリアル定理から帰結される電子相関の本質である。

10.5 節で示すように，平衡状態にある系では T と V は独立ではなく，$2T+V=0$ という関係（ビリアル定理，クーロン相互作用する多体系の必要条件）が成り立つため，この運動エネルギー T の上昇は V の低下のちょうど半分になり，その差で系の安定化が実現される（水素分子が構成される）。藤永の教科書[5] には HL の間違いを含め，分子安定性に関する正しい記述がなされていることは注目すべきである。今回，われわれは必要条件であるビリアル定理を満たすか否かで各種理論の正否を確定する手段を得たことにより，理論の正否を確実に判断できるようになった。

この問題は水素分子に限ることではなく，すべての分子，結晶，アモルファス，…どんな物質・材料に対しても同様である。HL の拡張である HLSP（HL-Slater-Pauling）法（原子価結合法）は多原子分子に対して適用されるが，やはり電子雲を広げる（T を下げる）ことで系を安定化させるという間違いをしている。実に深刻な問題で，これまで実験結果が説明できるからという理由で正当化されてきた標準的な量子力学模型の多くが間違っていたという事実が論理的に確実に示された。

多体問題に対する数値計算結果は数字が出てくるだけでわかりにくく，模型は実験結果を端的に表してくれるので重要であるという主張は，「正しい」模型に対して使われるべきものであり，上記のように正負さえ異なる結果を導く模型の場合にはまったくナンセンスである。この例に代表されるように，電子間相互作用のみで物質の状態を説明する模型がたくさん考案されてきた。例えば，電子ガス模型では，原子核は一様な正電荷の分布（uniform background charge）とされ，その上で負電荷を持つ電子間の相関が議論される。原子核のサイズは数ないし 10 fm 程度であり，オングストロームサイズの原子に比べると 5 桁も小さい。通常，原子核の影響は芯電子にしか及ばず（局在電子），原子間の結合を担う価電子は自由電子として系内に広く分布する（遍歴電子）とされるが，すべての電子と原子核を取り込んだ精密計算によれば，芯電子から最外殻電子に至るまで原子核の引力が大きく効いていて，従来の仮定とは異なる状況であることがわかる（最外殻電子が原子核に引き寄せられ，芯電子は逆に広がる）。すなわち，定量的に扱わないうちから，局在，遍歴という分類学を適用しては，本質と異なる結論に導いてしまう。

10.3　原子 1 個だって多体問題

水素原子の量子状態が厳密に解ける理由は，それが陽子と電子の作る二体問題だからである。周期表で 2 番目のヘリウム原子になっただけで，そうはいかない。標準的化学の教科書には，1 s 軌道に 2 個の電子が入っていると記述されている。しかし，この二つの電子は原子核からの引力だけではなく，電子どうしも当然クーロン斥力で相互作用しており（電子間斥力エネルギーは原子核-電子間引力エネルギーの約 1/7），単純に 1 s 軌道に 2 個入っているとはいえない。つまり，三体問題として扱う必要があり，精密なヘリウム原子の電子状態を求めるには相当の工夫と努力が必要になる。この問題は，分子軌道法で十分に配置間相互作用を取り込んだ（full CI）プログラムをスーパーコンピュータ上で実行すると数秒で収束するが，相当数の基底関数を使っても電子相関の値としては実験値の85％程度にとどまる。残りの15％の達成はきわめて困難である。その理由は使用した計算手法が悪いだけで，この問題が解けないということを意味しているわけではない。ほぼ100％の電子相関値はDQMCで容易に到達できる。以上の問題をまとめて**図10.3**に示す。前節で説明した電子数2個の水素分子の計算例も示した。ヘリウム原子と同様に通常のCI法では電子相関の値を精密に求めることは困難である。

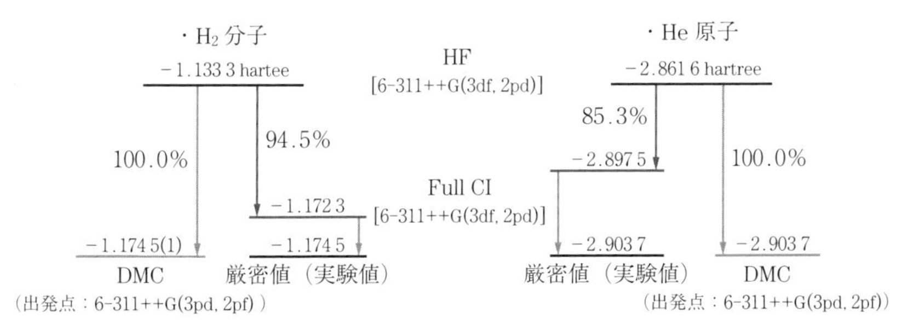

図10.3　2電子系における電子相関エネルギー評価の比較。従来のCI法では厳密解に到達することは難しく，量子力学的な多体問題の難しさを物語っている。拡散量子モンテカルロ法DMCを用いれば2電子系に対しては容易に厳密解に到達できる。

われわれは，数年の歳月をかけ，ニッケル原子に対する精密計算を行い，基底電子配置から生じるすべての定常状態のエネルギー準位を，実験的に知られている順序に再現することに成功した[6]。原子1個がそんなに難しい？　という疑問を持たれると思うが，電子28個と原子核1個の計29体系であるニッケル原子に対する量子力学問題を精密に解くことは容易ではない。遷移金属より重い元素はもっと難しいことになり，厳密計算はいまだに誰も成功していない。21世紀に入っても，原子1個さえ今後の精密計算が必須な事項として科学者に残された基盤的重要問題なのである。分子，結晶，界面を含む多結晶体，有機物，タンパク質，DNA，…とまだまだ先は長い。現状のスーパーコンピュータは自然そのものを計算機の中で（in silico）扱うにはまだまだスピード不足ということになる。そこで登場するのが計算量を $3N$ 次元（N は系の電子数）から3次元へと劇的に下げる密度汎関数理論（density functional theory, DFT）であり，縮退していない基底状態に対する厳密な理論である。しかし，その電子の交換相関汎関数は未定である。それを求めたい実験結果と合うように設定し，原子数を増やして計算する方策を第一原理計算と称することが多い現状は打破しなければならない。最近多く見られるファンデルワールス力を交換相関汎関数の調整によって再現しようとする試みは，双方が互いに双極子励起を起こさせ，その双極子どうしの相互作用として発現するファンデルワールス力の真の表現にはなっていない。われわれは，電子の励起状態計算を基本として双極子分極を算定して筋良くファンデルワールス力を算定する方策を提案している[7]。実験値の説明にとどまらず，有用な物性を持つ新物質を「信頼性を持って」理論的に設計する方策の確立が急務である。適当な交換相関汎関数を用いた計算プログラムを現状の計算機に適合するように並列化することで原子数の大きな系を扱えるようにするというレベルでは，物質に関する本当の理解が得られる現状ではなく，より基盤的な研究を推進すべきである。

10.4　ビリアル定理

最近の物性理論の教科書ではあまりお目に掛かる機会は少ないが，物性理論の古典的名著といわれる教科書の多くには，「平衡状態にあるクーロン相互作用する物質系では T と V の間にはビリアル定理が成立する」と記載されている。この定理は，われわれの世界が三次元であることから決まるため，それを満たすことは系の必要条件である。クーロン力の関数形は電荷の影響が空間を一様に広がっていくことを意味している（電荷の位置から距離 r 離れたところの球面の面積は $4\pi r^2$ であり，クーロン力はその逆数で減衰する）のでスケール則が成り立つ。$G=2T+V=3P\Omega$（P は圧力，Ω は体積）がビリアルと呼ばれる量である。

ビリアル定理は，古典系でよく知られている定理であり，証明は以下のように行う[8]。ビリアル G は，系を構成する要素 i のすべてに関する座標 r_i と運動量 p_i の積和として定義される。

$$G=\sum_i r_i \cdot p_i \tag{10.1}$$

G の時間微分は，T を系の運動エネルギー（$(1/2)\sum_i p_i v_i$），i 粒子に働く力を F_i として，ニュートン方程式（$\mathrm{d}p_i/\mathrm{d}t=F_i$）を使って

$$\frac{\mathrm{d}G}{\mathrm{d}t}=2T+\sum_i r_i \cdot F_i \tag{10.2}$$

となる。粒子の運動範囲を有限として時間積分を無限大まで行えば，その平均値は 0 になるので

$$0=2\langle T\rangle+\left\langle\sum_i r_i \cdot F_i\right\rangle \tag{10.3}$$

が成立する。

ポテンシャルエネルギー V の微分形で各粒子に働く力が定義できる（保存力）とすると

$$\sum_i r_i \cdot F_i=-\sum_i r_i \cdot \nabla_{r_i} V \tag{10.4}$$

となる。V がクーロン力の場合には，ポテンシャル V は a を係数（MKSA 単位系なら電荷を q_i として $q_i \times q_j/4\pi\varepsilon_0$，$\varepsilon_0$ は真空の誘電率）として

$$V=\frac{a}{r} \tag{10.5}$$

なので

$$\left\langle\sum_i r_i \cdot \nabla_{r_i} V\right\rangle=-\langle V\rangle \tag{10.6}$$

となり，最終的に

$$0=2\langle T\rangle+\langle V\rangle \tag{10.7}$$

が得られる。

量子系では，系のハミルトニアン H にスケール則を適用し，変分法によってつぎのようにビリアル定理を導出できる[5]。H は運動エネルギー演算子 T とポテンシャルエネルギー演算子 V の和で

$$H=T+V \tag{10.8}$$

Tは空間座標での2階微分，Vは空間座標の逆数であるため，スケールファクタλを導入すれば，λ倍した電子と原子核座標に対する$T(\lambda)$，$V(\lambda)$はもともとのT，Vと

$$T=\lambda^2 T(\lambda),\quad V=\lambda V(\lambda) \tag{10.9}$$

という関係にある。すなわち

$$E(\lambda)=\lambda^2 T(\lambda)+\lambda V(\lambda) \tag{10.10}$$

であり，平衡状態では系の全エネルギーEは極小なはずなので

$$\delta E/\delta\lambda|_{\lambda=1}=2T+V=0 \tag{10.11}$$

が得られる。

こうして，平衡状態にあるクーロン相互作用する量子力学系に対してもつねに$2T+V=0$が成り立つ。このことは，各平衡状態に対して成り立つので，孤立した2個の水素原子の状態および水素分子状態で成立する。そして，その差も同様である。これは上述のVが下がってTが上昇するが，Eは下がることを明確に示している。つまり

$$E=T+V=-T=\frac{V}{2} \tag{10.12}$$

となる。この$V/T=-2$をビリアル比と呼び，変分原理に基づく平衡状態における電子状態計算の信頼性を評価する指標となる[4)]。

この比は各平衡状態で成立するので，分子結合形成の前後の差は

$$\Delta E=\Delta T+\Delta V=-\Delta T=\frac{\Delta V}{2} \tag{10.13}$$

となる。

前節の水素分子の計算で，運動エネルギーTは上昇し，そのちょうど2倍だけポテンシャルエネルギーVが下がる理由が上の式(10.13)で明らかになった。このクーロン多体系の平衡状態でつねに成立するビリアル比をチェックすることが「第一原理計算の品質保証」になる。物理現象を表すモデルはいくらでも作れ，パラメータを調整すれば実験で観測される現象を説明することができる。しかし，計算結果に対する保証がない場合が多い。特に，クーロン力で

相互作用している物質系に対する必要条件であるビリアル定理と矛盾したモデル（たまにあるではなく，たくさん存在する）は自然現象に対応する表現をしていないために間違ったモデルであると断言できる。**図 10.4** に示すように実験結果を説明する理論，模型はいくつでも作れる。さらに既存の理論で不都合な新発見があれば，パラメータを増やして説明し続けられる。これでは理論の正当性の証明はない。少なくとも必要条件をすべて満たす必要があることは当然であり，今回，ビリアル定理の遵守を提案することで，既存模型の正否の判断を可能とした。将来に構築される新模型はビリアル定理を遵守することが必須である。

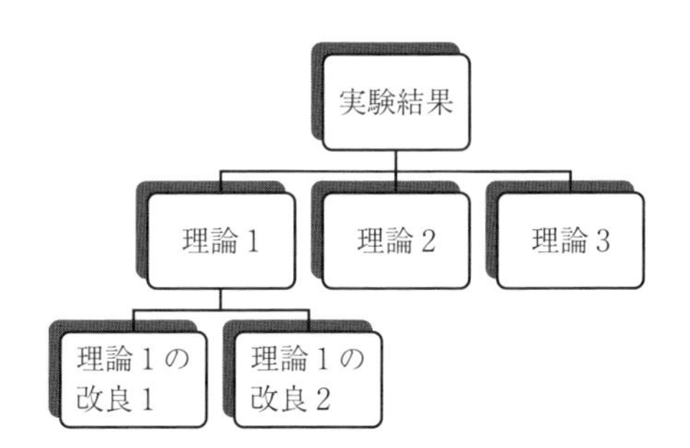

図 10.4 実験の説明は何通りでも可能。正しい理論には自己保証が必要。

10.5 磁性はハイゼンベルグの交換相互作用では説明できない ――原子に対するフント則の解釈――

物質の重要な性質である磁性の説明は，ハイゼンベルグ模型によってなされてきた[9)]。これは，磁性が電子状態によることがわかり，量子力学がその基礎方程式であることが認識された 1920 年代には「電子は皆同じ粒子であり，交換しても位相以外は変わらない」という，従来の古典的な「個」の概念が成り立たない量子力学の新発見に驚き，精密な数値計算が不可能であったため，「電子の交換相互作用で磁性を説明してしまった」ことに由来する。上述のように遷移金属原子 1 個の状態でさえ，厳密に解こうとすると数十体問題を扱わなければならず，これまではモデル計算によらざるを得なかった。スーパーコンピュータを活用した数値計算により，最近，やっとこの問題が解けた。その結果，電子相関はハートリー・フォック法によるフント則の解釈を定性的には変えず，原子核と電子間の引力相互作用が主要因となって基底状態のフント則が成り立っていることが判明した。

フントは量子力学成立以前の1925年に，基底電子配置から生じる原子の準位に対して，二つの経験則を見い出した[10]。すなわち，（1）フントの第一経験則：同一電子配置から生じるLS項（縮重度は$(2S+1)\times(2L+1)$）において全スピン角運動量Sのより大きな項がより安定である。（2）フントの第二経験則：同じSの項が二つ以上ある場合には全軌道角運動量Lのより大きな項がより安定である。この法則は原子のみならず，分子に対しても適用できる。

磁性の根源は原子核の作るクーロンポテンシャル中にある多数の電子がスピン状態をそろえることによって，「より原子核近くに寄れる状態を実現する」ことで系のエネルギーを減少させて安定化させることに由来しており，電子間の相互作用のみで説明してきた「伝統的解釈」で解決できる問題ではない。Davidson[11]に始まる「新解釈」（その後，Katriel-Pauncz[12]，Boyd[13]と続く，スレーターの摂動論の誤りの指摘）の正当性は以下のように証明できる。まず，ビリアル定理を満たすように計算すれば，電子間斥力エネルギーは安定な状態ほど，むしろ増加している。最も重要な要素である原子核と電子の相互作用の準位ごとの違いを無視した結果として，これまでは自然の摂理に反するまったく逆の説明に終始していたことになる。**図10.5**にこの状況を示す。

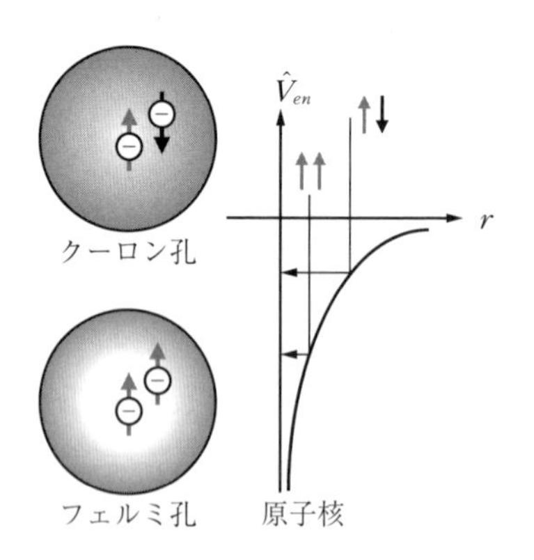

図10.5　Less screening 機構によるフント則の正しい成立理由の概念図。詳細は本文を参照。フント則の正しい解釈は，磁性の根源理解に欠かせない。

Boyd[13]の提案したless screening機構によりフントの第一経験則は以下のように説明される。そろったスピンの電子対は短距離で避け合うので，Hartree項による核遮蔽（しゃへい）が交換項により短電子間距離で弱められ，原子核の引力場をより有効に感受できる。その結果として，最外殻電子が原子核に向けて収縮して安定化する。磁性の根源理解の困難さは，すでに久保の教科書の最後の節「57　磁性の本質論の困難」にきわめて注意深く述べられている[14]。しかし，その後に出版され多用されている教科書には残念ながらこの検討は受け継がれなかった。

式(10.14)は教科書に標準的に書いてあるスピン状態のエネルギー表式である。2倍の交換エネルギーKが異なるスピン状態間のエネルギー差を表現するというわかりやすい式であり，量子力学の入門問題としてよく使われる。しかし，この式は致命的な誤解の上での磁性の解釈となっている。

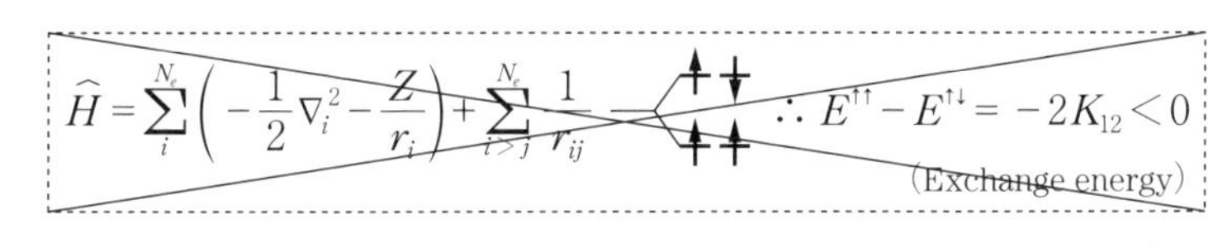

(10.14)

われわれはこの問題の詳細な解析を行ったが，その結果は驚愕すべきものであった[15)~18)]（および日本語解説[19]）。すなわち，90年もの長きにわたって標準的教科書に採用されてきたスレーターの摂動論はまったくの間違いであることを証明したからである。標準的教科書に記載されている交換エネルギー利得によるフント則の伝統的解釈はまったくの間違いで，二つの電子状態は，電子の運動エネルギーと原子核と電子，および電子間のクーロン相互作用の差で決まる。ビリアル定理を満たす高精度計算では，伝統的解釈とは反対に，交換エネルギーの利得分を超えて，電子間のクーロン斥力エネルギーが増加する。

表10.3は，炭素原子を例として伝統的な教科書に書いてある磁性状態発現の根源の説明の誤りを定量的に示している。これは基底状態の三重項と励起状態の一重項のみを扱うフントの第一経験則の範囲での計算結果であり，スレーターの摂動論の誤りがわかりやすく示される[20]。

表10.4に，フントの第二経験則までを取り込んだ精密計算結果を示す[21]。

表 10.3　電子相関を高精度評価したDMC計算の結果から，伝統的なフント則の解釈が誤りであることが確かめられる：伝統的解釈とは反対に電子間斥力エネルギー V_{ee} は，三重項のほうで大きく，フント則の正しい成立理由は原子核－電子間引力エネルギー V_{en} の低下である。伝統的解釈と自己無撞着なハートリー・フォック計算の結果は，表10.4を参照。

DMC	E_{total}	T	V_{ee}	V_{en}	ビリアル比
三重項	－37.8267 (4)	37.811 (26)	12.538 (6)	－88.231 (29)	2.002 (2)
一重項	－37.7623 (6)	37.763 (41)	12.464 (9)	－88.062 (45)	2.002 (2)

表 10.4　フントの第二経験則までを取り込んだ精密計算結果。(I) では，^{3}P，^{1}D，^{1}Sの3準位に同じ空間軌道関数を仮定している。(II) では，^{3}P，^{1}D，^{1}Sの3準位のそれぞれに対し，空間軌道関数を最適化している。表10.3と同様にビリアル定理を満たす (II) の結果から，フント第一，第二則成立の主要因は，原子核と電子間の引力の低下によることがわかる。電子間斥力の並び順は，軌道緩和効果により (I) と (II) で逆転する。(I) と (II) のどちらも，電子相関効果は含まないことに注意。エネルギーの単位はhartree。

(I)　伝統的なフント則解釈：^{3}P 項について最適化した軌道を ^{1}D および ^{1}S 項に適用

状態	E	V_{en}	V_{ee}	T	$-V/T$
C (^{3}P)	－37.6886	－88.1369	12.7596	37.6886	2.0000
C (^{1}D)	－37.6302		12.8180		1.9985
C (^{1}S)	－37.5426		12.9056		1.9961

(II)　自己無撞着なHF計算：^{3}P，^{1}D，^{1}S 項のおのおのに対して軌道を最適化

状態	E	V_{en}	V_{ee}	T	$-V/T$
C (^{3}P)	－37.6886	－88.1369	12.7596	37.6886	2.000000004
C (^{1}D)	－37.6313	－87.9910	12.7283	37.6313	2.000000004
C (^{1}S)	－37.5496	－87.7662	12.6670	37.5496	2.000000004

上段は，従来の教科書に従って，^{3}P，^{1}D，^{1}Sの3準位に同じ空間軌道関数を想定した場合の結果で，全エネルギーの並び順に限れば説明できる（伝統的解釈の基になる結果）。しかし，おのおのの定常状態についてビリアル定理を満たすように，運動エネルギー T とポテンシャルエネルギー V を精密に計算すれば，当然，状態ごとに異なる値になる。ここで重要なことは，下段に示すビリアル定理を満たすハートリー・フォック法の結果では，原子核電子間引力エネルギーの低下のほうが，電子間斥力エネルギーの増加よりもずっと大きい。さらに，よく見ると電子間斥力エネルギーは，安定な状態ほど大きくなってい

る。つまり，伝統的な交換エネルギー利得によるフント則の解釈とはまったく逆の関係になっている。

10.6　分子に対する磁性の精密計算

化学ではあまり磁性が扱われることがなかったが，1987 年にミラーらが電荷移動塩の一種が強磁性を示すことを見い出し[22]，研究が活発化した。ただし，キュリー温度が 10 ～ 20 K と低く，実用化とはかけ離れた存在であった。二重架橋鎖方向に一次元的強磁性を示す鎖状分子等が創成され[23]，金属の磁性体と比べて透明性等の特徴を有しているため，磁気イメージング等の先端デバイス用に期待されている。最近では，室温で強磁性を示す分子磁性体も多く作られ，従来の磁性体とは異なる複合的物性を示す興味ある材料系として認識されるようになった。

われわれは，メチレン分子 CH_2 に関するフント則の検討を行った。メチレン分子に関しては，Darvesh らによって理論計算がなされている[24]。彼らの第一原理計算は，電子間斥力の利得による「伝統的解釈」を支持する結果を与え，Davidson[11] 以来の新解釈に対する例外としてメチレン分子を位置付けてきた。しかし，彼らの計算におけるビリアル比を確認したところ，本来 −2 となるべき値が大きく逸脱しており，定性的にも信頼できない理論計算であることが判明した。その原因は，当時の計算機性能の制約から分子構造の変分最適化は難しく，彼らは実験で得られたメチレン分子の原子配置を用いて計算したが，実はその実験精度が悪く，平衡位置から大きくずれていたためである。われわれは，メチレン分子の基底状態電子配置から生じる，高スピンと低スピンの 2 状態に対して，電子相関を高精度で記述する MRCI（multireference configuration interaction）法の理論レベルで，原子配置の変分最適化を実行し，各スピン状態でビリアル定理を高精度で満たす電子状態計算の実施に成功した。**図 10.6** に今回決定した準位ごとの最安定原子配置，**表 10.5** に各項に分けたエネルギーとビリアル比を示す。この計算によって，メチレン分子は伝統的

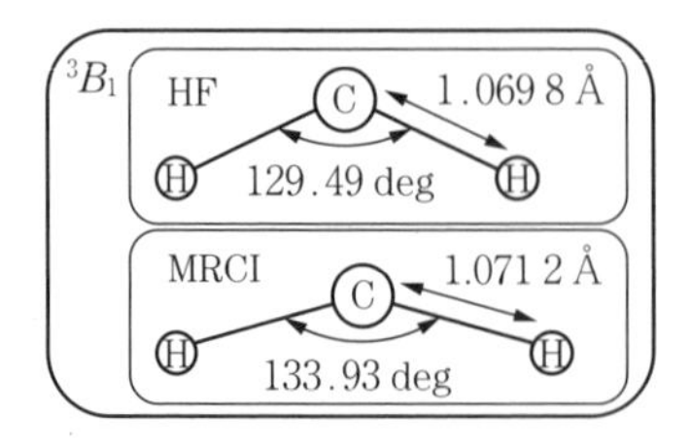

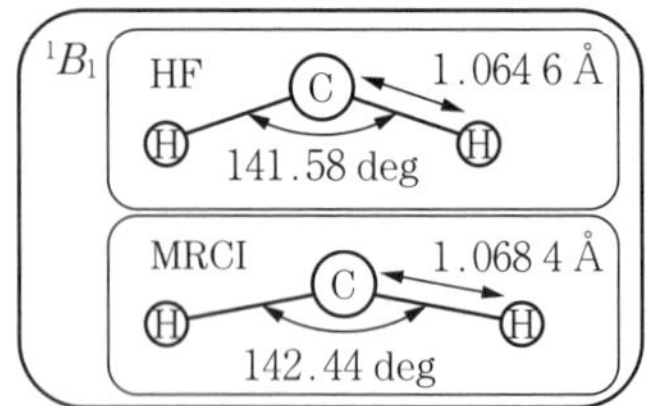

$^1B_1$ に比較して $^3B_1$ では，分子角度はより小さく，核間距離はより長い。
相関は，$^3B_1$ および $^1B_1$ の双方について，核間距離を伸ばし，分子角度を増加させる。
実験値
$^3B_1$：$R_{eq}=1.0748\sim1.078$ Å，$\theta_{eq}=133.84\sim136$ deg.
$^1B_1$：$R_{eq}=1.053\sim1.086$ Å，$\theta_{eq}=139.3\sim140\pm15$ deg.
理論的に評価された R_{eq} および θ_{eq} はともに実験値の範囲内にある。

図 10.6　理論的に評価されたメチレン分子の原子配置。多電子の関与する分子系の正しい理解には，準位ごとに最適化した原子配置を用いることが肝要である。

表 10.5　メチレン分子に対して，実験で得られた基底状態の原子配置を用いた Darvesh らの計算結果とわれわれの MRCI 計算のエネルギー各項の比較。Darvesh らの計算結果はビリアル定理をまったく満たさないことから，誤って伝統的磁性解釈を支持する結論を導いたことを証明できた。

状態	E	T	V	$-V/T$	V_{ee}	V_{en}	V_{nn}
$^3B_1$	−39.125 9	39.122 9	−78.248 8	2.000 1	18.576 4	−103.021 7	6.196 5
$^1B_1$	−39.073 3	39.070 3	−78.143 6	2.000 1	18.528 1	−102.876 7	6.205 1

$^3B_1$-$^1B_1$ 分離	ΔE	ΔT	ΔV	$-\Delta V/\Delta T$	ΔV_{ee}	ΔV_{en}	ΔV_{nn}
本研究	−0.052 6	0.052 6	−0.105 2	2.000 9	0.048 3	−0.144 9	−0.008 6
Darvesh, et al.[8]	−0.062 5	0.015 0	−0.077 5	5.150 8	−0.079 9	0.142 5	−0.140 1

本研究：$-\Delta V/\Delta T=2.0009$ ➡ $\Delta V_{ee}>0$，$\Delta V_{en}<0$，$\Delta V_{nn}<0$，
高度にビリアル比を満たす。　$|\Delta V_{en}+\Delta V_{nn}|>|\Delta V_{ee}|$

$$\Delta E=\frac{1}{2}(\Delta V_{ee}+\Delta V_{en}+\Delta V_{nn})<0$$

電子相関は HF の結果の本質を変えない。

解釈に従う例外ではなく，Davidson 以来の新解釈に従うことが示された[25)]。この研究は，自然の摂理を理解する上で，ビリアル定理がいかに重要であるかを如実に示す好例である。

交換相互作用の利得によるとする間違いを犯していた従来解釈は，量子力学の導入によってはじめて登場する概念に基づいているという安心感からか不幸にして 90 年近くも放置されてきた。しかし，われわれの精密計算結果により，いまや，従来解釈の誤りは明白となった。異なるスピン状態の差異は，交換相関相互作用の違いに起因するが，それは単に交換相互作用の利得として，電子間斥力の差異を生むだけではなく，電荷密度分布，ひいては，原子核配置の違い（ヘルマン・ファインマンの定理）を引き起こす点に，交換相関相互作用の本質がある。こうして，スピン状態ごとに，エネルギー成分（電子間，電子・原子核間，原子核間相互作用）のバランスが大幅に変化する。多くの場合，従来解釈とは異なり，高スピン状態で電子間斥力は増加する。それを補って余りある，原子核・電子間引力の利得に，磁性発現を理解するための本質があったのである。自然は，人間の想像以上に，高度に自己無撞着な変分計算を実行している，ということを心にとどめておいていただきたい。ビリアル定理が教えてくれたことである。

10.7　$Cr@Si_n$ クラスター

炭素系ではフラーレンのように対称性の良いクラスターが見い出されたが，シリコンのクラスターでは対称性の低いものしか知られておらず，理論的および実験的な探索が行われた。はじめての成功例は，筑波の研究グループによる $Cr@Si_{12}$ の発見であった[26)]。われわれはさらに対称性の高いシリコンクラスターを理論的に探索し，金属原子内包シリコンクラスターでフラーレン型等が安定化することを確認した。密度汎関数理論を適用した計算を実施したが，用いる交換相関汎関数 E_{xc} の関数形によってまったく異なる結果が得られることがある。$Cr@Si_n$ クラスターの計算結果を**図 10.7** に示す[27)]。この図から探索範囲の

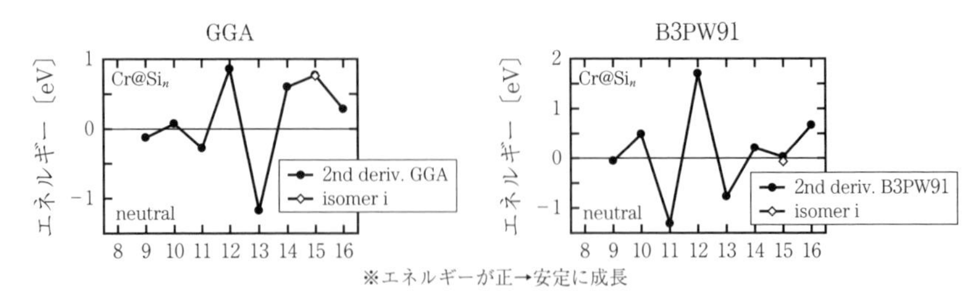

・n＝12 クラスター
　GGA および B3PW91→合成の安定性が最大
　安定化エネルギーが交換相関汎関数によって倍も異なる。
・n＝15（構造異性体）
　GGA と B3PW91 の結果が定性的にも異なる。
　→DFT より精密な計算が必要。

図 10.7　Cr@Si$_n$ クラスターの計算結果。交換相関汎関数として GGA と B3PW91 を使用した場合の結果を比較すると，安定化エネルギー（シリコン数に関する二階差分エネルギー）には大きな違いが見られることがわかり，より良い計算方策が必須である。われわれは n＝12 クラスターに対して，拡散量子モンテカルロ法 DMC 計算を適用し，実験結果のない本クラスターに対する化学的安定性の結論を得た。

全シリコン数に対して一般化勾配近似 GGA と B3PW91 ハイブリッド汎関数の結果が異なっていることがわかる。例えば，上記 12 量体に対して，GGA では 1 eV，ハイブリッド汎関数では 2 eV 程度の束縛エネルギー値（正確には二次差分エネルギー；n＝11，13 のと比較したときの n＝12 クラスターの安定性を評価する指標）を示す。理論的根拠の薄い交換相関汎関数 E_{xc} の違いを克服して，このクラスターの化学的安定性に関する結論を出すため，われわれは拡散量子モンテカルロ法を適用した[28]。その結果は B3PW91 の結果を支持した。E_{xc} をパラメータ化し，実験結果を再現することはある程度可能であるが，現象論にとどまり，この例のように未知の物質の存在を予言する真の意味の第一原理計算法にはなっていない。

10.8　まとめ —— 十分条件を求めて ——

スーパーコンピュータの進展により，クーロン多体系に対して，その必要条件であるビリアル定理を満たすレベルの精密な数値計算が可能となってきた。

ビリアル定理を満たすことを基準にして各種理論の評価を試みる。ハートリー・フォック理論は電子相関を含まないが，自己無撞着な変分法ゆえにビリアル定理を原理的には満たしている。電子相関を扱う理論階層では，多電子波動関数法，グリーン関数法，密度汎関数法は，それぞれ独立した変分原理に基づき，原理的にはビリアル定理を満たし得る。しかしながら，その実装段階における不備のため，高精度にビリアル定理を遵守する手法はきわめて限定的である。例えば，電子相関の扱いで典型的な配置間相互作用法は，軌道指数の非線形な最適化を伴わないため，ビリアル定理を高精度で遵守することは難しく，現行法では多配置自己無撞着場の方法（MCSCF）の実施が必要となる。また，多くの化学者が利用している Gaussian プログラム[29] では，密度汎関数理論 DFT 計算の結果でもビリアル比を表示しているが，これは DFT における本来のビリアル定理[30] が実装されているわけではなく，注意が必要である(DFT の T と V は電子の運動エネルギーとポテンシャルエネルギーではない)。HOMO-LUMO ギャップを合わせるために電子の交換相関相互作用をいじり(最近よく使われるハイブリッド汎関数等)，(DFT のビリアル定理の意味で)ビリアル比が -2 とならない場合には，ある意味では，現象論的模型といわざるを得ないが，ビリアル定理をはじめとして，正しい理論が満たすべき各種保存則の成立をチェックせずに第一原理計算と称する主張が横行していることは憂慮しなければならない。一方，前出のハイトラー・ロンドン模型のように，基本的に運動エネルギーを下げる（電子雲を広げる）ことで系の安定化を図るという自然の摂理に反するモデルは明らかに間違っている。このカテゴリーには，超伝導等のモデルに多用されているハバード模型が入る。こうして必要条件であるビリアル定理が，多体電子系量子力学理論の正当性の判断基準になることが明らかになった。最後に，クーロン力で相互作用する多体系を解く場合の十分条件とは何かを考える。交換相関相互作用は系の全エネルギーに比べて数値的には小さいが各種物性に対しては重要な働きをする。それをいかに精密に計算するかが十分条件に近付く唯一の方策である。

分子性結晶や強相関電子系などの固体周期系を取り扱う場合，計算手法の信頼性，すなわち，電子相関の取扱いという観点でいえば，DFT 計算では，現在でも，汎用的な交換相関汎関数は開発されておらず，信頼性の高い結果を系統的に得ることは難しい。それに対して，電子相関の取扱いに信頼性の高い各種電子相関法（最も有望な手法の一つに量子モンテカルロ法が挙げられる）では，計算コストの問題から，ごく小さなサイズに限定された周期的シミュレーションセル内での電子状態計算に限定され，固体周期性の長距離部分を記述することはできないが，それでも，有限サイズ誤差を慎重に見積もったシミュレーションを行うことで，電子状態の重要な振舞いを理解できることが多い[31)]。電子相関と有限サイズ補正の精緻な取扱いが，第一原理計算分野における，今後に残された重要な課題の一つである。20 世紀で基礎は確立し，21 世紀は応用の時代に入った，科学の方法論は従来の理論，実験にシミュレーションを加えた三本柱から構築される，等と喧伝（けんでん）する向きもあるが，事，量子多体問題に関しては**図 10.8** に示すようにまだまだそんなことをいえる状況ではなく，理論の基盤研究が重要な段階である。

本章は，筆者が東北大学金属材料研究所に在籍当時からの，安原洋東北大学名誉教授（2014 年逝去），本郷研太（現 北陸先端科学技術大学院大学），小山田隆行（現 横浜市立大学），丸山洋平（現 仙台高等専門学校）の仕事の一部をまとめたものである。電子多体系の必要条件であるビリアル定理を遵守するレベルの数値計算法のアイデアは安原名誉教授が提案したもので，今後の物性物理，理論化学，材料系理論計算が標準として採用すべきものである。本章は

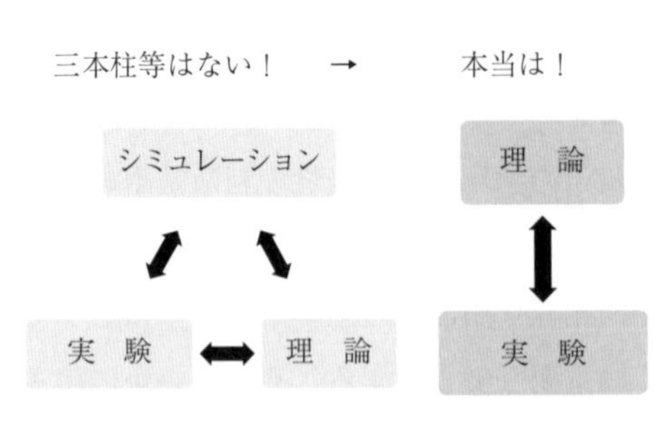

図 10.8　多電子系の量子力学はきわめて困難な問題であり，簡単な模型では，その重要な性質を正しく表せない。すでに理論は確立し，スーパーコンピュータを活用したシミュレーション計算は第三の方法であると喧伝されるが，いまだにそのような状況は達成されておらず，より基盤的な研究を推進し，それによって伝統的な理論の間違いを正し，信頼性ある新有用材料設計を実現する。

磁性の根源理解に関してきわめて重大な指摘を行うものであり，完成するには本郷，小山田，丸山の全面的協力を得て完璧を期した。

本章は，アグネ社（株式会社アグネ技術センター）の雑誌，金属 Vol.84, No.9（2014）初出の「磁性の根源―85 年も続いた誤解―」のタイトルと「はじめに」の一部を本書用に修正したものであり，アグネ社から了承を得た，基本的に『金属』からの再掲の解説である。

引用・参考文献

1） J. C. Slater："The Theory of Complex Spectra", Phys. Rev., Vol.34, pp.1293-1322 (1929).

2） ロゲルギスト："第五　物理の散歩道" 中の日月問答，pp.154-170，岩波書店（1972）.

3） W. Heitler and F. London："Wechselwirkung neutraler Atome und homöopolare Bindung nach der Quantenmechanik", Z. Phys., Vol.45, pp.455-472 (1927).

4） 藤永茂："分子軌道法"，岩波書店（1980）；"入門分子軌道法"，講談社サイエンティフィック（1990）.

5） K. Hongo, Y. Kawazoe, and H. Yasuhara："Diffusion Monte Carlo Study of Correlation in the Hydrogen Molecule", Int. J. Quantum Chem., Vol.107, No.6, pp.1459-1467 (2007).

6） T. Oyamada：unpublished.

7） R. Belosludov, H. Mizuseki, R. Sahara, Y. Kawazoe, O. Subbotin, R. Zhadanov, and V. Belosludov："Computational Materials Science and Computer-aided Materials Design and Processing", Springer Science + Buisness Media Dordrecht, pp.1215-1247 (2013).

8） G. Marc and W. G. McMillan："The Virial Therorem", Adv. Chem. Phys., Vol.58, pp.209-361 (1985).

9） W. Heisenberg："On the Theory of Ferromagnetism", Z. Phys., Vol.49, pp.619-636 (1928).

10） F. Hund："Concerning the interpretation of complex spectra, especially the elements scandium to nickel", Z. Phys., Vol.33, pp.345-371 (1925)；F. Hund："Interpretation of the complicated spectra II", Z. Phys., Vol.34, pp.296-308

(1925)；F. Hund："Linienspektren und Periodisches System der Elemente", Springer-Verlag, Berlin (1927).

11) E. R. Davidson："Single-Configuration Calculations on Excited States of Herium", J. Chem. Phys., Vol.41, pp.656-658 (1964)；"Single-Configuration Calculations on Excited States of Herium. II", J. Chem. Phys., Vol.42, pp.4199-4200 (1965).

12) J. Katriel and R. Pauncz："Generalized Branching Diagrams", Adv. Quantum. Chem., Vol.10, pp.143-151 (1977).

13) R. J. Boyd："A quantum mechanical explanation for Hund's multiplicity rule", Nature, Vol.310, pp.480-480 (1984).

14) 久保亮五："磁性"，岩波書店 (1956).

15) K. Hongo, T. Oyamada, Y. Maruyama, Y. Kawazoe, and H. Yasuhara："Correct Interpretation of Hund's Rule and Chemical Bonding Based on the Virial Theorem", Mater. Trans., Vol.48, No.4, pp.662-665 (2007).

16) K. Hongo, T. Oyamada, Y. Maruyama, Y. Kawazoe, and H. Yasuhara："Correct Interpretation of Hund's Multiplicity Rule for Atoms and Molecules", J. Magn. Magn, Mater., Vol.310, No.2, pp.e560-e562 (2007).

17) K. Hongo, Y. Kawazoe, and H. Yasuhara："Diffusion Monte Carlo Study of Atomic Systems from Li to Ne", Mater. Trans., Vol.47, No.11, pp.2612-2616 (2006).

18) T. Oyamada, K. Hongo, Y. Kawazoe, and H. Yasuhara："The Influence of Correlation on the Interpretation of Hund's Multiplicity Rule：A Quantum Monte Carlo Study", J. Chem. Phys., Vol.125, No.1, pp.014101-(1-9) (2006).

19) 本郷研太，小山田隆行，川添良幸，安原洋："フント則の起源は何か？"，日本物理学会誌 Vol.60，No.10，pp.799-803 (2005)；川添良幸，本郷研太，小山田隆行，丸山洋平，安原洋："分子・固体の安定性はどのように実現されるか？―多電子論におけるビリアル定理の重要性―"，ナノ学会会報 Vol.5, No.1，pp.3-7 (2006)；安原洋，小山田隆行，本郷研太，丸山洋平："フント経験則の解釈―模型から *ab initio* へ戦略を転換する起点―"，物性研究，物性研究刊行会 92 巻，5-6 合号，pp.483-493 (2009).

20) K. Hongo, R. Maezono, Y. Kawazoe, H. Yasuhara, M. D. Towler, and R. J. Needs："Interpretation of Hund's Multiplicity Rule for the Carbon Atom", J. Chem. Phys., Vol.121, No.15, pp.7144-7147 (2004).

21) T. Oyamada, K. Hongo, Y. Kawazoe, and H. Yasuhara："Unified Interpretation of

Hund's First and Second Rules for 2*p* and 3*p* Atoms", J. Chem. Phys., Vol.133, No.16, pp.164113-(1-19) (2010).

22) J. S. Miller, J. C. Calabrese, H. Rommelmann, S. R. Chittipeddi, J. H. Zhang, W. M. Reiff, and A. J. Epstein：Ferromagnetic behavior of [Fe(C5Me5)2]+. bul. [TCNE]-. bul.. Structural and magnetic characterization of decamethylferrocenium tetracyanoethenide, [Fe(C5Me5)2]+. bul. [TCNE]-. bul.. cntdot. MeCN and decamethylferrocenium pentacyanopropenide, [Fe(C5Me5)2]+. bul. [C3(CN)5]-, J. Am. Chem. Soc., Vol.109, pp.769-781 (1987).

23) M. Verdaguer, A. Gleizes, J. P. Renard, and J. Seiden：Susceptibility and Magnetization of Cumn (S2C2O2) 2. 7. 5H2O - 1st Experimental and Theoretical Characterization of a Quasi-One-Dimensional Ferrimagnetic Chain Phys. Rev., Vol.B29, pp.5144-5155 (1984).

24) K. V. Darvesh and R. J. Boyd："Hund Rule and Singlet-Triplet Energy Differences for Molecular-Systems", J. Chem. Phys., Vol.87, pp.5329-5332 (1987).

25) Y. Maruyama, K. Hongo, M. Tachikawa, Y. Kawazoe, and H. Yasuhara："Ab Initio Interpretation of Hund's Rule for the Methylene Molecule：Variational Optimization of Its Molecular Geometries and Energy Component Analysis", Int. J. Quantum Chem., Vol.108, No.4, pp.731-743 (2008).

26) H. Hiura, T. Miyazaki, and T. Kanayama："Formation of Metal-Encapsulating Si Cage Clusters", Phys. Rev. Lett., Vol.86, pp.1733-1736 (2001).

27) H. Kawamura, V. Kumar, and Y. Kawazoe："Growth, magic, behavior, and electronic and vibrational properties of Cr-doped Si Clusters", Phys. Rev., Vol.B 70, 245433：1-10 (2004).

28) K. Hongo, V. Kumar, Y. Kawazoe, and H. Yasuhara："Quantum Monte Carlo Study of Electron Correlation in Chromium-Doped Silicon Cluster $Cr@Si_{12}$", Mater. Trans., Vol.47, No.11, pp.2617-2619 (2006).

29) Gaussian, Gaussian Inc.

30) F. W. Averill and G. S. Painter：Phys. Rev., Vol.B 24, 6795 (1981)：M. Levy and J. P. Perdew, Phys. Rev., Vol.A 32, 2010 (1985).

31) K. Hongo, M. A. Watson, R. S. Sánchez-Carrera, T. Iitaka, and A. Aspuru-Guzik："Failure of Conventional Density Functionals for the Prediction of Molecular Crystal Polymorphism：A Quantum Monte Carlo Study", J. Phys. Chem. Lett., Vol.1, pp.1789-1794 (2010).

11 磁区構造とマイクロマグネティクス計算

強磁性体は，磁界が印加されていなくても自発磁化（spontaneous magnetization）を持っている物質である。その内部構造を見ると，磁化方向が一方向にそろった領域に分かれている。この領域を磁区（magnetic domain）という。磁化の方向は各磁区で異なり，例えば，全体の磁化が0に近い状態（消磁状態，magnetic neutral state）では，磁性体の持つ全エネルギーが最も低くなるように磁化方向が決まる。磁区構造を知るには，磁性体内部のミクロな磁気モーメント（magnetic moment）の挙動とそれによるエネルギーを解析しなければならない。マイクロマグネティクス計算手法は，磁区構造を知るための有効な計算手法の一つである。本章では，強磁性体の磁区構造の基本事項とマイクロマグネティクスの計算手法，およびその計算例について述べる。

11.1 方向性電磁鋼板の磁気構造

図11.1は方向性電磁鋼板（grain-oriented electrical steel，GO）の磁気構造をSEM（scanning electron microscope）観察した結果である[1)]。黒は左向きの磁化（magnetization），白は右向きの磁化を表している。図に示すように，方向性電磁鋼板は，左向きと右向きの磁化が縞状に並んだ構造（縞状磁区という）をしている。図11.1（b）に対し，図11.1（a）は縦方向に微細線上の溝（groove）が形成されている。図11.1（a）に示すように，溝を形成することによって縞の幅が狭くなる。縞の幅を磁区幅というが，これについては，次節で詳しく説明する。

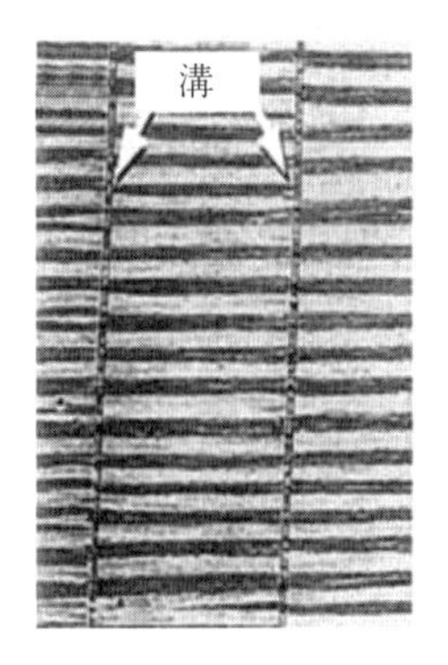

（a） 微細線状溝（groove）形成あり

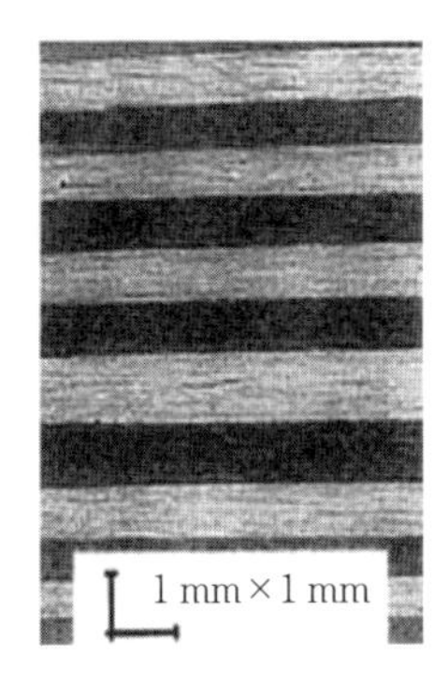

（b） 溝なし

図 11.1 方向性電磁鋼板の磁気構造

方向性電磁鋼板はおもにトランスの鉄心として使われ，要求される磁気特性は二つある。一つは小さな磁界でも高い磁束密度が得られるように高透磁率であること，もう一つは電気エネルギーと磁気エネルギーの変換時に熱として失われる損失が小さいことである。この損失を鉄損（iron loss）という。高透磁率は，強磁性体でも保磁力が0に近い軟磁性材料を用いることで実現できる。鉄損を低減する技術のうちの一つは，図 11.1（a）のように磁区幅を狭くすることである。すなわち，要求される方向性電磁鋼板を作製するためには，磁気特性とともに磁気構造を理解することが重要となる。

11.2 磁 区 と 磁 壁

強磁性体は，原子レベルのミクロな磁石（これを磁気モーメントという）の集合体である。磁気モーメントが強い一軸磁気異方性を持つ場合，**図 11.2**（a）に示すように，磁界 H がなくても磁気モーメントは一方向にそろい，自発磁化 M を持つ。一方，図 11.2（b）に示すように磁性体端部の N 極と S 極によって，磁化とは逆向きの磁界が発生する。これを反磁界 H_d（demagnetizing field）という。磁気異方性が弱い場合，反磁界により磁性体端部の磁気モーメントが乱れるため，**図 11.3**（a），（b）に示すように，方向の異なる磁気モー

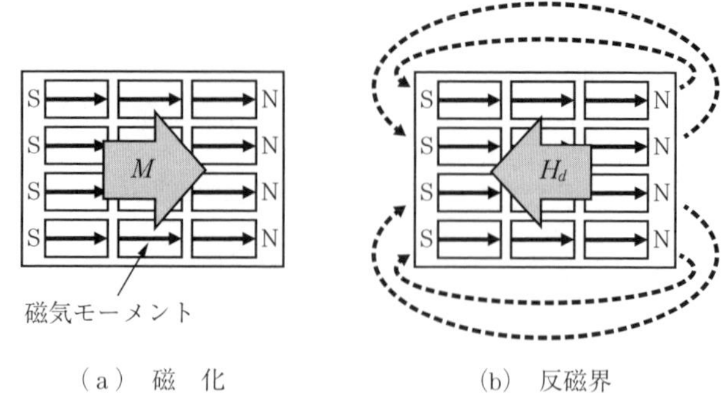

図 11.2　単磁区構造の磁化と反磁界の関係

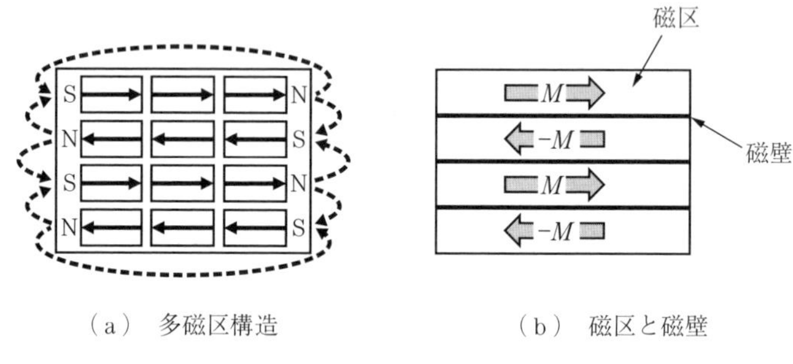

図 11.3　多磁区構造の磁化，磁区，および磁壁

メントの領域に分かれる。この領域のことを磁区，磁区の境界を磁壁（magnetic wall）と呼ぶ。図 11.2 の磁区構造を磁区が一つしかないという意味で単磁区構造（single domain structure）といい，図 11.3 を多磁区構造（multi-domain structure）という。一つの磁区幅は，方向性電磁鋼板で数百 μm，無方向性電磁鋼板で数十 μm 程度である[2)]。

多磁区構造は磁性体内の反磁界による静磁エネルギーを低減して安定にする。すなわち，図 11.3 に示すように磁区が増えるほど磁性体の持つ静磁エネルギーが小さくなる。しかし，無限に小さくなるわけではない。静磁エネルギーの低減とともに磁壁エネルギー（磁気異方性エネルギーと交換エネルギーで決まる）が増大する。最終的には，静磁エネルギー，ゼーマンエネルギー，磁気異方性エネルギー，交換エネルギーの和が最小になるように磁区構造が決まる。各エネルギーについては11.4節で詳細を述べる。図11.3のような縞模様の磁区を前節でも述べたように縞状磁区という。電磁鋼板では，磁区幅が大きいと外部磁界の変化に対し渦電流（eddy current）が生じて鉄損が生じるため，できるだけ狭くすることが望まれる。

図11.4にその他の磁区構造を示す。図11.4（a）は還流磁区（closure domain）構造，図（b）はボルテックス（vortex）構造である。いずれも，磁性体端面に磁極がなく，全体として磁化は0の状態である。還流磁区構造は，磁性体端面に磁極が現れない構造であり，典型的な強磁性体で見られる。ボルテックス構造は，磁性体の半径が式(11.1)に示す静磁特性長ξよりも小さいときに生じる[3)]。

$$\xi = \sqrt{\frac{2\mu_0 A}{N M_s^2}} \tag{11.1}$$

ここで，μ_0は真空の透磁率，Aは交換スティフネス，Nは反磁界係数，M_sは飽和磁化である。

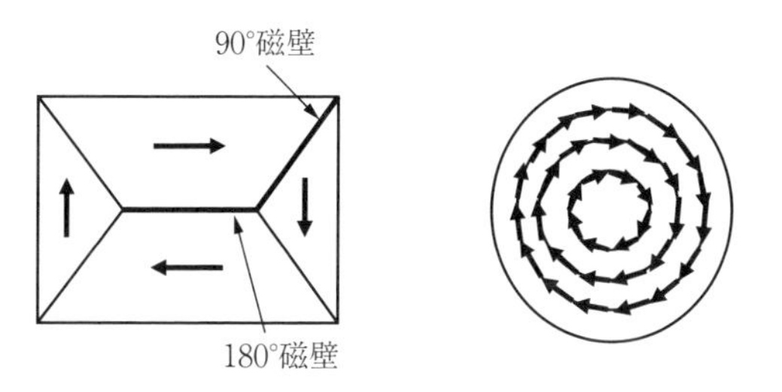

（a）還流磁区構造　（b）ボルテックス構造

図11.4　還流磁区構造とボルテックス構造

磁壁は，磁気モーメントの向きが徐々に変化する磁化遷移領域である。図11.4（a）に示したように，隣り合う磁化が180°回転している場合の磁壁を180°磁壁，隣り合う磁化が90°回転している場合の磁壁を90°磁壁という。このように隣り合う磁化の向きが異なる場合，互いの磁気モーメントが平行になるように磁壁を広げる働きをする交換エネルギーと，逆に磁壁を狭める一軸磁気異方性エネルギーの和が最小になるように磁壁の幅が決まる。さらに，磁性体の厚みによる反磁界によって磁化の回転する方向が異なる。**図 11.5**（a）は磁性体の膜厚が厚いため，磁気モーメントの回転が膜面に垂直な方向で起こるブロッホ磁壁（Bloch wall）である。図 11.5（b）は磁性体の膜厚が薄く，膜厚方向の反磁界が強いため，磁気モーメントの回転が膜面内で起こるネール磁壁（Neel wall）である。

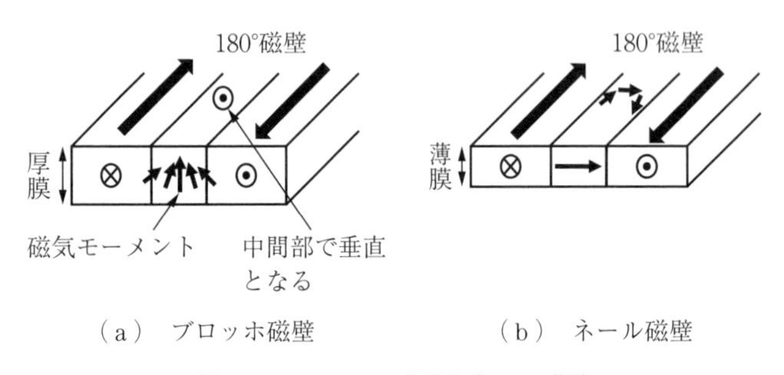

図 11.5　ブロッホ磁壁とネール磁壁

ブロッホ磁壁幅 d_B と磁壁エネルギー σ_B は以下の式で与えられる[3),4)]。

$$d_B = \pi\sqrt{\frac{A}{K}} \tag{11.2}$$

$$\sigma_B = 4\sqrt{AK} \tag{11.3}$$

ここで，K は異方性定数である。

いま，鉄 Fe を仮定して $A = 1\times10^{-11}$ J/m，$K = 2\times10^{-4}$ J/m^3 とすると，式(11.2) から磁壁幅は約 70 nm，磁壁エネルギーは約 18×10^{-8} J/m^2 となる。一般に軟磁性材料の磁壁幅は 100 ～ 1 000 nm，硬磁性材料は 2 ～ 3 nm となる[5)]。

11.3 磁 化 過 程

強磁性体内は，前節で示したようにいくつかの磁区に分かれている。各磁区は自発磁化を持つが，その方向が磁区ごとに異なるために，全体として磁化が打ち消し合っている。これが消磁状態（magnetic neutral state）である。**図 11.6** は，消磁状態の磁性体に，磁界を印加したときの初期磁化曲線（initial

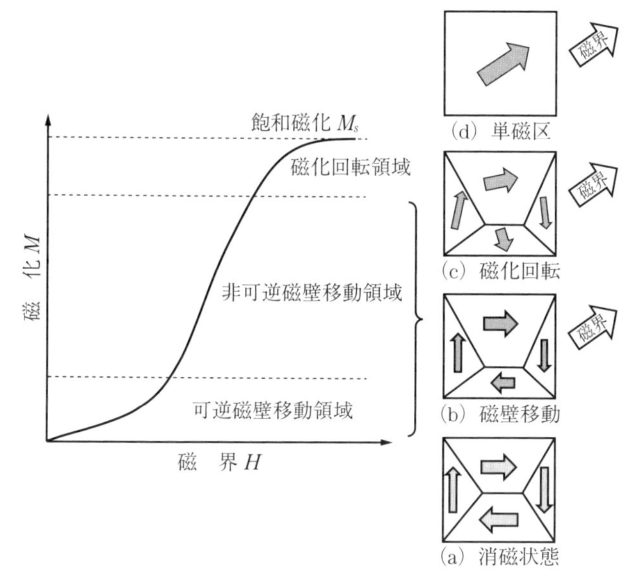

図 11.6 初期磁化曲線と磁区構造

magnetization curve）と磁区構造である。消磁状態は還流磁区構造である（図 11.6（a）参照）。磁界を図 11.6（b）に示すように右斜め上方向に印加すると，右方向に向いている磁化の磁区幅が徐々に広がり始める。すなわち，180°磁壁の磁壁移動（domain wall motion）が起こる。ただし，磁性体内の格子欠陥，不純物等によって，磁壁の移動，すなわち磁化の増加は緩やかである。外部磁界が弱い場合は，磁界を取り除くと元の磁化状態に戻るため，この領域を可逆磁壁移動領域と呼ぶ。磁界を強くしていくと磁壁移動が急激に進み，磁界を取り除いても元の状態には戻らない。この領域を非可逆磁壁移動領域と呼ぶ。さらに磁界を強くすると磁化が緩やかに回転を始める（図 11.6（c）参照）。単磁区になったところで磁化値は飽和する（図 11.6（d）参照）。このときの磁化を飽和磁化（saturation magnetization）と呼ぶ。

軟磁性体では，高周波磁界のように磁界を急激に変化させると，高速な磁壁移動に伴う磁化変化によって渦電流（eddy current）が発生し（電磁誘導の法則式 (11.4) 参照），発熱する（式 (11.5)，(11.6) 参照）という問題が生じる。

電磁鋼板では，図 11.1 に示したように磁区を増やして磁区幅を狭くすることで，磁壁の移動量と移動速度を減らし，渦電流損失を抑えることができる。

$$\mathrm{rot}\,\boldsymbol{E} = -\frac{\partial \boldsymbol{B}}{\partial t} \tag{11.4}$$

$$\boldsymbol{J} = \sigma \boldsymbol{E} \quad 〔\mathrm{A/m^2}〕 \tag{11.5}$$

$$Q = \frac{1}{\sigma}|\boldsymbol{J}|^2 \quad 〔\mathrm{J}〕 \tag{11.6}$$

ここで，$\boldsymbol{E}$ は電界ベクトル，$\boldsymbol{J}$ は渦電流密度ベクトル，σ は導電率（conductive），Q は熱量（ジュール熱）である。

11.4　マイクロマグネティクス

前節で述べたような磁壁移動や磁化回転は，ミクロな磁気モーメントの挙動によって起こる。磁性体の磁気モーメントの動的な挙動を解析し，磁気現象の解明や新たな知見を得る手法をマイクロマグネティクスと呼ぶ。近年では，コンピュータの高性能化（CPU のクロック周波数 3.0 GHz 以上）や，マルチコア，マルチ CPU，GPGPU による超並列処理により，膨大な数の磁気モーメントをモデル化したマイクロマグネティクスシミュレーションが短時間でできるようになった。したがって，磁気ディスク装置はもとより，小型で高性能，さらに高周波を利用した産業用磁気デバイス，生体磁気等の医療機器等の研究に用いられている。

マイクロマグネティクスシミュレーションを行うための代表的な方程式が，ランダウ・リフシッツ（Landau-Lifshitz）方程式，またはランダウ・リフシッツ・ギルバート（Landau-Lifshitz-Gilbert）方程式である。前者を略して LL 方程式，後者を LLG 方程式という。

11.4.1　LL 方程式と LLG 方程式

磁気モーメントの起源は電子のスピンである。正電荷を持つ原子核の周囲で負電荷を持つ電子が運動をしている。したがって，電子が運動をすれば，電流が生じ，その電流が磁界を発生させる。すなわち，原子は，磁気モーメントを持つ磁気双極子と等価になる。スピン $\boldsymbol{S}$ と磁界 $\boldsymbol{H}$ の相互作用は，式 (11.7) のブロッホ方程式（Bloch equations）で記述される[6]。

$$\frac{\mathrm{d}\boldsymbol{S}}{\mathrm{d}t} = -(\boldsymbol{S} \times \boldsymbol{H}) \tag{11.7}$$

この式は，スピンと磁界に対して直交する向きにトルクが発生し，スピンは磁界方向を中心軸として歳差運動（precession）することを表している。

スピンによる磁気モーメントを $\boldsymbol{M}$，その大きさを μ_s とすると $\boldsymbol{M} = \mu_s \boldsymbol{S}$ となる。すなわち，磁界 $\boldsymbol{H}$ の中に磁気モーメント $\boldsymbol{M}$ が存在するとき，磁気モーメントには磁気トルク $-(\boldsymbol{M} \times \boldsymbol{H})$ が作用し，次式で示すように，磁界方向を中心軸とする歳差運動が生じる。

$$\frac{\mathrm{d}\boldsymbol{M}}{\mathrm{d}t} = -(\boldsymbol{M} \times \boldsymbol{H}) \tag{11.8}$$

この式は，磁気モーメントの方向と磁界ベクトルのなす角が一定のまま歳差運動が続くことを意味している。実際には，磁気モーメントは磁界方向を向いて安定状態になる。LL 方程式は，次式に示すように，第 1 項の歳差運動の項（慣性項）に，磁化ベクトルと歳差運動のトルクにより，磁気モーメントが磁界方向に向いて安定状態になるための制動項を第 2 項として加えた式である。

$$\frac{\mathrm{d}\boldsymbol{M}}{\mathrm{d}t} = -\gamma\left(\boldsymbol{M} \times \boldsymbol{H}_{\mathrm{eff}}\right) - \lambda \boldsymbol{M} \times \left(\boldsymbol{M} \times \boldsymbol{H}_{\mathrm{eff}}\right) \tag{11.9}$$

ここで，γ はジャイロ磁気定数（角運動量に対する磁気モーメントの割合 単位は $\mathrm{s}^{-1} \cdot \mathrm{T}^{-1}$），$\lambda$ は制動定数（緩和定数）という。λ は以下の式で表される。

$$\lambda = \frac{\alpha\gamma}{M_s} \tag{11.10}$$

α はギルバートのダンピング定数（Gilbert damping constant），M_s は飽和磁化である。強磁性体の α は 0.1 以下の非常に小さい値である[7),8)]。$\boldsymbol{H}_{\mathrm{eff}}$ は磁性体に印加されるすべての磁界を表す。詳細は次項で述べる。

LLG 方程式は，LL 方程式の第 2 項を磁化の時間微分を用いて表した次式となる。数式的には LL 方程式と同じである。

$$\frac{\mathrm{d}\boldsymbol{M}}{\mathrm{d}t}=-\gamma\left(\boldsymbol{M}\times\boldsymbol{H}_{\mathrm{eff}}\right)+\frac{\alpha}{M_s}\left(\boldsymbol{M}\times\frac{\mathrm{d}\boldsymbol{M}}{\mathrm{d}t}\right) \tag{11.11}$$

LL 方程式（LLG 方程式）を図で表したのが**図 11.7** である。

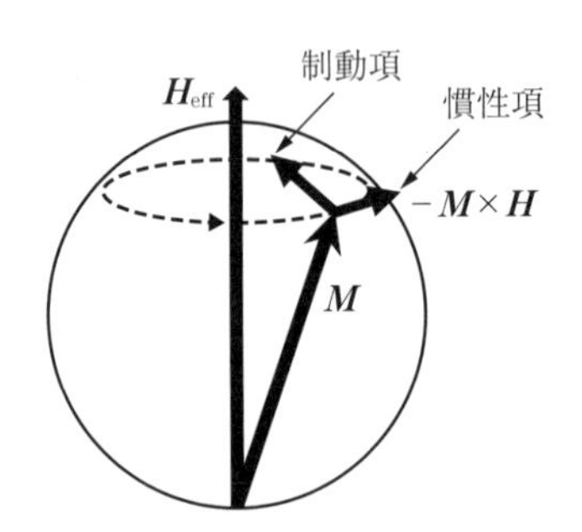

図 11.7　磁気モーメントの歳差運動

11.4.2　実　効　磁　界

磁気モーメントに印加される実効磁界は外部磁界 H_a，静磁界 H_d，異方性磁界 H_k，交換磁界 H_e である。磁界ベクトルは，それぞれのエネルギー E_a，E_d，E_k，E_e を磁化ベクトル $\boldsymbol{M}=(M_x, M_y, M_z)$ で偏微分した値で求まる。

$$\boldsymbol{H}_a=\left(H_{a,x}, H_{a,y}, H_{a,z}\right)=-\frac{\partial E_a}{\partial \boldsymbol{M}} \tag{11.12}$$

$$\boldsymbol{H}_d=\left(H_{d,x}, H_{d,y}, H_{d,z}\right)=-\frac{\partial E_d}{\partial \boldsymbol{M}}=\sum_{\text{セル}}\begin{bmatrix}S_{xx} & S_{xy} & S_{xz}\\ S_{yx} & S_{yy} & S_{yz}\\ S_{zx} & S_{zy} & S_{zz}\end{bmatrix}\begin{bmatrix}M_x\\ M_y\\ M_z\end{bmatrix} \tag{11.13}$$

$$\begin{aligned}\boldsymbol{H}_k&=\left(H_{k,x}, H_{k,y}, H_{k,z}\right)=-\frac{\partial E_k}{\partial \boldsymbol{M}}\\ &=-\frac{2K_u}{M_s^2}(\boldsymbol{k}\cdot\boldsymbol{M})\boldsymbol{k}=-\frac{H_k}{M_s}(\boldsymbol{k}\cdot\boldsymbol{M})\boldsymbol{k}\end{aligned} \tag{11.14}$$

$$\boldsymbol{H}_e=\left(H_{e,x}, H_{e,y}, H_{e,z}\right)=-\frac{\partial E_e}{\partial \boldsymbol{M}}=\sum_{\text{最隣接セル}}\frac{2A}{M_s^2}\begin{bmatrix}\nabla^2 M_x\\ \nabla^2 M_y\\ \nabla^2 M_z\end{bmatrix} \tag{11.15}$$

式 (11.13) の静磁界のテンソルについて，**図 11.8**（a）を用いて説明する。いま，セル（cell）m（セルというのは結晶や粒子をモデル化した名称，詳細は次項で述べる）からセル n へ印加される静磁界を考える。静磁界というのは，セル内の磁化の向きによってセル表面に磁極が発生するため，その磁極から発生する磁界のことである。セルの形状は直方体とする。このとき，テンソルの成分は，セル間の相対的な位置関係とセルの形状で決定され，以下の式 (11.16) となる。具体的な計算方法については，引用・参考文献 9)，10) を参照されたい。

$$S_{u,v}=-\frac{1}{4\pi\mu_0}\sum_{\alpha}\int \mathrm{d}s_{\alpha}\frac{\left(r_{m,u}-r_{n,u}\right)}{\left|\boldsymbol{r}_m-\boldsymbol{r}_n\right|^3}n_{\alpha,v} \tag{11.16}$$

上式において，u，v は x，y，z 成分のいずれかを表す。μ_0 は真空の透磁率，α はセル m の六つの直方体の面，$\boldsymbol{r}_m$，$\boldsymbol{r}_n$ はセル m と n の重心の位置ベクトル，$r_{m,u}$，$r_{n,u}$ は各位置ベクトルの u 成分，$n_{\alpha,v}$ は各面の外向きの法線ベクトルにおける v 成分を表す。一つのセルに印加される静磁界は，それ自体も含めて磁性体すべてのセルからの静磁界の和となる。

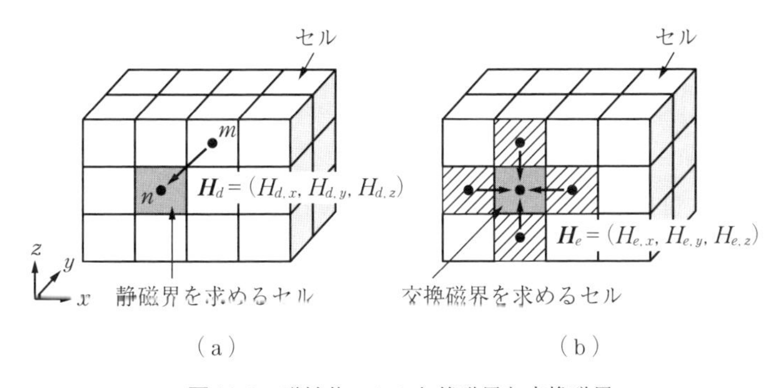

図 11.8　磁性体のセルと静磁界と交換磁界

K_u は異方性定数〔J/m^3〕，$\boldsymbol{k}$ は容易軸方向の単位ベクトル，A は交換スティフネス定数〔J/m〕である。交換磁界については，図 11.8（b）に示すように最隣接セルとの交換磁界の和をとる。

11.5　1階の初期値問題に対する数値解法

本項では，LLG 方程式を解くための数値計算手法について説明する。LLG 方程式は，1 階の導関数を含む常微分方程式である。また，時間 0 における磁気構造を初期値として与える初期値問題である。数値解法には有限要素法（finite element method，FEM），差分法（finite difference method，FDM），境界要素法（boundary element method，BEM）等があるが，ここでは差分法について説明する。差分法とは微分を差分近似で表す方法であり，LLG 方程式については時間の差分を考える。また，差分法には前進差分法（陽解法ともいう），後退差分法（陰解法ともいう）と中央差分法があるが，以下では，前進差分法のオイラー法（Euler method）とルンゲ・クッタ法（Runge-Kutta method）の説明を行う。その他の手法については，専門書を参考にしてもらいたい。

まず，オイラー法について説明する。いま，時間（変数）t とそれに対する関数 y の 1 階の常微分方程式，および初期条件を以下のように表す。

$$\frac{\mathrm{d}y}{\mathrm{d}t}=y'(t)=f\bigl(t,y(t)\bigr)\qquad\bigl(t_0\leqq t\leqq t_N\bigr)\tag{11.17}$$

$$\text{初期条件：}y(t_0)=y_0\tag{11.18}$$

式 (11.17)，(11.18) を満たす解 $y(t)$ が得られたと仮定して，区間 $t_0\leqq t\leqq t_N$ の任意の点 t の周りでテイラー展開する。

$$y(t+\Delta t)=y(t)+\Delta t y'(t)+\frac{(\Delta t)^2}{2!}y''(t)+\cdots+\frac{(\Delta t)^n}{n!}y^{(n)}(t)+\cdots\tag{11.19}$$

式 (11.19) の Δt は時間刻み（サンプリング間隔）として，i 番目の時間 t_i（$i=0, 1, 2, \cdots$）を $t_i=t_0+i\cdot\Delta t$ と書く。いま，Δt は十分に小さいと仮定して，式 (11.19) の第 3 項以下を 0 と置く。t を t_i，$t+\Delta t$ を t_{i+1}，$y'(t)$ を $f(t_i, y(t_i))$ に置

き換えると，次式が得られる。

$$y(t_{i+1}) = y(t_i) + \Delta t f(t_i, y(t_i)) \tag{11.20}$$

この式は一つ前の時間における $y(t_i)$ からつぎの時間の値 $y(t_{i+1})$ を求める式であり，この式を用いて $y(t)$ を順次求めていく。これがオイラー法である。

ルンゲ・クッタ法は式 (11.19) において，第3項以降も考慮した解法である。n 階微分までを考慮した解法を n 次のルンゲ・クッタ法という。つまり，オイラー法は一次のルンゲ・クッタ法といえる。

二次のルンゲ・クッタ法（ホイン法（Huen method）ともいう）を考える。次式は式 (11.19) の2階微分の項まで考慮した式である。

$$y\left(t_{i+1}\right) = y\left(t_i\right) + \Delta t f\left(t_i, y\left(t_i\right)\right) + \frac{(\Delta t)^2}{2} f'\left(t_i, y\left(t_i\right)\right) \tag{11.21}$$

$$f'\left(t_i, y\left(t_i\right)\right) = \left.\frac{\partial f\left(t, y(t)\right)}{\partial t}\right|_{t=t_i} + \left.\frac{\partial f\left(t, y(t)\right)}{\partial y}\right|_{t=t_i} \cdot f\left(t_i, y\left(t_i\right)\right) \tag{11.22}$$

さらに，式 (11.21) を変形すると，以下の3式が得られる。詳細は引用・参考文献 11)，12) を参照されたい。

$$y\left(t_{i+1}\right) = y\left(t_i\right) + \frac{\Delta t}{2}\left(k_1 + k_2\right) \tag{11.23}$$

$$k_1 = f(t_i, y(t_i)) \tag{11.24}$$

$$k_2 = f(t_i + \Delta t, y(t_i) + \Delta t f(t_i, y(t_i))) = f(t_i + \Delta t, y(t_i) + \Delta t k_1) \tag{11.25}$$

式 (11.21)，(11.22) と式 (11.23)～(11.25) を比較すると，前者は $f(t, y)$ の計算を1回，$f(t, y)$ の偏微分の計算を2回行わなければならないが，後者は $f(t, y)$ の計算を2回行うだけで済む。

三次以上のルンゲ・クッタ法も同様の方法で求める。**図 11.9** はつぎの微分方程式をオイラー法と二次と四次のルンゲ・クッタ法で計算した結果について，解析解と比較した結果である。Δt は 0.4 とした。

$$\frac{\mathrm{d}y}{\mathrm{d}t} = y' = 2t + y + 1 \quad (0 \leqq t \leqq 2) \tag{11.26}$$

初期条件：$y(0) = 0$　(11.27)

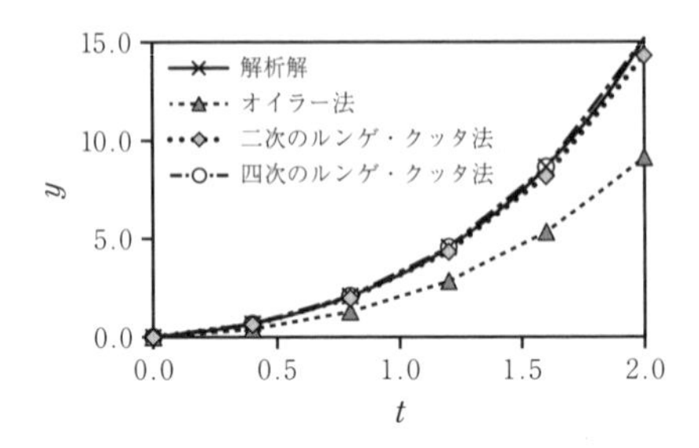

図 11.9　常微分方程式 $y'=2t+y+1$,（初期条件 $t=0$ のとき $y=0$）の解析解と数値解の比較（$\Delta t=0.4$）

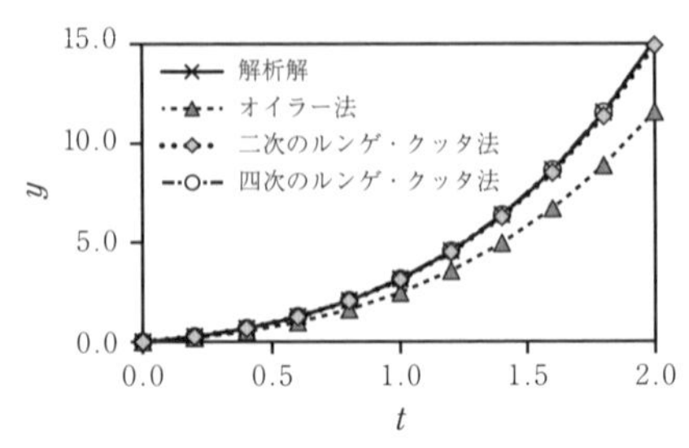

図 11.10　常微分方程式 $y'=2t+y+1$,（初期条件 $t=0$ のとき $y=0$）の解析解と数値解の比較（$\Delta t=0.2$）

これより，四次のルンゲ・クッタ法が最も解析解に近いことがわかる。すなわち，次数を上げると解析解に近付いていくが，コンピュータで計算を行う場合は計算時間が増えることに注意しなければならない。現実的には四次のルンゲ・クッタ法が多く用いられる。

n 次のルンゲ・クッタ法の誤差は $O(\Delta t^n)$ となる（O はランダウの記号（ビッグ オーと読む））。これは，サンプリング間隔 Δt を半分にすると生じる誤差がおよそ $(1/2)^n$ に減少することを意味する。**図 11.10** は Δt を 0.2 にした結果である。図 11.9 と比べると明らかにオイラー法，二次のルンゲ・クッタ法ともに解析解に近い値となっている。二次のルンゲ・クッタ法では，Δt が 0.2 のときの誤差は，0.4 のときの 0.5 倍以下に減少している。これは，$0 \leqq t \leqq 50$ の場合であり，誤差は t に依存している。

LLG 方程式を差分法で解くためには，Δt は一般的に $1\times10^{-12}\sim1\times10^{-14}$ 秒である。Δt をいくつにするかは，計算モデルに用いるセルの大きさや，磁気パラメータに大きく依存する。また，Δt が小さい場合や，磁化値が収束しにくい条件では，秒，分，時間の単位の計算には計算時間がかかるので注意が必要である。

11.6 LLG 方程式の計算例

本節では，LLG 方程式を四次のルンゲ・クッタ法で計算した磁区構造の計算例を示す。

図 11.11 は，1 280 nm×640 nm×10 nm または 1 280 nm×640 nm×100 nm の磁性膜の計算モデル図である。11.4.2 項でも述べたように，解析モデルは微小なセルに分割して計算を行う。セルの大きさは，例えば結晶や粒子の大きさにする場合や，原子の大きさ程度に微小化する場合もある。計算例では，セルは図のように 6 角柱とし，x-y 面の径は 10 nm とした。z 方向は分割せず，厚さが 10 nm でも 100 nm でも 1 セルとした。x-y 面の径は，磁性膜を軟磁性膜と仮定して，交換結合長（exchange length）以下になるように決めた。交換結合長は，交換スティフネス $A=1.0\times10^{-11}$ J/m，異方性定数 $K_u=2\times10^4$ J/m^3 とすると，$\sqrt{A/K_u}=\sqrt{0.5\times10^{-15}}=22$ nm となる。飽和磁化 M_s は 2.0 T とした。異方性磁界 $H_k=2K_u/M_s$ より H_k は 4 000 A/m となる[13),14)]。磁化容易軸は，α 角（x 軸と磁化容易軸の角度）を 5°（図のように上半分を −5°，下半分を +5°）とし，γ 角（z 軸方向に対する磁化容易軸の立上り角）を 5° とした。初期磁化状態は上半分を $-x$ 方向，下半分を $+x$ 方向とした。印加磁界は 0 として，$\Delta t=1.0\times10^{-13}$ s，51 ns 間（タイムステップ 510 000 回）緩和させた。

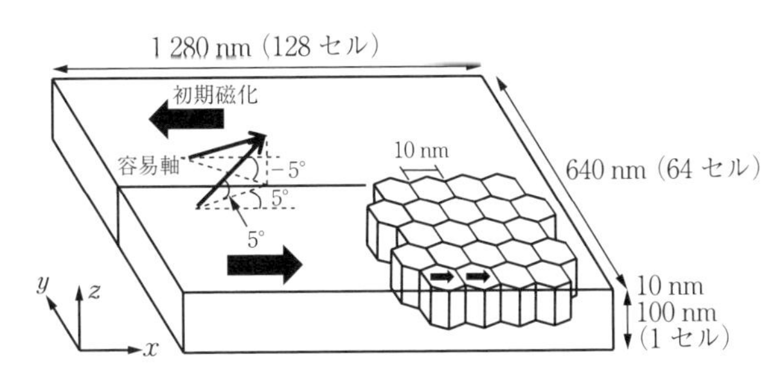

図 11.11 磁性膜の LLG 計算モデル

計算結果を**図 11.12** に示す。図は，計算モデルにおける各セルの磁化を矢印で表した結果である。図（a）は z 方向の厚さ（膜厚）が 10 nm，図（b）は 100 nm である。左の図は x-y 面上から見た磁化分布であり，右図は真ん中あたりを拡大した結果である。ただし，左の図は磁化の数を間引いて示している。図（a）より，膜厚が薄い場合は，磁化は面内で回転するネール磁壁を示している。一方，膜厚が厚い図（b）の場合は，右図に示したように，磁化は膜面に対して z 方向に角度をもって回転するブロッホ磁壁となる。すなわち，11.2 節で述べたように，膜厚が厚くなるとネール磁壁からブロッホ磁壁になることを LLG シミュレーションで確認することができた。

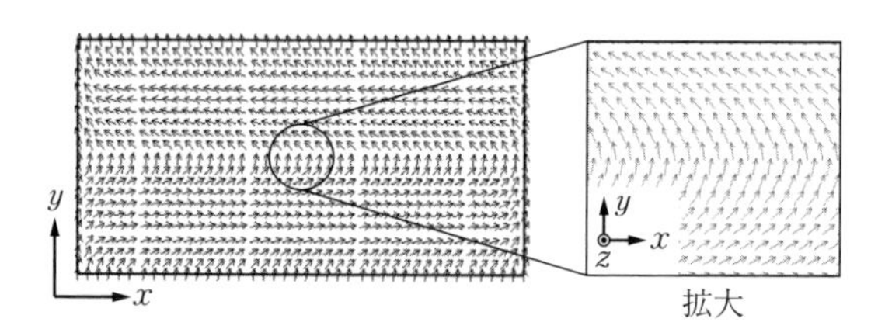

（a） z 方向の膜厚＝10 nm

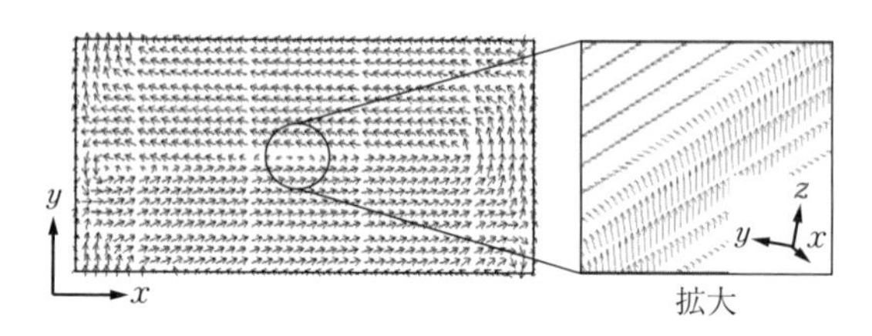

（b） z 方向の膜厚＝100 nm

図 11.12　LLG 計算を用いて軟磁性膜の膜厚の違いによる磁化状態を比較した結果

引用・参考文献

1） 定廣健一，後藤聡志，上ノ薗聡：“JFE スチールグループの軟磁性材料”，JFE 技報，No.8，pp.1-6（2005）.
2） 久保田猛：“電磁鋼板 磁性材料としての“鉄”の特性を最大限に引き出す

（下）”，NIPPON STEEL MONTHLY，Vol.17，pp.9-12（2005）.
3) A. Hubert and R. Schäfer：“Magnetic domains”, Springer, Berlin (1998).
4) A. Aharoni：“Introduction to the theory of ferromagnetism”, Oxford Science Publication (1996).
5) Stanislas ROHART：“Basic concepts on magnetization reversal (1) Static properties：coherent reversal and beyond”, http://magnetism.eu/esm/2011/slides/rohart-slides1.pdf（2018 年 5 月 16 日現在）
6) F. Bloch,：“Nuclear Induction”, Phys. Rev., Vol.70. pp.460-473 (1946).
7) S. Iihama, S. Mizukami, N. Inami, T. Hiratsuka, G. Kim, H. Naganuma, M. Oogane, T. Miyazaki, and Y. Ando：“Observation of Precessional Magnetization Dynamics in L10-FePt Thin Films with Different L10 Order Parameter Values”, Jpn. J. Appl. Phys., Vol.52, 073002 (2013).
8) N. Fujita, N. Inaba, F. Kirino, S. Igarashi, K. Koike, and H. Kato：“Damping constant of Co/Pt multilayer thin-film media”, J. Magn. Magn. Mater., Vol.320, pp.3019-3022 (2008).
9) 林信夫，上坂保太郎，仲谷栄伸，福島宏：“マイクロマグネティクスシミュレーションII”，日本磁気学会誌，Vol.3，No.7（2008）.
10) 吉田和悦，金井靖，S. Greaves，高岸雅幸，赤城文子：“マイクロマグネティクスの磁気記録への応用 I”，日本磁気学会誌，Vol.4，No.4（2009）.
11) 長谷川武光，吉田俊之，細田陽介：“工学のための数値計算”，数理工学社（2012）.
12) 柳田英二，中木達幸，三村昌泰：“数値計算”，裳華房（2014）.
13) 佐川眞人監修：“ネオジム磁石のすべて”，アグネ技術センター（2011）.
14) 三俣千春：“磁気工学の解析法”，共立出版（2013）.

12 多結晶磁界解析

電磁鋼板などの磁性材料は，モータや変圧器など電気機器で使用されており，多くの結晶が集合組織化される多結晶体である。その磁気特性は，結晶の持つ大きさや形状，それにそれぞれの結晶固有の結晶方位およびその結晶のときの磁気特性に依存するものといえる。こうした多結晶体の磁気特性の把握は，モータや変圧器の設計に大きな影響を与えるため，そういった機器の高効率・小型化に重要な技術要素といえる。

磁性材料は磁区構造を持つために，通常こうした磁気特性の把握には，実形状・方位に即した磁区構造の数値解析の適用が有効である。そのためには，磁気構造の支配方程式であるLLG（Landau-Lifshitz-Gilbert）式[1]を用いて空間をメッシュ分割し計算して求めることが行われている。しかし，数多くの結晶粒を持つ実際の多結晶体においては，すべての結晶粒をメッシュ分割してLLG方程式にて計算することはメッシュ爆発問題が起こり実用上不可能に近いといえる。このために，こうした多結晶体には何らかの数値解析モデルを用いた簡易計算が求められる。ここでは，結晶方位の集積度の高い方向性電磁鋼板（GO材＝grain-oriented steel）[2]を対象に，座標変換技術と従来の静磁界計算にて解析する手法について述べる。

12.1 多結晶磁界解析モデル

電磁鋼板などの多結晶体は粒界を境界とした結晶粒が多数存在する集合組織である。それぞれの結晶粒が独立した結晶方位を持っているだけではなく，磁気エネルギーが最小となるような磁区構造で支配される磁気特性を持っている。

このため，こうした多結晶体の磁気現象をモデル化するにあたっては，以下のように考えることにする[3)]。

① 個々の結晶粒の磁気特性は，同一の単結晶の磁気特性を持つものとし，その磁気特性としては非線形・異方性を加味した B-H 曲線を用いる。

② 各結晶粒には，結晶方位に基づく局所座標系が設定され，多結晶体全体には全体座標系が設定される。磁気異方性や非線形性は局所座標系で取り扱い，磁束の連続性は全体座標系で取り扱う。局所座標系と全体座標系との間は座標変換を用いる。

③ 結晶粒形状に沿ったメッシュ分割を行い，粒ごとに異なる結晶方位を与える。

④ 結晶粒間の磁気特性の挙動は，多結晶体全体の磁気エネルギーが最小となる条件を選ぶことで，特定する。つまり静磁界の有限要素法を用いる。

通常，磁区構造を決定する磁気エネルギーは，応力の影響を無視すると，次式のように四つの項から成る[4)]。

$$\chi_{\mu-MAG} = \iiint \left(E_{ex} + E_{qns} + E_{app} + E_d\right) \mathrm{d}x\,\mathrm{d}y\,\mathrm{d}z \tag{12.1}$$

ここで，E_{ex} は交換エネルギー，E_{qns} は磁気異方性エネルギー，E_{app} は Zeeman エネルギー，E_d は静磁エネルギーの各項である。これに対し三次元多結晶磁界解析モデルでは，それぞれの各項についてつぎのように考えモデル化した。交換エネルギーは原子レベルでの近接効果であり，磁壁にも影響を与えるが，磁壁移動といった磁区構造[5)]そのものはここでは考えず，その挙動は B-H 曲線で表現されると考えた。磁気異方性エネルギーは異方性を考慮した B-H 曲線で表現し，Zeeman エネルギーは外部の磁界によるポテンシャルエネルギーで，B-H 曲線による磁化過程で表現されていると考えた。静磁エネルギーとしては反磁界の影響なので粒形状を表現すると考えることにした。これにより，多結晶磁界解析は，磁区構造解析と同等の特性を持ち得ると考えた。通常の磁区構造解析と今回の多結晶磁界解析とのモデル化の考え方を**図 12.1**

	磁区構造解析	多結晶体磁界解析
最小となる磁気エネルギー	$\chi_{\mu-MAG}=\int(E_{ex}+E_{qns}+E_{app}+E_d)\mathrm{d}x\mathrm{d}y\mathrm{d}z$	$\chi_{FEM}=\iint_S(\int_0^B(H\,\mathrm{d}B)\mathrm{d}x\mathrm{d}y-\iint_S J_0A\,\mathrm{d}x\mathrm{d}y$
Zeeman	考慮（上式第３項）	考慮（静磁エネルギーとして）
磁気異方性	考慮（上式第２項）	考慮（B-H 曲線で）
交換相互作用	考慮（上式第１項）	無考慮（近接効果なので無視できる）
双極子磁界	考慮（上式第４項）	考慮（粒形状を分割することで反磁界考慮）
磁化ベクトル	自発磁化ベクトル	任意の磁化ベクトル
磁化過程	磁壁移動・磁化回転 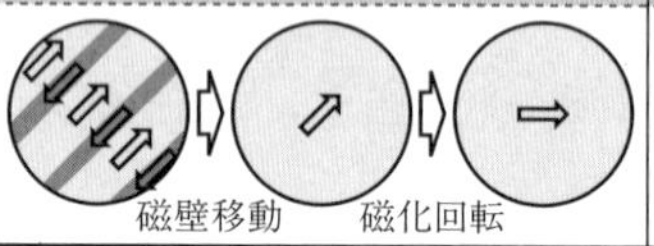 磁壁移動　磁化回転	B-H 曲線で近似 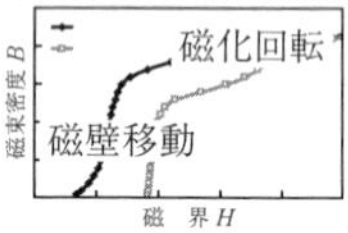 磁化回転 磁壁移動 磁束密度 B 磁界 H

図 12.1　磁区構造解析と多結晶磁界解析との比較

にまとめて示す。

多結晶体における各結晶には，結晶方位に基づく固有の座標系を持っていると考えられるが，一方では集合組織である鋼板全体に流れる磁束は連続で閉じていなければいけないので，磁束密度は全体の座標系でも考えなければいけない。そこで，**図 12.2** のように，多結晶体の各結晶粒に局所座標系 (U_i, V_i, W_i) $(i=1, 2, \cdots, N, U_i$ は磁化容易軸方向，V_i はその鋼板平面内の垂直方向，W_i は鋼板平面に垂直方向，N は結晶粒の数）をそれぞれ配置させる。同時に多結晶

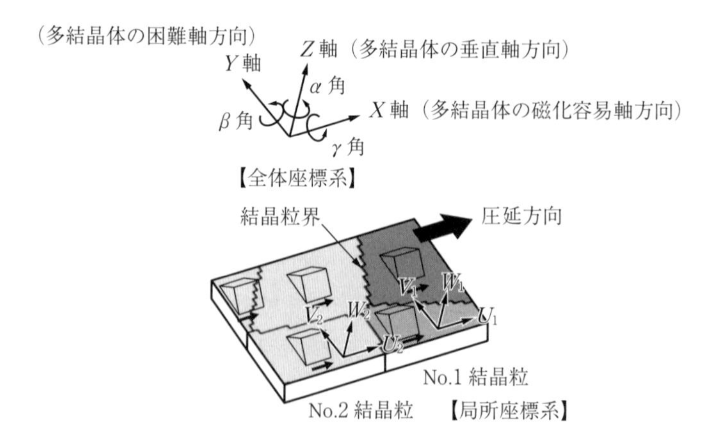

図 12.2　多結晶体解析における局所座標系と全体座標系[3)]

体全体に全体座標系 (X, Y, Z)（X は圧延方向，Y は鋼板平面内の垂直方向，Z は鋼板平面の垂直方法）を配置させる。つまり，磁束密度が各結晶で流れるときには局所座標系での磁気特性で表現し，磁束の連続性・保存性など全体を考えるときには全体座標系を用いて取り扱うことを考える。

全体座標系から見て各結晶粒の方位が，Z 軸回りの回転を α，Y 軸回りの回転を β，X 軸回りの回転を γ とする。各軸の回転角度が微小であるとすると，全体座標系から局所座標系への座標変換は

$$[T]=[R_z(\alpha)][R_y(\beta)][R_x(\gamma)] \tag{12.2}$$

となる[6),7)]。これにより，ある磁束密度ベクトル $\boldsymbol{B}$ が局所座標系で表現したときの座標を $\{B_u \quad B_v \quad B_w\}^{\mathrm{T}}$（上付き T は転置行列）とし，$\boldsymbol{B}$ が全体座標系で表現したときの座標を $\{B_x \quad B_y \quad B_z\}^{\mathrm{T}}$ とすると，両者間の座標変換は

$$\begin{Bmatrix} B_u \\ B_v \\ B_w \end{Bmatrix} = [T] \begin{Bmatrix} B_x \\ B_y \\ B_z \end{Bmatrix} \tag{12.3}$$

となる。これより，各結晶粒で定義される磁気特性が全体座標系で一括して取り扱うことができる。

すべての各結晶粒は，**図 12.3** のように単結晶の磁気特性を持つと仮定している。局所座標系 (U_i, V_i, W_i) の U_i は磁化容易軸方向で，Goss 方位より V_i と W_i は垂直軸方向の磁気特性を持つものとする。

多結晶磁界解析の全体の計算フローチャートを**図 12.4** に示す。今回は鋼板

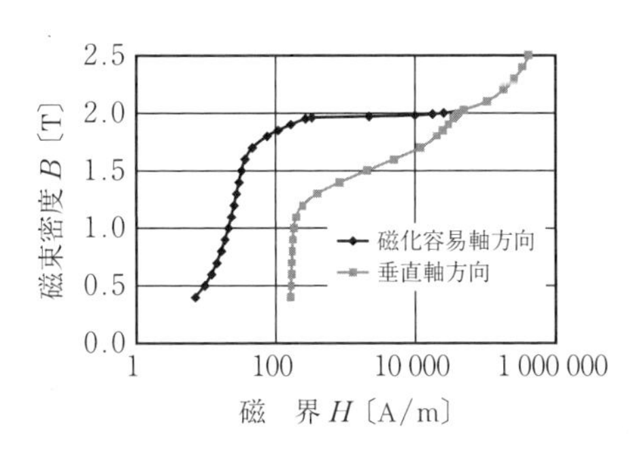

図 12.3　単結晶の磁気特性[3)]

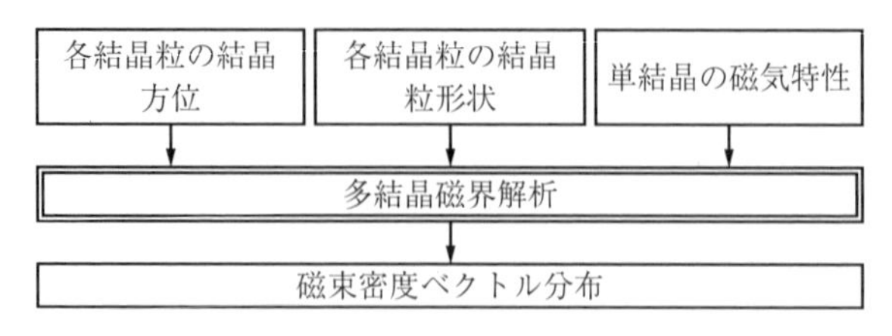

図 12.4　多結晶磁界解析のフローチャート[3)]

内に渦電流が流れない静磁界を考え，磁束密度分布を計算する。多結晶体の結晶形状および各結晶の結晶方位，そして単結晶の磁気特性を入力する。結晶形状および結晶方位は X 線解析などを用いて計測する[8)]。磁束の連続性を考えるときには全体座標系で表現するが，磁性の非線形特性や磁気異方性を考慮する場合には各結晶の局所座標系で磁束密度を考える。これにより多結晶静磁界計算を行う。計算の結果，磁束密度ベクトルの鋼板各要素における分布を得る。

12.2　モデルの妥当性検証

解析結果の妥当性を検証するために，まず**図 12.5** のように 80 mm 角の鋼板内に結晶方位の異なる 2 結晶を持つ場合を考える。外部磁界として水平方向に鋼板内の中心線にて平均で 1 T となるよう励磁させ，探針法にて磁束密度を計測する[9),10)]。図 12.5（a）が計測結果であり，図 12.5（b）が解析結果である[11)]。結晶方位の関係で計測および計算ともに上部の結晶に磁束が集まっている状況が表現されていることがわかる。

つぎに**図 12.6** のように，80 mm 角の鋼板内に 56 個の結晶粒を持つ多結晶体の GO 材を考える。各結晶粒は α 角，β 角，γ 角の結晶方位を持ち，それぞれの角度分布をコンター（contour）図である図 12.6（a），（b），（c）に示す。

これに左右方向に鋼板中心部で平均 1 T となるように外部励磁を変えて調整し多結晶磁界解析を行い，磁束密度分布を導出する。各要素の磁束密度ベクトルの向きとこの電磁鋼板の全体の磁化容易軸方向との角度差 φ の分布を**図 12.7** に示す。磁束は各結晶粒の磁化容易軸方向に沿うように流れるので，こ

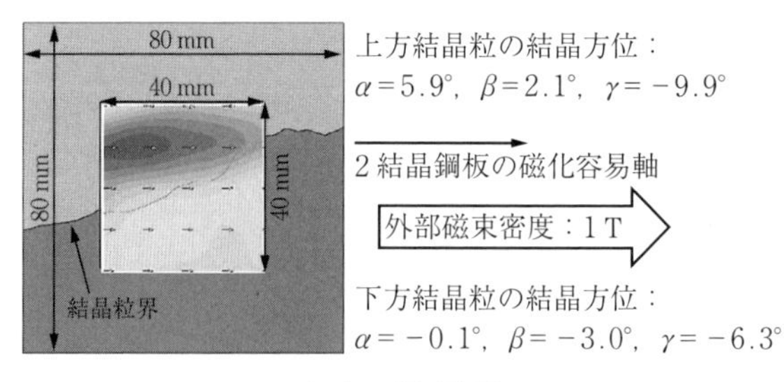

（a）　計測結果

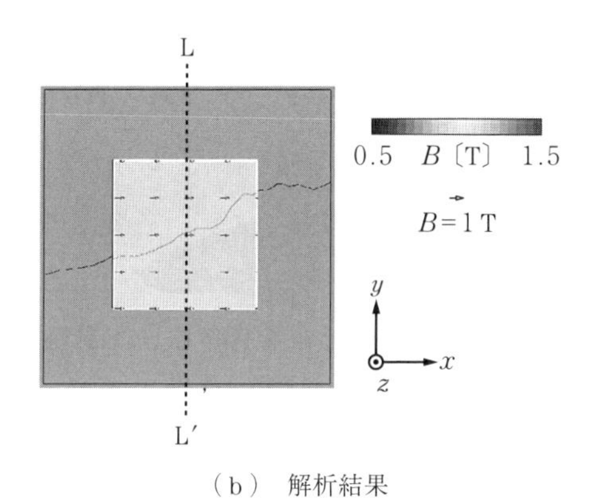

（b）　解析結果

図 12.5　2結晶粒に対する多結晶磁界解析結果と分布磁気測定結果との磁束密度分布での比較（3.5% Si-Fe，0.19 mm 厚，鋼板中心部での平均磁束密度：1 T（試料の磁化容易軸方向励磁））[11)]

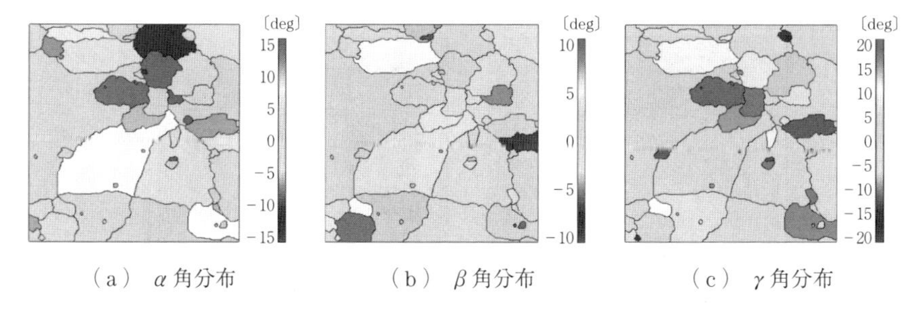

（a）　α 角分布　　（b）　β 角分布　　（c）　γ 角分布

図 12.6　80 mm 角の鋼板内に 56 個の結晶を持つ GO 材の結晶粒形状と結晶方位[11)]

の角度差は，各結晶粒の α 角と比較すべきである。図 12.6（a）の α 角分布と比較すると，ほぼ同じ分布を示していることがわかる。

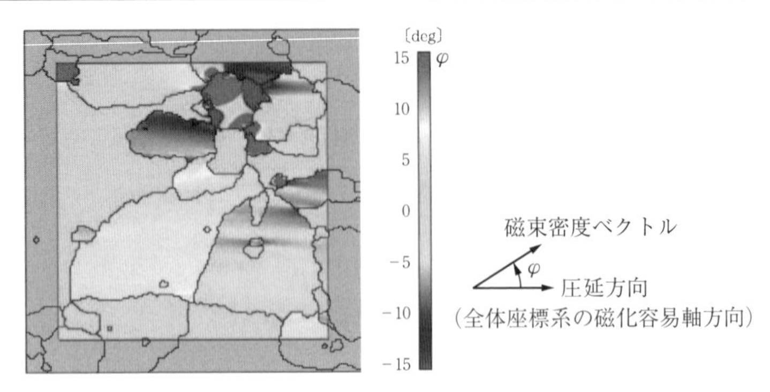

図 12.7　各要素の磁束密度ベクトルの磁化容易軸方向との角度分布[11)]

このときの多結晶磁界解析結果の磁束密度ベクトルの大きさの分布を**図 12.8**（a）に示す。後述の実測結果と比較するために，各要素の磁束密度の大きさを 15 mm □で平均化させ，5 mm ピッチで平行移動させて計算して表示している。併せてこの電磁鋼板の磁束密度分布を探針法にて計測した結果を図 12.8（b）に示す。探針法では，15 mm 間隔に配置させた 2 本の針の端子間電圧を計測する。端子間電圧は鋼板厚みの半分と端子間の断面積を通る磁束の時間変化による誘導起電圧を考え，磁束密度を計測する。この探針を 5 mm ピッチで平行移動させて計測した。

解析の図 12.7（a）の磁束分布を見ると鋼板中心部に磁束密度が集中し，そ

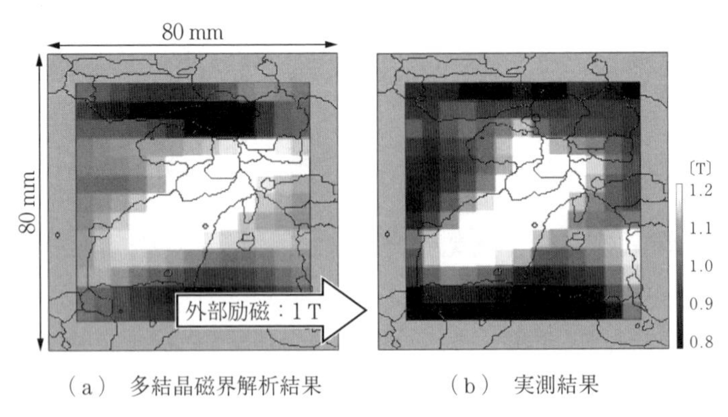

（a）　多結晶磁界解析結果　　　（b）　実測結果

図 12.8　56 結晶 GO 材の多結晶磁界解析結果と分布磁気測定結果との磁束密度分布での比較[11)]

の上下部では磁束が低下している状況が，実測の図 12.7（b）の磁束密度分布でよく表現されていることがわかる。

本手法を用いて，結晶粒形状の研究がなされている[12),13)]。

引用・参考文献

1) W. F. Brown：“Micromagnetics”, Wiley, New York (1963).

2) S. Taguchi, T. Yamamoto, and A. Sakakura：“New grain-oriented silicon steel with high permeability “ORIENTCORE HI-B”,” IEEE Trans. Magn., Vol.10, No.2, pp.123-127 (Jun. 1974).

3) K. Fujisaki and T. Tamaki：“Three-dimensional Polycrystal Magnetic Field Analysis of Thin Steel”, IEEE Trans. Magn., Vol.45, No.2, pp.687-693 (Feb. 2009).

4) S. Chikazumi：“Physics of ferromagnetism”, Shoukabou, Tokyo (1978).

5) A. Hubert and R. Schafer：“Magnetic Domain”, Springer-Verlag, Berlin (1998).

6) H. J. Bunge：“Texture analysis in materials science”, Butterworth and Co., London (1982).

7) T. Crouch：“Matrix method applied to engineering rigid body mechanics”, Pergamon (1981).

8) B. D. Cullity：“Elements of X-Ray diffraction”, Addison-Wesley Publication Company, Inc., Reading, Massachusetts, USA (1977).

9) H. Pfützner and G. Krismanic：“The Needle Method for Induction Tests：Sources of Error,” IEEE Trans. Magn., Vol.40, N. 3, pp.1610-1616 (May 2004).

10) M. Enokizono, I. Tanabe, and T. Kubota：“Localized distribution of two-dimensional magnetic properties and magnetic domain observation,” Journal of Magnetism and Magnetic Materials, No.196-197 pp.338-340 (1999).

11) 藤﨑敬介，玉木輝幸，安廣祥一：“三次元多結晶磁場解析と実測結果との比較” 電気学会論文誌 A，Vol.129, No.11. pp.821-826 (2009).

12) K. Fujisaki：“Crystal Grain Shape Aspect of Grain Oriented Steel by Three Dimensional Polycrystalline Magnetic Field Analysis”, J. Jpn. Soc. Appl. Electromagn. Mech., Vol.21, No.2, pp.129-134 (2013).

13) 電磁アクチュエータシステムのための磁性材料とその評価技術調査専門委員会：“電磁アクチュエータシステムのための磁性材料とその評価技術”，電気学会技術報告，No.1397 (2017-11).

13 プレイモデルによる磁気ヒステリシスモデル

磁性材料の磁気ヒステリシス特性を表現するために，Preisach（以下，プライザッハ）モデル[1),2)]，Jiles-Atherton（以下，JA）モデル[3)]やプレイモデル[4),5)]などが用いられている。プライザッハモデルはJAモデルと比較して表現能力が高いという長所を持つが，計算負荷がやや大きいという欠点がある。そこで，プライザッハモデルと同等の表現能力を持ちながら，数式表現が簡潔で計算負荷が比較的小さいプレイモデルの利用が近年進んでいる。プレイモデルは，ベクトル化も容易であり，有限要素法などの磁界解析への応用にも適している。

13.1 プレイモデルの原理

まず，スカラプレイモデルの原理を述べる。**図 13.1**（a）は，プレイヒステロンと呼ばれる演算子の特性を示している。図中の枝 Γ_R：$p_\zeta = X - \zeta$ は入力 X

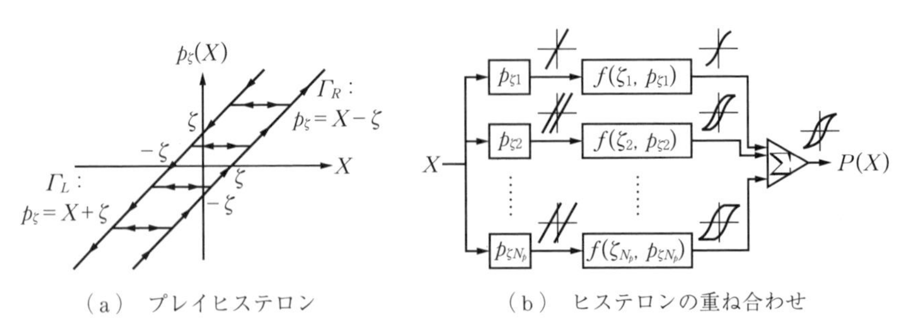

（a） プレイヒステロン　（b） ヒステロンの重ね合わせ

図 13.1 プレイモデル

の増加時のみ，枝 Γ_L：$p_\zeta = X+\zeta$ は X の減少時のみ用いられる。ここで，ζ はプレイヒステロンの幅を与える非負のパラメータである。X が増加から減少または減少から増加に転じると，点 (X, p_ζ) は Γ_R と Γ_L の間を水平に移動する。水平な枝上では両方向に移動可能である。プレイヒステロンの特性を数式で表すと

$$p_\zeta(X) = \max(\min(p_\zeta^{\,0}, X+\zeta), X-\zeta) \tag{13.1}$$

のようになる。ここで，$p_\zeta^{\,0}$ は前時点でのプレイヒステロン p_ζ の値である。

プレイモデルでは，入力 X に対する出力 Y のヒステリシス特性を，図 13.1（b）のようにさまざまな ζ（$=\zeta_1, \zeta_2, \cdots$）についてのプレイヒステロンの足し合わせによりつぎのように表現する。

$$Y = P(X) = \sum_{n=1}^{N_p} f(\zeta_n, p_{\zeta n}(X)) \tag{13.2}$$

ただし，N_p はプレイヒステロンの数，$p_{\zeta n}$（$n=1, \cdots, N_p$）は幅 ζ_n のプレイヒステロン，f は ζ と p_ζ に関する 1 価関数であり形状関数と呼ばれる。

図 13.1（a）からわかるように，プレイヒステロンの作るヒステリシスループは反時計回りであり，それゆえ，プレイモデルは，磁界 H の入力に対して磁束密度 B（あるいは磁化 M）を出力とするヒステリシス特性を表すのが自然である。また，形状関数 f を p_ζ に関して連続関数にすれば関数 $P(X)$ は連続関数となる。さらに，式 (13.2) の X に関する微分が容易に求められることから，式 (13.2) のプレイモデルはニュートン法と組み合わせて磁界解析などに用いることができる。

ヒステリシス特性 $P(X)$ が飽和特性を持ち，$|X|$ がある値 X_S 以上で $P(X)$ が 1 価関数とみなせる場合には，$\zeta_n \neq 0$ のヒステロンに対して，$|p_{\zeta n}| \geqq X_S - \zeta_n$ で $f(\zeta_n, p_{\zeta n})$ が一定となるようにするか，あるいは，$p_{\zeta n} = \pm(X_S - \zeta_n)$ で各プレイヒステロンを飽和させて $|X| > X_S$ で 1 価関数とすればよい。このとき，$0 < \zeta_n < X_S$ のヒステロンに対する形状関数 $f(\zeta_n, p_{\zeta n})$ は

$$0 \leqq \zeta_n \leqq X_S, \quad -X_S + \zeta_n \leqq p_{\zeta n} \leqq X_S - \zeta_n \tag{13.3}$$

の範囲で値が定義されていればよい。$\zeta_n \geqq X_S$ となるヒステロンについては $p_{\zeta n}$

$=0$ と考えればよいので不要である。一方，$\zeta_n=0$ の場合は，$p_{\zeta_n}(X)=X$ となりヒステリシス特性を持たないので，$\zeta_n=0$ のヒステロンに対応する f は可逆成分の特性を表す（定義域は $-\infty<p_{\zeta_n}<\infty$ とする）。ただし，一般に可逆成分と不可逆成分は異なる特性を持ち，その場合，$f(\zeta, p)$ は $\zeta=0$ で不連続になる。

13.2　プライザッハモデルとの比較

プレイモデルのヒステリシス特性は（古典的）プライザッハモデルによる特性と等価であることが知られている。したがって，プライザッハ分布関数から形状関数を構成すること（あるいはその逆）が可能である。

プライザッハモデルは**図 13.2** に示す特性を持つ双極子の集合として表現される。すなわち，双極子の向きが正方向のとき出力 $1/2$ を持ち，負方向のとき出力 $-1/2$ を持つ。入力 X が増加して $X=u$ になると，双極子の向きが正方向に反転して出力が $-1/2$ から $1/2$ へ跳躍し，減少して $X=v$ になると，$1/2$ から $-1/2$ に跳躍する（負方向に反転する）。このような双極子の分布を与える関数を，u と v を用いて定義する。すなわち，$1/2$ への跳躍が生じる入力の値が区間 $[u, u+\mathrm{d}u]$ に属し，かつ，$-1/2$ への跳躍が生じる入力の値が区間 $[v, v+\mathrm{d}v]$ に属する双極子の数は，$K(u, v)\mathrm{d}u\mathrm{d}v$ により定まるものとし，$K(u, v)$ をプライザッハ分布関数と呼ぶ。上記より，プライザッハモデルの出力はつぎのように表される。

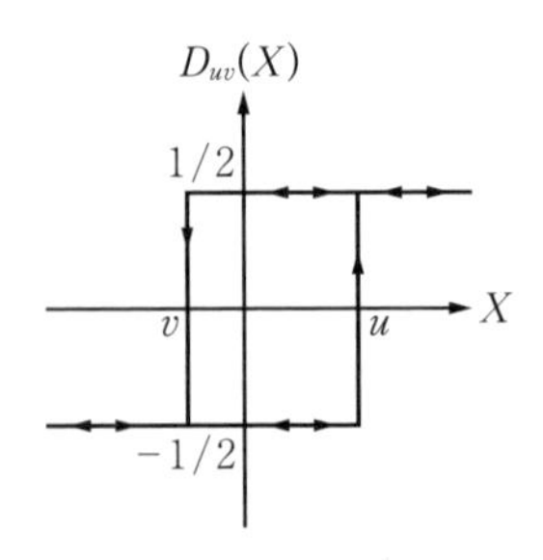

図 13.2　プライザッハ演算子

$$Y(X)=\iint_{D_K} K(u,v)D_{uv}(X)\,\mathrm{d}u\,\mathrm{d}v$$
$$=\iint_{D_K} K(u,v)D'_{uv}(X)\,\mathrm{d}u\,\mathrm{d}v+Y(-X_S) \tag{13.4}$$

$$D'_{uv}(X)=D_{uv}(X)+\frac{1}{2} \tag{13.5}$$

$$Y(-X_S)=-\frac{1}{2}\iint_{D_K} K(u,v)\,\mathrm{d}u\,\mathrm{d}v \tag{13.6}$$

$$D_K:\ -X_S \leqq v \leqq u \leqq X_S \tag{13.7}$$

ここで，D_K は K の定義域であり，双極子の状態を表す関数 D'_{uv} は以下のように与えられる。

$$D'_{uv}(X)=\begin{cases} 1 & (u \leqq X) \\ 0 & (X \leqq v) \\ \text{unchanged} & (v < X < u) \end{cases} \tag{13.8}$$

比較のため，式 (13.2) のプレイモデルをつぎのように ζ について連続な表現に書き換える。

$$P(X)=\int_0^{X_S} f(\zeta, p_\zeta(X))\,\mathrm{d}\zeta \tag{13.9}$$

ここで，形状関数 $f(\zeta, p)$ の p に関する偏微分

$$\mu(\zeta, p)=\frac{\partial f(\zeta, p)}{\partial p} \tag{13.10}$$

を用い，式 (13.3) の定義域を考慮すると，式 (13.9) は

$$P(X)=\int_0^{X_S}\int_{-X_S+\zeta}^{p_\zeta(X)} \mu(\zeta, p)\,\mathrm{d}p\,\mathrm{d}\zeta+P(-X_S) \tag{13.11}$$

と書き直すことができる。ここで

$$u=p+\zeta, \quad v=p-\zeta \tag{13.12}$$

と変数変換し

$$K(u,v)=\frac{\mu(\zeta, p)}{2} \tag{13.13}$$

と置くと，式 (13.11) は式 (13.13) の分布関数を持つプライザッハモデル

(13.4) と等しくなる[4),6)]。

ζについて離散化したプレイモデルでは

$$\zeta_n = \frac{(n-1)X_S}{N_p} \quad (n=1, 2, \cdots, N_p) \tag{13.14}$$

と置き，形状関数を区分線形とし，$p_{n,j-1} \leqq p \leqq p_{n,j}$ の p に対して

$$f(\zeta_n, p) = f_{n,j-1} + \mu'(n,j)(p - p_{n,j-1}) \tag{13.15}$$

と表す。ただし

$$p_{n,j} = \frac{2jX_S}{N_p} - X_S + \zeta_n = j\Delta p - X_S + \zeta_n$$
$$(j=0, \cdots, N_p - n + 1), \quad \Delta p = \frac{2X_S}{N_p} \tag{13.16}$$

であり

$$f_{n,j} = f(\zeta_n, p_{n,j}) \tag{13.17}$$

$$\mu'(n,j) = \frac{f_{n,j} - f_{n,j-1}}{\Delta p} \tag{13.18}$$

である。一方，プライザッハモデルを離散化するには，分布関数表を

$$K'(i,j) = \int_{X_{j-1}}^{X_j} \int_{X_{i-1}}^{X_i} K(u,v)\,\mathrm{d}u\,\mathrm{d}v \quad (1 \leqq j \leqq i \leqq N_p) \tag{13.19}$$

$$X_i = \frac{2iX_S}{N_p} - X_S \quad (i=0, \cdots, N_p) \tag{13.20}$$

と定義することにより

$$Y(X) = \sum_{i=1}^{N_p} \sum_{j=1}^{i} K'(i,j) D'(i,j) + Y_{\min} \tag{13.21}$$

$$D'(i,j) = \begin{cases} 1 & (X_i \leqq X) \\ 0 & (X \leqq X_{j-1}) \\ D^0(i,j) & (X_j < X < X_{i-1}) \\ \Delta D(X,i) & (X_{i-1} \leqq X \leqq X_i, i=j) \\ \max(\Delta D(X,i), D^0(i,j)) & (X_{i-1} \leqq X \leqq X_i, j<i) \\ \min(\Delta D(X,j), D^0(i,j)) & (X_{j-1} \leqq X \leqq X_j, j<i) \end{cases} \tag{13.22}$$

$$\Delta D(X,i)=\frac{X-X_{i-1}}{X_i-X_{i-1}},\quad Y_{\min}=-\frac{1}{2}\sum_{i=1}^{N_p}\sum_{j=1}^{i}K'(i,j) \tag{13.23}$$

のようにすればよい。ここで，$D^0(i,j)$ は前時点における $D'(i,j)$ の値である。

プレイモデルの形状関数の傾き μ' とプライザッハ分布関数表の間には

$$\mu'(n,j)\Delta p=K'(n+j-1,j) \tag{13.24}$$

の関係がある。例えば，$N_p=6$ のとき，**図 13.3**（a）の $K'(i,j)$ は，同図（b）の同じ位置の $\mu'(n,j)$ と対応する。図（b）からわかるように，プレイモデルは，プライザッハモデルの双極子の状態を斜め方向に記憶する（正負の境界の位置が $p_{\zeta n}(X)$ で表される）モデルと考えることができる。

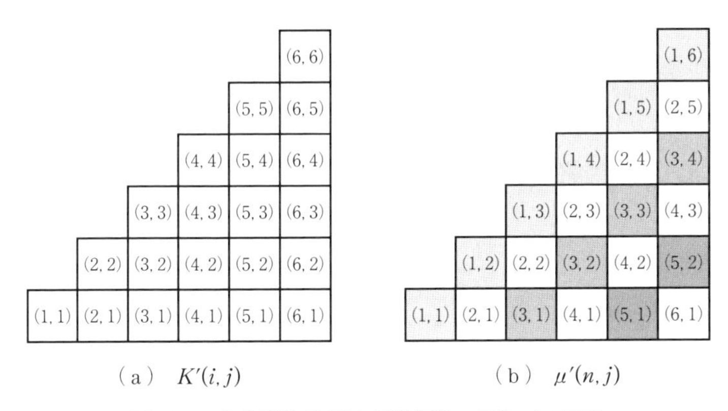

図 13.3　分布関数表 K' と形状関数の傾き μ' の関係

プライザッハモデルでは双極子の状態の二次元分布 $D'(i,j)$ を記憶しておく必要があるのに対して，プレイモデルでは $p_{\zeta n}$ の一次元配列を記憶しておくだけでよい。したがって，記憶に要する容量やアルゴリズムの簡略性の点でプレイモデルのほうが有利である。プレイモデルの簡略性については，式 (13.1)，(13.2) の計算機上での表現が容易であることからも理解される。

13.3　プレイモデルの同定

スカラプレイモデルはプライザッハモデルと等価であるので，エヴェレット積分を用いたプライザッハモデルの同定法を，プレイモデルにも応用できる。プライザッハモデルの同定法として，FORCs（first order reversal curves，下降曲線群）を用いる方法[2]がよく知られているが，対称ループ群からも同定することができる[5]。プレイモデルについても同様であり，以下のようにして形状関数を決定することができる。

以下，プレイヒステロンの数 N_p が偶数であるとして，X の振幅

$$A_m = \frac{2mX_S}{N_p} \quad \left(m = 1, \cdots, N_p/2\right) \tag{13.25}$$

を持つ $N_p/2$ 個の対称ループから，プレイモデルを同定するとする。振幅 A_m の対称ループの上昇曲線および下降曲線を，それぞれ，$(Y=)h^+(A_m, X)$，$h^-(A_m, X)$ と表す。エヴェレット積分 $E(v, u)$ は，対称ループ群から，$v \leqq u$ の範囲でつぎのように定義される。

$$\begin{aligned} E(v, u) &= \int_v^u \int_v^U K(U, V)\,\mathrm{d}V\,\mathrm{d}U \\ &= \begin{cases} h^-(u, u) - h^-(u, v) & (u + v \geqq 0) \\ h^+(|v|, u) - h^+(|v|, v) & (u + v \leqq 0) \end{cases} \end{aligned} \tag{13.26}$$

$\mu'(n, j)$ は，エヴェレット積分の 2 階微分に対応して

$$\begin{aligned} \mu'(n, j)\Delta p &= K'(i, j) \\ &= E(X_{j-1}, X_i) - E(X_{j-1}, X_{i-1}) - E(X_j, X_i) + E(X_j, X_{i-1}) \\ i &= n + j - 1 \end{aligned} \tag{13.27}$$

で与えられる。ここで，X_i は式 (13.20) で与えられ，また，$E(X_i, X_{i-1}) = 0$ と置くものとする。

13.4　B 入力プレイモデル

前述のように，プレイヒステロンの出力の位相は入力より遅れるので，プレイモデルは H の入力に対して B または M を出力とするのが自然である。しかし，磁界解析の際には B から H を求める必要がある場合がしばしばある。そ

の場合，プレイモデルの逆関数が必要になる。ただし，プライザッハモデルにおける逆分布関数法[7]を応用してBを入力，Hを出力とすることも可能であり，その結果，電磁鋼板の磁気特性の表現精度も改善される。

プライザッハモデルにおける逆関数分布法は，入出力の組合せ(H, B)を単純に(B, H)と逆に置き換えてプライザッハモデルを構成する方法である。この場合，分布関数KおよびK'は（可逆部を除いて）負の値となる。このため，プレイモデルにおいても形状関数の傾きμおよびμ'が負の値となる。ただし，可逆成分に対応する$\mu(0, p)$および$\mu'(1, j)$が正の値を持ち，不可逆成分における負の傾きが打ち消される。

図 13.4 にプレイモデルを用いて無方向性電磁鋼板 JIS：50A290 のヒステリシス特性を表現した結果を示す。ただし，Bを入力として，20 個の対称B-Hループから 40 個のプレイヒステロンを用いて同定を行った結果である。図ではB-Hループが精度良く表現されている。

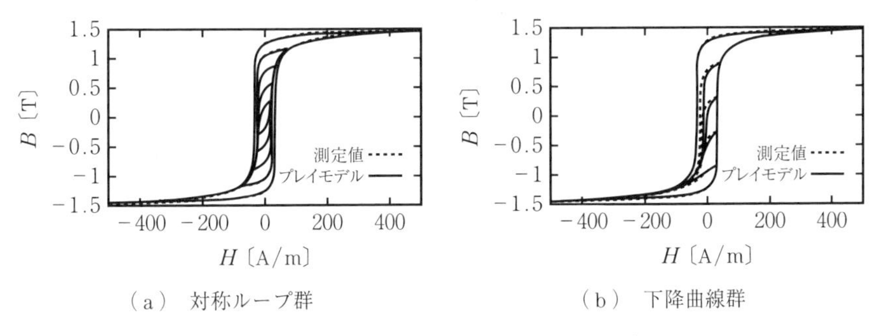

図 13.4 プレイモデルによるB-Hループ

13.5 ベクトルプレイモデル

プレイモデルのベクトル化手法として，スカラモデルの重ね合わせによるものと，プレイヒステロンの幾何学的なベクトル化によるものの 2 通りがある[8]。

13.5.1　重ね合わせによるベクトルプレイモデル

重ね合わせによるベクトルモデルの基本モデルは

$$\boldsymbol{Y} = \boldsymbol{P}(\boldsymbol{X}) = \int_{-\pi/2}^{\pi/2} \boldsymbol{e}_\varphi P_2(\boldsymbol{X} \cdot \boldsymbol{e}_\varphi) \, \mathrm{d}\varphi \tag{13.28}$$

のように構成される。ここで，$\boldsymbol{e}_\varphi$ は φ 方向の単位ベクトル，P_2 はスカラプレイモデル，φ は入力ベクトル $\boldsymbol{X}$ の角度である。このモデルは Mayergoyz によるベクトルプライザッハモデル[2] と等価であり，P_2 の同定方法など数学的な性質が明らかになっている。このモデルでベクトル磁気ヒステリシス特性を表現する際の欠点として，$\boldsymbol{X}$ の振幅が大きくなると回転ヒステリシス損は飽和して一定値になることが挙げられる。実際の磁性材料では飽和すると単磁区状態となり磁壁ピンニングが生じなくなるため，振幅が大きくなると回転ヒステリシス損は減少する。そこで，この相違を克服するための拡張モデルが提案されているが，拡張モデルも電磁鋼板の磁気特性を必ずしも正確に表現できないこと，また，重ね合わせの計算コストが高いことなど，欠点が残されている。

13.5.2　幾何学的なベクトル化によるモデル

プレイヒステロンはつぎのようにベクトル化される。

$$\boldsymbol{p}_\zeta(\boldsymbol{X}) = \boldsymbol{X} - \frac{\zeta(\boldsymbol{X} - \boldsymbol{p}_\zeta^{\,0})}{\max\left(\zeta, \left|\boldsymbol{X} - \boldsymbol{p}_\zeta^{\,0}\right|\right)} \tag{13.29}$$

ここで，ζ はベクトルプレイヒステロンの半径を与える非負定数，$\boldsymbol{p}_\zeta^{\,0}$ は前時点における $\boldsymbol{p}_\zeta$ の値である。このベクトルヒステロンは，幾何学的にはつぎのような意味を持つ。$\boldsymbol{X}$ を位置ベクトルとみなし，$\boldsymbol{X}$ が示す点 X を含む半径 ζ の円の枠を考える。点 X が円の枠内にある場合には，$\boldsymbol{X}$ の変化により点 X が移動しても枠は移動しない（**図 13.5**（a）参照）。点 X が枠の円周に達すると，点 X の動きによって枠は押されて移動する（同図（b）参照）。このときの円の中心を P とすると，P を示す位置ベクトルが $\boldsymbol{p}_\zeta$ となる。

ベクトルプレイヒステロンを用いると，つぎのように等方性ベクトルプレイモデルを構成することができる[8),9)]。

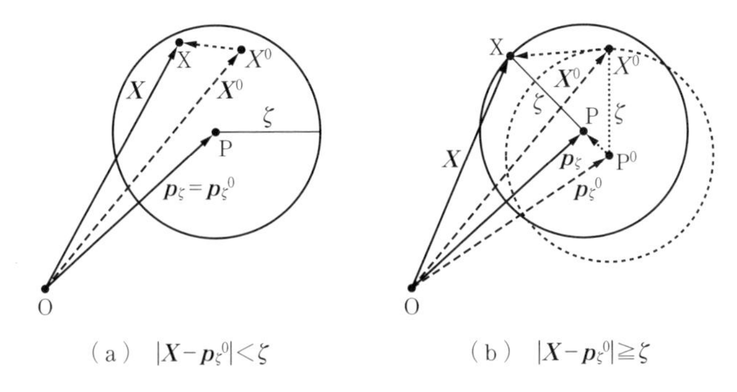

（a）$|X - p_ζ^0| < ζ$　　（b）$|X - p_ζ^0| \geqq ζ$

図 13.5　ベクトルプレイヒステロン

$$Y = P(X) = \int_0^{X_S} f\big(ζ, p_ζ(X)\big)\,\mathrm{d}ζ \tag{13.30}$$

$$f(ζ, p) = f\big(ζ, |p|\big)\frac{p}{|p|} \tag{13.31}$$

ここで，$f(ζ, p)$ は形状関数である。入力 X の角度を固定した一方向の入力に対して，式 (13.30) はスカラモデルと等価である。したがって，形状関数 f は一方向特性（交番特性）から決定することができる。

無方向性電磁鋼板 JIS：35A230 の平均的な交番磁気特性より得られた f を用いて，式 (13.30) の入力を B，出力を H として，回転磁束に対するヒステリシス損を求めた結果を**図 13.6**（a）の破線に示す。交番磁気特性のみからモデル同定を行ったため計測結果と一致していない。

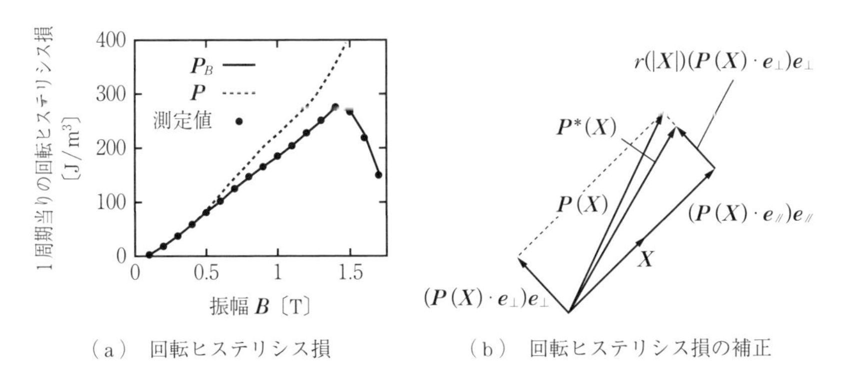

（a）回転ヒステリシス損　　（b）回転ヒステリシス損の補正

図 13.6　等方性ベクトルプレイモデルによる回転ヒステリシス損（1 周期当り）

そこで，プレイモデル（13.30）を

$$\boldsymbol{P}^*(X) = (\boldsymbol{P}(X)\cdot\boldsymbol{e}_{/\!/})\boldsymbol{e}_{/\!/} + r(|X|)(\boldsymbol{P}(X)\cdot\boldsymbol{e}_{\perp})\boldsymbol{e}_{\perp} \tag{13.32}$$

と修正する（図 13.6（b）参照）[10]。ここで，$\boldsymbol{e}_{/\!/}$ と $\boldsymbol{e}_{\perp}$ は，それぞれ，入力 $\boldsymbol{X}$ に平行および垂直な単位ベクトルである。$r(X)$ は

$$r(|\boldsymbol{X}|) = \frac{L_{\mathrm{rot}}^{\mathrm{mea}}(|\boldsymbol{X}|)}{L_{\mathrm{rot}}^{\mathrm{sim}}(|\boldsymbol{X}|)} \tag{13.33}$$

で与えられる。ここで，$L_{\mathrm{rot}}^{\mathrm{mea}}$ および $L_{\mathrm{rot}}^{\mathrm{sim}}$ はそれぞれ，振幅 $|\boldsymbol{X}|$ の回転ヒステリシス損の計測値および $\boldsymbol{P}$ による計算値である。一方向入力に対しては，$\boldsymbol{X} /\!/ \boldsymbol{P}$ であるので式 (13.32) は $\boldsymbol{P}(X)$ と等価である。

前述の無方向性電磁鋼板に対して，式 (13.32) の補正をした場合の回転ヒステリシス損を図 13.6（a）の実線に示す。計測結果と一致する計算結果が得られている。

13.5.3　異方性ベクトルプレイモデル

簡易な異方性モデルは，等方性モデル (13.32) に異方性を表す行列を乗じた

$$\boldsymbol{P}_X(X) = \boldsymbol{W}_X(X)\boldsymbol{P}^*(X) \tag{13.34}$$

によって与えられる[10),11)]。$\boldsymbol{W}_X$ は $\boldsymbol{X}$ に依存する異方性行列であり，異方性の一方向特性を再現するように

$$\boldsymbol{W}_X(\boldsymbol{X}) = \mathrm{diag}\left(\frac{Y_{\mathrm{alt}x}(X_a, \varphi_X)}{P_{\mathrm{ave}}(X_a)\cos\varphi_X}, \frac{Y_{\mathrm{alt}y}(X_a, \varphi_X)}{P_{\mathrm{ave}}(X_a)\sin\varphi_X}\right) \tag{13.35}$$

で与えられる対角行列である（**図 13.7** 参照）。ここで，$(Y_{\mathrm{alt}x}(X_a, \varphi_X),\ Y_{\mathrm{alt}y}(X_a, \varphi_X))$ は，$\boldsymbol{X}$ の角度を φ_X の一方向に固定して振幅 X_a として計測された $\boldsymbol{Y}$ の値である。また，$P_{\mathrm{ave}}(X)$ は角度方向に平均した一方向特

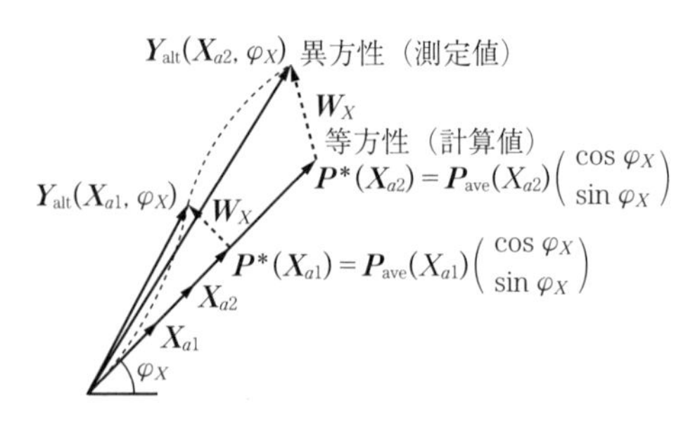

図 13.7　異方性行列の構成

性であり，等方性モデル（13.32）により表現される。このモデルでは異方性が $\boldsymbol{X}$ に依存すると仮定しているが，$\boldsymbol{P}$ にも依存するとしてモデルを構成することもできる。

無方向性電磁鋼板 35A230 における回転磁束条件下での磁界ベクトル $\boldsymbol{H}$ の軌跡を，式(13.34)の異方性モデルにより計算した結果を**図 13.8** に示す。異方性モデルにより計測結果に近い軌跡が得られている。

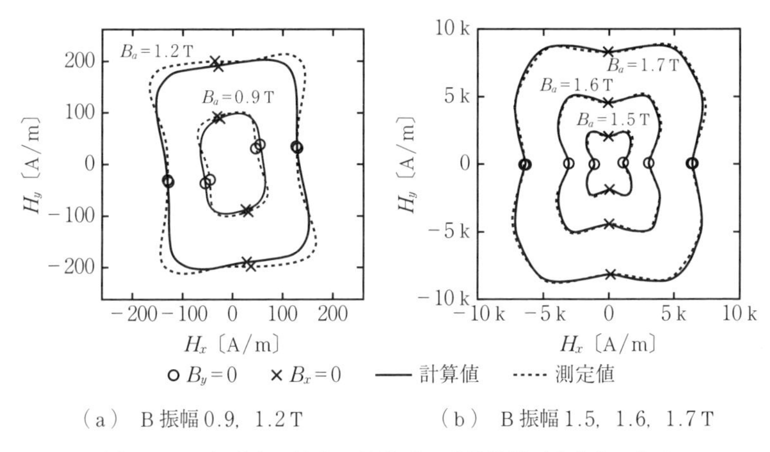

図 13.8 回転磁束に対する $\boldsymbol{H}$ 軌跡の計算結果（○印と×印はそれぞれ B_x および B_y が 0 となる点）

異方性行列による式(13.34)の表現は簡易的なものである。式(13.30)の形状関数を角度依存にすることにより，より表現能力の高い異方性ベクトルヒステリシスモデルを構成することが可能である[12]。

本章で述べたヒステリシスモデルは入力の時間変化率によらない静的モデルである。例えば，電磁鋼板を交流励磁する場合には渦電流により動的ヒステリシス特性が見られる。15 章で述べられる渦電流磁界の表現手法と組み合わせることにより，動的ヒステリシスモデルを構成することができる[13]。

引用・参考文献

1）奥村浩士，木嶋昭：“ヒステリシス特性のディジタルシミュレーションとそ

の応用"，電気学会論文誌，Vol.103-B，No.7，pp.451-458（1983）.

2）I. Mayergoyz："Mathematical Models of Hysteresis and their Applications", Elsevier, Academic Press (2003).

3）D. C. Jiles and D. L. Atherton："Theory of Ferromagnetic Hysteresis", J. Magn. Magn. Mater., Vol.61, pp.48-60 (1986).

4）S. Bobbio, G. Miano, C. Serpico, and C. Visone："Models of Magnetic Hysteresis Based on Play and Stop Hysterons", IEEE Trans. Magn., Vol.33, No.6, pp.4417-4426 (1997).

5）T. Matsuo and M. Shimasaki："An Identification Method of Play Model with Input-Dependent Shape Function," IEEE Trans. Magn., Vol.41, No.10, pp.3112-3114 (2005).

6）M. Brokate："Some Mathematical Properties of the Preisach Model for Hysteresis", IEEE Trans. Magn., Vol.25, No.4, pp.2922-2924 (1989).

7）N. Takahashi, S. Miyabara, and K. Fujiwara："Problems in Practical Finite Element Analysis Using Preisach Hysteresis Model", IEEE Trans. Magn., Vol.35, No.3, pp.1243-1246 (1999).

8）T. Matsuo and M. Shimasaki："Two Types of Isotropic Vector Play Models and Their Rotational Hysteresis Losses", IEEE Trans. Magn., Vol.44, No.6, pp.898-901 (2008).

9）A. Bergqvist："Magnetic Vector Hysteresis Model with Dry Friction-like Pinning", Physica B, Vol.233, pp.342-347 (1997).

10）T. Matsuo："Anisotropic Vector Hysteresis Model Using an Isotropic Vector Play Model", IEEE Trans. Magn., Vol.46, No.8, pp.3041-3044 (2010).

11）T. Matsuo and M. Miyamoto："Dynamic and Anisotropic Vector Hysteresis Model Based on Isotropic Vector Play Model for Non-Oriented Silicon Steel Sheet", IEEE Trans. Magn., Vol.48, No.2, pp.215-218 (2012).

12）T. Fujinaga, T. Mifune, and T. Matsuo："Anisotropic Vector Play Model Incorporating Decomposed Shape Functions", IEEE Trans. Magn., Vol.52, No.3, 7300604 (2016).

13）Y. Shindo, T. Miyazaki, and T. Matsuo："Cauer Circuit Representation of the Homogenized Eddy-Current Field Based on the Legendre Expansion for a Magnetic Sheet", IEEE Trans. Magn., Vol.52, No.3, 6300504 (2016).

14 熱力学モデルによる磁気ヒステリシスモデル

磁性体の磁気特性は，ミクロに見れば構成する原子の種類や配列，すなわち結晶構造などさまざまな要因によって決まり，このようなミクロの現象を粗視化してマクロな量の関係として捉えるのが磁性体モデルである。粗視化手段の一つである熱力学では，エネルギーやエントロピーといった状態量が存在し，過去の履歴には関係なく現在の温度や圧力といった状態変数によって決定することができる。ところが，磁気特性に現れるヒステリシス現象は明らかに過去の履歴に依存するので，このような熱力学を適用するのが難しいと考えられる。今回このヒステリシス現象の裏には自由エネルギーという状態量が存在し，熱力学で記述することが可能であるが，マクロな摩擦に似た現象によってそれが隠されており，その結果履歴依存性が現れるとする磁性体モデルを紹介する。

14.1 磁性体の熱力学

磁性体の磁気特性は，磁界と磁束密度というベクトル量どうしの関係なので複雑な関係である。また，この磁気特性は一般的には過去の履歴に影響を受けヒステリシスを持つ。

磁界解析においてはこれらの磁気特性を扱う必要があり，いままでさまざまな試みが行われてきた。

まず磁性体を等方的であると仮定すれば，磁界 $\boldsymbol{H}$ と磁束密度 $\boldsymbol{B}$ が同じ方向であるからつぎのように書ける。

$$\boldsymbol{B}=\mu\boldsymbol{H} \tag{14.1}$$

ここで比例定数μは透磁率であり，一般には磁界の強さによって変化する。この場合，磁界と磁束密度はつねに同じ方向なので，透磁率や磁界の大きさ，磁束密度の大きさなどの関係がわかればよく，比較的扱いが容易である。

つぎに，異方性磁性体を扱う場合は，式(14.1)を拡張して磁界や磁束密度の成分に対してつぎのように表現する。

$$\begin{bmatrix} B_x \\ B_y \\ B_z \end{bmatrix}=\begin{bmatrix} \mu_{xx} & \mu_{xy} & \mu_{xz} \\ \mu_{yx} & \mu_{yy} & \mu_{yz} \\ \mu_{zx} & \mu_{zy} & \mu_{zz} \end{bmatrix}\begin{bmatrix} H_x \\ H_y \\ H_z \end{bmatrix} \tag{14.2}$$

このとき透磁率は，式(14.1)の場合と異なり，3行3列の行列で表されるテンソル量となる。

一般的には，これらの透磁率テンソルの成分は磁界の強さによって変化するので，異方性磁性体を扱う場合にはこの成分の数だけの関係を求める必要がある。

さらにヒステリシスがあるときは，これらの成分がそれぞれ過去の履歴に依存することになり磁気特性を表現することは非常に困難となる。

ところで，これらの透磁率成分はすべて独立な量なのであろうか。例えば，透磁率テンソルが対称であるということであれば，独立な量は9個から6個になるが座標軸を適当に選ぶことによって，さらに独立な量を3個に減らすことができる。したがって，このような関係があれば異方性磁性体の扱いはかなり簡単になる。

熱力学によると，透磁率の成分が一定となるような比較的磁界が小さい場合は，これら透磁率テンソルが対称になることを一般的に示すことができる。

そこで，磁性体の熱力学では磁気特性に対して一般的にどのようなことがいえるかをここで調べることにする。

磁性体にコイルを巻き電流を流すと，電源から投入されたエネルギーはジュール損などがなければ，磁気エネルギーとして磁性体内部や周りの空間に蓄えられる。ここで電流を変化させて磁束密度が変化した場合，この変化に応じて磁気エネルギーも変化する。

磁性体の持つ単位体積中のエネルギーを U とすれば，この変化は磁束密度の変化によってつぎのように表される。

$$\mathrm{d}U = \boldsymbol{H} \cdot \mathrm{d}\boldsymbol{B} \tag{14.3}$$

この式は物質中のマクスウェルの方程式から一般的に導かれるもので，特定の磁気特性には依存しない。一般的には，磁性体は周りと熱のやり取りをしているので，流入した熱量 $\mathrm{d}'Q$ を右辺に加えてやる必要がある。

$$\mathrm{d}U = \mathrm{d}'Q + \boldsymbol{H} \cdot \mathrm{d}\boldsymbol{B} \tag{14.4}$$

断熱変化の場合，磁性体のエネルギーは，式 (14.3) を積分してつぎのように表すことができる。

$$U(\boldsymbol{B}_2) - U(\boldsymbol{B}_1) = \int_{\boldsymbol{B}_1}^{\boldsymbol{B}_2} \boldsymbol{H} \cdot \mathrm{d}\boldsymbol{B} \tag{14.5}$$

エネルギーは状態量なので，最初の磁束密度 $\boldsymbol{B}_1$ と最後の磁束密度 $\boldsymbol{B}_2$ のみに依存し，右辺の積分経路に依存しない。すなわち，式 (14.3) の左辺は完全微分であり，つぎのように書ける。

$$\begin{aligned} \mathrm{d}U &= \frac{\partial U}{\partial B_x} \mathrm{d}B_x + \frac{\partial U}{\partial B_y} \mathrm{d}B_y + \frac{\partial U}{\partial B_z} \mathrm{d}B_z \\ &= \frac{\partial U}{\partial \boldsymbol{B}} \cdot \mathrm{d}\boldsymbol{B} \end{aligned} \tag{14.6}$$

ここで，つぎのような表記を使った。

$$\frac{\partial U}{\partial \boldsymbol{B}} = \left(\frac{\partial U}{\partial B_x}, \frac{\partial U}{\partial B_y}, \frac{\partial U}{\partial B_z} \right) \tag{14.7}$$

これより，断熱の場合エネルギーと磁界の間にはつぎの関係が成立する。

$$\boldsymbol{H} = \frac{\partial U}{\partial \boldsymbol{B}} \tag{14.8}$$

この式は，磁性体のエネルギーが磁束密度の関数として与えられていれば，それを磁束密度の成分で微分すれば磁界の成分が求まるという，非常に重要な内容を含んでいる。すなわち，磁界と磁束密度というベクトル量どうしの関係が，エネルギーというスカラ量で表されるということである。

これより，ベクトル量どうしの関係を考えなくても，磁性体の持つエネルギーというスカラ量を磁束密度の関数として与えればよいことになる。ただしこの結論が得られるのは，磁性体が断熱状態に置かれている場合である。

そこで，一般的な式 (14.4) に戻って考える。この式の右辺第 1 項は準静的な変化の場合，つぎのように表すことができる。

$$\mathrm{d}'Q = T\mathrm{d}S \tag{14.9}$$

ここに T は絶対温度であり，S は磁性体の単位体積当りのエントロピーである。これより式 (14.4) はつぎのように書ける。

$$\mathrm{d}U(S, \boldsymbol{B}) = T\mathrm{d}S + \boldsymbol{H}\cdot\mathrm{d}\boldsymbol{B} \tag{14.10}$$

左辺は磁性体のエネルギーがエントロピーと磁束密度の関数であることを示している。ここで，次式で定義される磁性体の自由エネルギーを導入する。

$$F(T, \boldsymbol{B}) = U(S, \boldsymbol{B}) - TS \tag{14.11}$$

自由エネルギーは，エネルギーがエントロピーと磁束密度の関数であるのに対して温度と磁束密度の関数である。

この微分をとり，式 (14.10) を使うとつぎの式が得られる。

$$\mathrm{d}F(T, \boldsymbol{B}) = -S\mathrm{d}T + \boldsymbol{H}\cdot\mathrm{d}\boldsymbol{B} \tag{14.12}$$

等温変化の場合，右辺第 1 項は消えるので，式 (14.8) の代わりにつぎのように書ける。

$$\boldsymbol{H} = \frac{\partial}{\partial \boldsymbol{B}} F(T, \boldsymbol{B}) \tag{14.13}$$

ただし，ここでの微分は，温度を一定にしてとる。また，磁束密度を一定として温度で微分すれば次式が成立する。

$$S = -\frac{\partial}{\partial T} F(T, \boldsymbol{B}) \tag{14.14}$$

ここで，ベクトルの成分を添字 i, j などで表すと，式 (14.13) よりつぎの関係が得られる。

$$\frac{\partial H_j}{\partial B_i} = \frac{\partial}{\partial B_i}\frac{\partial F}{\partial B_j} = \frac{\partial}{\partial B_j}\frac{\partial F}{\partial B_i} = \frac{\partial H_i}{\partial B_j} \tag{14.15}$$

特別な場合として，式 (14.2) の透磁率テンソルの各成分が一定な場合，この関係から透磁率テンソルが対称であることが導かれる。

$$\mu_{ij} = \mu_{ji} \tag{14.16}$$

このように，磁性体の熱力学を考え，温度と磁束密度の関数である自由エネルギーを導入すれば，等温変化における磁気特性をスカラ量として扱うことが可能である。

14.2　自由エネルギーとヒステリシス

磁性体の磁気特性は，磁性体の自由エネルギーを使うことにより，ベクトルどうしの関係を考えなくてもよいのでかなり見通しが良くなった。ここで，自由エネルギーと磁気特性についてもう少し詳しく見てみることにする。

まず，式 (14.13) より磁界がないときにはつぎの式が成り立つ。

$$\frac{\partial}{\partial \boldsymbol{B}} F(T, \boldsymbol{B}) = 0 \tag{14.17}$$

この式は，温度を一定として磁束密度を変化させた場合，自由エネルギーが極値をとることを示している。したがって，例えば自由エネルギーが磁束密度の関数として

$$F(\boldsymbol{B}) = aB^2 = a(B_x{}^2 + B_y{}^2 + B_z{}^2) \tag{14.18}$$

のように表されている場合，式 (14.17) より

$$\left.\begin{aligned} \frac{\partial F}{\partial B_x} &= 2B_x = 0 \\ \frac{\partial F}{\partial B_y} &= 2B_y = 0 \\ \frac{\partial F}{\partial B_z} &= 2B_z = 0 \end{aligned}\right\} \tag{14.19}$$

となり，自由エネルギーの極値は磁束密度が 0 のときであることがわかる。

この結果はヒステリシスを持たない磁性体の場合，妥当な結果である。ところが，自由エネルギーが磁束密度の絶対値 B の関数として

$$F(\boldsymbol{B}) = aB^2(B^2 - 2b^2) \qquad (a > 0) \tag{14.20}$$

と表されるような場合，磁界が0の状態はつぎのようになる。

$$\frac{\partial F}{\partial B} = 4aB\left(B^2 - b^2\right) = 0 \tag{14.21}$$

これより，極値は磁束密度が0の場合と磁束密度空間の半径 b の球面上にあることがわかる。ところが，この式をもう一度微分すれば，磁束密度が0のときは負となるので極大であり，半径 b の球面上では微分が正となり極小となる。つまり，磁束密度が0の状態は不安定であり，この球面上であれば安定である。

この結果は磁界が0であっても磁束密度が0とならず，有限の値を持つことを示している。

強磁性体の場合，残留磁束密度を持ち磁界が0であっても磁束密度が0とならないことがある。このような場合，磁性体の自由エネルギーの極小値はこの例で示したように，磁束密度空間の原点ではなく残留磁束密度の大きさだけ離れたところにある。

磁性体がこのような状態にある場合，自発磁化を持つといわれる。

このように，磁性体の自由エネルギーを考えることによって自発磁化を表現できるので，ヒステリシス現象もここから理解できるのではないかと期待できる。

強磁性体は，多くの磁区と呼ばれる磁化の方向がそろった領域から構成されていることが知られており，これらの磁区はそれぞれ異なった方向の磁化を持ち，磁区と磁区との境界には磁壁と呼ばれる境界領域がある。

磁気を帯びていないときは，これらの磁区の磁化の平均が0となり，全体として磁化がない状態である。ここに外部磁界が加わると，強磁性体内部の磁区のうち外部磁界の方向に近い磁区の領域が大きくなり，逆方向の磁化を持つ磁区の領域は小さくなる。これらの変化は磁壁の移動によって行われ，結果的に磁性体の持つ磁化は，全体として外部磁界の方向に近くなり，磁化を持つことになる。逆に，この状態から外部磁界を減らしていき0にすると，先ほどとは逆の過程をたどり，磁性体全体の平均磁化は0となり，磁性体は当初の磁気を帯びていない状態に戻る。このように考えると強磁性体はヒステリシスを持たないことになる。

ところが，現実の強磁性体はヒステリシスを持つので，どこかに落とし穴があったわけである。実は上の議論では理想的な結晶構造を持つ強磁性体を考えており，その場合は磁壁の移動は結晶構造からくる異方性エネルギーや交換エネルギー，静磁エネルギーなどから磁壁の位置が決まるので磁壁の移動は可逆的である。一方，現実の強磁性体は，単一の結晶構造を持たず多くの結晶粒から構成されており，この結晶粒界や不純物などによる格子欠陥により磁壁の移動が妨げられる。これらに逆らって移動すると熱エネルギーを発生し，可逆的変化ではなくなる。したがって，これがヒステリシスの原因となっているのである。

当初，自由エネルギーから導かれる自発磁化がヒステリシスの原因であると考えたが，これは磁区内の一定磁化の原因であり，マクロな磁性体の持つヒステリシスの原因は磁区構造という空間スケールにおける不可逆変化である。

14.3 ヒステリシスの摩擦モデル

強磁性体のヒステリシスの原因が磁壁の移動を妨げる結晶粒界や格子欠陥であり，理想的な結晶構造では起こらないということはヒステリシスが摩擦に似た現象であることを示している。

ここで摩擦の例としてばねにつながれた物体を考える（**図 14.1** 参照）。

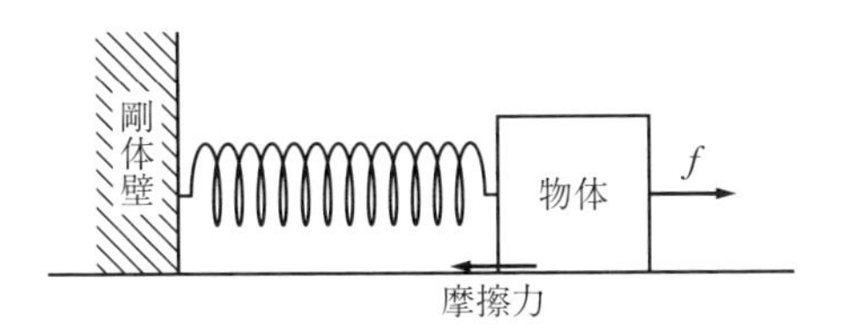

図 14.1 剛体壁につながれたばね

ばねのもう一端は剛体壁につながっており，物体に力を与えるとばねの力と釣り合うところまで物体は移動する。この物体の移動距離を x とし，ばね定数を k とすれば物体に与えた力 f はつぎのように書ける。

$$f=kx \tag{14.22}$$

ここで，ばねの持つ弾性エネルギーは

$$E=\frac{1}{2}kx^2 \tag{14.23}$$

であるから，式 (14.22) はつぎのように書ける。

$$f=\frac{\partial E}{\partial x} \tag{14.24}$$

この式は磁界と磁束密度に関する式 (14.8) や式 (14.13) に対応しており，力と磁界，変位と磁束密度がそれぞれエネルギーと同じ関係にある。ところで，ばね定数が温度に依存しない場合は，エネルギーと自由エネルギーの区別はないのでここではすべてエネルギーとして表現する。

このように力と変位の関係が直線的な場合，当然履歴に依存しない。ところが摩擦力 f_C が働く場合は，変位 0 の状態から力を加えていっても摩擦力を超えないかぎり変位は 0 である。そして力が摩擦力を超えると変位が

$$f-f_C=kx \tag{14.25}$$

のように増加する。この状態から力を弱めてゆくと

$$f+f_C=kx \tag{14.26}$$

となるまで変位は変化せず，力と変位の関係は**図 14.2** に示したように履歴に依存したものとなる。

したがって，摩擦がある場合は，式 (14.24) は式 (14.27) のように修正される。

$$f=\frac{\partial F(x)}{\partial x}+f_S \tag{14.27}$$

ここで

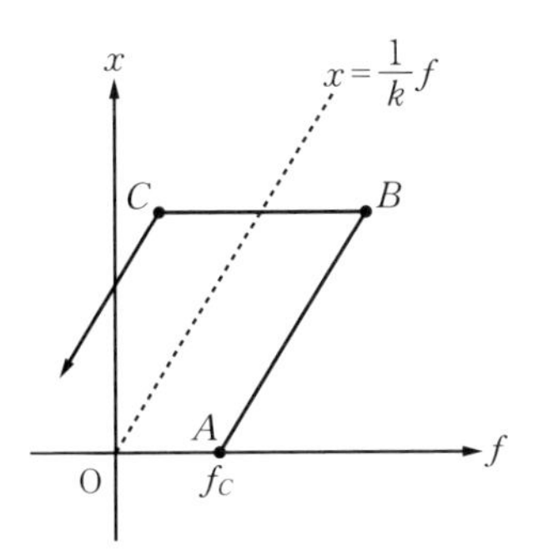

図 14.2　力と変位のグラフ

$$\left.\begin{array}{ll} f_S = f_C & f > f_C \\ f_S = f & |f| \leqq |f_C| \\ f_S = -f_C & f < -f_C \end{array}\right\} \tag{14.28}$$

である。

このばねと摩擦のモデルを磁性体のヒステリシスモデルとして使う。このとき，式 (14.26) に対応して式 (14.13) をつぎのように書く。

$$\boldsymbol{H} = \frac{\partial F(\boldsymbol{B})}{\partial \boldsymbol{B}} + \boldsymbol{H}_S \tag{14.29}$$

ここに

$$\left.\begin{array}{ll} \boldsymbol{H}_S = H_C \dfrac{\boldsymbol{H}}{|\boldsymbol{H}|} & |\boldsymbol{H}| > H_C \\ \boldsymbol{H}_S = \boldsymbol{H} & |\boldsymbol{H}| \leqq H_C \end{array}\right\} \tag{14.30}$$

であり，$\boldsymbol{H}_S$ は摩擦力に対応する磁界であり，ヒステリシス磁界と呼ぶことにする。この方程式を有限要素法で解く場合には，式 (14.29) の両辺の回転をとり，少し変形して下の式にする。

$$\mathrm{rot}\left\{\frac{\partial F(\boldsymbol{B})}{\partial \boldsymbol{B}} + \boldsymbol{H}_S\right\} = \mathrm{rot}\,\boldsymbol{H} = \boldsymbol{J} \tag{14.31}$$

このとき磁界 $\boldsymbol{H}$ は制御変数であるが直接知ることはできず，強制電流 $\boldsymbol{J}$ により制御される。したがって，収束計算により式 (14.30) を満たすようにする。

いま，n 回目の収束計算の結果として，磁束密度 $\boldsymbol{B}^{(n)}$ と前回のヒステリシス磁界 $\boldsymbol{H}_S^{(n-1)}$ が求まっている場合

$$\boldsymbol{H}^{(n)} = \frac{\partial F}{\partial \boldsymbol{B}^{(n)}} + \boldsymbol{H}_S^{(n-1)} \tag{14.32}$$

を計算し

$$\left.\begin{aligned} \boldsymbol{H}_S^{(n)} &= H_C \frac{\boldsymbol{H}^{(n)}}{\left|\boldsymbol{H}^{(n)}\right|} & \left|\boldsymbol{H}^{(n)}\right| > H_C \\ \boldsymbol{H}_S^{(n)} &= \boldsymbol{H}^{(n)} & \left|\boldsymbol{H}^{(n)}\right| \leqq H_C \end{aligned}\right\} \tag{14.33}$$

と新しいヒステリシス磁界を決定して収束するまで繰り返す。

一般的には，ここで導入した磁界 H_C は磁束密度によって変化する。

$$H_C = H_C(\boldsymbol{B}) \tag{14.34}$$

磁束密度が 0 のときこの値は保磁力に一致するので，これを保磁力関数と呼ぶことにする。これは磁束密度の方向にも依存するので，磁束密度の絶対値の関数ではなくて磁束密度の関数として考える必要がある。このようにして，磁界を変化させたときの例を**図 14.3** に示す。

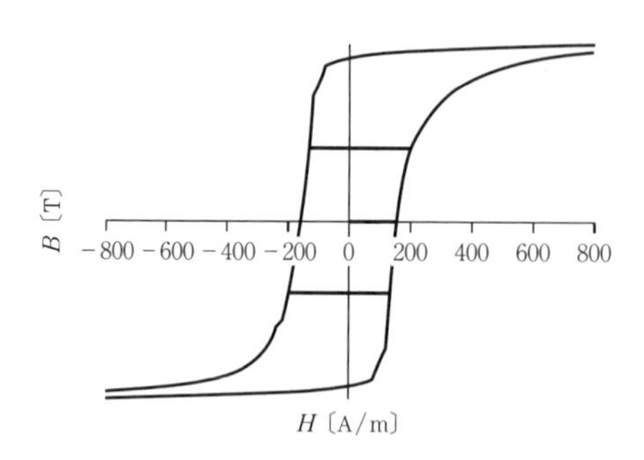

図 14.3　磁界と磁束密度のグラフ

この図を見ると，初磁化曲線やマイナーループにおける線が磁界を表す横軸と平行であり，現実の磁化曲線と比べると不自然である。この原因は，強磁性体が多くの磁区から構成されており，それぞれの磁壁における摩擦力に対応す

る保磁力の値がすべて等しいわけではなく，その平均がマクロな保磁力となっているからであると考えられる。すなわち，マクロな保磁力以下の磁界がかかっても磁区スケールで見ると，一部の磁壁ではそれより小さな保磁力を持っているので磁化が進行し，磁束密度が0に保たれることはなく初磁化曲線に沿って増加するのである。

一方，有限要素法では，要素単位で磁化の評価をするが，スケールは通常磁区よりかなり大きくマクロスケールであり，保磁力もマクロなものとなる。

そこで，磁性体要素も多くの保磁力の異なった磁性体の集合体と考え，それぞれの磁性体が独立に磁界に応答するようにし，その平均として磁束密度が決定されるようにする。

ばねの例でいえば，多くのばねが摩擦力の異なった物体とつながっており，それぞれに同じ大きさの力をかけるのである。このようにすれば摩擦力の小さな物体から移動を始め，力が大きくなるに従い，それ以下の摩擦力を持つ物体も移動するようになる。このとき，物体にかける力と物体の移動距離の平均の関係を求めるのである。

このように考え，パラメータ α を導入し，式 (14.33) を以下のように変更する。

$$\left.\begin{array}{ll} \boldsymbol{H}_S = H_C(\boldsymbol{B})\dfrac{\boldsymbol{H}}{H} & |\boldsymbol{H}| > H_C(\boldsymbol{B}) \\ \boldsymbol{H}_S = \alpha \boldsymbol{H} & |\boldsymbol{H}| \leqq H_C(\boldsymbol{B}) \end{array}\right\} \qquad (14.35)$$

ただし

$$0 < \alpha < 1 \qquad (14.36)$$

である。

このようにして，磁性体要素に対していくつかの異なったパラメータ α を持つ磁性体の集合と考え，この平均としてヒステリシス磁界 $\boldsymbol{H}_S$ を決定する。このようにして磁界を変化させたときの例を**図 14.4** に示す。

このようにパラメータ α を導入することにより，現実の磁性体が示すヒステリシスを再現できることがわかる。

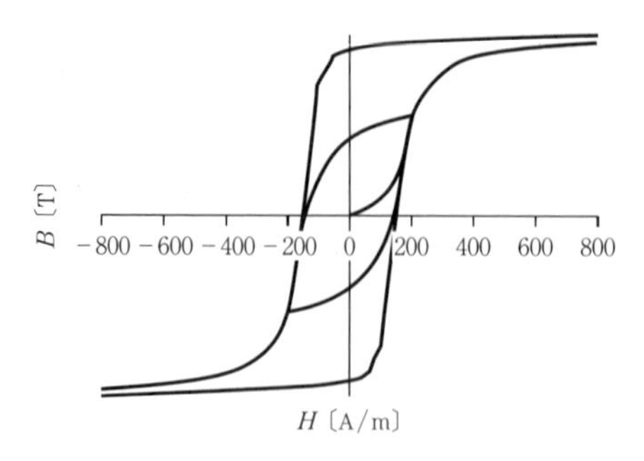

図 14.4　パラメータ α を導入したときのグラフ

最後にこのモデルで必要となる磁性体のデータについて述べる。

まず，磁性体の自由エネルギーを求めるために，磁化容易軸方向とそれに直角方向のヒステリシスのメジャーループの測定値を使う。これらの曲線には摩擦力に対応するヒステリシス磁界が含まれているので，上昇時と下降時の磁界の平均をとった平均磁化曲線を求め，この方向における自由エネルギーを求める。

これらの自由エネルギーが求まると，自由エネルギーの等高面が磁化容易軸を軸とした回転楕円面となるように，磁束密度空間における自由エネルギーを決定する。また，上昇時と下降時の磁化曲線の差から保磁力関数が求まる。つぎにパラメータ α は，初磁化曲線を使って実測に合うように決定する。

このようにこのモデルでは，必要となる磁性体のデータが少ないのが大きな特徴である。

15 等価回路による高周波電磁気特性の表現

パワーエレクトロニクス機器の普及に伴い，電気機器の高周波・過渡解析の重要性が高まっている。高周波域での電磁界の解析では，磁性体や導体中に生じる渦電流を正確に取り扱う必要がある。例えば，**図 15.1** のような積層電磁鋼板に交流磁界を印加すると，渦電流によって生じる反抗磁界が磁束の変化を妨げる。この結果，交流磁界下では，磁束は磁界に対して遅れ，その大きさも低下する。よって，透磁率は周波数特性を持つ複素数値を持ち，$\dot{\mu}=\mu'-j\mu''$ というように実部と虚部に分けて表される。磁束が遅れを持つので虚部の符号がマイナスにとられている。一例として，**図 15.2** にナノ結晶軟磁性材料の透磁率の周波数特性を示す。

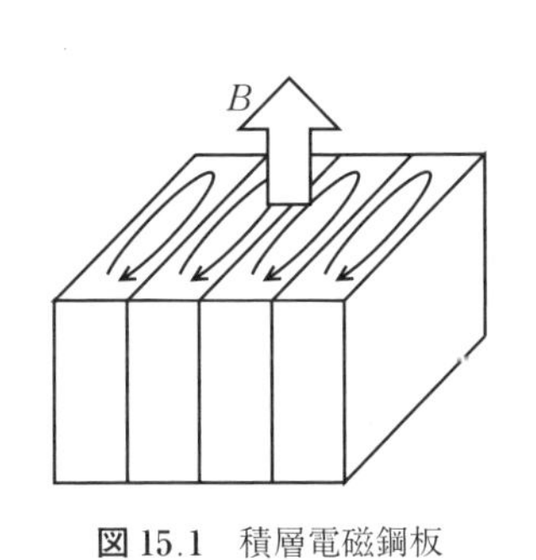

図 15.1　積層電磁鋼板

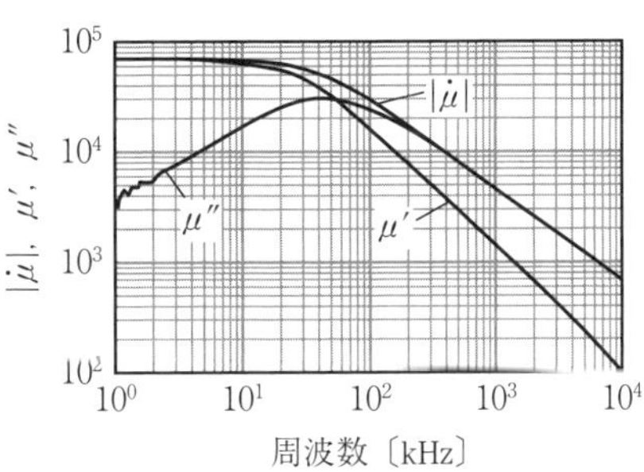

図 15.2　透磁率の例
（ファインメット†，日立金属株式会社）

渦電流の影響を評価する方法として，対象を分布系として取り扱うことので

† 本書で使用している会社名，製品名は，一般に各社の商標または登録商標です。本書では ® と ™ は明記していません。

きる有限要素法などの数値計算による方法がある。しかし高周波域で駆動される電気機械では，時間刻みを細かくとる必要があり，さらに表皮効果の影響を正確に見積もるために要素分割を細かくする必要がある。この結果，膨大な量の計算が必要となる。

本章では，このような高周波域で有効な方法として，カウアー（W. Cauer, 1900 ～ 1945 年）のラダー回路と呼ばれる等価回路を用いた方法を述べる。等価回路を用いるので，過渡解析における計算量が激減でき，電気回路との連成解析も可能になる。本章では電磁鋼板と，電線を模擬した円柱形状導体のモデリング方法を述べる。また，任意形状の渦電流場を取り扱える一般的方法も紹介する。

15.1　渦電流場と複素透磁率

渦電流場は以下の方程式で記述される。$\boldsymbol{H}$, $\boldsymbol{B}$ は磁界の強さと磁束密度，$\boldsymbol{E}$, $\boldsymbol{J}$ は電界と電流密度を表す。また μ と σ とは直流の透磁率と電気伝導率を表し，$\boldsymbol{B}=\mu\boldsymbol{H}$, $\boldsymbol{J}=\sigma\boldsymbol{E}$ が成り立つ。渦電流場の方程式は，電磁界におけるマクスウェル（J. C. Maxwell, 1831 ～ 1879 年）の方程式において電束の影響を無視したもので，以下の式で表される。

$$\left.\begin{aligned} &\mathrm{rot}\,\boldsymbol{H}=\boldsymbol{J} \\ &\mathrm{rot}\,\boldsymbol{E}=-\frac{\partial B}{\partial t} \\ &\mathrm{div}\,\boldsymbol{B}=0, \quad \mathrm{div}\,\boldsymbol{J}=0 \end{aligned}\right\} \tag{15.1}$$

最初に，**図 15.3** に示すような 1 枚の電磁鋼板を模擬した平板を考えてみる。無限大の平板は一次元の問題として取り扱うことができ，渦電流場の方程式は以下のように簡単化される。ここに $\dot{B}$ と $\dot{H}$ は磁束密度と磁界の y 方向成分，$\dot{E}$ と $\dot{J}$ は電界と電流密度の z 方向成分を表す。各変数はドットの付いたフェーザで表現されており，時間微分演算子は $j\omega$ で表している。境界条件として，外部から角周波数 ω の交流平等磁界 $\dot{H}_0$ が与えられているとする。

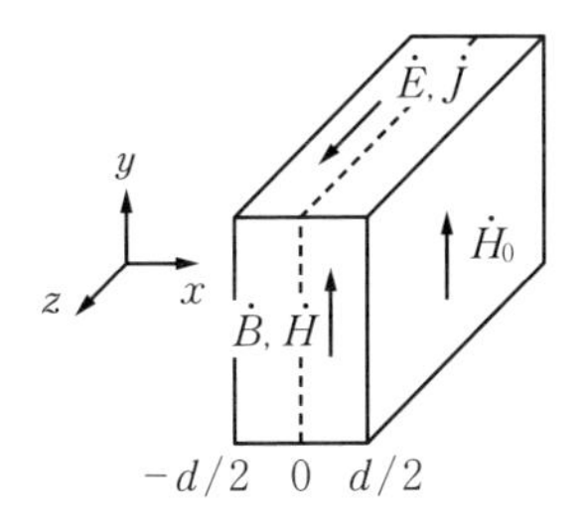

図 15.3　平板モデル[3)]

$$\frac{\partial \dot{E}}{\partial x} = j\omega\mu\dot{H}, \quad \frac{\partial \dot{H}}{\partial x} = \sigma\dot{E} \tag{15.2}$$

式 (15.2) から電界 $\dot{E}$ を消去すると以下を得る。

$$\frac{\partial^2 \dot{H}(x)}{\partial x^2} - j\omega\sigma\mu\dot{H}(x) = 0 \tag{15.3}$$

これを境界条件 $\dot{H}(\pm d/2) = \dot{H}_0$ のもとに解くと以下が得られる。

$$\dot{H}(x) = \frac{\cos kx}{\cos(kd/2)}\dot{H}_0 \tag{15.4}$$

ここに，k は以下のような複素変数である。

$$k = \sqrt{-j\omega\sigma\mu} \tag{15.5}$$

鋼板内の磁界分布を鋼板の厚み方向に積分して鋼板 1 枚の総磁束量 $\dot{\Phi}$ を求めると式 (15.6) のようになる。これを鋼板の厚み d で除したものが平均磁束なので，鋼板の等価的な透磁率は式 (15.7) のような複素透磁率で与えられることになる。なお，ここで現れる正接関数は複素正接関数である。

$$\dot{\Phi} = \int_{-d/2}^{d/2} \mu\dot{H}(x)\,\mathrm{d}x = \frac{2\mu}{k}\tan\left(\frac{kd}{2}\right)\dot{H}_0 \tag{15.6}$$

$$\dot{\mu} = \frac{\dot{\Phi}}{\mathrm{d}\,\dot{H}_0} = \mu\frac{2}{kd}\tan\left(\frac{kd}{2}\right) \tag{15.7}$$

式 (15.4) により得られる磁界分布を**図 15.4** に，式 (15.7) によって計算した複素透磁率の一例を**図 15.5** に示す。高周波域での透磁率は周波数の平方根に反比例して低下している。

図 15.5 において，透磁率が低下し始める周波数 f_c は，式 (15.7) から求め

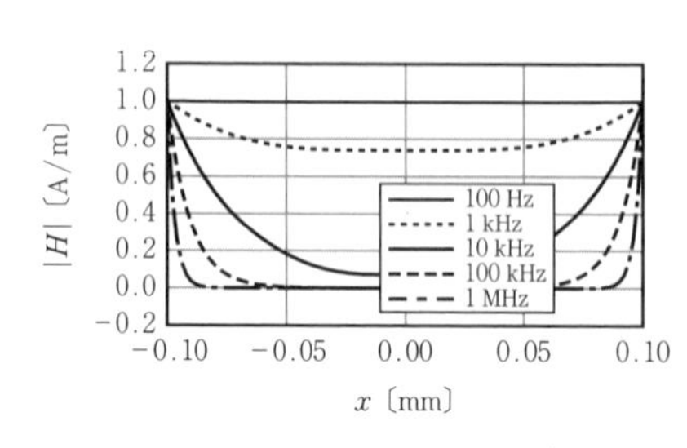

図 15.4　平板中の磁界分布[3)]

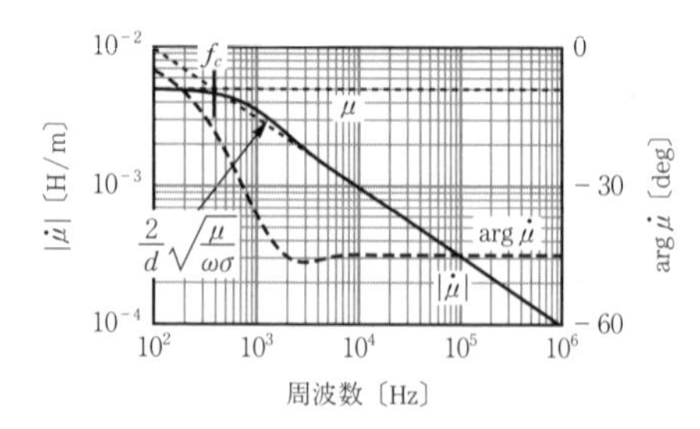

図 15.5　平板の複素透磁率[2)]

ることができ，式 (15.8) で与えられることがわかっている[1)]。

$$f_c = \frac{2}{\pi d^2 \sigma \mu} \tag{15.8}$$

15.2　複素透磁率の等価回路表現

ここでは，電磁鋼板の複素透磁率を等価回路に表す方法を説明する。**図 15.6** は積層鉄心を持つリアクトルを表す。コイルの巻数を N，鉄心の断面積と磁路長をそれぞれ S，l とする。巻線の端子電圧を $\dot{E}$，電流を $\dot{I}$ とする。コイルの起磁力は $N\dot{I}$ となる。鉄心の磁気抵抗が $\dot{\mu}S/l$ と表されるので，鉄心中の総磁束は，$\dot{\Phi} = (\dot{\mu}S/l)N\dot{I}$ となり，巻線電圧は以下のように与えられる。

$$\dot{E} = N\frac{\mathrm{d}\dot{\Phi}}{\mathrm{d}t} = \frac{SN^2}{l} j\omega\dot{\mu}\dot{I} \tag{15.9}$$

等価回路は電圧と電流の関係を表すものなので，式 (15.9) の最初の係数

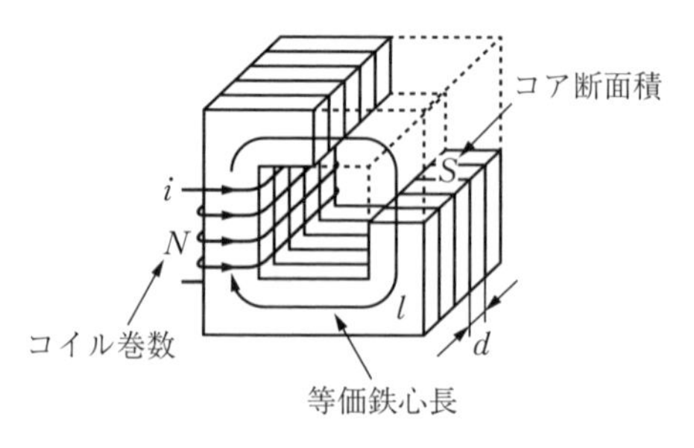

図 15.6　積層鉄心を持つリアクトル[3)]

SN^2/l を別にすれば，$j\omega\dot{\mu}=j\omega\dot{B}/\dot{H}$ が等価回路として表されれば都合が良い。

最初にフォスターの等価回路について述べる[3]。以下のような級数展開公式が知られている[4]。

$$\frac{1}{z}\tan z=-2\sum_{n=1}^{\infty}\frac{1}{z^2-\left[(2n-1)\pi/2\right]^2} \tag{15.10}$$

$$z\cot z=1+2z^2\sum_{n=1}^{\infty}\frac{1}{z^2-(n\pi)^2} \tag{15.11}$$

これらの公式を使い，式 (15.7) において $z=kd/2$ と置くと以下が導かれる。

$$j\omega\dot{\mu}=\sum_{n=1}^{\infty}\frac{1}{(1/2R)+(1/j\omega L_n)} \tag{15.12}$$

$$\frac{1}{j\omega\dot{\mu}}=\frac{1}{j\omega L}+\sum_{n=1}^{\infty}\frac{1}{(j\omega L/2)+R_{fn}} \tag{15.13}$$

ここに，$L=\mu$，$R=4/\sigma d^2$ とし

$$L_n=\frac{2}{(n-1/2)^2\pi^2}L,\quad R_n=\frac{n^2\pi^2}{2}R \tag{15.14}$$

としている。式 (15.12) は抵抗器とインダクタの並列回路の直列接続，式 (15.13) は抵抗器とインダクタの直列回路の並列接続に対応し，それぞれ**図 15.7** のように表される。ここで，$j\omega\dot{B}$ と $\dot{H}$ をそれぞれ端子にかかる電圧と端子に流れ込む電流とみなしている。端子における回路インピーダンスが $j\omega\dot{\mu}=j\omega\dot{B}/\dot{H}$ に対応する。図 15.7 (a) をフォスター（R. M. Foster，1896 ～ 1998 年）のI型，図 (b) をII型という。これらの等価回路は，透磁率の展開式を

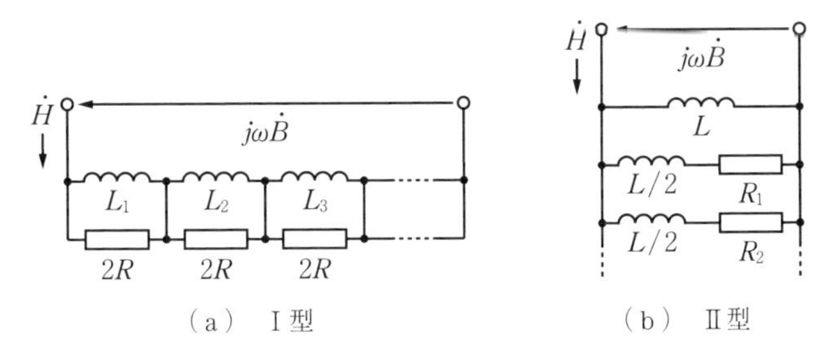

(a) I型　　(b) II型

図 15.7 フォスターの等価回路

回路で表現したもので，抵抗器やインダクタの単位は電気回路の単位ではないことに注意する必要がある。式 (15.9) に現れる係数 SN^2/l を用いれば，リアクトルのインピーダンスを求めることができる。

等価回路を構成するもう一つの方法として，カウアーのラダー回路を述べる。カウアーの等価回路を構成するには連分数という表現を使うので，最初にこれを説明する。正弦関数，余弦関数の級数展開公式を用いると，以下の関係式が成り立つ。

$$\frac{1}{z}\tan z = \frac{1}{\left(1-\frac{z^2}{2!}+\frac{z^4}{4!}-\frac{z^6}{6!}+\cdots\right)\Big/\left(1-\frac{z^2}{3!}+\frac{z^4}{5!}-\frac{z^6}{7!}+\cdots\right)} \tag{15.15}$$

右辺の分母にある有理式で，$z=0$ における商を外に取り出すと

$$\begin{aligned}\frac{1}{z}\tan z &= \frac{1}{1+\dfrac{\left(1-\frac{z^2}{2!}+\frac{z^4}{4!}-\frac{z^6}{6!}+\cdots\right)-\left(1-\frac{z^2}{3!}+\frac{z^4}{5!}-\frac{z^6}{7!}+\cdots\right)}{1-\frac{z^2}{3!}+\frac{z^4}{5!}-\frac{z^6}{7!}+\cdots}} \\ &= \frac{1}{1-\dfrac{z^2}{\left(1-\frac{z^2}{2!}+\frac{z^4}{4!}-\frac{z^6}{6!}+\cdots\right)\Big/\left(\frac{1}{1!\cdot 3}-\frac{z^2}{3!\cdot 5}+\frac{z^4}{5!\cdot 7}-\cdots\right)}}\end{aligned} \tag{15.16}$$

を得る。式 (15.16) 2 行目の最後の有理式に対してもこの操作を繰り返すと，以下のような分数式が得られる。このような分数が入れ子構造の分数式を連分数と呼ぶ。通常の分数表記ではかさばるので，右辺のような表記がなされる。

$$\frac{1}{z}\tan z = \frac{1}{1-\dfrac{z^2}{3-\dfrac{z^2}{5-\dfrac{z^2}{7-\cdots}}}} = \frac{1}{1-}\,\frac{z^2}{3-}\,\frac{z^2}{5-}\,\frac{z^2}{7-}\cdots \tag{15.17}$$

式 (15.7) にこの連分数を使い，$z=kd/2$ と置くと以下の複素透磁率が導かれる。

$$j\omega\dot{\mu}=\cfrac{1}{1/j\omega L+\cfrac{1}{3R+\cfrac{1}{5/j\omega L+\cfrac{1}{7R+\cdots}}}} \tag{15.18}$$

ここに，$L=\mu$，$R=4/\sigma d^2$ である。式 (15.18) は，**図 15.8** のラダー回路で表現できる。これをカウアーのラダー回路という。

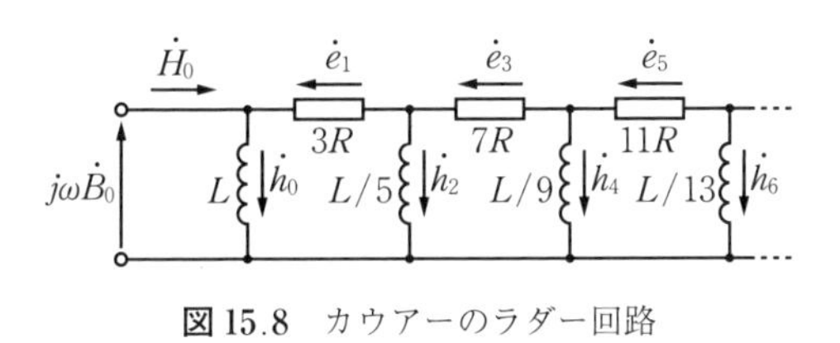

図 15.8 カウアーのラダー回路

フォスターの等価回路もカウアーの等価回路も実際にそれを使う際には，有限長の回路に打ち切られる。**図 15.9** に有限に打ち切ったときの周波数特性を示す。図中の n は回路の段数で，これはインダクタの個数に対応する。フォスターの回路についてはI型とII型を示している。カウアーの回路では，回路の最後をインダクタで打ち切り，それに続く抵抗器は開放されている。カウアーの回路では，わずか5段でおよそ3 decade の周波数範囲がカバーできている。一方のフォスターの等価回路では，16段まで考慮しても誤差が残っており，カウアーの等価回路の収束性の良さが際立っている。

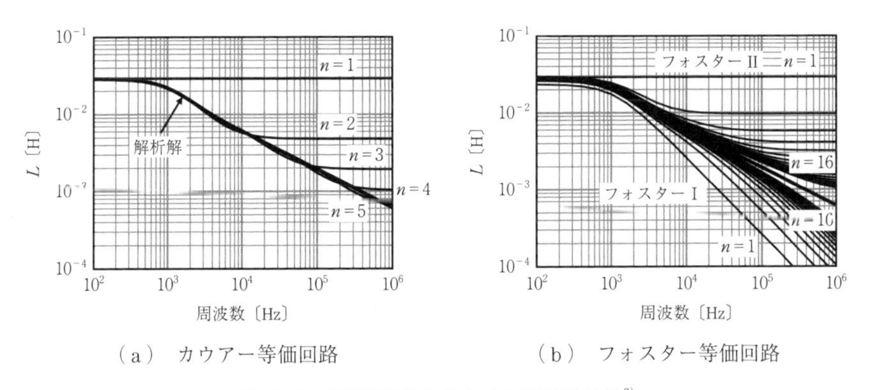

（a） カウアー等価回路　　（b） フォスター等価回路

図 15.9 有限打切りしたときの周波数特性[3)]

15.3　等価回路による磁界分布の表現

電磁鋼板の複素透磁率を，複素インピーダンスから求めてきた。ここではカウアーのラダー回路から，電磁鋼板内部の磁界分布を求める方法を述べる。空間的な内積が互いに0になる直交関数列を用いるが，その数学的な導き方については後の節で説明する。

電磁界の方程式は変数分離法で解けることがわかっているので，式(15.19)，(15.20)のように磁界と電界を展開してみる。変数 $\dot{h}_{2m}$，$\dot{e}_{2m+1}$ は複素変数で，それぞれ，図15.8のラダー回路のインダクタに流れる電流と，抵抗器の両端の電位差に対応する。一方，関数 $P_{2m}(x), P_{2m+1}(x)$ は区間 $[-1, 1]$ で定義される分布関数である。

$$\dot{H}(x)=\sum_{m=0}^{\infty}\dot{h}_{2m}P_{2m}\left(\frac{2x}{d}\right) \tag{15.19}$$

$$\dot{E}(x)=\sum_{m=0}^{\infty}\dot{e}_{2m+1}P_{2m+1}\left(\frac{2x}{d}\right) \tag{15.20}$$

この分布関数に式(15.21)で表されるルジャンドル（A-M. Legendre，1752～1833年）の多項式[5]と呼ばれる直交多項式をあてはめると，式(15.19)，(15.20)で与えられる磁界と電界は，平板のそれらと一致することがわかっている。ルジャンドルの多項式は，区間 $[-1, 1]$ で式(15.22)に示すような直交性を持つ。

$$P_n(x)=\frac{1}{2^n n!}\cdot\frac{d^n}{\mathrm{d}x^n}(x^2-1)^n \tag{15.21}$$

$$\int_{-1}^{1}P_n(x)P_m(x)\mathrm{d}x=\begin{cases}0 & (m\neq n)\\ \dfrac{2}{2n+1} & (n=m)\end{cases} \tag{15.22}$$

ルジャンドルの多項式のグラフを**図15.10**に示す。この多項式と，4段に打ち切ったラダー回路から導いた磁界分布を**図15.11**に示す。図15.4に示した厳密解と比べても，高い周波数領域までよく一致している。

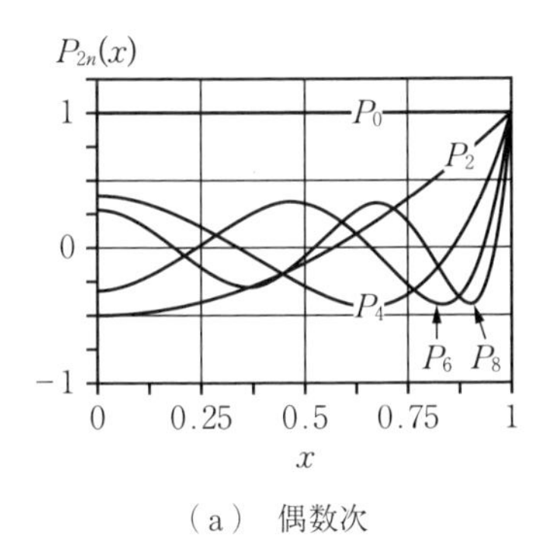

（a）偶数次

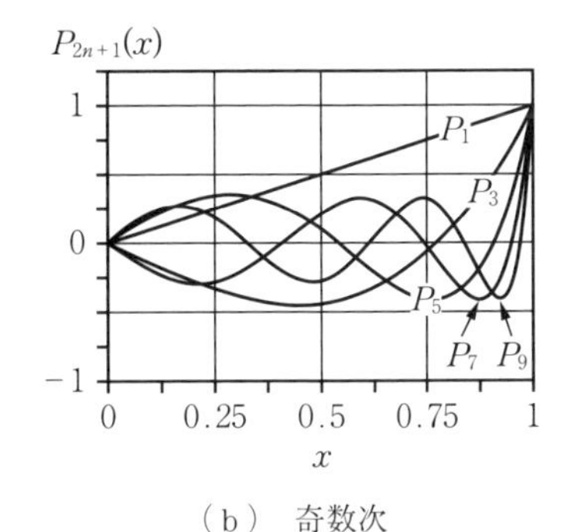

（b）奇数次

図 15.10　ルジャンドルの多項式[2)]

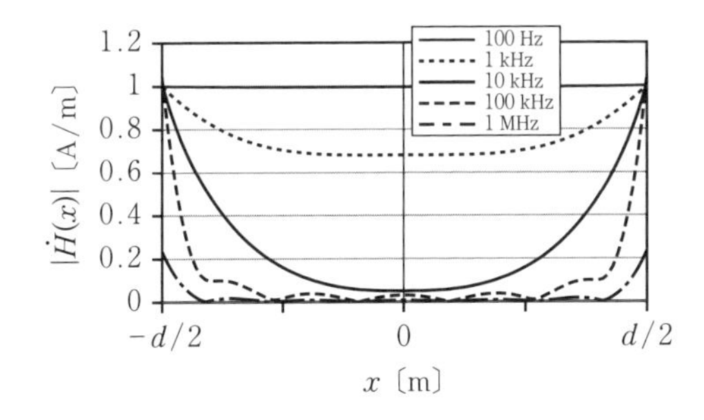

図 15.11　直交多項式による磁界分布の再現[2)]

以上述べたことから，ラダー回路表現は単に周波数特性を導くだけでなく，磁界や電界の分布までをも再現し得ることがわかる。

15.4　電線のモデリング

電線中を流れる電流分布は，高周波域では表皮効果によって表面に集まるという性質がある。**図 15.12** に示すような円柱形状は電線の最も簡単な形状の一つであるが，ここまで説明してきた等価回路の導き方が，そのまま適用できる。

直径 D の円柱に，軸方向に電界 $\dot{E}_0$ が与えられているとする。円柱座標系での渦電流場の方程式は式 (15.23) で表される。

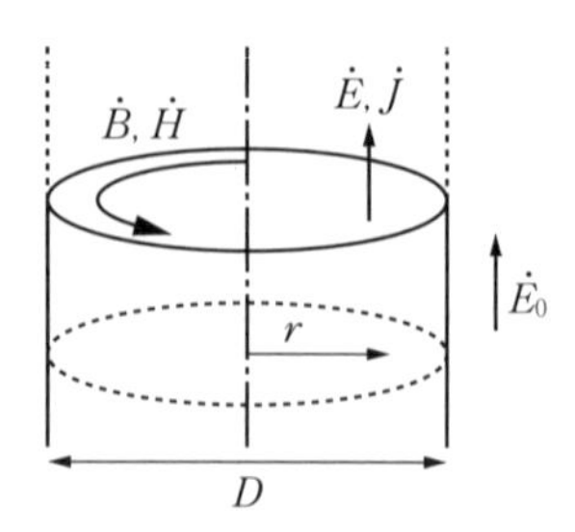

図 15.12　円柱モデル[2)]

$$\left.\begin{aligned}\frac{\partial \dot{E}}{\partial r} &= j\omega\dot{B} = j\omega\mu\dot{H} \\ \frac{1}{r}\frac{\partial}{\partial r}(r\dot{H}) &= \dot{J} = \sigma\dot{E}\end{aligned}\right\} \tag{15.23}$$

ここで，電界 $\dot{H}$ を消去すると

$$\frac{\partial^2 \dot{E}(r)}{\partial r^2} + \frac{1}{r}\frac{\partial \dot{E}(r)}{\partial r} - j\omega\sigma\mu\dot{E}(r) = 0 \tag{15.24}$$

が導かれ，境界条件 $\dot{E}(D/2) = \dot{E}_0$ のもとにこれを解くと，円柱内部の電界，および電柱の平均電流は

$$\dot{E}(r) = \frac{J_0(kr)}{J_0(kD/2)}\dot{E}_0 \tag{15.25}$$

$$\dot{I}_0 = \int_0^{D/2} 2\pi r\sigma\dot{E}(r)\,\mathrm{d}r = \frac{\pi D^2\sigma}{2}\left(\frac{2}{kD}\right)\frac{J_1(kD/2)}{J_0(kD/2)}\dot{E}_0 \tag{15.26}$$

となる。ここに r は半径を表し，$J_n(z)$ は n 次の第一種ベッセル関数[5)] である。また，変数 k は式 (15.5) と同じものである。式 (15.17) と同様，式 (15.27) のような連分数展開公式が成り立つ。

$$\frac{1}{z}\frac{J_1(z)}{J_0(z)} = \frac{1}{2-}\frac{z^2}{4-}\frac{z^2}{6-}\frac{z^2}{8-}\frac{z^2}{10-}\cdots \tag{15.27}$$

これより，円柱の等価的な抵抗 $\dot{R}_0 = \dot{E}_0/\dot{I}_0$ は以下のように与えられる。

$$\frac{1}{\dot{R}} = \frac{1}{R_0} + \frac{1}{1/(j\omega L_0/2)} + \frac{1}{3R_0} + \frac{1}{1/(j\omega L_0/4)}$$

$$+\frac{1}{5R_0}+\frac{1}{1/\left(j\omega L_0/6\right)}+\cdots \tag{15.28}$$

$$R_0=\frac{4}{\pi D^2\sigma},\quad L_0=\frac{\mu}{4\pi} \tag{15.29}$$

得られたラダー回路を**図 15.13** に示す。また，平板におけるルジャンドルの直交多項式と類似の多項式も存在し，円柱内部の電界を再現できることもわかっている[2)]。**図 15.14** の左半平面に円柱内部の電流密度の理論解を，右半平面に近似解を示す。ラダー回路は 4 段に打ち切っている。

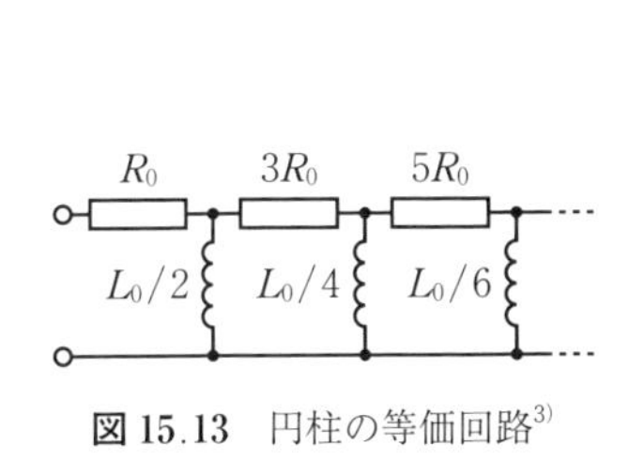

図 15.13　円柱の等価回路[3)]

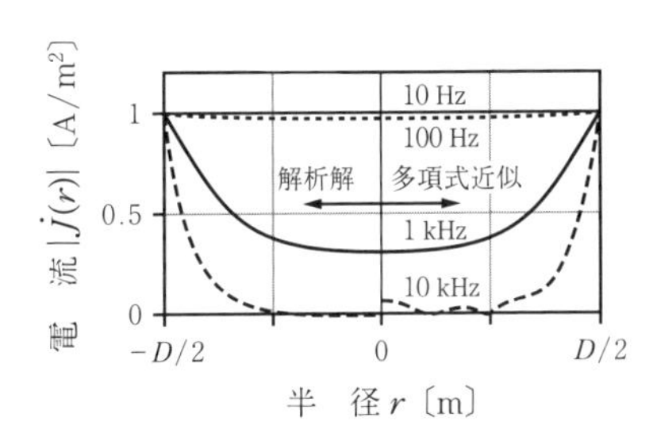

図 15.14　直交多項式による電界の再現[2)]

15.5　任意の渦電流場の等価回路表現

前節までの方法では，平板や円柱などのように形状が簡単で解析解が容易に求められるような場合でないと，ラダー回路表現ができなかった。最近，**図 15.15** に示すような一般的な渦電流場においてもラダー回路表現を導けることが判明した[6),7)]。この方法では有限要素法などの磁界解析法を用いて，互いに

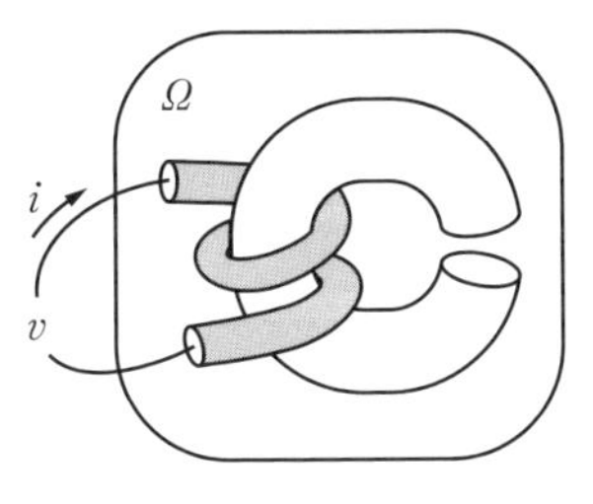

図 15.15　一般的な渦電流場

直交する分布関数列を構成しながら，同時にラダー回路の定数を決めていく。平板や円柱で現れた直交関数も，この方法で計算される。過渡解析はラダー回路を回路シミュレータによって行い，任意時刻の電磁界は，その時刻の電圧，電流変数と，分布関数列から再現される。以下にその手順を記す。

式 (15.19)，(15.20) の代わりに式 (15.30) のような三次元の電磁界を表現しておく。また，式 (15.31) のように抵抗器とインダクタの値を定義しておく。

$$\left.\begin{aligned} \boldsymbol{E} &= \sum_{n=0}^{\infty} \boldsymbol{E}_{2n} = \sum_{n=0}^{\infty} e_{2n} \overline{\boldsymbol{E}}_{2n} \\ \boldsymbol{H} &= \sum_{n=0}^{\infty} \boldsymbol{H}_{2n+1} = \sum_{n=0}^{\infty} h_{2n+1} \overline{\boldsymbol{H}}_{2n+1} \end{aligned}\right\} \tag{15.30}$$

$$\left.\begin{aligned} \lambda_{2n} &= \frac{1}{R_{2n}} = \int_{\Omega} \sigma \overline{\boldsymbol{E}}_{2n} \cdot \overline{\boldsymbol{E}}_{2n} \mathrm{d}V \\ \lambda_{n2+1} &= L_{2n+1} = \int_{\Omega} \mu \overline{\boldsymbol{H}}_{2n+1} \cdot \overline{\boldsymbol{H}}_{2n+1} \mathrm{d}V \end{aligned}\right\} \tag{15.31}$$

このとき以下のステップで，直交関数列とラダー回路の各定数が求められる。

Step 0：与えられた電圧境界条件をもとに，以下の静電界の方程式を解く。また，$\overline{\boldsymbol{E}}_0 = \boldsymbol{E}_0/\nu$，$\boldsymbol{H}_{-1} = 0$ と置く。

$$\nabla \times \boldsymbol{E}_0 = 0 \tag{15.32}$$

Step 1：以下の静磁界の方程式を解き，$\overline{\boldsymbol{H}}_{2n-1} = \widetilde{\boldsymbol{H}}_{2n-1} + \overline{\boldsymbol{H}}_{2n-3}$ と置く。

$$\nabla \times \widetilde{\boldsymbol{H}}_{2n-1} = \frac{\sigma \overline{\boldsymbol{E}}_{2n-2}}{\lambda_{2n-2}} \tag{15.33}$$

Step 2：以下の静電界の方程式を解き，$\overline{\boldsymbol{E}}_{2n} = \widetilde{\boldsymbol{E}}_{2n} + \overline{\boldsymbol{E}}_{2n-2}$ と置く。

$$\nabla \times \widetilde{\boldsymbol{E}}_{2n} = -\frac{\mu \overline{\boldsymbol{H}}_{2n-1}}{\lambda_{2n-1}} \tag{15.34}$$

Step 1 に戻る。

円柱形状の電磁石の解析例を**図 15.16** に示す[8)]。励磁周波数は 1 Hz と 10 Hz とし，ラダー回路は 4 段に打ち切っている。比較のため，複素解析による有限

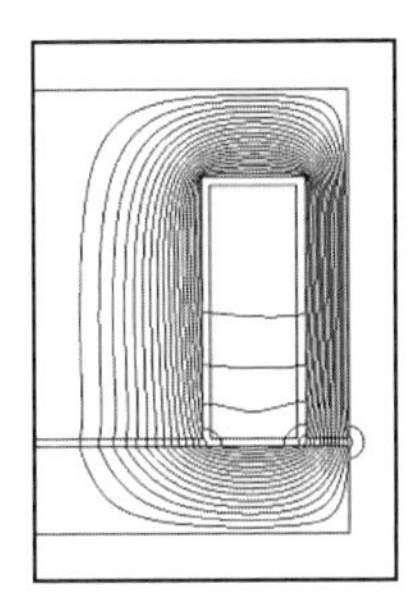
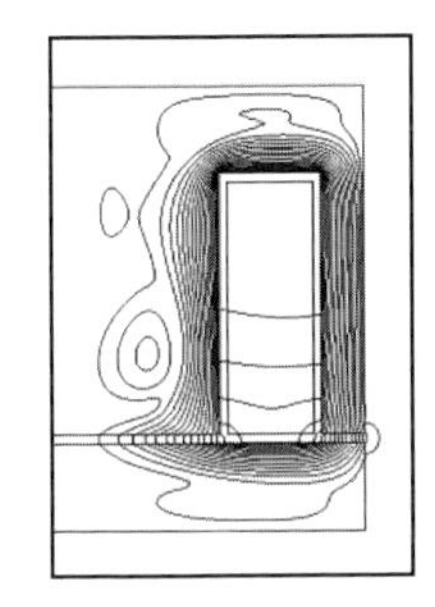
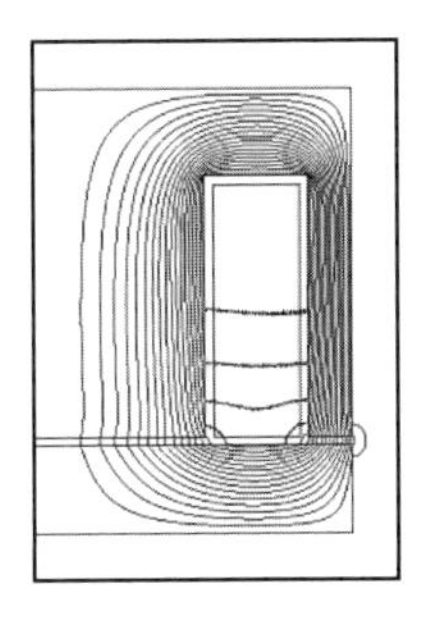
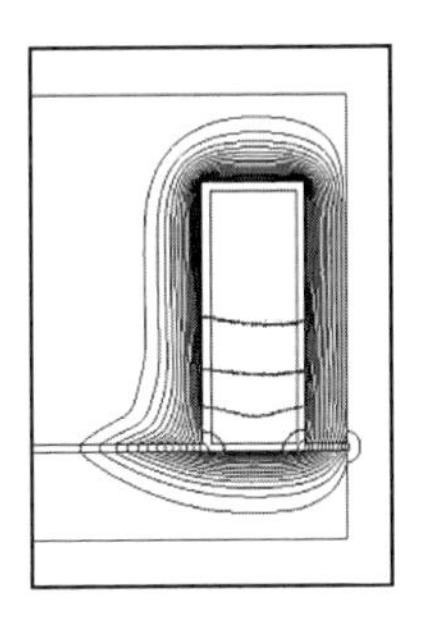

（a） 再現磁界 1 Hz　（b） 再現磁界 10 Hz　（c） 従来法 1 Hz　（d） 従来法 10 Hz

図 15.16 再現磁界と従来法による結果[8)]

要素解析法の計算結果も示す。10 Hz では誤差の増加が見られるが，電磁石の吸引力を決める空隙磁束はよく近似されている。

これまで，線形の渦電流場の等価回路の構成方法を述べてきた。カウアーのラダー回路による等価回路では，各インダクタに流れる電流の分布は，交流の周波数によって決まり，直流の場合は最初のインダクタにのみ電流が流れる。この性質を利用して，非線形ヒステリシス特性を持つ磁性材料のモデリングも可能であることを付言しておく[2)]。

引用・参考文献

1） 日立金属株式会社ホームページ：http://www.hitachi-metals.co.jp/products/elec/tel/p02_21.html（2018 年 5 月 16 日現在）
2） Y. Shindo, A. Kameari, and T. Matsuo：“High Frequency Nonlinear Modeling of Magnetic Sheets using Polynomial Expansions for Eddy current Field”，電気学会論文誌 B，Vol.137，No.3，pp.162–172（2017）.
3） Y. Shindo and O. Noro：“Simple Circuit Simulation Models for Eddy Current in Magnetic Sheets and Wires”，電気学会論文誌 A，Vol.134，No.4，pp.173–181（2014）.
4） 森口繁一，宇田川銈久，一松信：“岩波数学公式 II　級数・フーリエ解析”，p.222，岩波書店（1957）.
5） 森口繁一，宇田川銈久，一松信：“岩波数学公式 III　特殊関数”，pp.82–85,

145-164，岩波書店（1960）．

6）A. Kameari, H. Ebrahimi1, K. Sugahara, Y. Shindo, and T. Matsuo：“Cauer Ladder Network Representation of Eddy-Current Fields for Model Order Reduction Using Finite Element Method”，TMAG.2017.2743224（2017）．

7）亀有昭久，菅原賢悟，松尾哲司，平瀬祐子，進藤裕司：“準定常電磁界の Cauer 実現”，電学静止器・回転機合同研資，SA-17-018/RM-17-018（2017）．

8）進藤裕司，亀有昭久，菅原賢悟，松尾哲司：“カウアラダー回路による渦電流場の表現の電磁石の動特性モデリングへの応用”，電学静止器・回転機合同研資，SA-17-062/RM-17-093（2017）．

16 半導体特性と磁気特性との連成解析

昨今，SiC や GaN を用いた高速，低オン抵抗，高耐圧の半導体素子の出現により，パワーエレクトロニクス分野がますます進歩しており，インバータやコンバータなどの電力変換回路で，電圧および周波数を自由自在に制御できるようになってきている。特に，モータにおいては，この自由な電圧・周波数の制御により可変速制御が可能となったため，インバータを用いて駆動されることも珍しくなくなってきている。ところで，このモータの鉄心は，電磁鋼板などの磁性材料で構成されることが多い。したがって，モータをインバータで駆動する場合，このモータを構成している磁性材料も必然的にインバータ励磁されることとなるが，磁性材料がインバータで励磁される場合，純粋な正弦波で励磁される場合と比べて鉄損が増加することがよく知られている[1),2)]。このことは，パワーエレクトロニクス，モータ，磁性材料の特性が相互に関係を持つことを意味している。つまり，これまでは電気回路の分野，半導体の分野，電気機器の分野，磁性材料の分野と，おのおの独立してそれらの特性が評価されてきたが，上記のパワーエレクトロニクスで電気機器が駆動されるようになった現在，それぞれの特性を相互に評価しなければ，よりいっそうの技術の進展は望めない時代となってきている。

そこで本章では，インバータ回路においてスイッチング素子を担っている半導体素子の特性と，モータ・トランス・リアクトルといった電気機器の鉄心を構成する磁性材料の特性の相互作用について述べるとともに，それをモデル化した数値計算手法について述べることにする。

16.1 半導体特性と磁気特性

16.1.1 インバータ励磁と磁気特性

電磁鋼板，アモルファス材，ナノ結晶材といった磁性材料がインバータ励磁される場合，インバータ出力に必然的に含まれる時間高調波成分が，磁気ヒステリシスループにマイナーループを形成する（**図 16.1** 参照）。鉄損は式 (16.1) で算出され，磁気ヒステリシスループの内部積分に比例するため，マイナーループの面積分だけ鉄損が増加することになる。

$$W_{\mathrm{Fe}}=\frac{f}{\rho}\int H\mathrm{d}B \tag{16.1}$$

ここで，W_{Fe}：鉄損，f：周波数，ρ：磁性材料の密度，H：磁界強度，B：磁束密度である。

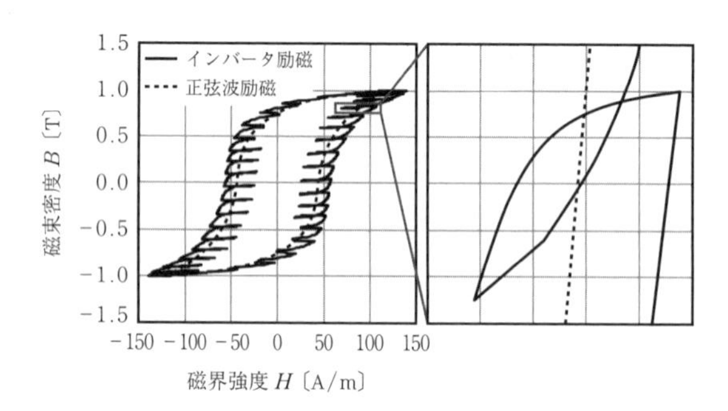

図 16.1 インバータ励磁下の磁気ヒステリシスループ（右：マイナーループの拡大）

16.1.2 半導体特性とインバータ出力電圧

マイナーループの形成のされ方は，インバータ回路内部の半導体素子の諸特性に影響されることも報告されている[3),4)]。これは，半導体素子特性による出力電圧波形の変化が原因であり，ここでは，その中でもオン電圧特性と出力電圧波形について述べる。一般的な電圧型単相インバータ回路図は**図 16.2** の回

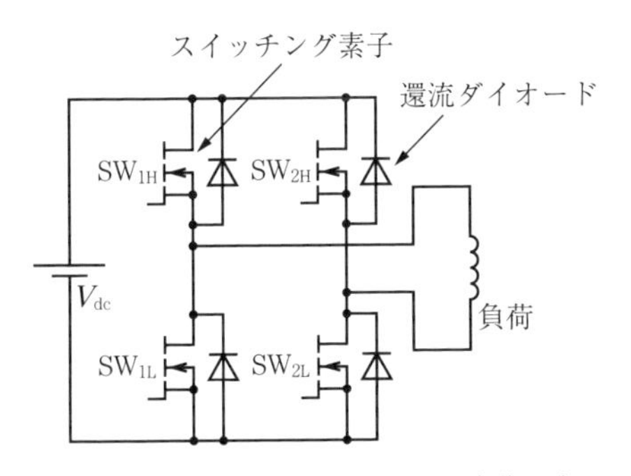

図 16.2　電圧型単相インバータ励磁回路

路で表され，この回路により負荷（磁性材料）を励磁する場合を考える。インバータ励磁では，半導体素子のオン・オフ動作により，おもに四つのモードで負荷に電圧が印加される（**図 16.3** 参照）。はじめに，半導体素子のオン抵抗が 0 の場合（理想状態），つまり導通したときに半導体素子にて電圧降下が生じないときで考慮すると，モード 1 で負荷にかかる電圧 V_1 は，直流印加電圧 V_{dc} と等しくなる。モード 2 では電圧源が存在しないため，負荷にかかる電圧 V_2 は 0 となる。同様にして，モード 3 で負荷にかかる電圧 V_3 は $-V_{dc}$ となり，

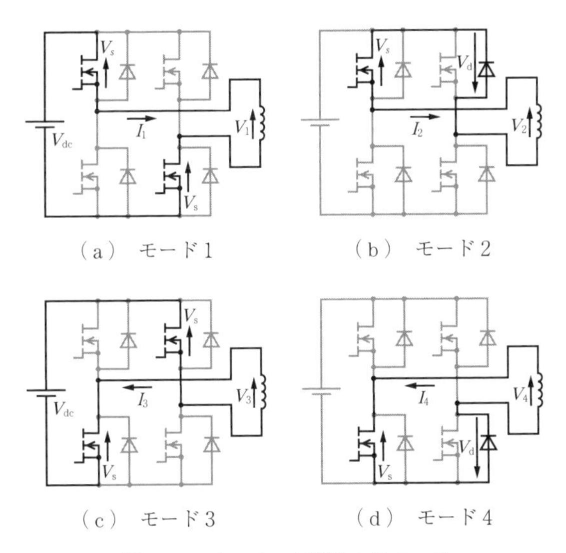

図 16.3　インバータ励磁の各モード

モード4で負荷電圧 V_4 は0となる。またここでは，負荷に直流電圧源 V_{dc} が印加されるモード（モード1，3）を「オンモード」，印加されないモード（モード2，4）を「オフモード」と呼ぶことにする。

つぎに，半導体素子がオン抵抗を持っている場合で考慮する。この場合，このオン抵抗により電圧降下（オン電圧）が生じる。スイッチング素子のオン電圧を V_s，還流ダイオードのオン電圧を V_d とすると，各モードでの負荷にかかる電圧は，キルヒホッフの第二法則から以下のようになる。

$$\text{モード1：} V_1 = V_{dc} - V_s - V_s = V_{dc} - 2V_s \tag{16.2}$$

$$\text{モード2：} V_2 = -V_s - V_d \tag{16.3}$$

$$\text{モード3：} V_3 = -V_{dc} + V_s + V_s = -V_{dc} + 2V_s \tag{16.4}$$

$$\text{モード4：} V_4 = V_s + V_d \tag{16.5}$$

なお，電流の向きにより，各電圧の符号は変化する。上記四つの式からわかるように，理想状態に比べ，半導体素子で生じるオン電圧が負荷電圧にのってくる。**図16.4**に，PWM（pulse-width modulation）制御での，オン電圧が0の場合とそうでない場合の電圧波形を示す（基本周波数：50 Hz，キャリヤ周波数：1 kHz，変調率：0.5）。

16.1.3　インバータ出力電圧波形とマイナーループ形状

磁気ヒステリシス中のマイナーループの形成には，図16.4のオフモードでの電圧の挙動が大きく関係する。半導体素子のオン電圧を考慮した場合，オフモードで電圧が0とならない。例えば，領域Aの拡大図で見ると，オフモードでは負の電圧，直前と直後のオンモードで正の電圧が印加されている。このように電圧が（正→負→正）となる場合，負荷に生じる磁束密度波形が（上昇→下降→上昇）するという現象が起きる。これは，磁束密度 B が電圧 V の時間積分に比例するという関係（ファラデーの電磁誘導の法則より）から説明できる（式(16.6)参照）。

$$B = \frac{1}{NS}\int_0^T V\mathrm{d}t \tag{16.6}$$

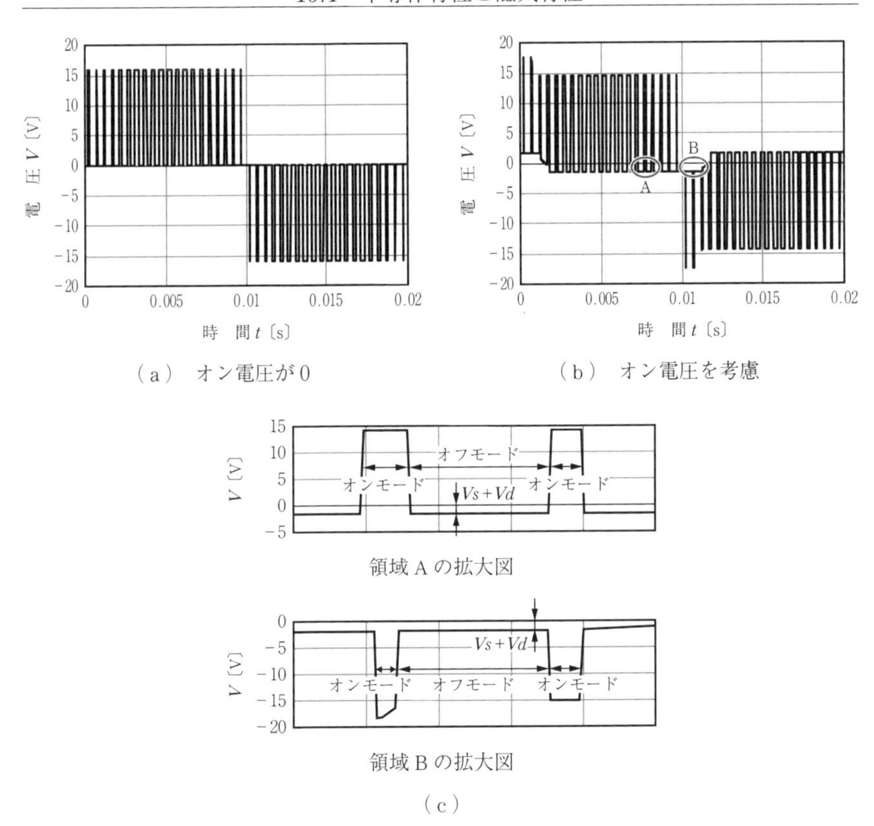

図 16.4　負荷にかかる電圧波形

ここで，N：磁性材料に巻かれたコイルの巻数，S：負荷（磁性材料）の断面積，T：1 周期である。

このように，磁束密度波形が上昇→下降→上昇（または下降→上昇→下降）する場合，閉じたマイナーループを形成する（**図 16.5**（a）参照）。以降，この閉じたマイナーループを「クローズドループ」と呼ぶことにする。

一方で，図 16.4（c）の領域 B の拡大図を見ると，オフモードで負の電圧，直前と直後のオンモードでも負の電圧が印加されており，負荷に生じる磁束密度波形は下降→下降→下降の形をとる。このような場合，開いたマイナーループ「オープンループ」を形成する（図 16.5（b）参照）。

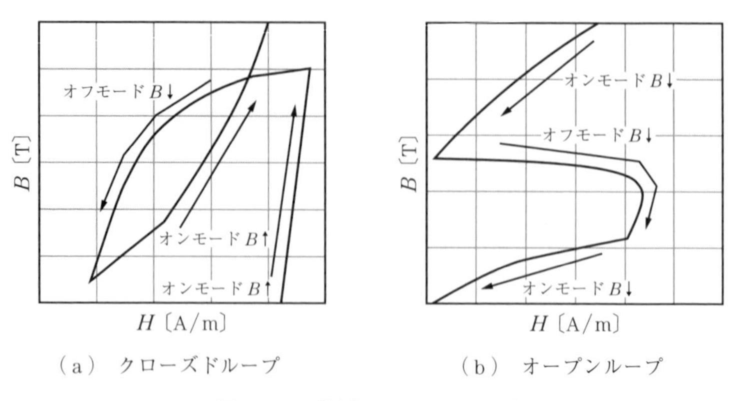

（a） クローズドループ　　（b） オープンループ

図 16.5　2 種類のマイナーループ

さて，ここまでオフモードでの電圧の挙動が，マイナーループの形成に影響を与えることを述べたが，半導体素子のオン電圧の大小（種類の違い）によって，マイナーループの形状が変化することも容易に推測できる。なぜならば，オフモードで負荷に印加されている電圧はスイッチング素子と還流ダイオードで生じるオン電圧の和であり，この大きさによって，磁束密度の上昇量，下降量が変化するためである（式 (16.6) より）。このことから，インバータ回路内の半導体素子の特性によって，励磁される磁性材料の磁気特性が変化することがわかる。

16.2　半導体特性と磁気特性を相互に考慮できる数値計算手法

ここまで，半導体素子のオン電圧特性が，磁性材料の磁気ヒステリシス特性に影響を及ぼすことを述べてきたが，本節ではこの両特性の相互作用を考慮できる数値計算手法について述べる。本手法は，半導体特性を考慮した回路解析と磁気ヒステリシス特性を考慮した磁気解析を弱連成させて，おのおのの特性を相互に反映させるものであり，一方向の磁界に対してのみ適用できるという制約を持つものの，一般的に磁気解析に用いられる有限要素法などを用いないため，高速に解が得られるという利点を持つ。本手法の計算の流れは，**図**

16.6 に示すフローチャートのとおりであり，以下おのおのの手順について述べる。

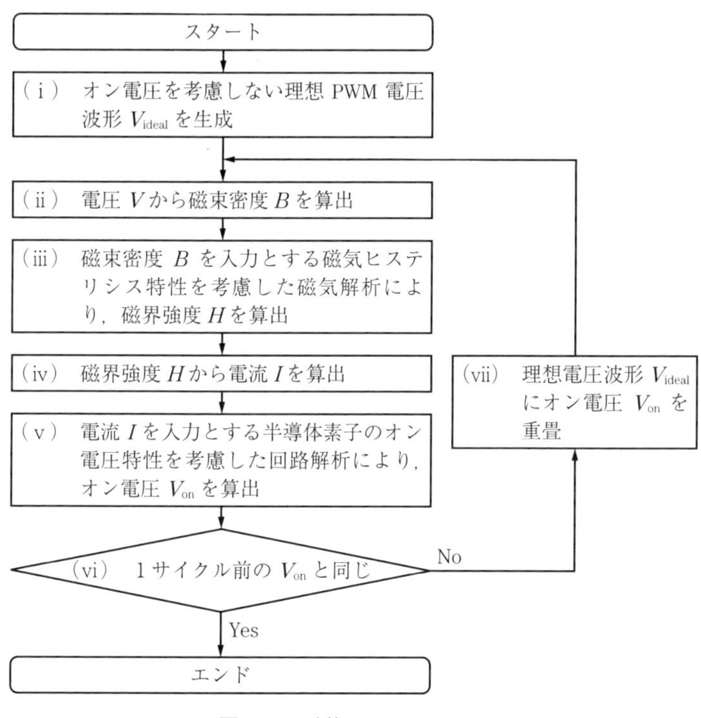

図 16.6　計算フローチャート

16.2.1　手順（i）　理想 PWM 電圧波形の生成

この手順では，理想的な PWM インバータ電圧波形 V_{ideal} を生成する。以降では，例として通常の三角波比較変調方式による基本周波数 50 Hz，キャリヤ周波数 1 kHz，変調率 0.5，直流印加電圧 16 V の波形で計算を進める。このとき，図 16.2 に対応するスイッチング素子のスイッチングパターンは**図 16.7** のようになり，生成される理想電圧波形は図 16.4（a）となる。

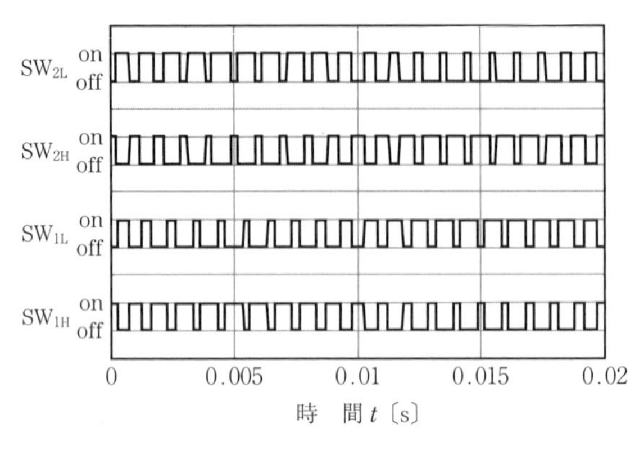

図 16.7　スイッチングパターン

16.2.2　手順 (ii)　磁束密度波形の算出

手順 (i) もしくは手順 (vii) で生成された電圧波形から，式 (16.6) を用いて磁束密度波形 B を算出する。ここでは，$N=254$ 巻き，$S=8.75\times10^{-5}$ m^2 として進める。

16.2.3　手順 (iii)　磁気ヒステリシス特性を考慮した磁気解析

磁気ヒステリシス特性を考慮する手法として，ここではプレイモデル[5] を採用する。プレイモデルは，いくつかの同定用磁気ヒステリシスループを用意しておくことで，任意の磁界強度波形（磁束密度波形）から磁束密度波形（磁界強度波形）を算出できる手法である。なお，プレイモデルは直流界での磁気ヒステリシスを表現できる手法であるため，渦電流を考慮した交流界への拡張には，古典渦電流理論やカウアーの等価回路理論を導入する必要がある。周波数が低く反作用磁界が十分小さいとした場合（表皮効果が無視できる場合），古典渦電流理論を用いるだけで十分であるが，反作用磁界が無視できない周波数の場合（表皮効果が無視できない場合），カウアーの等価回路理論を用いないと精度良く磁気ヒステリシスを描けなくなる。一般に，インバータ励磁では，キャリヤ周波数が基本周波数の数十倍～数百倍であるため，反作用磁界が無視できない領域の周波数を扱うことになる。以下では，磁束密度波形を入力して磁界強度波形を出力するタイプのプレイモデルを用いて，磁気ヒステリシスループを描く過程を説明するが，プレイモデルそのものの説明については省略する。

〔1〕 古典渦電流理論を用いた場合

まずは，古典渦電流理論を用いて交流界へ拡張した場合について述べる。一般に，反作用磁界が生じないとした場合の交流界の磁界強度 $H_{ac}(B)$ は次式のように算出される。

$$H_{ac}(B)=H_{dc}(B)+k\frac{\sigma d^2}{12}\frac{\mathrm{d}B}{\mathrm{d}t} \tag{16.7}$$

ここで，$H_{dc}(B)$：プレイモデルから得られる直流界の磁界強度，σ：磁性材料の導電率，d：磁性材料の厚さ，k：異常渦電流の影響を考慮するための係数である。

この式で，H_{ac} を電流 I，$\mathrm{d}B/\mathrm{d}t$ を電圧 V，$12/k\sigma d^2$ を抵抗値 R，非線形性を持つ直流での透磁率 μ をインダクタンス L に対応させると，**図 16.8** のような等価回路が描ける。確認のために，回路方程式を立て（式 (16.9) ～ (16.11)），V を $\mathrm{d}B/\mathrm{d}t$，I を H_{ac}，R を $12/k\sigma d^2$，L を μ に置き換えてみると（式 (16.12) ～ (16.14)），式 (16.14) は式 (16.8) と同じになることがわかる（B/μ は H_{dc} と対応する）。

$$V=L\frac{\mathrm{d}i_1}{\mathrm{d}t} \tag{16.8}$$

$$V=Ri_2 \tag{16.9}$$

$$I=i_1+i_2 \tag{16.10}$$

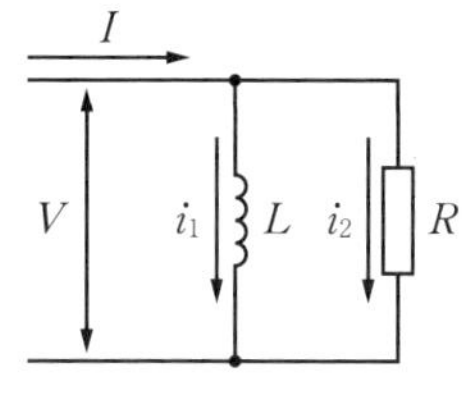

図 16.8　古典渦電流理論の等価回路

$$\frac{\mathrm{d}B}{\mathrm{d}t}=\mu\frac{\mathrm{d}i_1}{\mathrm{d}t} \tag{16.11}$$

$$\frac{\mathrm{d}B}{\mathrm{d}t}=Ri_2 \tag{16.12}$$

$$H_{\mathrm{ac}}(B)=\frac{B}{\mu}+k\frac{\sigma d^2}{12}\frac{\mathrm{d}B}{\mathrm{d}t} \tag{16.13}$$

さて，具体的に磁気ヒステリシスループを作成してみる。対象の磁性材料として，無方向性電磁鋼板 35A300（厚さ d：0.35 mm，導電率 σ：1.923×10^6 S/m）を用い，まずは 50 Hz の正弦波励磁により最大磁束密度 $B_{\max}=1$ T での磁気ヒステリシスループの再現性を見てみる。なお，このときの表皮深さは約 0.6 mm であり，鋼板の厚さよりも大きく，表皮効果は無視できる。プレイモデルに用いる同定用の 35A300 の直流磁気ヒステリシスループを**図 16.9** に示す。$B_{\max}=1$ T の正弦波磁束密度波形と，これを入力として式（16.8）から算出した磁界強度波形から得られる磁気ヒステリシスループを**図 16.10** に示す。同図に実測により得られた磁気ヒステリシスループも示すが，数値計算結果は良く実測結果を再現できていることがわかる。

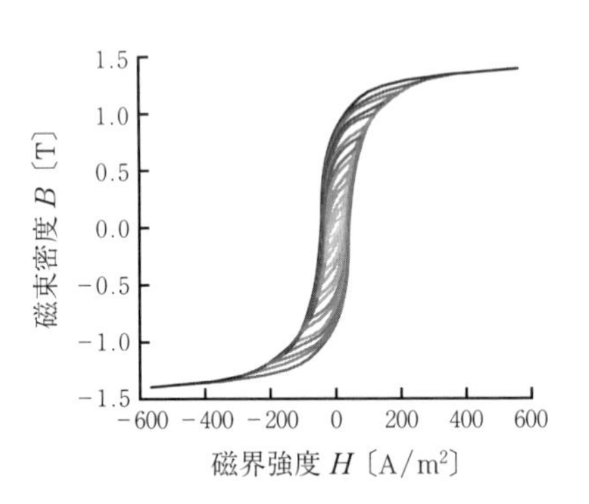

図 16.9　プレイモデルに用いる直流磁気ヒステリシスループ

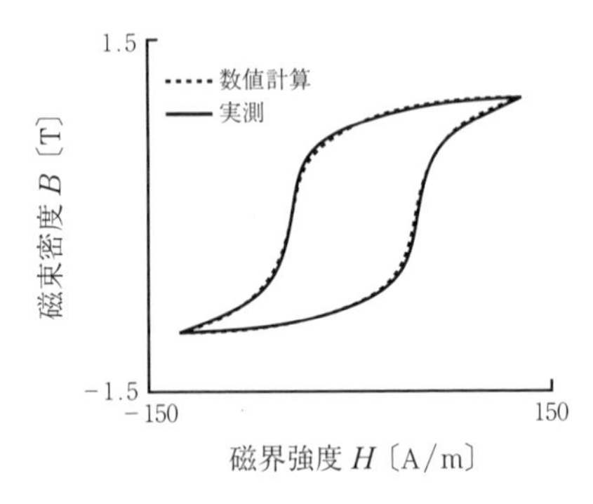

図 16.10　正弦波励磁での磁気ヒステリシスループの再現

つぎに，インバータ励磁下での磁気ヒステリシスループを描いてみる。なお便宜上，以下で述べる回路解析によりオン電圧を考慮している結果で述べる。インバータ励磁条件は，基本周波数 50 Hz，キャリヤ周波数 1 kHz，変調率 0.5

とし，B_{max} が 1 T となるように励磁する。このとき，キャリヤ周波数に対する表皮深さは 0.135 mm となり，鋼板の厚さより小さい。図 16.10 と同様に，数値計算が描く磁気ヒステリシスループと実測による磁気ヒステリシスループを**図 16.11** に示す。正弦波励磁時と同様に基本周波数によるメジャーループは良く再現できている反面，数値計算結果ではマイナーループが矩形状となっており，滑らかなループを描いていないことがわかる。これは，キャリヤ周波数に起因する反作用磁界の影響を十分に考慮できていないためであり，古典渦電流理論だけでは，インバータ励磁下の磁気ヒステリシスループ，とりわけマイナーループを描くことは難しいことがわかる。

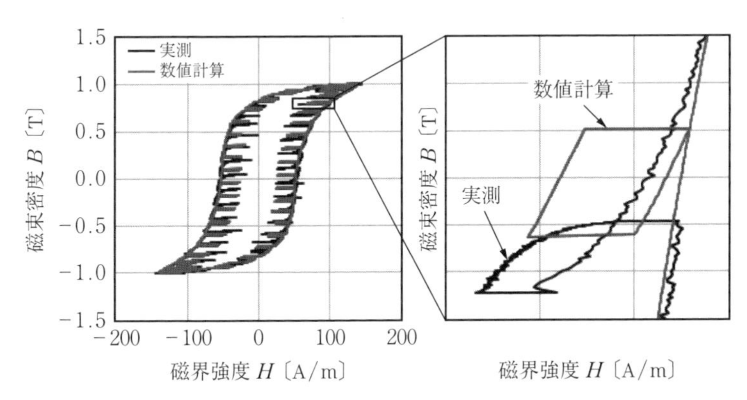

図 16.11 インバータ励磁時の磁気ヒステリシスループの再現
（右：マイナーループの拡大）

〔2〕 カウアーの等価回路理論の導入

そこで，キャリヤ周波数による反作用磁界を考慮できるようにするため，カウアーの等価回路理論[6] を導入する。カウアーの等価回路ははしご型回路（ラダー回路）であり，はしごの階数により，表現できる周波数が変化する。ここでは，**図 16.12** に示す I 型と呼ばれる等価回路を用いて，インバータ励磁下の磁気ヒステリシスループを表現してみる。図 16.12 の回路は 2 階のラダー回路であり，約 20 kHz まで表現可能である。なお，1 階の回路は古典渦電流理論の等価回路と等しい。各素子の物理的意味について説明しておくと，L は主磁

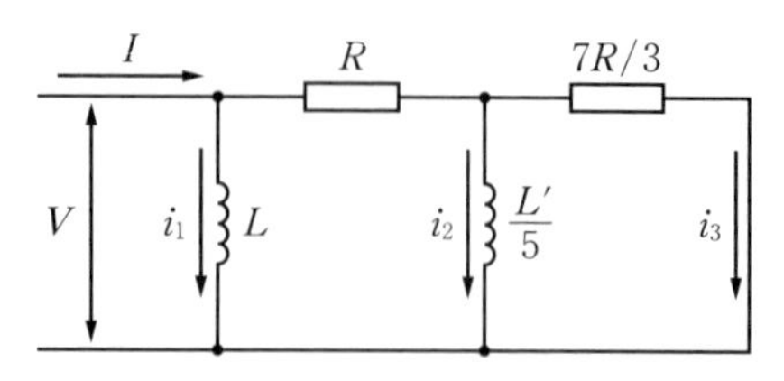

図 16.12　カウアーの等価回路Ⅰ（2 階）

束に対する磁界を表現するための素子，R は主磁束が作る渦電流を表現するための素子，i_2 が流れるインダクタは R で表現される渦電流によって生じる反作用磁界を表現するための素子であり，i_3 が流れる抵抗はこの反作用磁界による渦電流を表現するための素子である。

さて，古典渦電流理論を用いたときと同様に，回路方程式を立てると式 (16.15) ～ (16.17) となり，各電気的な変数を磁気的な変数に置き換えて，整理すると式 (16.18) が得られる。なお，解法として後退差分法を用いている。

$$V = L\frac{\mathrm{d}i_1}{\mathrm{d}t} \tag{16.14}$$

$$V = R(i_2 + i_3) + \frac{L'}{5}\frac{\mathrm{d}i_2}{\mathrm{d}t} \tag{16.15}$$

$$\frac{L'}{5}\frac{\mathrm{d}i_2}{\mathrm{d}t} = \frac{7R}{3}i_3 \tag{16.16}$$

$$I = i_1 + i_2 + i_3 \tag{16.17}$$

$$H_{\mathrm{ac}}(B) = H_{\mathrm{dc}}(B) + \frac{7\left(B^k - B^{k-1}\right) + 2\mu' h_2^{k-1}}{7R\Delta t + 2\mu'} + \frac{3\mu'\left(h_2^k - h_2^{k-1}\right)}{35R\Delta t} \tag{16.18}$$

式 (16.18) 中の Δt は B 波形のサンプリング間隔，h_2 は右辺第 2 項，k は時間ステップを示す。また，μ' は反作用磁界に対する透磁率であるが，マイナーループの傾きと対応させる方法が提案されているとともに線形としても十分な精度を得られることが報告されている[7)]。ここでは，数値計算での鉄損値が実測値と同じになるように合わせ込んでいる。式 (16.18) を用いてインバータ励磁下の磁気ヒステリシスループを描くと**図 16.13** のようになる。キャリヤ周波数に起因するマイナーループが滑らかに描かれるようになり，適切にインバー

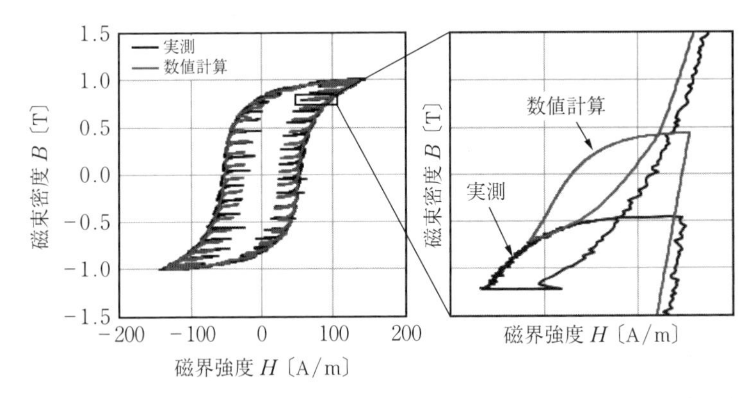

図 16.13 カウアー等価回路理論を適用した場合の磁気ヒステリシスループの再現

タ励磁下の磁気ヒステリシスが表現できるようになったことがわかる。

16.2.4 手順（iv） 磁界強度波形の算出

手順（iii）の磁気解析により得られた磁界強度波形 H から次式（16.20）を用いて電流波形 I を算出する。

$$I = \frac{lH}{N} \tag{16.19}$$

ここで，l：磁性体の平均磁路長，N：コイル巻数である。

ここでは，$N = 254$ 巻き，$l = 0.36$ m とした。上記インバータ励磁条件で，得られる磁界強度波形と電流波形を**図 16.14** に示す。

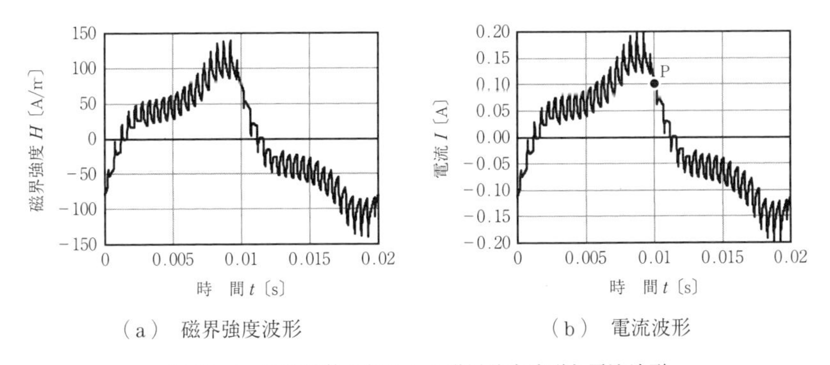

図 16.14 数値計算で得られた磁界強度波形と電流波形

16.2.5　手順（v）　半導体素子のオン電圧特性を考慮した回路解析

手順 (iv) にて得られた電流波形を入力として，回路解析を行う。インバータ回路のスイッチング素子と還流ダイオードの電圧−電流特性例を**図 16.15** に示すが，まず入力される電流に対応する各素子のオン電圧 V_s と V_d を算出する。例えば，図 16.14（b）の点 P の時間（$t=0.01$ s）での電流値は 0.1 A であり，このときの各オン電圧は 0.78 V であることがわかる。つぎに，電流波形の各時間で，図 16.3 のどのモードにあるかを把握し，そのモードに対するオン電圧を算出する（例えば，モード 1 では $-2V_s$，モード 2 では $-V_s-V_d$）。どのモードにあるかは，手順 (i) でのスイッチングパターン（図 16.7 参照）から判断できる。$t=0.01$ s の時間ではモード 2 であり，出力電圧に含まれるオン電圧は（$-0.78-0.78=-1.56$ V）となる。この処理を 1 周期行うことで，**図 16.16** のオン電圧波形を得ることができる。

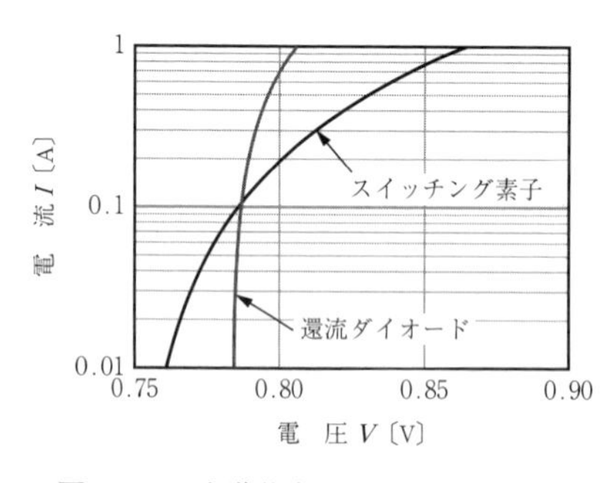

図 16.15　半導体素子の電圧−電流特性

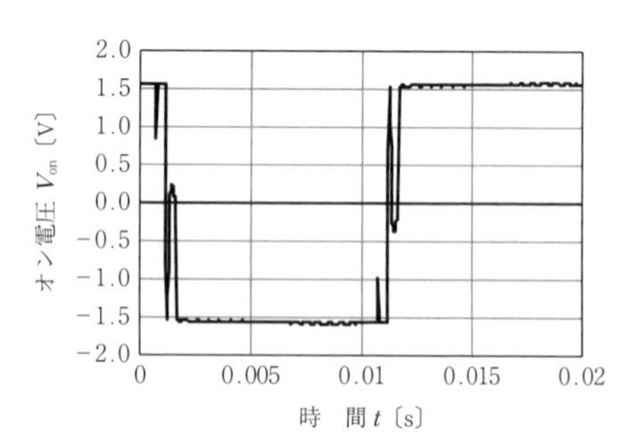

図 16.16　オン電圧波形

16.2.6　手順（vi）　収束判定

本手法では反復計算を行うが，次式で示す一反復前のオン電圧と現在のオン電圧の関係が，収束判定値 ε より小さければ，本計算を終了させる。そうでなければ，手順（vii）に進む。

$$K=\sum_{i=1}^{p} V_{\mathrm{on},\,i}^{2} \tag{16.20}$$

$$\left|\frac{K_n-K_{n-1}}{K_{n-1}}\right|<\varepsilon \tag{16.21}$$

ここで，i：データ点，p：1周期のデータ点数，n：反復回数である。

16.2.7　手順（vii）　オン電圧波形の重畳

図16.16に示すオン電圧波形を手順(i)で生成した理想電圧波形（図16.4(a)参照）に加えて，再び手順(ii)から繰り返す。繰返し計算が終了したときの最終的な電圧波形は図16.4(b)である。

上記の反復計算により，磁気ヒステリシス特性と半導体オン電圧特性を相互に反映することで，最終的に両特性が考慮された磁気特性を得ることができる。

16.3　種類の異なる半導体素子を用いたインバータ励磁下での磁気特性計算例

前節で述べた数値計算手法により，オン電圧が大きいスイッチング素子と還流ダイオードを用いているインバータ回路と，オン電圧が小さい両素子を用いているインバータ回路により磁性材料を励磁した場合の磁気ヒステリシス特性を算出してみる。ここでは，オン電圧が大きい素子を用いたインバータを「大オン電圧インバータ」，小さいインバータを「小オン電圧インバータ」と呼ぶことにする。**図16.17**に両インバータに用いた半導体素子の電圧-電流測定を示す。これら半導体素子特性を用いて計算し，最終的に得られた磁気ヒステリシスループを**図16.18**に示す。図16.18より，オン電圧の特性が異なるインバータでは，マイナーループ（クローズドループとオープンループ）の形状が異なっていることがわかる（大オン電圧インバータ：マイナーループ大，小オン電圧インバータ：マイナーループ小）。この傾向は，**図16.19**に示す実測結果と同様であり，上記で述べた半導体特性と磁気特性を相互に考慮する手法は，実際の磁気ヒステリシスループの表現に有効であるといえる。

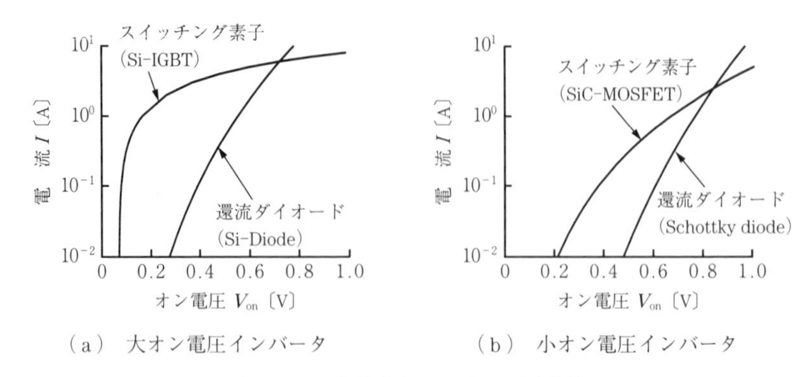

図 16.17　半導体素子の電圧-電流特性

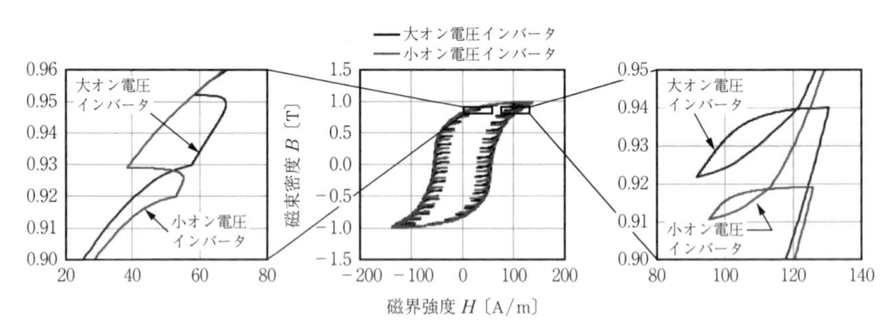

図 16.18　数値計算により得られたインバータの種類と磁気ヒステリシスループ

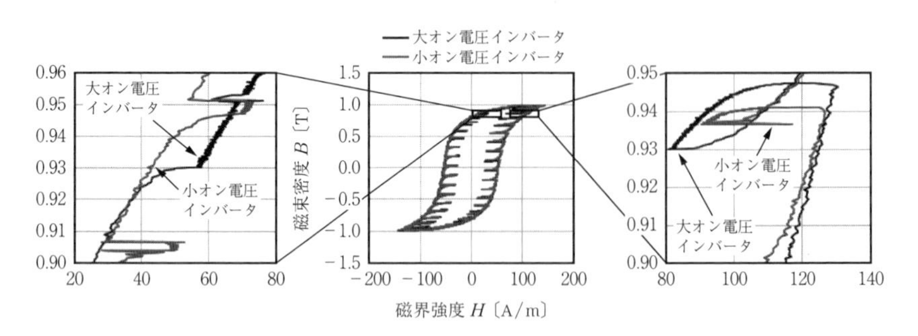

図 16.19　実測により得られたインバータの種類と磁気ヒステリシスループ

引用・参考文献

1) A. Boglietti, et al.：“Iron losses in magnetic materials with six-step and PWM inverter supply [induction motors],” IEEE Trans. Magn., Vol.27, No.6, pp.5334-5336 (1991).

2) H. Kaihara, et al.：“Effect of Carrier Frequency and Circuit Resistance on Iron Loss of Non-oriented Electrical Steel Sheet under Single-phase Full-bridge PWM Inverter Excitation”, IEEJ Trans. IA, Vol.132, No.10, pp.983-989 (2012).

3) S. Odawara, et al.：“Iron Loss Characteristics of Electrical Steel Sheet under Inverter Excitation by Using Power Semiconductor with Extremely Low On-voltage Property”, IEEJ Trans. IA, Vol.134, No.7, pp.649-655 (2014).

4) S. Odawara, et al：“Evaluation of Magnetic Properties Considering Semiconductor Properties by Using Numerical Technique Coupling Inverter Circuit Analysis to Magnetic Analysis,” IEEJ Trans. IA, Vol.135, No.12, pp.1191-1198 (2015).

5) S. Bobbio, et al.：“Models of Magnetic Hysteresis Based on Play and Stop Hysterons,” IEEE Trans. Magn., Vol.33, No.6, pp.4417-4426 (1997).

6) Y. Shindo, et al.：“Cauer Circuit Representation of the Homogenized Eddy — Current Field Based on the Legendre Expansion for a Magnetic Sheet,” IEEE Trans. Magn., Vol.52, No.3, pp.6300504 (2016).

7) T. Miyazaki, et al.：“Equivalent Circuit Modeling of Dynamic Hysteretic Property of Silicon Steel under Pulse Width Modulation Excitation”, Journal of Applied Physics, Vol.117, 17D110 (2015).

17 二次元ベクトル磁気特性

磁性材料を電気機器の鉄心として活用するには，従来の評価測定法や解析法では不十分であり，機器性能の向上を目指すには材料活用技術が求められる。従来の視点や考え方を見直して，再構成する必要がある。ベクトル磁気特性技術は電気機器の低損失・高効率化に向けて評価測定法から解析設計法にわたって体系化したものである。

17.1 磁性材料の構成方程式

磁性材料の磁気特性は，構成方程式として知られているが，それは**図 17.1** に示すような磁束密度，磁界，磁化の各ベクトル磁気量の関係にある。磁気特性はこのようなベクトル関係を記述するものである。その関係を表したものをベクトル磁気特性として従来の磁気特性の見直しが実用的観点から求められる[1)]。

ここで，$\boldsymbol{H}$ は磁界強度〔A/m〕，$\boldsymbol{B}$ は磁束密度〔T〕，$\boldsymbol{M}$ は磁化〔A/m〕を表すが，おのおのの諸量はベクトル量である。また，μ_0 は磁気定数である。

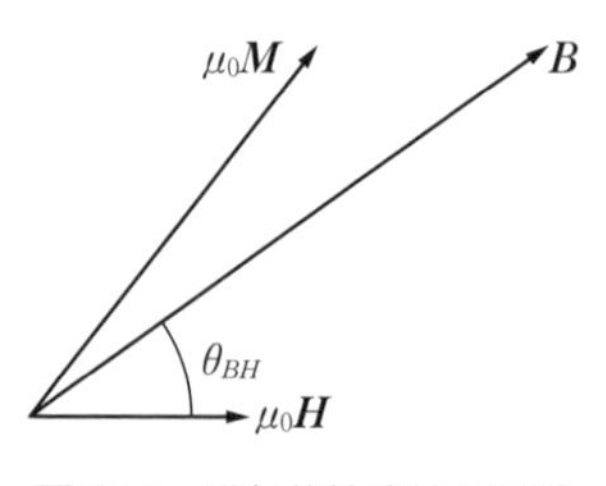

図 17.1　磁気特性諸量の関係

そして，θ_{BH} は図 17.1 に示す $\boldsymbol{H}$ ベクトルと $\boldsymbol{B}$ ベクトルの間の空間的位相角を表す。

$$\mu_0 = 4\pi \times 10^{-7}\ \mathrm{H/m} = 1.256\,637\,061\,4\cdots \times 10^{-6}\ \mathrm{H/m}$$

したがって，その関係式は磁性材料の構成方程式として次式で表されているが，実際の工学問題に適用するには見直しが必要となる。

$$\boldsymbol{B} = \mu_0 \boldsymbol{H} + \mu_0 \boldsymbol{M} \tag{17.1}$$

しかしながら，これらの磁気諸量において，$\boldsymbol{B}$ ならびに $\boldsymbol{M}$ は測定可能な量であるが，$\boldsymbol{H}$ は磁性材料内部の磁界であり，それを直接知ることができない測定不可能な量で，間接的な方法で求めることになる。実際的には電磁気学から導かれる磁性材料の境界条件もしくはアンペアの法則から，実効磁路長を決めて近似的に求める方法が用いられている。このように，材料内部の有効磁界が測定できないため，代わりに，$\boldsymbol{H}_{\mathrm{eff}}$ で示した実効磁界が用いられる。したがって，鉄心材料の磁気特性の測定には，この実効磁界をどのようにして測定するかが重要となる。このように鉄心材料の磁気特性の測定には，磁界について測定の曖昧（あいまい）さが存在する。また，この構成方程式における各物理量はベクトル量から成り立っている。それゆえ，本質的に磁気特性とは $\boldsymbol{H}$ ベクトルと $\boldsymbol{B}$ ベクトルの間の関係を表すものとして表記できる。それゆえ，これらのことを考慮して測定ならびに評価を行う必要がある。後で示すように磁気特性測定法を三つのカテゴリーに分別すると，磁気特性測定の全体を捉えやすい。

ここでは，磁性材料内部の磁界を推定する有効磁界の測定について，つぎの二つの方法を述べる。

〔1〕 アンペールの法則に基づく方法：（電流法）

励磁ソレノイドコイルに流れる電流を起磁力とする磁気回路から，磁路長を求めて算出する方法で，一般に電流法と呼ばれている。

$$H_{\mathrm{eff}} = \frac{NI}{l_{\mathrm{eff}}} \tag{17.2}$$

ここで，NI は起磁力で励磁ソレノイドコイルの巻数と電流の積から成り，測定領域に依存する。ここで l_{eff} は，実効磁路長で，磁気回路を構成する磁路長から決められるが，正確に決めることは難しい。なぜならば，この磁路長は磁気特性の磁束密度の関数であるため，一定値とすることは合理的でない。しかし，この磁路長を未知数として取り扱うことはできないため，適当な値を決めなければならない。したがって，この実効磁路長の選び方で磁界の大きさは異なる。励磁コイルに流れる電流から起磁力を求めて，実効磁路長で除算することで磁界が求められる。このとき，電流測定を正確に行うために，励磁回路中に挿入される抵抗は標準抵抗に準ずるものを使用しなければならない。

〔2〕 レンツの法則に基づく方法：($\boldsymbol{H}$ コイル法)

電磁気学の磁界に関する境界条件の関係から，試料近傍の接線方向成分の磁界は連続で同じとみることができる。このことから，試料表面の近傍に平行に設置された空心コイル（$\boldsymbol{H}$ コイルと呼ぶ）の出力を積分して求めることができる。そのためには，試料内部の磁界分布が十分均一であることが必要で，そのため励磁方式の構造と試料形状の構成が重要となる。

$$H_{\mathrm{eff}} = \frac{1}{\mu_0 NS} \int e_H \, \mathrm{d}t \tag{17.3}$$

NS は $\boldsymbol{H}$ コイルの有効エリアターンを表し，幾何学的な計算から算出するのではなく，電磁気的な方法で決められなければならない。そのためには，標準ソレノイドコイルもしくは，標準 $\boldsymbol{H}$ コイル（一般に水晶基板に巻かれたコイルから成る）による構成が不可欠となる。さらには，$\boldsymbol{H}$ コイルの周波数に対する位相特性を測定して，その影響を除くような工夫が求められる。

以上のように，有効磁界の代わりに実効磁界を使って磁気特性を表すために，実効磁路長や有効エリアターンの決定方法が測定精度を大きく左右する。この H_{eff} の値いかんで磁気特性は異なったものとなる。

17.2　磁気抵抗率テンソル

交番磁束を回転磁束の軸比 0 と考えて，二次関数で表せば，線形領域内で磁気抵抗率テンソルの各成分を表すことができる。ベクトル磁気特性は電気機器などの磁気特性解析を行う上で，磁気透磁率の代わりに，磁気抵抗率が次式で用いられる。測定可能な物理量は薄板に限定して，二次元表示で表すことができる。

$$\boldsymbol{H}_{\mathrm{eff}}=[\nu]\boldsymbol{B} \qquad \begin{bmatrix} H_x \\ H_y \end{bmatrix}=\begin{bmatrix} \nu_{xx} & \nu_{xy} \\ \nu_{yx} & \nu_{yy} \end{bmatrix}\begin{bmatrix} B_x \\ B_y \end{bmatrix} \tag{17.4}$$

線形領域でこの磁気抵抗率テンソルの各成分を表すと**図 17.2** のような結果を得ることができる。この結果は電磁鋼板の $\boldsymbol{B}=1\,\mathrm{T}$ の場合における軸比 α と $\boldsymbol{B}$ ベクトルの方向を決める磁化容易方向からの傾き角 θ_B を変数として表している。測定結果から特性的には次式の関係を見い出すことができる。

$$\nu_{xy}+\nu_{yx}=1 \tag{17.5}$$

このテンソルから得られる固有値は，$\boldsymbol{H}$ ベクトルと $\boldsymbol{B}$ ベクトル間の位相差角 θ_{BH} に起因する回転ヒステリシス損を表している。

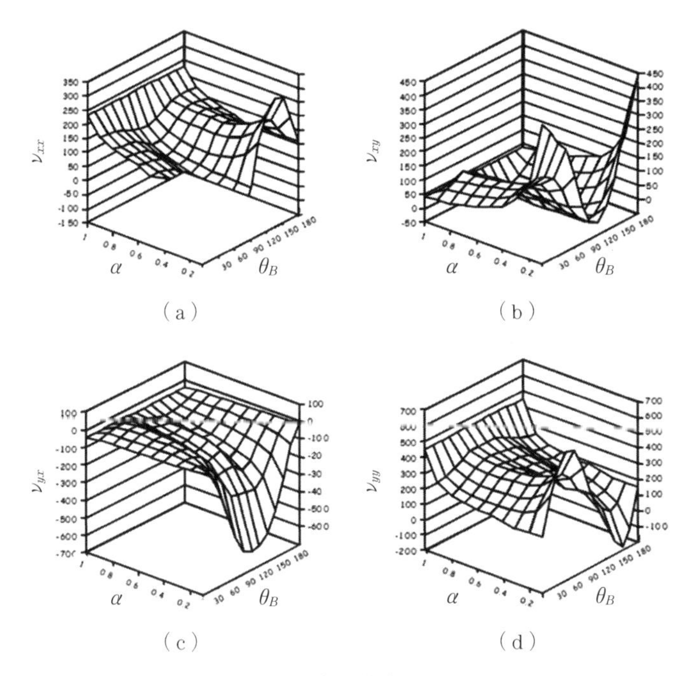

図 17.2　磁気抵抗率テンソル

しかし，これらは磁気回路や電気回路のインダクタンスを決める場合には，集中定数系として導入できるが，電磁界解析などのデータとして使うには無理がある。当然これらの磁気特性は，磁気飽和特性を表す非線形性がある。

工学的には電気機器において，一般的に電圧駆動が用いられ，電流は未知数として取り扱われる。この関係は外部回路を導入した形式で考える必要がある。

17.3　二次元ベクトル磁気特性の評価測定法

17.3.1　磁気特性測定のカテゴリー

磁気特性測定はその目的に応じて**図 17.3** に見るように三つのカテゴリーに分類することができる。これらの各測定法の間に共通原則がある。それは磁界ならびに磁束密度分布が均一な領域を確保して行われなければならない。そのため，励磁枠の構成や磁束均一部分を得るためのヨークや磁路構成に工夫がなされている。まとめるならば，$\boldsymbol{H}$ ならびに $\boldsymbol{B}$ の分布が一様で均一な領域で測

1.　標準測定装置…再現性，簡便性が優先

直接測定（増幅器不使用）
「有効磁路長」の概念を導入　$H_{\mathrm{eff}}=\dfrac{NI}{l_{\mathrm{eff}}}$

2.　評価測定装置…正確で公平な評価

$$e=N\frac{\mathrm{d}\Phi}{\mathrm{d}t}=N\frac{\mathrm{d}(\mu_0 SH)}{\mathrm{d}t},\quad H=\frac{1}{\mu_0 SN}\int e\,\mathrm{d}t$$

3.　活用測定装置…ものづくりのためのデータ作成

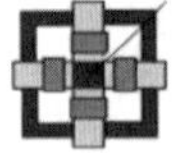

磁気特性解析用データ

$$H_x=\frac{1}{\mu_0 S_x N_x}\int e_x\,\mathrm{d}t,\quad H_y=\frac{1}{\mu_0 S_y N_y}\int e_y\,\mathrm{d}t$$

図 17.3　磁気特性評価の目的から見た測定法の分類

定が行われなければならない。以下の測定法はいずれもその要件を満たしている。

〔1〕 **標準測定法**

IECならびにJIS規格で定めるエプスタイン試験機を基本とし，3 cm×28 cmの短冊試料を重ね合わせて構成し，平均磁路長はちょうど1 mであるが，IEC規格では0.98 mと定めている。ここで重要視される要求は再現性と簡便性である。近年では材料特性のばらつきも小さく品質も向上し，単板磁気試験器が用いられている。この方式で磁路長の取扱いがつねに議論の対象となっている。この方法の特長は$\boldsymbol{H}$センサや増幅器などいっさい必要としないため，校正主眼を必要としない。しかしながら，磁路長は$\boldsymbol{B}$によって変化する数であるにもかかわらず一定としているため，実際の磁気特性は差異が生じる。したがって，生産側からのカタログデータを示し，材料の選択の目安を提示していることになる。それゆえ，これによって得られた特性データを解析などに使用すると，その特性差が生じる。

〔2〕 **評価測定法**

標準測定法で得られた磁気特性の問題点を補う方式として，単板磁気試験器の磁路長に代わる方式で，$\boldsymbol{H}$の評価には$\boldsymbol{H}$コイルが用いられる。単板磁気試験機の中央部の均一分布領域に，同一長さの$\boldsymbol{H}$コイルならびに$\boldsymbol{B}$コイルを設置し，積分増幅器を介して測定する。最近ではA-D変換器（コンバータ）を使用してディジタル処理による方式がとられている。しかしながら，センサを用いるため各センサコイルの有効断面積（$\boldsymbol{B}$コイル）および有効エリアターン（$\boldsymbol{H}$コイル）の校正がきわめて重要である。以上の手順を踏襲した測定システムで得られた磁気特性データは正確であると見られている。しかしながら，ベクトル磁気特性の視点で見ると，$\boldsymbol{H}$ベクトルと$\boldsymbol{B}$ベクトルが平行な圧延方向のみに限定された特性となっている。

〔3〕 **活用測定法**

ベクトル磁気特性を測定するために考案された方法で，任意の方向の磁気特性ならびに種々の回転磁束条件下のベクトル磁気特性を測定する。難点はセン

サをクロスさせて使用するため，新たな校正が必要である。$\boldsymbol{H}$コイルならびに$\boldsymbol{B}$コイルの直交度を正確に校正する必要がある。$\boldsymbol{H}$コイルの直交度の校正法はレーザを用いた弾動検流計法が用いられる。また，$\boldsymbol{H}$コイルと$\boldsymbol{B}$コイルの相対角度を正確に0°にすることが重要である。こうして測定される磁気特性は従来の磁気特性表示法と異なり，$|\boldsymbol{B}|-|\boldsymbol{H}|-\theta_{BH}$特性を表し，電磁界解析や磁気特性解析に有用なデータベースを提供する。

電磁鋼板などの磁性材料は，異方性や回転磁束下の磁気特性など種々の条件下での磁気特性の把握を必要とするため，電気機器の設計・開発に際し，それらに対応できる測定法が必要である。磁気特性は，磁界ベクトル$\boldsymbol{H}$と磁束密度ベクトル$\boldsymbol{B}$の関係を表すと規定できる。したがって，両諸量の間には大きさのみならず方向に対して非線形性を有する。さらに，両ベクトル間の空間的位相角も一定ではなく変化している。これらを包括する測定法が活用測定であり，二次元測定に基づくベクトル磁気特性と位置付けられる[1)]。これらの関係は，**図17.4**に示すように従来法は$\boldsymbol{H}$ベクトルと$\boldsymbol{B}$ベクトルがそろった条件下の評価測定法といえ，スカラ磁気特性と見て取ることができる。

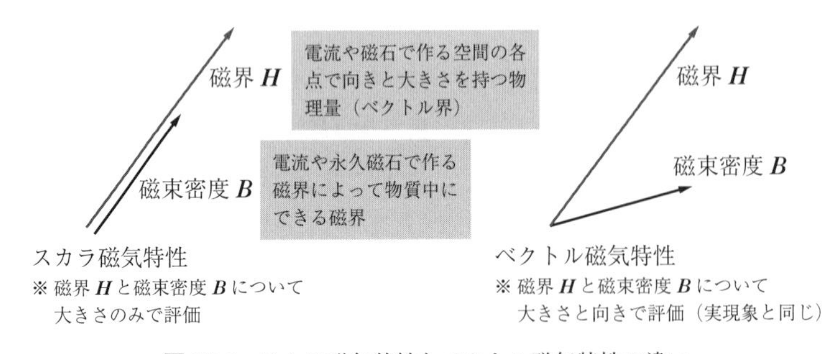

図17.4　スカラ磁気特性とベクトル磁気特性の違い

図17.5は製鉄所から電磁鋼帯として製造され，その鋼帯から必要に応じて切り出し測定試料として提供される様子を表している。このとき，任意方向の磁気特性を得るために任意方向ごとに試料を切り出し，従来の一次元的磁気特性測定法（エプスタイン試験機や単板磁気試験器）で測定すると，二次元的測定量が検出できない。特に，$\boldsymbol{H}$ベクトルと$\boldsymbol{B}$ベクトル間の空間的位相差角θ_{BH}

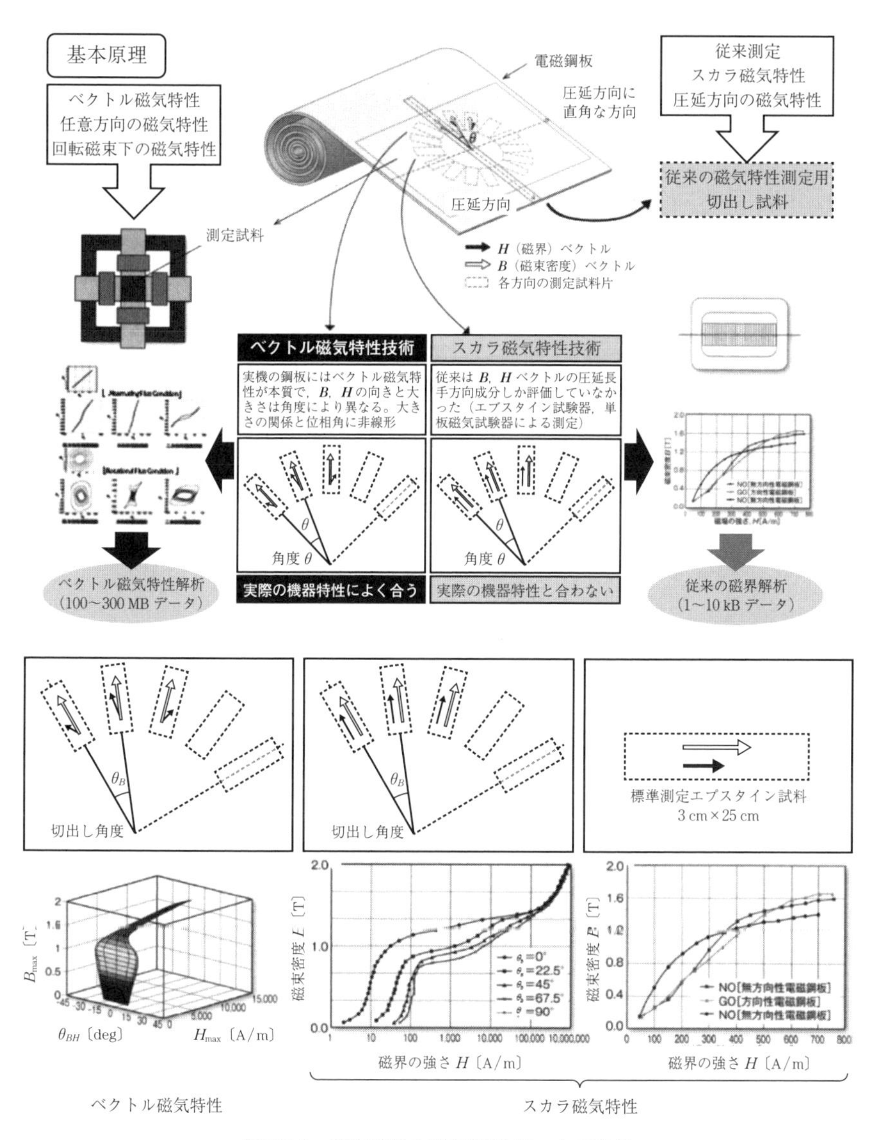

図 17.5　測定試料と磁気特性データの関係

が検出できない。このような測定データを見かけることがあるが，これはベクトル磁気特性を表しておらず，むしろ$\boldsymbol{H}$の値を小さく評価する（$\boldsymbol{B}$ベクトル方向の写像成分）ことになる。そこで，正方形試料を用いて任意方向に二次元励磁し，測定する二次元磁気特性測定法が必要となる。

17.3.2　二次元ベクトル磁気特性測定システムと測定パラメータ

図 17.6 はベクトル磁気特性を測定するための測定システムの概要を示す。

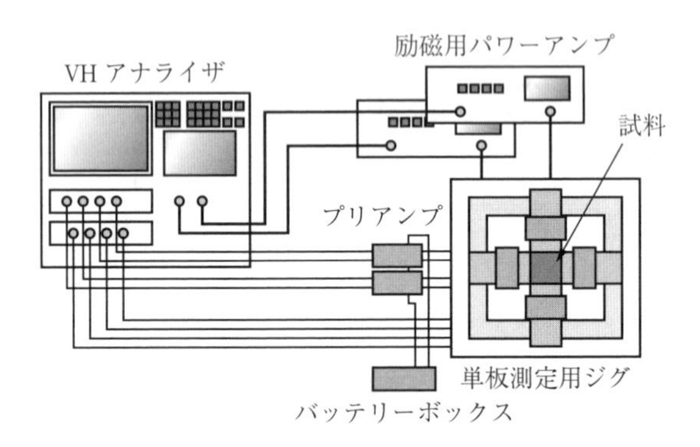

図 17.6　測定システム図

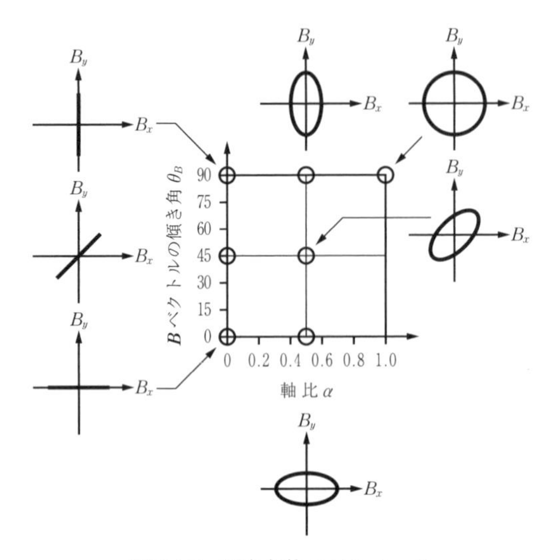

図 17.7　測定条件のパラメータ

方向性は二次元励磁枠と各センサ出力の高精度差動増幅器，A-D ならびに D-A 変換器と操作システムで構成されている。**図 17.7** はベクトル磁気特性を得るための測定条件のパラメータである。磁束密度 $\boldsymbol{B}$，$\boldsymbol{B}$ ベクトルの傾き角 θ_B，回転磁束の軸比 α（$\alpha=0$ の場合が交番磁束条件，$\alpha=1$ の場合は完全円回転磁束条件）である。

17.3.3　任意方向の磁気特性

図 17.8 はベクトル磁気特性測定装置によって測定された無方向性電磁鋼板の圧延方向からの傾き角 $\theta_B=30°$ 方向における楕円磁束（$\alpha=0.5$）の場合の磁気特性の一例を示す。基本的には $\boldsymbol{B}$ ベクトルと $\boldsymbol{H}$ ベクトルの軌跡を表し，x 方向とそれに直角な y 方向のヒステリシス特性で表すことができ，そのときの空間的位相差角 θ_{HB} を示す。

さらに，$\boldsymbol{B}$ ベクトルの軌跡を基準に $\boldsymbol{H}$ ベクトルの挙動を**図 17.9** で表すこと

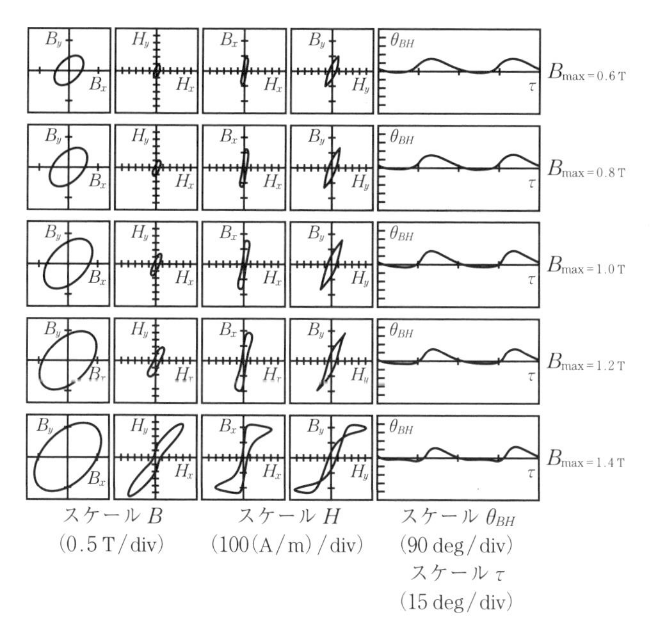

図 17.8　無方向性電磁鋼板の $\theta_B=30°$ における楕円磁束（$\alpha=0.5$）の場合の磁気特性

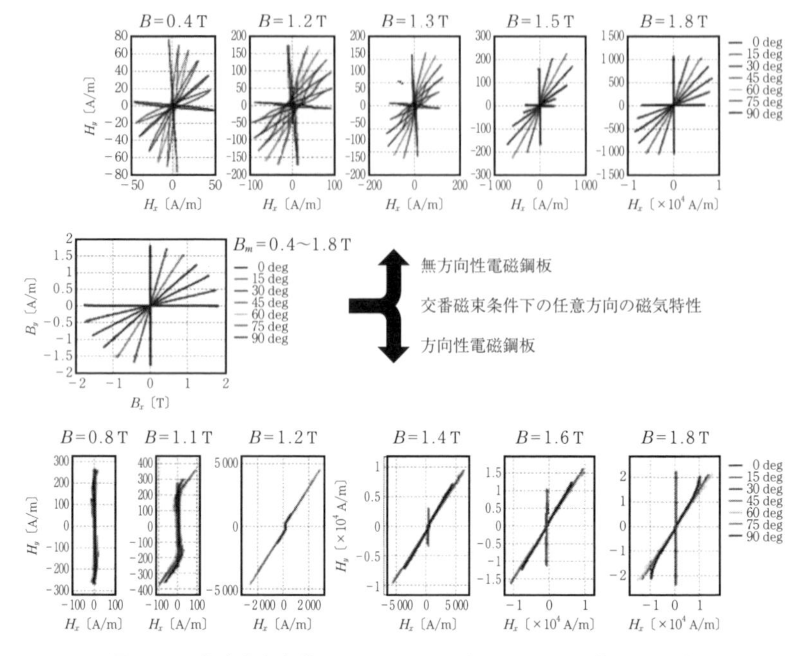

図 17.9　交番磁束条件下の $\boldsymbol{B}$ ベクトルと $\boldsymbol{H}$ ベクトル軌跡の挙動

ができる。これより，$\boldsymbol{B}=1.2\,\mathrm{T}$ 付近までの磁気特性は，圧延磁気異方性や結晶構造の配向性の影響が主体的に現れ，それ以上では結晶磁気異方性の影響が表れてくる。その結果，磁気透磁率は

$$B<1.2\,\mathrm{T}\ \text{では}\qquad \mu_{\theta_B=0^\circ}>\mu_{\theta_B=45^\circ}>\mu_{\theta_B=90^\circ}$$

$$B>1.2\,\mathrm{T}\ \text{では}\qquad \mu_{\theta_B=0^\circ}>\mu_{\theta_B=90^\circ}>\mu_{\theta_B=45^\circ}$$

となる。この現象は方向性電磁鋼板でも同様である。

17.3.4　ベクトル磁気特性表示

従来の $\boldsymbol{B}$-$\boldsymbol{H}$ 特性に代わる特性として**図 17.10** に $|\boldsymbol{B}|$-$|\boldsymbol{H}|$-θ_{BH} 磁気特性を示す。このようにベクトル磁気特性では，θ_{BH} の関わりが大きいことを示している。また材料による相違も明確になり，図 17.10 に示したように無方向性電磁鋼板と方向性電磁鋼では大きく異なることもわかる。これは磁気特性のデータとしてだけではなく，新しい材料の開発や電気機器の最適鉄心形状の検討にお

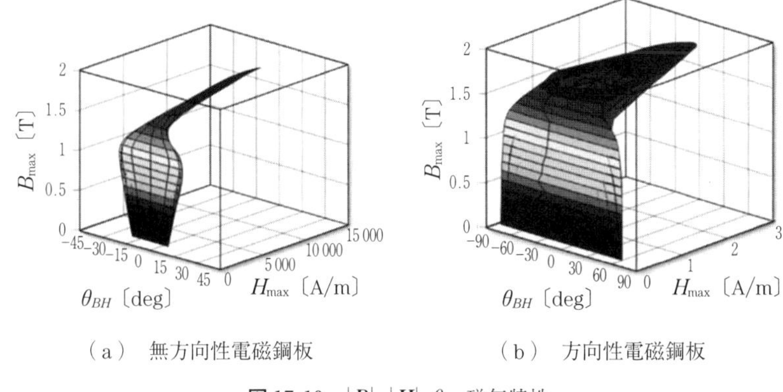

（a）　無方向性電磁鋼板　　　（b）　方向性電磁鋼板

図 17.10　$|\boldsymbol{B}|$-$|\boldsymbol{H}|$-θ_{BH} 磁気特性

いても，有益な指針を与えてくれる。とりわけ磁気損失の評価においても，**B-H** ループによってのみの評価を変えることになる。

17.4　電磁界解析から磁気特性解析へ

一般に使用されている電磁界解析は，マクスウェルの電磁方程式を解いているが，磁気ベクトルポテンシャルを求めて磁束密度を計算している。モータなどのアクチュエータの電磁力は，この磁束密度のみから得られるため，問題なく有用である。しかしながら，鉄損などの磁気特性はそうはいかない。磁気特性は磁界と磁束密度の関係であるため，とりわけ，電気機器の解析では磁界ベクトルの挙動が重要で，かつ磁束密度ベクトルとの間の空間的位相差角が重要となる。これらを表すには，磁束密度ベクトルだけでなく，むしろ磁界ベクトルの挙動に注視した解析が必要である。

$$F=\int_V \mathrm{rot}\left(\frac{1}{\mu_0}\boldsymbol{B}\times\boldsymbol{B}\right)\mathrm{d}\,V$$

出力（電磁力，トルク）
従来技術の設計で可能

$$W=\frac{1}{\rho T}\int_0^T\left(\boldsymbol{H}_g\frac{\partial\boldsymbol{B}}{\partial t}\right)\mathrm{d}\,t$$

効率（磁気特性，損失）
ベクトル磁気特性技術

磁気特性解析を行うためには，磁界ベクトルの挙動ならびに分布を求めることが重要である。特に，ベクトル磁気特性データではなく，一般に用いられているカタログデータを用いた解析では，**図 17.11** に示すように磁界 $\boldsymbol{H}$ を解くことができない。そのため，カタログデータの鉄損特性を磁束密度 $\boldsymbol{B}$ の関数近似した方法として使用されるが，それでは基本的に磁束密度分布とそれほど変わらない鉄損分布となり，実際とまったく異なる知見を示すことになる。さらに重要なことは，鉄損を磁束密度の大きさのみの関数にすると，電気機器の高効率化に向けた低損失化には，磁束密度レベルを下げるしかないということを示唆してしまう。それに比べ，ベクトル磁気特性を考慮したベクトル磁気特性解析は，磁界 $\boldsymbol{H}$ の挙動のみならず分布を解くことができるため，容易に鉄損分布を直接計算でき，鉄損データを必要としない[2)]。

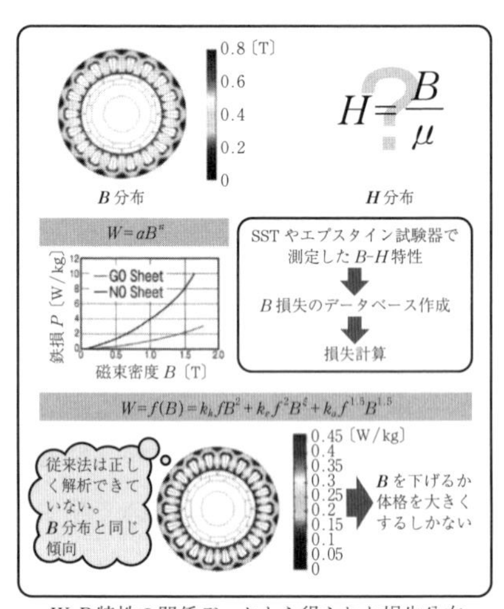

W-B 特性の関係データから得られた損失分布

（a）　従来の磁界解析法

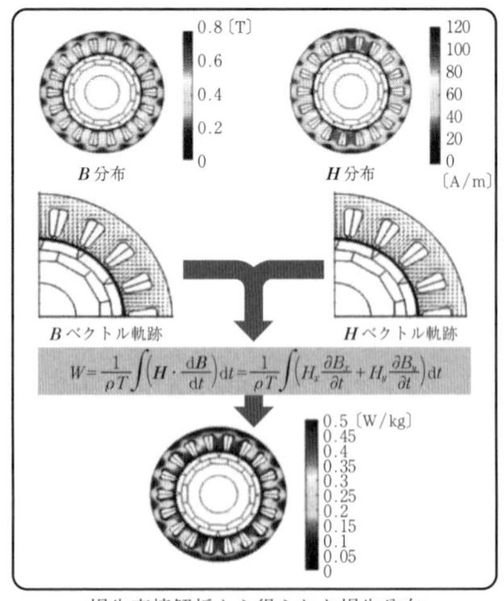

損失直接解析から得られた損失分布

（b）　ベクトル磁気特性解析（E&S モデル）

図 17.11　ベクトル磁気特性解析

図 17.12 に示すように，ベクトル磁気特性を導入した磁気特性解析のためのモデリングには，多様な方法が考えられる。数学的モデルや物理モデルなどが多く提案されているが，電気機器の低損失・高効率化の手掛かりを得ようとすれば，正確な現象の定性的把握が重要となる。数学モデルや物理モデルは残念ながら，この目的に対して十分であるとはいいがたい。磁性材料の磁気特性を

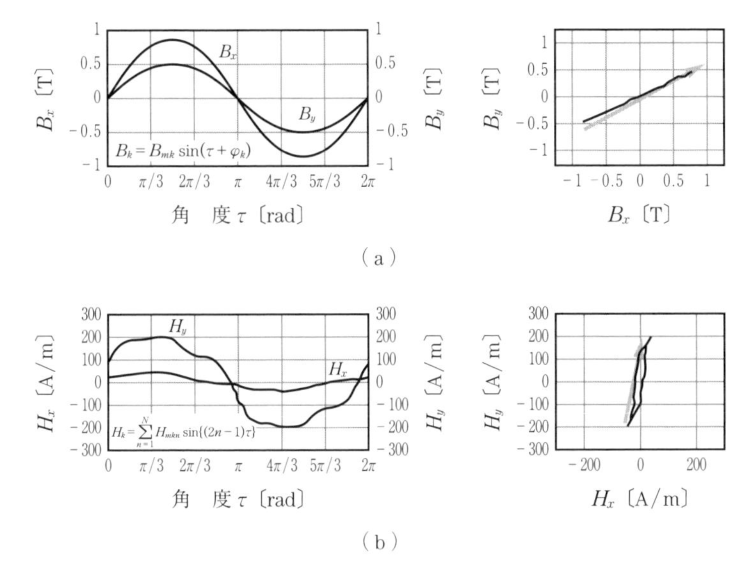

図 17.12　ベクトル磁気特性のモデリング

正確に緻密に測定して磁気特性そのものを理解した上で，磁気特性解析に向かうことが求められる。そこには，材料の利用・活用技術の構築につながる。したがって，より詳細な磁気特性把握がこれからも引き続き求められるであろう。当然ながら，ベクトル磁気特性データ量はパラメータの多さから膨大な量になる。しかしながら，この大容量のデータを駆使することは，それほど難しいことではなく，コンピュータシミュレーションの「なせる業」ともいえる。

このように，実験データに基づくモデリングを工学的モデルと呼ぶことにした。

図 17.13 はベクトル軌跡を各成分の波形として見ることにより，その間をいかに関係付けるかという問題に帰着させることができる。通常，渦電流の影響を一定にするため磁束正弦波条件下で測定される。したがって，磁界波形は高調波成分を含有するひずみ波形となる。この両波形の関係は，フーリエ展開によって次式で容易に関係付けることができる。この表現式を E&S モデルと称し，微分型と積分型で表した。その際，新しく磁気抵抗係数（magnetic reluc-

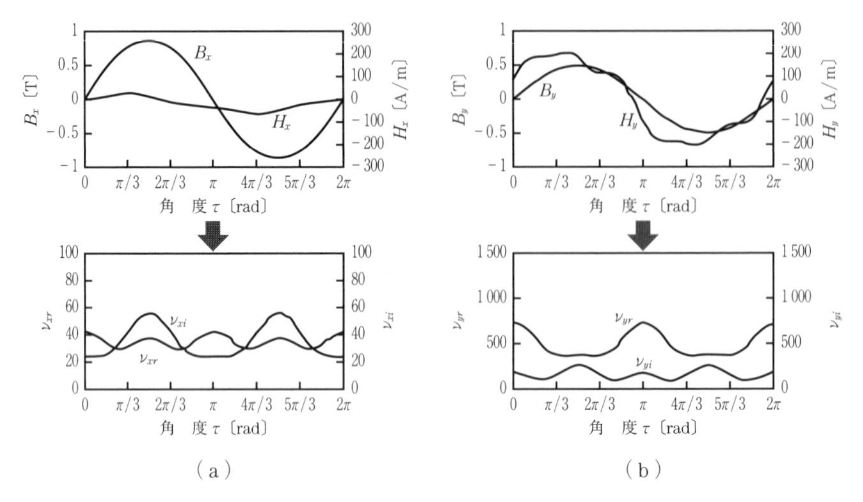

図 17.13　*B* 波形と *H* 波形の関係

tivity coefficient）ならびに磁気ヒステリシス係数（magnetic hysteresis coefficient）を定義した。このモデルは微分型と積分型が考えられ，使い勝手によって活用できる。

“微分型 E&S モデル”

$$H_x = \nu_{xr}\left(B, \theta_B, \alpha, \tau\right)B_x(\tau) + \nu_{xi}\left(B, \theta_B, \alpha, \tau\right)\frac{\partial B_x(\tau)}{\partial \tau}$$

$$H_y = \nu_{yr}\left(B, \theta_B, \alpha, \tau\right)B_y(\tau) + \nu_{yi}\left(B, \theta_B, \alpha, \tau\right)\frac{\partial B_y(\tau)}{\partial \tau}$$

“積分型 E&S モデル”

$$H_x = \nu_{xr}\left(B, \theta_B, \alpha, \tau\right)B_x(\tau) + \nu_{xi}\left(B, \theta_B, \alpha, \tau\right)\int B_x(\tau)d\tau$$

$$H_y = \nu_{yr}\left(B, \theta_B, \alpha, \tau\right)B_y(\tau) + \nu_{yi}\left(B, \theta_B, \alpha, \tau\right)\int B_y(\tau)d\tau$$

ν_{xr}，ν_{yr}：磁気抵抗係数　ν_{xi}，ν_{yi}：磁気ヒステリシス係数　　　(17.6)

これらの係数は波形として表されることになり，図 17.13 のような ***B*** 波形と ***H*** 波形の関係をフーリエ級数展開して，各係数を求めると，2 倍周期のひずみ波形で表される。

その特性は**図 17.14** で示すようなこれまでの磁気特性の表記とはまったく異なる。この考え方は，磁気特性測定を行う際に磁束正弦波を得るためにフィードバックして $\boldsymbol{H}$ 波形を求める手法と同じである。

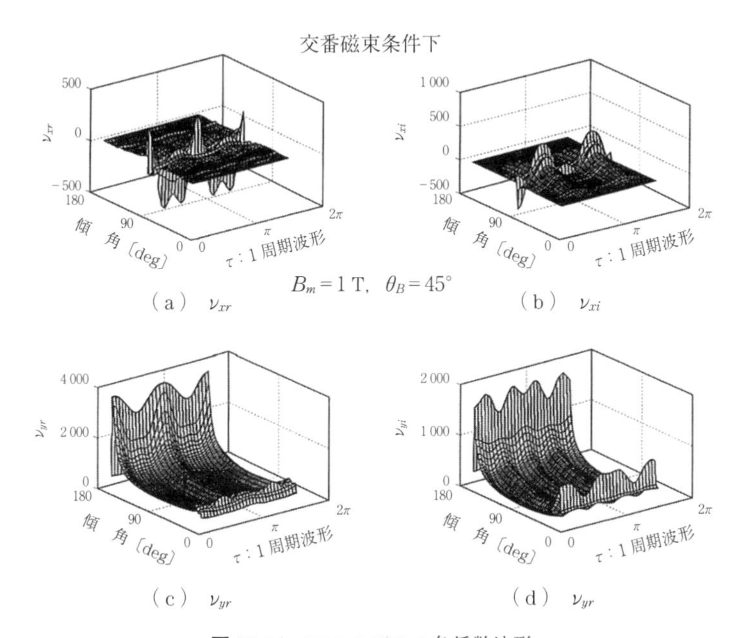

（a） ν_{xr}　（b） ν_{xi}

（c） ν_{yr}　（d） ν_{yr}

図 17.14 E&S モデルの各係数波形

上記 E&S モデルの係数をデータとして導入し，次式も基礎方程式に代入して解析することになる。次式がヒステリシス項である。解析手順では測定と同様に波形収束過程での判断を用いる。

$$\frac{\partial}{\partial x}\left(\nu_{yr}\frac{\partial A}{\partial x}\right)+\frac{\partial}{\partial y}\left(\nu_{xr}\frac{\partial A}{\partial y}\right)+\left\{\frac{\partial}{\partial x}\left(\nu_{yi}\int\frac{\partial A}{\partial x}d\tau\right)+\frac{\partial}{\partial y}\left(\nu_{xi}\int\frac{\partial A}{\partial y}d\tau\right)\right\}$$
$$=-J_0 \tag{17.7}$$

図 17.15 は，永久磁石モータについてベクトル磁気特性解析を行った結果の一例である。また，本方法による E&S モデルは，応力効果や磁気ひずみ特性解析にも応用拡張できる。磁気特性に及ぼす応力効果もベクトル磁気特性の視点から議論する必要がある。

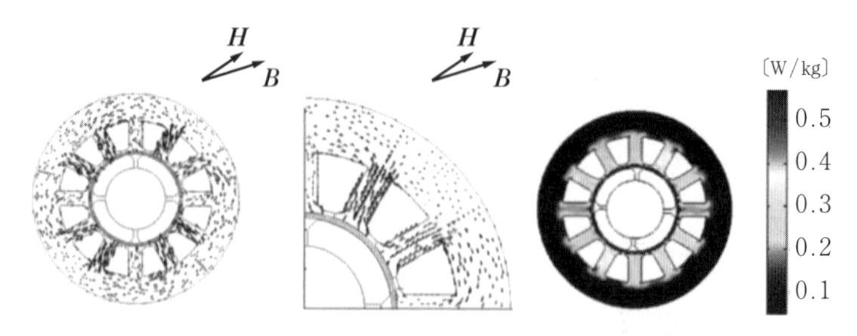

図 17.15　永久磁石モータのベクトル磁気特性解析

図 17.16 は，無方向性電磁鋼板に応力を印加したときの鉄損の変化を示したものである。引張応力と圧縮応力は対の関係にあり，単独に考えることはできない。また，これまで明らかにされなかったせん断応力による影響は興味深い現象を示している。これらの応力効果を把握するにはベクトル磁気特性から見た検討を行う必要がある。特に，応力の方向と $\boldsymbol{B}$ ベクトルならびに $\boldsymbol{H}$ ベクトルの方向が一致することはほとんどない。

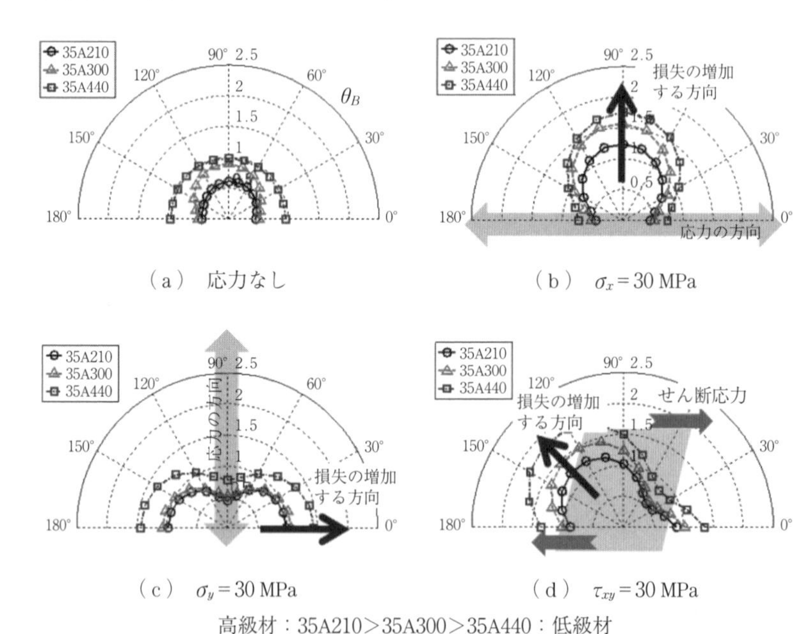

図 17.16　無方向性電磁鋼板の鉄損に及ぼす応力効果

このベクトル磁気特性と応力の関係を議論するためには，主応力の方向との関係に注目し，次式で示す応力複素 E&S モデルで解析することができる。**図 17.17** は，モータの鉄心に製造過程で発生している鉄心の残留応力の測定結果を使って，上記モデルを用いて磁気特性解析したものである。応力効果は張力と圧縮力が対で起こり，場所によってはせん断応力が発生している。これらの効果が，どのように磁気特性分布に影響を及ぼしているのかを知ることができる。残留応力を考慮した磁気特性解析結果から，これらの影響は磁束密度分布に表れにくく，磁界分布に大きく表れる特徴がある。これにより鉄損の増大を招いている。このことは重要な知見である。モータは高力率であるため，前述したように電圧駆動下では鉄心の磁束密度レベルは定まり，多少の応力や欠陥によって大きく磁束密度分布が変わることはない。むしろ，その磁束分布を補う形で磁界が増加し，電流が増大することを示唆している。

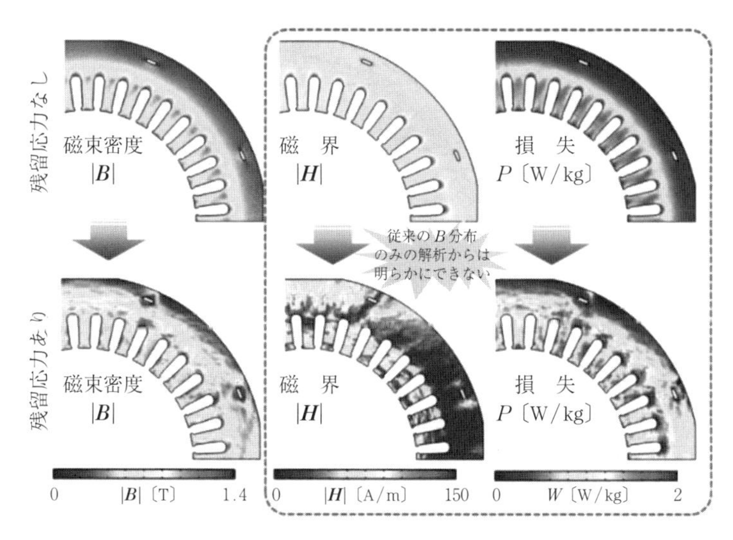

図 17.17 鉄心の残留応力の影響

$$\left.\begin{aligned} H_x &= \nu_{xr}\left(\left|\boldsymbol{B}_m\right|, \theta_B, \alpha, f_0, \sigma_{R.D}, \sigma_{T.D}\right)B_x \\ &\quad + j\omega\nu_{xi}\left(\left|\boldsymbol{B}_m\right|, \theta_B, \alpha, f_0, \sigma_{R.D}, \sigma_{T.D}\right)B_x \\ H_y &= \nu_{yr}\left(\left|\boldsymbol{B}_m\right|, \theta_B, \alpha, f_0, \sigma_{R.D}, \sigma_{T.D}\right)B_y \\ &\quad + j\omega\nu_{yi}\left(\left|\boldsymbol{B}_m\right|, \theta_B, \alpha, f_0, \sigma_{R.D}, \sigma_{T.D}\right)B_y \end{aligned}\right\} \tag{17.8}$$

さらに，磁気ひずみについても従来の特性を見直す必要がある。**図 17.18** に見るように，これまでの磁気ひずみ特性は，一次元的で全体の磁気ひずみを変形現象として捉えていない。**図 17.19** は，無方向性ならびに方向性電磁鋼板の任意方向の磁気ひずみを測定した結果である。これらの結果を見てわかるように，従来の磁気ひずみの把握方向では不十分であることを示している。

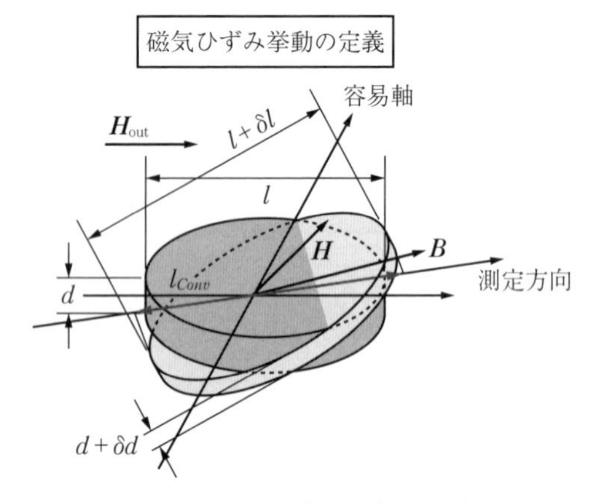

図 17.18　二次元磁気ひずみの概念図

この二次元磁気ひずみ特性解析を行うため，次式は E&S モデルを基本に改良した E&S-W モデルとして提案したもので，ここでも従来の磁気ひずみ特性は使えない。新しく二次元磁気ひずみ特性を測定し，これをベクトル磁気特性と結合させることによってベクトル磁気特性解析ならびに二次元磁気ひずみ特性解析を併せて解くことができる[3]。

λ は磁気ひずみ係数波形で E&S-W モデルの係数である。

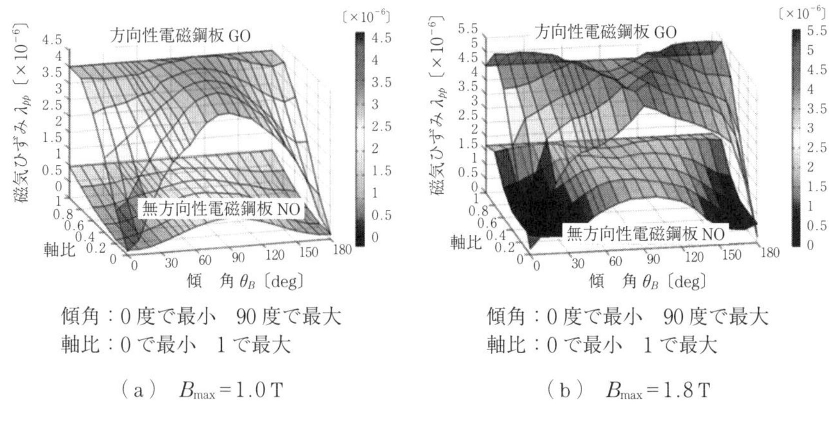

（a） $B_{\max}=1.0\ \mathrm{T}$　　（b） $B_{\max}=1.8\ \mathrm{T}$

図 17.19 二次元磁気ひずみ特性測定による任意方向の磁気ひずみ

$$H_k(\tau)=\nu_{kr}\left(|\boldsymbol{B}|, \theta_B, \alpha, \lambda_r, \lambda_t\right)B_k(\tau) + \nu_{ki}\left(|\boldsymbol{B}|, \theta_B, \alpha, \lambda_r, \lambda_t\right)\int B_k(\tau)\,d\tau \tag{17.9}$$

図 17.20 は三相変圧器鉄心に適用した事例で，この結果の妥当性は，三相変圧器モデルを解くことによって確かめられる。従来のスカラ磁気特性や一次元磁気ひずみ特性を用いたのでは，磁束密度の大きい箇所で大きな磁気ひずみを

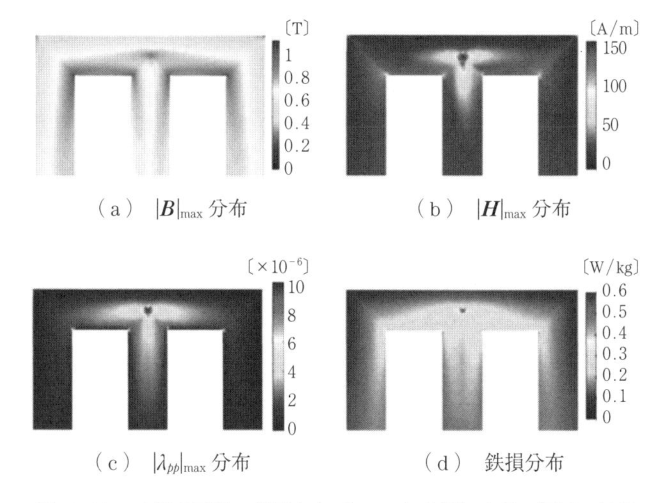

（a） $|\boldsymbol{B}|_{\max}$ 分布　　（b） $|\boldsymbol{H}|_{\max}$ 分布

（c） $|\lambda_{pp}|_{\max}$ 分布　　（d） 鉄損分布

図 17.20 三相変圧器の鉄損ならびに二次元磁気ひずみ解析の結果

発生することとなる。これまでの変圧器の振動・騒音の研究者は，その主たる発生源が中央部のT接合部にて大きな磁気ひずみが発生していることを，実験的にも確かめている。本結果はこのことをよく表している。**図 17.21** は誘導モータに適用した事例で，磁束密度，磁界，鉄損分布とともに磁気ひずみ分布を示している。

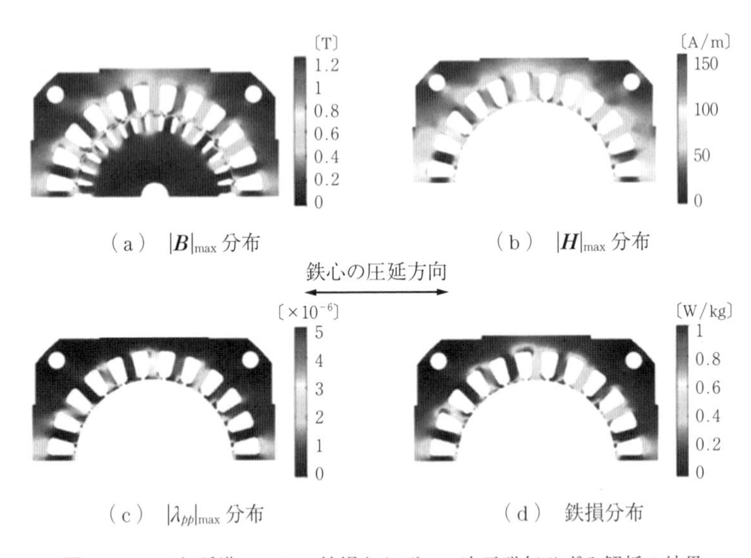

（a）　$|\boldsymbol{B}|_{\max}$ 分布　　（b）　$|\boldsymbol{H}|_{\max}$ 分布

（c）　$|\lambda_{pp}|_{\max}$ 分布　　（d）　鉄損分布

図 17.21　三相誘導モータの鉄損ならびに二次元磁気ひずみ解析の結果

17.5　電気機器の低損失・高効率化へのベクトル磁気特性活用技術

磁気特性解析は従来の電磁界解析に比べて，多くの知見をもたらす。このような磁気特性現象を実機モデルで明らかにできれば，この結果を設計・開発に活用することにより，モータなどの電気機器の低損失・高効率化に向けた鉄心の形状設計に結び付けることができる。

ではどのようにして，鉄心の最適構造設計に結び付けていけばよいのか？その方法は利用者によってさまざまな方法が考案されるであろうが，ここでは鉄損の低損失化法について基本的な考え方を紹介し，その解析事例を示す。

鉄損の算出式は前述したが，この式のパラメータから鉄損の低減化に関わる因子を抽出すると，位相角 θ_{BH}，磁束密度ベクトルの圧延方向からの傾き角 θ_B，軸比 α，そして磁界の大きさ $|\boldsymbol{H}|$ が挙げられる。圧延方向に沿っている場合が最も鉄損は小さいが，この状態がモータ鉄心内であることはまずない。モータの鉄心構造や巻線構造，永久磁石の配置などによってこれらは変化する。

図 17.22 は鉄損低減化のための因子の挙動を示している。これらすべての因子を圧延方向に沿った鉄損 W_0 に近付けることはできない。しかしながら，

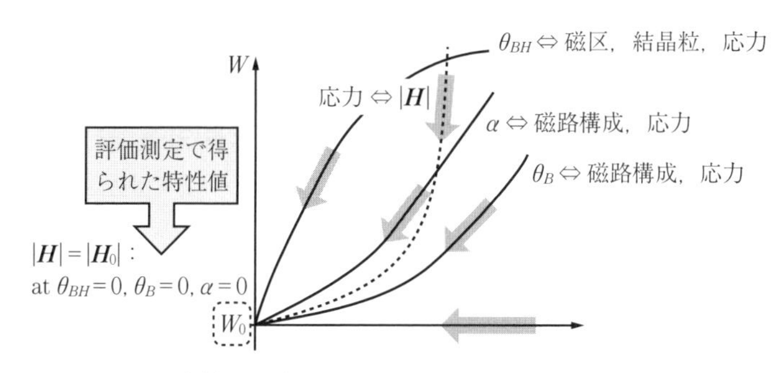

図 17.22 電気機器の低損失・高効率化のための鉄損低減パラメータ

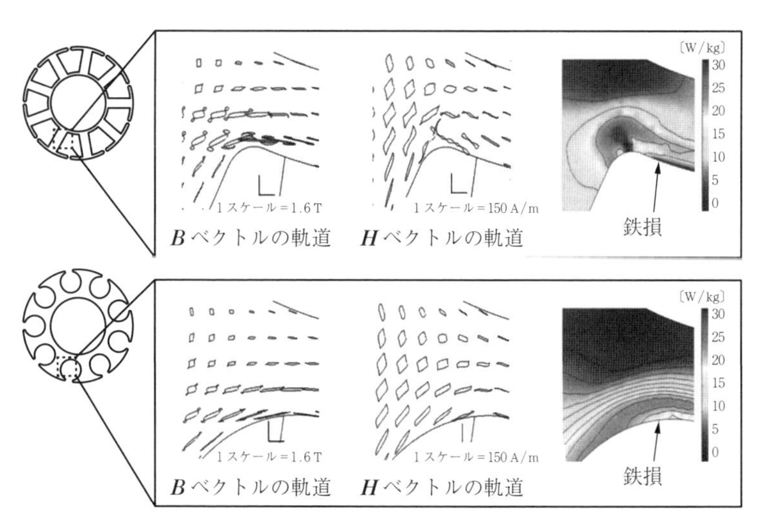

図 17.23 モータの低損失・高効率化のための最適鉄心形状解析

モータの基本構造からどの因子が最も支配的であるかを知れば，それによってその因子を第一番に減少させ，図中に示した磁路構成や応力などの影響によってベクトル磁気特性をコントロールすることができる。

図 17.23 は，表面磁石型永久磁石モータの鉄損を低減化して高効率化を図るために，鉄心形状をどのようにすればよいかを検討した事例である。磁束密度ベクトルに対して磁界ベクトルの軌跡を見ると大きく，その傾き角や大きさが変化し，その結果として鉄損分布の大幅な改善を見ることができる[4)]。

17.6　計測は羅針盤

筆者は，磁気特性解析手法を「ソフトな測定」，従来の計測器を用いた手法を「ハードな測定」と呼んでいる。研究開発にはこの両方の測定手法を「車の両輪」のように駆使して，互いに補い合う関係で進めていくことが重要と考えている。ともすれば，一方の手法だけで事足りるとした偏ったアプローチは，往々にして大事な点を見失ってしまうであろう。

残念なことにわが国では，データの重要性を軽視する向きがあるが，磁気特性解析において，ベクトル磁気特性データは非常に重要な位置にある。精密かつ緻密（ちみつ）な測定から得られたベクトル磁気特性は，磁気特性解析において，とても重要な知見を与えてくれ，機器性能の向上に大きな役割を果たす。まさに計測は，研究開発の「羅針盤」である。

引用・参考文献

1）榎園正人：“ベクトル磁気特性技術と設計法　～モータの低損失・高効率化設計法～”，p.262，科学情報出版（2015）.

2）M. Enokizono：“Core Loss Reduction Method for Development of High Efficiency Motors”, ICEM 2016, Tutorial Invited Paper (2016-09).

3）D. Wakabayashi and M. Enokizono：“Two-dimensional Magnetostriction Analysis Using E&S-W Model in Induction Motor Model Core”, Proceedings of the XXIth International Conference on Electrical Machines (ICEM2014), pp.1469-1474, (2017-09).

4) N. Soda and M. Enokizono："Magnetic Field Analysis of Self-propelled Rotary Actuator's Stator in Consideration of the Rolling Direction of the Steel Sheet" IEEE Transactions on Magnetics, Vol.52, No.3, Article#：7000404 (2016-03).

Part IV　将来の磁性材料

18　磁性材料のこれまでと今後

今日のわれわれの生活は電気に支えられている。磁性材料は運動エネルギーを電気エネルギーに変換して発電させたり，電気エネルギーを運動エネルギーに変換してモータなどを駆動させたりするエネルギー変換材料として，エレクトロニクス，産業用機械，自動車などの分野で使用されていることから，電気を用いる今日の私たちの生活には欠かすことのできないキーマテリアルになっている。本章では，その技術的歴史と代表的な材料について紹介する。なお，詳しくは引用・参考文献を参照されたい[1)～12)]。

18.1　ソフト磁性材料とハード磁性材料

一般的にソフト磁性材料は，透磁率の高い材料を指す。このためには保磁力が小さく，磁気分極が高いこと，さらには電気抵抗が高いことが材料には望まれる。磁化機構から考えれば，磁壁移動や回転磁化を容易にすることが重要となることから，磁気異方性定数 K，磁気ひずみ定数 λ が小さいことが材料には要求される。これらを実現するため，材料製造において高純度化，磁化容易軸をそろえる，金属の場合には渦電流を抑えるために表皮深さ以下のサイズに微粉化・薄膜化するなどが行われている。

ソフト磁性材料は，金属および合金材料とフェライトと呼ばれる金属酸化物に大別される。具体的な材料として金属材料では，純鉄，ケイ素鋼（等方性，異方性），パーマロイ，スーパーマロイ，センダスト，パーメンジュール，アモルファス，ナノ結晶などの材料があり，酸化物材料では，スピネル型フェライト（Mn-Zn，Ni-Zn），フェロックスプレナー型フェライト，ガーネット型フェライトなどの材料がある。

一方，永久磁石と呼ばれるハード磁性材料は，保磁力，残留磁気分極，最大エネルギー積 $(BH)_{max}$ が高い材料である。このため磁気異方性，磁気ひずみが大きいことが望まれる。材料的には，機械的に強く，経時変化を示さないなど安定性にも優れ，耐熱性，耐食性も高いことが必要である。

現在の永久磁石材料を大別すると，金属系磁石と酸化物系磁石に分けられる。金属系磁石は Nd-Fe-B 系磁石や Sm-Co 系磁石に代表される強力な希土類磁石と，アルニコ系磁石や Fe-Cr-Co 系磁石に代表され温度特性が良好な合金系磁石に分かれる。一方，酸化物系磁石は，鉄の酸化物を使用し非常に安価で，私たちの生活の中で最もなじみ深い磁石であるフェライト磁石（M 型フェライト磁石（Ba 系，Sr 系））にほかならない。以下，ソフト磁性材料とハード磁性材料について説明する。

18.2 ソフト磁性材料

18.2.1 ソフト磁性材料の開発の歴史[5)～7),12)]

ソフト磁性材料の発展の歴史を**表 18.1** に示した。1900 年頃までは純鉄や炭素含有量の低い軟鋼が用いられてきたが，Hopkinson らの研究により，Si を Fe に添加すると鉄損が低くなることがわかり[5),12)]，1900 年 Barret ら[13)] によって 1.5～2.5% Si のケイ素鋼板が発明され，1903 年には，その製造法が確立された。1923 年 Arnold と Elemen[14),15)] によって Fe-Ni 系合金であるパーマロイ（Permalloy）が，1929 年には Fe-50% Co 合金であるパーメンジュール

表 18.1　ソフト磁性材料の開発の歴史

西暦年	発明者	国	材　料
1900	Barret, Brown, Hadfield	英	ケイ素鋼板（Fe-1.5 ～ 2.5% Si）
1923	Arnold, Elemen	米	パーマロイ（Permalloy）（Fe-Ni 系）
1926	本多，茅	日	結晶磁気異方性の測定と発見
1929	Elemen	米	パーメンジュール（Permendur）（Fe-50% Co）
1932	加藤，武井	日	Cu-Zn フェライト
1932	増本（量），山本	日	センダスト（Sendust）（Fe-Si-Al）系
1934	Goss	米	方向性ケイ素鋼板
1947	Boothby, Bozorth	米	スーパーマロイ（Supermalloy）（Fe-Ni-Mo 系）
1947	例えば Snoek	蘭	Mn-Zn フェライトなど
1972	高橋（実），Kim	日	$Fe_{16}N_2$
1974	藤森，増本(健)，小尾，菊地	日	アモルファスの軟質磁気特性
1975	Egami, Flanders, Graham	米	アモルファスの軟質磁気特性
1988	吉沢，小熊，山内	日	ナノ結晶軟質磁性材料（Fe-Si-B-Cu-Nb 系）

（Permendur）が開発される[16]。1926 年には，磁性材料の研究において重要な Honda と Kaya[17] による Fe 単結晶を用いた結晶磁気異方性の発見があり，これが 1934 年の方向性ケイ素鋼板の発明につながる[18]。また，1932 年には加藤，武井[19)～21] により，それまでとはまったく異なった Fe の酸化物を基とするフェライトが発明され，スピネル型フェライトを中心にソフトフェライトと呼ばれ，磁心材料などに用いられるソフト磁性材料，$CoFe_2O_4$ をベースとする OP 磁石からマグネトプランバイト（M）型フェライト磁石などのハード磁性材料へとつながっていく[22]。合金系材料も発展を見せ，1932 年，増本と山本[23] が Fe-Si-Al 系合金であるセンダストを発明し，1947 年には Boothby と Bozorth ら[24] が Fe-79% Ni-5% Mo 合金のスーパーマロイ（Supermalloy）を開発する。さらに 1970 年代に入り，従来とはまったくコンセプトが異なって液体急冷法などの急冷によって非晶質相から構成されたアモルファス合金が出現し，ソフト磁性材料の一翼を担うことになる[7),25)～28]。1988 年にはアモルファス相からナノ結晶を析出させ，高い飽和磁束密度と高い透磁率を両立させたナノ結晶合金[5),29)～31] が開発される。これらのアモルファス合金，ナノ結晶合金の開発を

通じ，作製法でもスパッタ法などの新たな作製法が採用されるようになり，磁性薄膜[32]やグラニュラー薄膜材料[33]の開発へとつながっていく。

一方で，ケイ素鋼板も1980年代後半から新たな展開を見せ，高性能な材料として方向性ケイ素鋼板だけでなく，Fe-6.5% Si合金[34)~36)]が量産化されるようになった。以下，代表的なソフト磁性材料について概略を示す。なお，詳細については本章で挙げた引用・参考文献のほか，次章以降を参照していただきたい。

18.2.2 パーマロイ[4),12)]

1913年Elemenにより，Niを30%～90%含むFe-Ni系合金において高い透磁率が得られることが報告され，パーマロイと名付けられた。また，1923年にはFe-80% Ni合金の熱処理方法が検討され，600℃から急冷して初透磁率が向上することがわかった[13]。Fe-Ni系合金では，50～85% Niの組成において規則格子Ni_3Feが存在し，その規則-不規則変態が503℃にある。したがって，高温から急冷しないと規則相が出現して結晶磁気異方性が表れ，透磁率が低下するなど，この規則相との生成と透磁率との間に密接な関係がある。

一方，MoやCrなどの第三元素の添加効果も検討され，これらの添加によって規則相の出現の抑制と徐冷でも高い透磁率が再現性良く得られることが判明し，Moパーマロイ，Crパーマロイが完成される。また，Cuなどの添加効果も調べられ，ミューメタルと呼ばれた。1934年Neumannらによって発表されたFe-72% Ni-14% Cu-3% Mo合金において，初透磁率μ_iが4 000，最大透磁率μ_{max}が10 000を記録している。1947年BoothbyとBozorth[24]がMoパーマロイの一種であるFe-79% Ni-5% Mo合金において，高純度素材を用い，溶解法，熱処理を吟味して$\mu_i = 120\,000$，$\mu_{max} = 600\,000$なる高い磁気特性を示すスーパーマロイを開発した。

パーマロイは，Ni量によって磁気特性が変化するため，使用目的によって合金組成を選ぶ必要がある。35～40% Ni合金は透磁率が小さいが，飽和磁束密度B_sが高いので交流磁界の使用に適している。また，36% Ni合金は熱膨張係数の小さなインバー（Invar）合金と知られている。40～50% Ni 合金では B_s と電気抵抗率 ρ が高く，比較的 μ_{max} も高いので，高い交流磁界での使用が適していて，変圧器用磁心，磁気シールドなどに用いられる。70～80% Ni 合金は上述したように高い透磁率を示す一方，ρ が低いので直流磁界で用いられることが多い。

18.2.3　センダスト[5),6),12)]

1932年に増本と山本ら[23)]によって開発されたセンダスト（Sendust）は，Si が5～11%，Al が3～8%含まれる Fe-Si-Al 合金であり，高い透磁率を示す。特に Fe-9.6% Si-5.6% Al 合金は $\mu_i = 35\,000$，最大透磁率 $\mu_{max} = 116\,000$ と非常に高い磁気特性を示す。ただ，Si，Al 量を増やすと金属間化合物である Fe_3Si や Fe_3Al が析出し，固くもろくなる。このため，増本らが発明した際には，粉末になりやすかったこと，増本らが東北大学に所属し，仙台で開発された粉末であることなどから，英語の「仙台（Sendai）」と「粉（Dust）」をつなぎ合わせて「Sendust」と呼ばれるようになった。また，その用途は，透磁率が高く固いことから，その後の磁気記録技術の発展に伴い，磁気ヘッドなどの材料として用いられることになった。

18.2.4　ケイ素鋼（電磁鋼）[12)]

18.2.1項に示したように Fe に対する添加元素の影響が調べられ，このうち Si 添加が添加量の増加に伴い，結晶磁気異方性 K を低下させるともに，電気抵抗率 ρ を上昇させることが判明した。ただ，Si 添加量が多くなるともろくなり，薄板にするのが難しい。1900年に Hadfield によりケイ素鋼が開発され，その製造法が確立していく。1934年 Goss[12),18)]により，熱間加工と冷間加工を組み合わせ，さらに MnS などのインヒビターを添加することによって二次再結晶集合組織によって Fe の磁化容易軸である〈100〉を圧延方向にそろえた方向性ケイ素鋼板（Goss 方位）が開発された。また，AlN をインヒビターに使い〈100〉方向が圧延方向とその直角方向の2方向に存在するケイ素鋼板

（Cube 方位）が開発されていく。その後，これらの方向性ケイ素鋼板では，結晶方位制御，薄板化，磁区幅の制御などによって鉄損低減がなされていく。一般的に，無方向性ケイ素鋼板は回転機など，方向性ケイ素鋼板は変圧器などの用途で用いられている。

Fe への Si 添加は結晶磁気異方性を下げるとともに磁気ひずみ定数 λ も下げる。特に 6% 程度の Si 添加によって λ が 0 に近くなることによって透磁率が高くなることが予想されていた。しかし，上述したように Si 添加量が多くなるともろく硬くなるという問題点があった。1988 年に Takada ら[34] により λ の低い Fe-6.5% Si 合金の作製法が確立された。彼らは Fe-3% Si のケイ素鋼板に Si を化学蒸着（chemical vapor deposition，CVD）し，拡散させて Fe-6.5% Si のケイ素鋼板を作製した。1994 年にはプロセス技術も開発され，その量産化も可能となり，比較的高周波で使え，ノイズの少ない磁心材料として位置付けられた[35]。最近では，さらに Si 含有量に傾斜をつけ，薄板の表面のみに Si を濃化させる浸珪法の技術[36] も確立され，高磁束密度と低鉄損，さらには高周波域に対応した材料としてリアクトルなどの用途で用いられている。

18.2.5 アモルファス合金とナノ結晶合金[7]

アモルファス合金は結晶相がないため結晶磁気異方性が低く，結晶粒界による磁壁のピンニングもないため，高透磁率が得られる合金である。その作製方法は液体急冷法として知られ，高速で回転する Cu や Cr などの金属ロールに，合金の溶湯を小さなノズルから噴出させて急冷することによって作製される。1974 年に Fujimori ら[25] と Egami ら[26] がアモルファス合金のソフト磁性を発見し，1975 年には Kikuchi ら[27] が零磁気ひずみ組成の Co-Fe-Si-B 系合金が高透磁率材料であることを見い出した。その後の数々の研究により，高飽和磁束密度アモルファスには Fe 系，高透磁率アモルファスには Co 系が適していることが示されてきた。

また，アモルファス相からの熱処理による結晶過程も，1975 年増本と木村[28] によって調べられ，低温の熱処理によって約十数 nm のナノ結晶が析出し，それらの集合体が形成されることも報告された。このナノ結晶はきわめて安定であり，数百度にわたってほとんど成長しない。これは，アモルファス相中からナノ結晶が析出する際，結晶粒からアモルファス形成元素が排出されて粒子界面に安定なアモルファス層が形成されてナノ結晶の成長を抑制するためであると考えられている[7]。

1988年，Yoshizawaら[29]は，Fe-Si-BのCuとNbを加えナノ結晶を析出させることによって高い飽和磁束密度と高い透磁率を示すナノ結晶磁性材料を開発した。**図18.1**[30]にソフト磁性材料における飽和磁束密度と透磁率の関係を示した。これより，これまで紹介してきた材料と比較して高い飽和磁束密度B_sと高い比透磁率μ_rが得られていることがわかる。結晶相が析出しているにもかかわらず，高い飽和磁束密度と高い透磁率を実現しているのは，残存アモルファス相が強磁性であること，ナノ結晶間に交換結合が働き，鉄の持つ結晶磁気異方性が平均化されること，ナノ結晶の磁気ひずみとアモルファス相の磁気ひずみが打ち消し合って低磁気ひずみになること，ナノ結晶のサイズが数十nmのサイズであるため，磁壁幅より小さく，磁壁のピンイングサイトにはならないことなどが考えられている[4]。

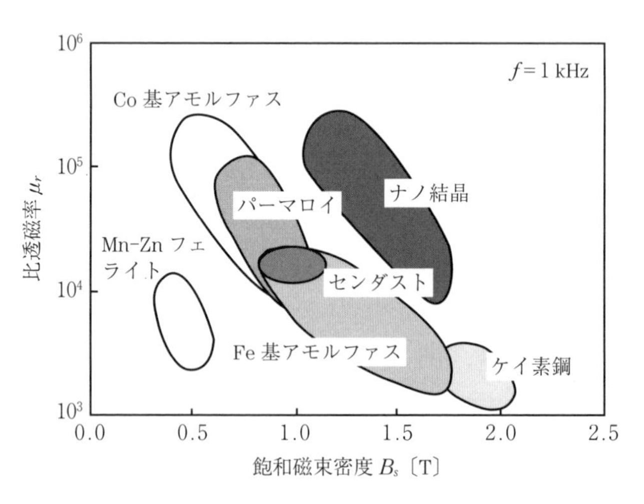

図18.1　ソフト磁性材料における飽和磁束密度と透磁率の関係

添加元素などの効果も調べられている。Cu は結晶化の前段階でクラスターを形成させ，ナノ結晶粒の均一析出を促す効果がある。また，Nb は結晶化の進行に伴い結晶粒周囲の Nb と B の濃度が増加するが，これによって残存アモルファス相が安定化し，結晶粒成長が抑制されることから，結晶粒の微細化に効果があると考えられている[5)]。さらに，Si は α-Fe 内に固溶し，これによって結晶磁気異方性も低下していることも推察されている[4)]。

最近では，Makino ら[31)] によって，さらに高い Fe 量の Fe-Si-B 系合金に P と Cu を添加し，急冷によって数 nm の α-Fe ナノ結晶粒子を多量に含むヘテロアモルファス構造を作った後，熱処理によって均一なナノ結晶組織を形成させると，ケイ素鋼に匹敵する高い磁束密度で従来のソフト磁性材料よりも低鉄損な磁気特性を示すことが報告された。これはヘテロアモルファス構造において α-Fe ナノ結晶粒子が多く，かつこれが熱処理時に核となって作用するためであると考えられている。このようにナノ結晶合金の性能は，ますます高磁束密度かつ高透磁率の方向へと向上してきている。

一方，アモルファス合金とナノ結晶合金の作製法も，液体急冷法に加えスパッタ法なども取り入れられ，1985 年の Fe-B-N 磁性薄膜[32)] の報告後には，これらの材料はリボン・薄帯だけでなく薄膜材料としても発展していく。また，この磁性薄膜の研究が発端となり，ナノ強磁性粒子が数 nm 厚みの薄い絶縁層（窒化物，酸化物などのアモルファス層）によって隔たれ，高電気抵抗と優れたソフト磁気特性を併せ持ち，さらにはトンネル効果も発現するナノグラニュラー薄膜へと進展していく。特にソフト磁気特性の面では，(Fe, Co)-Al-O 系薄膜[33)] が注目されている。

18.2.6 ソフトフェライト

これまで紹介してきたソフト磁性材料は金属をベースにしている。しかし，金属は電気抵抗が低いため，高周波で用いる場合には渦電流損失が大きくなり，発熱などのロスが大きくなる。この対策のため，スキンデプス以下になるよう材料を薄肉または微粒子にして使用される。一方で，Fe の酸化物である

Fe_2O_3を主体とするソフトフェライトは，電気抵抗が高いため渦電流の問題がなく，磁化は低いが高周波領域で使うことができるソフト磁性材料である。その主流となるのは一般式として$MeFe_2O_4$または$MeO \cdot Fe_2O_3$（Me：2価金属）で表され，スピネル型構造を有するMnZnフェライト（$(MnZn)O \cdot Fe_2O_3$）やNiZnフェライト（$(NiZn)O \cdot Fe_2O_3$）である。

MnZnフェライトは数MHz以下の周波数で使用され，広帯域トランス，ノイズフィルタなどの用途がある。MnZnフェライトには結晶磁気異方性と磁気ひずみが0になる組成があるため，結晶粒径を大きくして磁壁が動きやすい組織形態にすると高い透磁率が得られる。また，スピネル型フェライト中，最も高い飽和磁束密度を持っていることも特徴である。しかし，他のスピネル型フェライトに比べると電気抵抗が低いため，この周波数よりも高くなると磁気損失が大きくなる。この対策として粒界に電気抵抗が高い相を析出させる方法がある。

MnZnフェライトが用いられている周波数よりも高い数百MHz程度までの周波数域では，電気抵抗が高いNiZnフェライトが使われ，トランス，インダクタなどの磁心材料として用いられている。

18.3　ハード磁性材料[1),2),8)～10)]

18.3.1　永久磁石における高性能化の指針[9)]

永久磁石の強さは，磁化曲線の第2象限（減磁曲線）から算出される最大エネルギー積$(BH)_{max}$にて評価される。いま，理想的な減磁曲線を有する永久磁石を考える。すなわち，保磁力H_{cJ}が大きく（$H_{cJ} \geqq J_s/2\mu_0$　J_s：飽和磁気分極，μ_0：真空の透磁率），磁化反転がH_{cJ}まで生じない（$J_s = J_r = B_r$，J_r：残留磁気分極，B_r：残留磁束密度）ような角形性を有する場合，$(BH)_{max}$の理論値は式(18.1)で表される。

$$(BH)_{max} = \frac{J_s}{2} \cdot \frac{J_s}{2\mu_0} = \frac{J_s^2}{4\mu_0} \tag{18.1}$$

したがって J_s，B_r および H_{cJ} が大きく，角形性が良好であれば高い $(BH)_{max}$ が得られ，強力な永久磁石となる。また，キュリー温度 T_c が高いことも重要である。これは T_c 以上では熱振動の影響により磁気モーメントの向きが乱雑（常磁性状態）となり，高い J_s が得られないためである。

残留磁束密度 B_r を向上させるためには，飽和磁気分極 J_s の高い材料を用い，磁化容易軸方向（最も磁化されやすい方向）を一方向にそろえるとともに，材料を使用する際の印加磁界方向をその方向に一致させることが重要である。この方法には，磁界を印加させながら粉末をプレスする磁界中プレス，磁界を印加させながら熱処理をする磁界中時効処理などがある。なお，磁化容易軸がそろっている永久磁石を異方性磁石といい，これは磁化容易軸がそろえられた方向で優れた磁気特性を示す。これに対して磁化容易軸が無秩序に分布している永久磁石を等方性磁石といい，磁気特性は異方性磁石よりも低いものの，いずれの方向でも磁気特性が等しいというメリットがある。

一方，角形性は減磁曲線の膨（ふく）れ率などによって評価されるため，その向上の指針は B_r と同様ではあるが，保磁力 H_{cJ} よりも低い磁界で磁気分極の反転が生ずるような箇所を材料内部で減らす組織制御も重要となる。

保磁力 H_{cJ} は磁気分極の反転磁界の強さであるから，磁気分極の反転を起こさないようにすれば高保磁力が得られることになる。したがって保磁機構は，（1）単磁区粒子の回転磁化と（2）磁壁移動に分類される磁性体の磁化過程によって左右される。（1）回転磁化では，保磁力発現に化合物の結晶磁気異方性を利用するフェライト磁石，Nd-Fe-B 系磁石，$SmCo_5$（1-5）系磁石などの磁石と，形状磁気異方性を利用するアルニコ磁石，Fe-Cr-Co 系磁石などの磁石がある。結晶磁気異方性を利用する場合には，一方向に磁気異方性（一軸磁気異方性）を持ち，次式で表される異方性磁界 H_A が高い，または一軸結晶磁気異方性定数 K_u が高い材料を用いる。また，単磁区構造が維持できるように逆磁区の核生成を抑制する組織制御も必要である。

$$H_A = \frac{2K_u}{J_s} \quad \left(= H_{cJ}\right) \tag{18.2}$$

一方で，形状磁気異方性を利用する場合には，飽和磁気分極の高い材料を単磁区粒子サイズで非強磁性相中に析出させ，一方向に伸長させることによって保磁力を上げることができる。

（2）磁壁移動では，単磁区構造ではない，または逆磁区が生成した組織でも，磁性体内部に磁壁エネルギーの変化が大きい箇所が存在すれば，磁壁はそこにとどまり（磁壁のピンニング），磁壁を移動させるためには，これに打ち勝つ大きな磁界が必要となるため，保磁力が高くなる。この保磁力機構を持つ磁石として二相分離型 Sm-Co（2-17）系磁石（2-17 系），Pt-Co，Pt-Fe などがある。

以上，保磁力機構について概説したが，いずれにしても高性能永久磁石を得るには，高い飽和磁気分極と高い磁気異方性を有する磁性体を単磁区粒子サイズにし，磁化容易軸方向をそろえた集団を形成することが重要となる。

18.3.2　ハード磁性材料の開発の歴史[8),10),11)]

人類が永久磁石を手にしたのは紀元前であり，磁鉄鉱を利用したのが最初であるといわれている。また，古代ギリシャ，マグネシア地方で磁鉄鉱が産出されたことから，永久磁石材料の「マグネット（マグネ）」は，マグネシア地方のマグネに由来しているといわれている。しかしながら，人類が永久磁石材料を人工的に作り出したのは，20 世紀に入ってからであり，その端は，1917 年に本多光太郎と高木弘によって組成 Fe-(30-40)% Co-(5-9)%-(1.5-3)% Cr-(0.4-0.8)% C(wt%) から成る KS 鋼[8),37),38)] が開発されたことにある。

表 18.2 にハード磁性材料の開発の歴史を示した。また，**図 18.2** にはハード磁性材料の強さ，すなわち単位体積当りに発生する最大のエネルギーである最大エネルギー積（$(BH)_{\mathrm{max}}$）の変遷を示した。KS 鋼の $(BH)_{\mathrm{max}}$ は 7.6 kJ·m^{-3} 程度であるが，最近のネオジム-鉄-ボロン（Nd-Fe-B）系磁石では，その強さが KS 鋼の約 60 倍までに至っており，約 100 年間でその強さは急成長していることがうかがえる。

この歴史の中で，日本人研究者が大きな活躍をしている。本多の KS 鋼の発

表 18.2 ハード磁性材料の開発の歴史

西暦年	発明者	国	材 料
1917	本多，高木	日	KS 鋼（Fe-Co-Cr-C 系）
1931	三島	日	MK 鋼（Fe-Ni-Al 系）
1933	加藤，武井	日	OP 磁石（CoFe2O3-Fe3O4 系）
1934	本多，増本，白川	日	新 KS 鋼（Fe-Co-Ni-Ti 系）
1942	Jonas, Emden	蘭	アルニコ磁石
1952	Went, Rathenau, Gorter, van Oosterhout	蘭	Ba フェライト
1960	Koch, Hokkeling, Steeg, de Vos	蘭	MnAl 磁石
1966	Hoffer, Strnat	米	希土類（R）— Co 系化合物の磁気特性（YCo5）
1968	Nesbitt, Willens, Sherwood, Buehler, Wernick	米	SmCoCu 系磁石（二相分離型 Sm2Co17 系磁石）
1968	俵，先納	日	CeCoCu 系磁石（二相分離型 Ce2Co17 系磁石）
1969	Buschow, Naastepad, Westendorp	蘭	SmCo5 系焼結磁石
1971	金子，本間，中村	日	Fe-Cr-Co 系磁石
1983	佐川，藤村，戸川，山本，松浦	日	Nd-Fe-B 系焼結磁石
1984	Croat, Herbst, Lee, Pinkerton	米	Nd-Fe-B 系急冷磁石
1987	大橋，横山，大杉，俵	日	R（Fe, M）12 磁石
1990	Coey, Sun	愛	R-Fe-N 系磁石（R2Fe17Nx）

明の後，1931 年，三島徳七が Fe-Ni-Al 系合金（代表的な組成：Fe-25% Ni-13% Al-4% Cu(wt%)）で，二相分離変態を利用して現在のアルニコ系磁石の基礎となる MK 鋼[8),37),39)] を発明し，$(BH)_{max}=9.6\,\mathrm{kJ\cdot m^{-3}}$ を記録した。1933 年，加藤與五郎と武井武[21)] は，従来の合金磁石とは異なり，$CoFe_2O_4$ と Fe_3O_4 をモル組成比で 75：25 とした酸化物ベースの材料で現在のフェライト磁石の基礎となる OP 磁石を発明した[8)]。開発当初の $(BH)_{max}$ は $8\,\mathrm{kJ\cdot m^{-3}}$ 程度であったが，保磁力 H_{cJ} が $80\,\mathrm{kA\cdot m^{-1}}$ 程度まで発現し，それまでの合金系磁石に比べて高かったことから注目される画期的発明であった[40),41)]。

三島によって発明された MK 鋼の磁気特性は，本多の KS 鋼の性能を大幅に上回るもので，本多の所属する東北大学金属材料研究所の研究者には衝撃を与

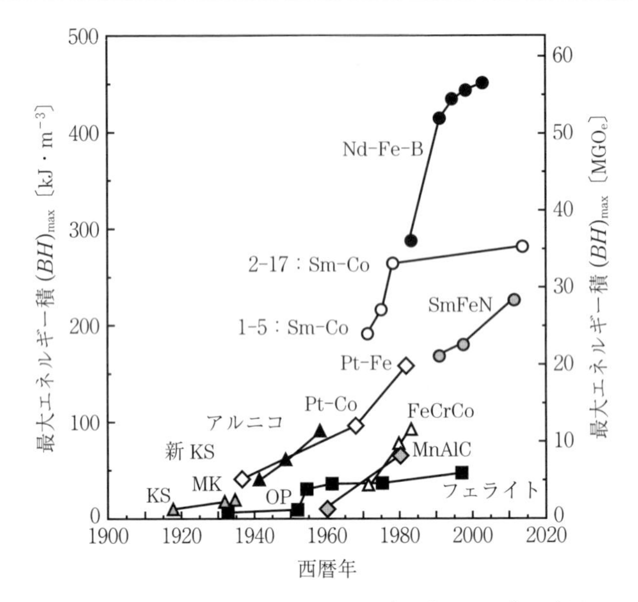

図 18.2　ハード磁性材料における最大エネルギー積の変遷

えた。1934 年，本多光太郎は増本量と白川勇記とともに Co，Ti を含むことを特徴とした Fe-Co-Ni-Ti 系合金で $(BH)_{max}$ が 16 kJ·m^{-3} 程度まで増加した新 KS 鋼を開発した[41),42)]。MK 鋼，新 KS 鋼の発明が，アルニコ磁石[43)] へとつながって発展していく。また，MnBi，MnAl[44)]，Mn-Al-C などの Mn 系磁石，1935 年には保磁力が発現することが知られていた Pt-Co や Pt-Fe 系合金などが磁石として用いられるようになった[8),41)]。1971 年，Kaneko ら[8),45)] がアルニコ磁石と同様に二相分離変態を利用し，形状磁気異方性によって保磁力を発現させ，さらに Co 量を減らした鉄-クロム-コバルト（Fe-Cr-Co）系磁石を開発した。この材料は，現有の磁石材料の中で唯一冷間加工ができる材料として位置付けられている。

しかしながら，これらの永久磁石をはるかにしのぐサマリウム-コバルト（Sm-Co）系磁石が 1966 年に開発され，永久磁石の歴史は「希土類磁石の出現」という新たなステージを迎える。その発端は，1966 年，Hoffer と Strnat[46)] が YCo_5（1-5）化合物の磁気的性質を測定し，その高い結晶磁気異方性を報告したことにある。これ以後，希土類元素と遷移金属元素との金属間化合物の磁気的性質が多くの研究者によって調査され，飽和磁気分極 J_s が比較的高く，かつ一軸結晶磁気異方性定数 K_u が非常に高い $SmCo_5$ 系磁石が量産化された[47]。1968年，俵好夫ら[48),49]，Nesbittら[50] が $CeCo_5$ や $SmCo_5$ 系合金にCuを添加することによってインゴットでも保磁力が発現することを発見し，$SmCo_5$ 系磁石よりも高い $(BH)_{max}$ を示し，温度特性も良好な Sm_2Co_{17}（2-17）化合物を主相とする二相分離型Sm-Co系磁石へとつながっていく。しかし，この Sm_2Co_{17} 系磁石も1983年にSagawaら[51]，Croatら[52] によって発明されたNd-Fe-B系磁石によってその王座を奪われることになる。このNd-Fe-B系磁石の発明は，研究対象をSm-Co系磁石などの二元系化合物から三元系化合物へ移行させたため，$SmFe_{11}Ti$ や $NdFe_{11}TiN$ などの組成式で $R(Fe, M)_{12}$（R：希土類元素，M：Tiなどの安定化元素）で示される $ThMn_{12}$ 型化合物[8),9),48),53]，$Sm_2Fe_{17}N_x$ や $SmFe_9N_x$ などのSm-Fe-N系化合物[8),9),48),54),55] がこれまでに見い出されてきた。

このように表18.2と図18.2のような永久磁石の変遷を見ると，発明された磁石の種類は十数種に上ることがわかる。この間，永久磁石も他の材料と同じように，新たな高性能材料の出現によって古い材料が消えていく悲哀を示している。換言すれば永久磁石の歴史は，飽和磁気分極の高い材料において保磁力を出現させる新しい磁石材料の発明の歴史であったといえる[8)~10]。

現在の永久磁石の中で，私たちの生活や技術に大きなインパクトを与えたものを挙げるとすると，使用量から考えてフェライト磁石とNd-Fe-B系磁石の二つであるといえる。フェライト磁石は，最大エネルギー積 $(BH)_{max}$ が低いものの価格当りの性能が高く，現在，生産量では最も多い磁石となっている。一方，Nd-Fe-B系磁石は，その強力さからさまざまな用途で使用されるようになり，永久磁石の王様として君臨している。以下，これらの材料について紹介する。

18.3.3　フェライト磁石[8),10)]

フェライト磁石の起源は加藤，武井ら[21)]によって$CoFe_2O_4$化合物をベースとしたOP磁石である。その後，オランダのフィリップスによって組成が吟味され，$MO\cdot 6Fe_2O_3$（M＝Ba, Sr）で表されるマグネタイトプランバイト型（M型）化合物を用いた永久磁石となった。原料価格が安く化学的に安定であるため，フェライト磁石はコストパフォーマンスが高く，現在生産量では最も多い永久磁石材料となっている。その磁性はM型構造におけるFe^{3+}のO^{2-}を介した超交換相互作用を基としたフェリ磁性であり，一つの化学式中では差し引き4個の上向き磁気モーメントのFe^{3+}イオンにより磁気分極が発生している。

近年，フェライト磁石の磁気特性が向上している。1990年代にはサブミクロンの微細粒子の作製や配向度の改善がなされた。2000年頃にはSr^{3+}をLa^{4+}で置換し，4配位サイト（$4f_1$）の下向きの磁気モーメントを持つFe^{3+}をZn^{2+}で置換することによって飽和磁気分極J_sの増加が図られた[56)]。2005年頃からはZn^{2+}をCo^{2+}とすることによってH_{cJ}の向上も可能となった[57)]。さらに，最近ではLaの一部をCaで置換して，B_rを向上させた磁石も開発されている[58)]。

18.3.4　Nd-Fe-B系磁石[8),10)]

1983年Sagawaら[51)]，Croatら[52)]によって開発されたNd-Fe-B系磁石は，現在最も強力な永久磁石材料として使用されている。この永久磁石が高い磁気特性を示すのは，正方晶構造を有する主相の$Nd_2Fe_{14}B$化合物[59)]が飽和磁気分極J_sが1.6 T，一軸結晶磁気異方性定数K_uが4.4 MJ·m^{-3}，異方性磁界H_Aが5.36 MA·m^{-1}と優れた磁気的性質を示すためである。Nd-Fe-B系磁石には，焼結磁石，熱間加工磁石，ボンド磁石がある。

焼結磁石は，主相$Nd_2Fe_{14}B$化合物相の化学量論組成よりもわずかながらNd-richとした組成を用いて作製される。このため，焼結磁石には主相以外にNd量が多いNd-rich相が出現する。Nd-rich相は，600℃以上の温度で液相になるため焼結反応を促進させるほか，粒子表面の欠陥を除去して逆磁区の核発生サイトを除去する役目を担っている。したがって，Nd-rich相の出現はNd-

Fe-B 系磁石において保磁力を出現させるためには必須である。

近年，Nd-Fe-B 系焼結磁石の作製プロセスが改良され，溶解鋳造ではストリップキャスト法[60)]，粗粉砕では hydrogen decrepitation 現象を用いた水素解砕法[61)]，微粉砕ではジェットミル法[48)] などが開発され，同時に Fe 基の磁石材料であるため耐食性，耐候性改善のため各種めっき法[62)] も発展し，磁気特性も $(BH)_{max}=474\ \mathrm{kJ\cdot m^{-3}}$ と向上してきた[63)]。最近，その用途が電気自動車やハイブリッド自動車の駆動モータなどに利用されるようになり，耐熱性が必要になってきた。Nd-Fe-B 系磁石はキュリー温度が 312℃と低いため，従来は保磁力が高くなる Dy や Tb などの重希土類元素を添加して室温の保磁力を上げ，高温になってもある程度の保磁力が確保できるような手法がとられてきたが，資源リスクの観点から，その削減が必要となり，さまざまな方法が開発されてきた。He ジェットミルなどによる結晶粒の微細化[64),65)] や，粒界部ならびに主相の粒界部の異方性を増加させるため，重希土類化合物を磁石表面に塗布し，熱処理によって粒界を通じて粒内に拡散させる粒界拡散法[66)] などがその方法として知られている。

熱間加工磁石[67)] は，液体急冷法で作製された急冷薄帯粉末を熱間押出し成形などによって作製される。この熱間加工の際に圧力方向に主相の $Nd_2Fe_{14}B$ 結晶粒の磁化容易軸である c 軸が配向するため，異方性磁石となる。その組織は c 軸方向に 50 nm 程度，c 面方向に 150 nm の $Nd_2Fe_{14}B$ 結晶粒から構成されていて，その粒界には Nd-rich 相が存在する。結晶粒径が小さいため，局部的反磁界が低く，焼結磁石よりも温度特性が良好な磁石として位置付けられ，最近では重希土類元素フリーの材料でハイブリッド自動車用のモータに利用されている[68)]。

一方，ボンド磁石[8),48)] は，液体急冷法[52)]，または水素の吸収放出反応を利用した結晶粒微細化現象である HDDR（hydrogenation-disproportionation-desorption-recombination）現象[69)~71)] を利用して作製された粉末を樹脂と複合化させてバルク化した永久磁石であり，高い寸法精度が必要な小型モータなどに利用されている。

18.4 磁性材料の今後

今後，われわれの身の回りには電気自動車やロボットなどがますます増えてくる。これらの製品や機械においては，人工知能をはじめとする自動制御技術が搭載されてくることから，ますますエネルギー変換材料として磁性材料の役割が増してくると考えられる。ソフト磁性材料では，高効率と同時に高出力が求められるようになり，ますます高い飽和磁気分極を有し，かつ高透磁率の材料が求められるようになる。また，大容量通信や高速スイッチングなどの要請から用いられる周波数も高くなり，高周波域で対応できる材料が必要になる。

一方，ハード磁性材料では，現時点でNd-Fe-B系磁石を超えるような実用磁石は実現されてはいなく，ますますNd-Fe-B系磁石の用途や使用量は増加していくと思われる。しかし，最近，$ThMn_{12}$型化合物では，安定化元素を少なくし，希土類元素の一部をZr，Feの一部をCoで置換した$Sm(Fe, Co)_{12}$，$(Sm, Zr)(Fe, Co, M)_{12}$，$(Nd, Zr)(Fe, Co, M)_{12}N_x$化合物などで$Nd_2Fe_{14}B$化合物以上の磁気特性が得られることがわかり[72)]，その磁石化の実現が期待されている。Sm-Fe-N系化合物でも，高温でSmNとFeに分解するゆえ，現状では焼結ができずボンド磁石用粉となっている欠点を克服し，バルク化できる技術の進展があれば，その用途は広がっていくと予想されている。また，Nd以外の希土類元素であるSmを使う本系磁石の発展は，希土類資源の有効利用の面からも強く望まれている。さらに，新たな磁石材料の探索[73)]もなされてきていることもあり，これらの材料開発やプロセス技術に関する研究の継続には期待したい。

引用・参考文献

1) 金子秀夫，本間基文："磁性材料"，金属工学シリーズ8，日本金属学会（1972）．
2) 本間基文，日口章："磁性材料読本"，工業調査会（1998）．
3) 電気学会マグネティックス技術委員会編："磁気工学の基礎と応用"，コロナ社（1999）．
4) 電気学会ナノスケール磁性体の機能調査専門委員会："ナノ構造磁性体—物性・機能・設計—"，共立出版（2010）．
5) 福田方勝："よくわかる磁性材料"，Ⅰはじめに，1. 磁性材料の歴史，特殊鋼，Vol.63，No.5，pp.2-6（2014）．
6) 池内駿："高透磁率磁性材料"，真空工業，Vol.4，No.3，pp.80-84（1957）．
7) 増本健："アモルファス金属研究の流れ"，まてりあ，Vol.37，No.5，pp.339-346（1998）．
8) 佐川眞人，浜野正昭，平林眞編："永久磁石—材料科学と応用—"，第2章（浜野正昭 著），第3章（杉本諭，加藤宏朗 共著），第5章（杉本諭 著），アグネ技術センター（2007）．
9) 本間基文，杉本諭："永久磁石の基礎Ⅰ"，日本応用磁気学会誌，Vol.25，No.10，pp.1529-1534（2001）；本間基文，杉本諭："永久磁石の基礎Ⅱ"，日本応用磁気学会誌，Vol.25，No.11，pp.1580-1588（2001）；本間基文，杉本諭："永久磁石の基礎Ⅲ"，日本応用磁気学会誌，Vol.25，No.12，pp.1625-1640（2001）．
10) 杉本諭："永久磁石材料の最近の研究"，まてりあ，Vol.56，No.3，pp.181-185（2017）．
11) S. Sugimoto："Current status and recent topics of rare-earth permanent magnets", J. Phys. D：Appl. Phys., Vol.44, No.6, 064001（2011）．
12) R. M. Bozorth："Feromagnetism", Wiley-IEEE Press（1993）．
13) W. F. Barret, W. Brown, and R. A. J. Hadfield："Electrical conductivity and magnetic permeability of various alloys of Fe", Sci. Trans. Roy. Dublin Soc., Vol.7, pp.67-126（1900）．
14) H. D. Arnold and G. W. Elmen："Permalloy, an alloy of remarkable magnetic properties", J. Frank. Inst., Vol.195, No.5, pp.621-632（1923）．
15) G. W. Elmen："Magnetic Alloys of Iron, Nickel, and Cobalt", Elec. Eng., Vol.54,

pp.1292-1299 (1935).

16) G. W. Elmen："Magnetic material and appliance", US patent No.1739752 (1929).

17) K. Honda and S. Kaya："On magnetization of single crystals of iron", Sci. Repts. Tohoku Univ., Vol.15, p.721 (1926).

18) N. P. Goss："Electrical sheet and method and apparatus for its manufacture and test", US Patent 1965559 (1934).

19) 加藤与五郎，武井武：日本特許 No.98844 (1932).

20) 加藤与五郎，武井武：日本特許 No.110822 (1932).

21) 加藤与五郎，武井武："酸化金屬磁石の特性"，電氣學會雜誌，Vol.53，No.3，pp.408-412 (1933).

22) J. L. Snoek："New Development in Ferromagnetic Materials", Elsevier (1947).

23) 増本量，山本達治："新合金「センダスト」及び Fe-Si-Al 系合金の磁氣的並に電氣的性質に就て"，金屬學會雜誌，Vol.1，No.3，pp.127-135 (1937).

24) O. L. Boothby and R. M. Bozorth："A New Magnetic Material of High Permeability", Journal of Applied Physics, Vol.18, No.2, pp.173-176 (1947).

25) H. Fujimori, T. Masumoto, Y. Obi, and M. Kikuchi："On the Magnetization Process in an Iron-Phosphorus-Carbon Amorphous Ferromagnet", Japan. J. Appl. Phys., Vol.13, No.11, pp.1889-1890 (1974).

26) T. Egami, P. J. Flanders, and C. D. Graham, Jr.："Low-field magnetic properties of ferromagnetic amorphous alloys", Appl. Phys. Lett., Vol.26, No.3, pp.128-130 (1975).

27) M. Kikuchi, H. Fujimori, Y. Obi, and T. Masumoto："New Amorphous Ferromagnets with Low Coercive Force", Japan. J. Appl. Phys., Vol.14, No.7, pp.1077-1078 (1975).

28) 増本健，木村博："液体より急冷した非晶質鉄合金 (Fe-P-C) の結晶化過程"，日本金属学会誌，Vol.39，No.3，pp.273-280 (1975).

29) Y. Yoshizawa, S. Oguma, and K. Yamauchi："New Fe-based soft magnetic alloys composed of ultrafine grain structure", J. Appl. Phys., Vol.64, No.15, pp.6044-6046 (1988).

30) 日立金属株式会社　製品カタログ：ナノ結晶軟磁性材料「ファインメット」ならびに同社ホームページ：http://www.hitachi-metals.co.jp/products/elec/tel/p02_21.html (2018 年 5 月 15 日現在)

31) A. Makino, H. Men, T. Kubota, K. Yubuta, and A. Inoue："FeSiBPCu Nanocrystalline Soft Magnetic Alloys with High Bs of 1.9 Tesla Produced by

Crystallizing Hetero-Amorphous Phase", Mater. Trans., Vol.50, No.1, pp.204-209 (2009).

32) H. Karamon, T. Masumoto, and Y. Makino："Magnetic and electrical properties of Fe-B-N amorphous films", J. Appl. Phys., Vol.57, No.1, pp.3527-3532 (1985).

33) 大沼繁弘，三谷誠司，藤森啓安，増本健："Co-Al-O 系グラニュラー構造膜の高周波軟磁気特性"，日本応用磁気学会誌，Vol.20，No.2，pp.489-492 (1996).

34) Y. Takada, M. Abe, S. Masuda, and J. Inagaki："Commercial scale production of Fe-6.5 wt.% Si sheet and its magnetic properties", Journal of Applied Physics, Vol.64, No.10, pp.5367-5369 (1988).

35) 岡見雄二，阿部正広，山路常弘，高田芳一，二宮弘憲："6.5%けい素鋼板の高速無孔連続 Si 浸透技術"，鉄と鋼，Vol.80，No.10，pp.777-782 (1994).

36) 平谷多津彦，尾田善彦，浪川操，笠井勝司，二宮弘憲："飽和磁束密度が高く高周波鉄損の低い Si 傾斜磁性材料 JNS の開発"，まてりあ，Vol.53，No.3，pp.110-112 (2014).

37) 小岩昌宏："金属学プロムナード—セレンディピティを追って—"，アグネ技術センター (2004).

38) K. Honda and S. Saito："On K. S. Magnet Steel", Phys. Rev., Vol.16, No.6, pp.495-501 (1920).

39) 三島徳七，牧野昇："異方性 MK 磁石の研究 (I) 組成及び添加元素の影響"，鉄と鋼，Vol.42，No.11，pp.1063-1066 (1956).

40) 未踏加工技術協会編："新時代の磁性材料"，工業調査会 (1981).

41) 飯田修一，桜井良文，岩崎俊一，長嶋富雄，岩間義郎，渡辺昭治，小林寛 編："磁気工学講座　硬質磁性材料"，丸善 (1976).

42) K. Honda, H. Masumoto, and Y. Shirakawa："On New K. S. Permanent Magnet", Sci. Rep. Tohoku Univ., Vol.23, pp.365 (1934).

43) B. Jonas and H. J. M. v Emden："New kinds of steel of high magnetic power", Philips Tech. Rev., Vol.6, pp.8-11 (1941).

44) A. J. J. Koch, P. Hokkeling, M. G. v. d. Steeg, and K. J. de Vos："New Material for Permanent Magnets on a Base of Mn and Al", Journal of Applied Physics, Vol.31, No.5, pp.S75-S77 (1960).

45) H. Kaneko, M. Homma, and K. Nakamura："New Ductile Permanet Magnet of Fe-Cr-Co System", AIP Conference Proc., Magnetism and Magnetic Materials, No.5, pp.1088-1092 (1971).

46) G. Hoffer and K. J. Strnat："Magnetocrystalline Anisotropy of YCo5, and Y_2Co_{17}", IEEE Trans. Magn., Vol.MAG-2, No.3, pp.487-489 (1966).
47) K. H. J. Buschow, P. A. Naastepad, and F. F. Westendorp："Preparation of SmCo5 Permanent Magnets", Journal of Applied Physics, Vol.40, No.10, pp.4029-4032 (1969).
48) 俵好夫，大橋健："希土類永久磁石"，森北出版 (1999).
49) Y. Tawara and H. Senno："Cerium, Cobalt and Copper Alloy as a Permanent Magnet Material", Jpn. J. Appl. Phys., Vol.7, pp.966-967 (1968).
50) E. A. Nesbitt, R. H. Willens, R. C. Sherwood, E. Buehler, and J. H. Wernick, "New Permanent Magnet Materials", Appl. Phys. Lett., Vol.12, No.11, pp.361-362 (1968).
51) M. Sagawa, S. Fujimura, N. Togawa, H. Yamamoto, and Y. Matsuura："New material for permanent magnets on a base of Nd and Fe (invited)", J. Appl. Phys., Vol.55, No.6, pp.2083-2087 (1984).
52) J. J. Croat, J. F. Herbst, R. W. Lee, and F. E. Pinkerton："Pr-Fe and Nd-Fe-based materials：A new class of high-performance permanent magnets (invited)", J. Appl. Phys., Vol.55, No.6, pp.2078-2082 (1984).
53) K. Ohashi, T. Yokoyama, R. Osugi, and Y. Tawara："The magnetic and structural properties of R-Ti-Fe ternary compounds", IEEE Trans. Magn., Vol. MAG-23, No.5, pp.3101-3103 (1987).
54) J. M. D. Coey and Hong Sun："Improved magnetic properties by treatment of iron-based rare earth intermetallic compounds in anmonia", J. Magn. Magn. Mater., Vol.87, No.3, pp.L251-L254 (1990).
55) T. Iriyama, K. Kobayashi, N. Imaoka, T. Fukuda, H. Kato, and Y. Nakagawa："Effect of Nitrogen Content on Magnetic Properties of Sm2Fe17Nx ($0<x<6$)", IEEE Trans., Magn., Vol.28, No.5, pp.2326-2331 (1992).
56) 田口仁："新・磁石材料　高磁気化と新しい応用展開　フェライト磁石の高性能化の動向"，工業材料，Vol.46，No.7，pp.53-57 (1998).
57) Y. Ogata, Y. Kubota, T. Takami, and M. Tokunaga："Improvements of magnetic properties of Sr ferrite magnets by substitutions of La and Co", IEEE Trans. Magn., Vol.35, No.5, pp.3334-3336 (1999).
58) 小林義徳，細川誠一，尾田悦志，豊田幸夫："Ca-La-Co 系 M 型フェライトの組成と磁気特性"，粉体および粉末冶金，Vol.55，No.7，pp.541-546 (2008).
59) J. F. Herbst, J. J. Croat, F. E. Pinkerton, and W. B. Yelon："Relationships

between crystal structure and magnetic properties in $Nd_2Fe_{14}B$", Phys. Rev. B, Vol.29, No.7, pp.4176-4178 (1984).

60) Y. Hirose, H. Hasegawa, and S. Sasaki："Microstructure of Strip Cast Alloys for High Performance NdFeB Magnets", Proc. of 15th Workshop on Rare-Earth Magnets & Their Applications, Dresden, pp.77-86 (1998).

61) I. R. Harris and P. J. McGuiness：Hydrogen：its use in the processing of NdFeB-type magnets and in the characterization of NdFeB-type alloys and magnets", Proc. 11th Int'l Workshop on Rare Earth Magnets and their Applications, Pittsuburgh, USA, pp.29-48 (1990).

62) T. Minowa, M. Yoshikawa, and M. Honshima："Improvement of the corrosion resistance on Nd-Fe-B magnet with nickel plating", IEEE Trans. Magn., Vol.25, No.5, pp.3776-3778 (1989).

63) 播本大祐，松浦裕："超高性能 Nd-Fe-B 焼結磁石の開発"，日立金属技報，Vol.23，No.3，pp.69-72（2007）.

64) 宇根康裕，佐川眞人："結晶粒微細化による Nd-Fe-B 焼結磁石の高保磁力化"，日本金属学会誌，Vol.76，No.1，pp.12-16（2012）.

65) M. Nakamura, M. Matsuura, N. Tezuka, S. Sugimoto, Y. Une, H. Kubo, and M. Sagawa："Preparation of ultrafine jet-milled powders for Nd-Fe-B sintered magnets using hydrogenation-disproportionation-desorption-recombination and hydrogen decrepitation processes", Appl. Phys. Lett., Vol.103, No.2, pp.022404-1 ～ 022404-4 (2013).

66) H. Nakamura, K. Hirota, M. Shimao, T. Minowa, and M. Honshima："Magnetic properties of extremely small Nd-Fe-B sintered magnets", IEEE Trans. Magn., Vol.41, No.10, pp.3844-3846 (2005).

67) R. W. Lee："Hot-pressed neodymium-iron-boron magnets", Appl. Phys. Lett., Vol.46, No.8, pp.790-791 (1985).

68) 大同特殊鋼株式会社ホームページ：http://www.daido.co.jp/about/release/2016/0712_freemag_hevmotor.html（2018 年 5 月 15 日現在）

69) T. Takeshita and R. Nakayama："Magnetic Properties and Microstructures of the Nd-Fe-B Magnet Powders Produced by the Hydrogen Treatment-(III)", Proc. 11th Int'l Workshop on RE Magnet and Their Applications, Pittsburgh, pp.49-71 (1990).

70) S. Sugimoto, H. Nakamura, K. Kato, D. Book, T. Kagotani, M. Okada, and M. Homma："Effect of the disproportionation and recombination stages of the

HDDR process on the inducement of anisotropy in Nd-Fe-B magnets", J. Alloys Compd., Vol.293-295, pp.862-867（1999）.

71）三嶋千里，濱田典彦，御手洗浩成，本蔵義信："NdFeB 系異方性磁石粉末の磁気特性に及ぼす HDDR 法の水素圧力の影響"，日本応用磁気学会誌，Vol.24，No.4-2，pp.407-410（2000）.

72）Y. Hirayama, Y. K. Takahashi, S. Hirosawa, and K. Hono："Intrinsic hard magnetic properties of Sm $(Fe_{1-x}Co_x)_{12}$ compound with the $ThMn_{12}$ structure", Scripta Materialia, Vol.138, pp.62-65（2017）.

73）K. Shinaji, T. Mase, K. Isogai, M. Matsuura, N. Tezuka, and S. Sugimoto："Influence of Heat Treatment on the Microstructure and Magnetic Properties of Mn-Sn-Co-N Alloys", Mater. Trans., Vol.54, No.10, pp.2007-2010（2013）.

19 低損失な軟磁性材料

本章では，モータ用低損失軟磁性材料として最近注目されているアモルファス軟磁性合金およびナノ結晶軟磁性合金の２種類の軟磁性材料について，材料の特徴とそのモータへの応用例を解説する。

19.1 おもな軟磁性材料とその位置付け

図 19.1 に実用化されているおもな軟磁性材料を示す。磁性材料（強磁性材料）はモータ，変圧器あるいはリアクトルなどの鉄心として用いられる軟磁性材料と永久磁石となる硬質磁性材料の２種類に大別される。この２種類の磁性材料には，いずれも金属系とフェライト系の材料が存在する。金属系の軟磁性材料には，結晶質合金とアモルファス（非晶質）合金の２種類がある。軟磁性

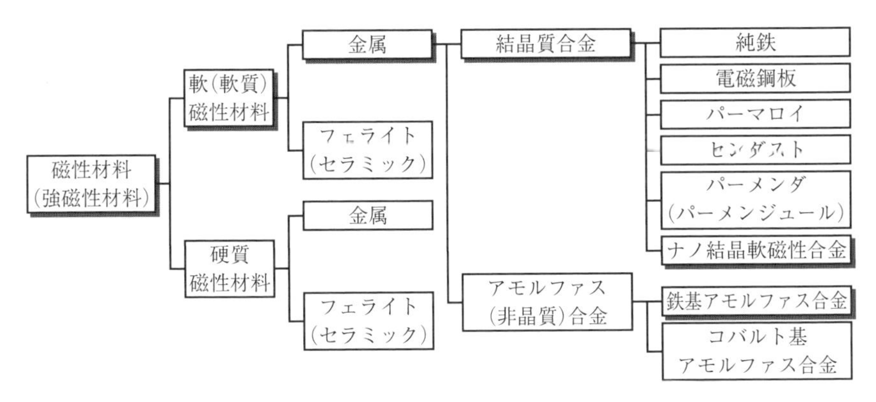

図 19.1 おもな軟磁性材料

材料として用いられているアモルファス合金には，鉄を主成分とする鉄基アモルファス合金とコバルトを主成分とするコバルト基アモルファス合金の 2 種類がある。結晶質合金では強磁性であるニッケル系合金は，アモルファス化すると非磁性となり，軟磁性材料としてではなく，ステンレスなどの金属接合用のろう材として用いられている。コバルト基アモルファス合金は高価なコバルトを 80 重量パーセント程度も含むためきわめて高価であり，その用途はセンサなど特殊な分野に限られ，その生産量もごくわずかである。したがって，一般に，アモルファス軟磁性合金といえば，鉄基アモルファス合金のことを指す。よって，以下，鉄基アモルファス合金のことをアモルファス合金と呼ぶことにする。一方，結晶質軟磁性合金中で最も新しいのが，後述するようにアモルファス合金を結晶化温度以上で熱処理することで得られるナノ結晶軟磁性合金である。

図 19.2 に，これら実用化されている軟磁性材料の飽和磁束密度 B_s と鉄損の関係を示す。鉄損は駆動される周波数や磁束波形により大きく変化するので，ここでは周波数 1 kHz，磁束密度の波高値 B_m が 0.1 T の磁束正弦波動作時の鉄損 $W_{1/1k}$ を用いた。鉄損による温度上昇が問題にならない場合，モータ，変

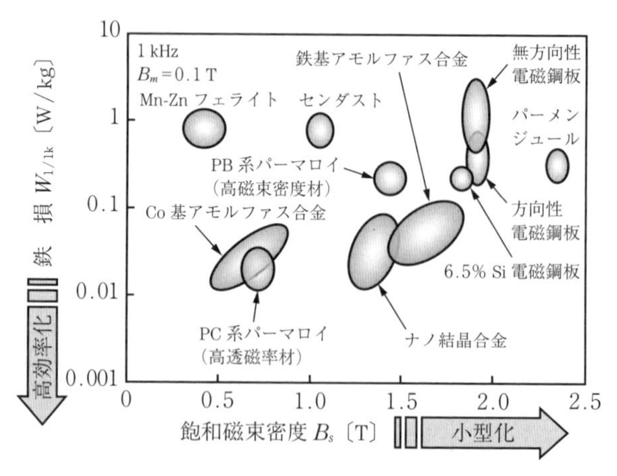

図 19.2　おもな軟磁性材料の飽和磁束密度 B_s と鉄損 $W_{1/1k}$ の関係

圧器あるいはリアクトルなど軟磁性材料を用いた電気機器の小型化には，B_s の大きな軟磁性材料を用いるのが望ましい。一方，電気機器の高効率化には，鉄損の小さな軟磁性材料を選定する必要がある。つまり，小型化と高効率化の両立を図るには図 19.2 の右下にある軟磁性材料を選定すればよい。しかし，同図からもわかるように高 B_s と低鉄損はトレードオフの関係にあり，両者を同時に満足する軟磁性材料は存在しない。低鉄損で比較的高 B_s の軟磁性材料としては，鉄基アモルファス合金およびナノ結晶合金が有望であることがわかる。

19.2 アモルファス軟磁性合金

19.2.1 アモルファス軟磁性合金の歴史

表 19.1 にアモルファス軟磁性合金の歴史を示す。1960 年にカリフォルニア工科大学の Duwez 教授らによって，溶融した Au-Si 合金を急冷することでアモルファス合金が得られることが発見され[1]，1969 年には同大学の Lin 博士と

表 19.1 アモルファス軟磁性合金の歴史

西暦年

1960 ←急冷法によるアモルファス合金の発見［Duwez ら］

←強磁性アモルファス Fe-P-C 合金［Lin と Duwez］

1970 ←アモルファス合金薄帯の創成（遠心液体急冷法，双ロール液体急冷法）

←単ロール液体急冷法開発

←アモルファス (Fe, Co, Ni)-Si-B 合金［増本ら，1975］

←Fe-Si-B アモルファス軟磁性合金量産開始

1980

←単ロール液体急冷法によるアモルファス合金の連続鋳造

1990

2000

←高磁束密度 Fe-Si-B アモルファス軟磁性合金量産開始

2010

Duwez 教授により強磁性アモルファス Fe-P-C 合金が発明された[2)]。東北大学の増本教授らの発明による現在主流となっている Fe-Si-B アモルファス軟磁性合金[3)] の発明，および単ロール液体急冷法などの製造方法[4)] に関する基本的な技術の開発は 1970 年代になされている。アモルファス軟磁性合金が実用材料として配電用変圧器，高周波変圧器あるいはリアクトルなどに本格的に使用されるようになったのは 1980 年代以降である。特に，1980 年代半ばに米国 Allied-Signal 社が単ロール液体急冷法によるアモルファス合金の連続鋳造技術を開発，実用化したことにより，単位重量当りの価格を方向性電磁鋼板の高磁束密度材[5)] と同程度にすることが可能となった。また，2000 年代半ば以降，地球温暖化防止のための CO_2 排出量削減と高効率な配電インフラシステムを実現する手段の一つとして，中国やインドなどの新興国を中心に高効率のアモルファス配電用変圧器[6)] の採用が急拡大した。このため，2014 年における全世界での推定販売量は年間 15 万トン程度となり，純鉄を除いた金属軟磁性材料の中では電磁鋼板に次ぐ販売量になっており，もはや特殊な軟磁性材料ではなくなっている。なお，その販売量の 90％以上が配電用変圧器に使用されているが，商用周波数を超える高周波帯で使用される変圧器やリアクトルにも使用されており，最近ではモータにも使用されるようになっている[7)]。

19.2.2　アモルファス軟磁性合金の製造方法[4)]

アモルファス合金は，溶融した合金をその結晶核の成長速度である 10^6 K/s 程度以上で超急冷凝固することによって得られる。このような超急冷凝固速度を自然界では実現することができないので，アモルファス合金は自然界には存在しない。また，このような超急冷凝固を実現できる合金の形態は，薄帯，紛体，細線，薄膜に限られる。これらの合金形態中，最も量産性と経済性に優れ，幅広く使用されているのは薄帯である。代表的なアモルファス合金薄帯の製造方法である単ロール液体急冷法による連続鋳造装置の概念図を**図 19.3** に示す。代表的なアモルファス軟磁性合金である Metglas（Metglas は日立金属株式会社の登録商標です）2605SA1[8)] の場合，Fe，Si および B の溶融合金を内

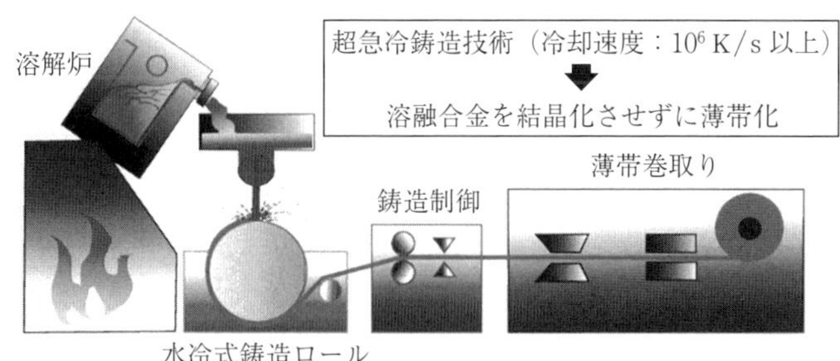

図 19.3　単ロール液体急冷法によるアモルファス合金連続鋳造装置概念図

部が水冷された外周速度約 100 km/h で高速回転する金属ロール上に噴出することで結晶核の成長速度を上回る 10^6 K/s 以上の急速凝固が可能となり，**図 19.4**（a）に示すアモルファス合金薄帯（公称板厚：0.025 mm，標準鋳造幅：142.2 mm，170.2 mm および 213.4 mm）が得られる。高速で鋳造され続けるアモルファス合金薄帯は，同薄帯の巻取装置に取り付けられた紙管（内径 406 mm）に巻き付けられ所定の外径（最大 1 120 mm）に達すると切断され，図 19.4（b）に示すようなコイルが作製される。コイル作製が完了すると，高速で鋳造され続けるアモルファス合金薄帯は別の紙管に巻き付けられ新たなコイル作製が行われ，この作業が連続的に続けられる。水冷式鋳造ロールと薄帯巻取装置間には，高速で鋳造されるアモルファス合金薄帯の板厚を計測するためのセンサが設けられており，その計測値に基づくフィードバック制御を行うこ

（a）　アモルファス合金薄帯

（b）　アモルファス合金薄帯コイル

図 19.4　アモルファス合金薄帯

とで板厚を所定値とする鋳造が行われる。なお，コイルの作製が完了すると，その最外周のアモルファス合金薄帯を所定量剥ぎ取り，薄帯の板厚，占積率，機械的強度および磁気特性が規定値を満たすかどうかのインライン検査を行っている。このインライン検査で不合格のコイルが発生しないかぎり，アモルファス合金薄帯の鋳造が連続して行われる。また，鋳造の際にアモルファス合金薄帯表面には厚さ 10 nm 程度の酸化物による絶縁膜が形成されるため，通常のモータや変圧器に使用する場合，特に絶縁処理は必要としない。

19.2.3　アモルファス軟磁性合金の特徴

結晶質合金とアモルファス合金の原子配列の概念図を**図 19.5** に示す。結晶質合金が規則正しい原子配列であるのに対し，アモルファス合金は溶融金属を強制的に凝固した非平衡状態の不規則な原子配列となっている。この不規則な原子配列により，結晶質合金にない機械的性質と磁気特性を有する。

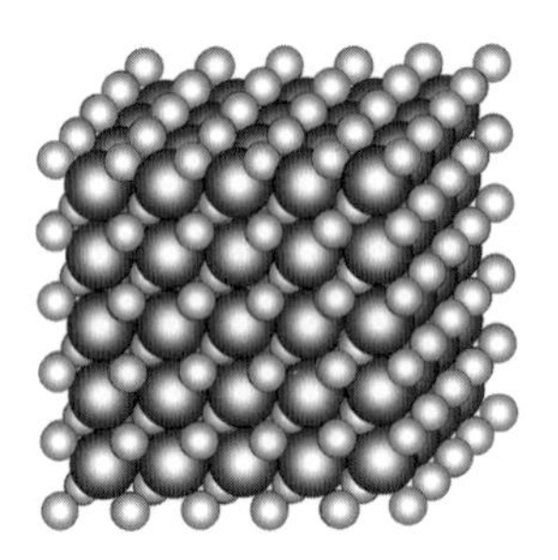

（a）　結晶質合金

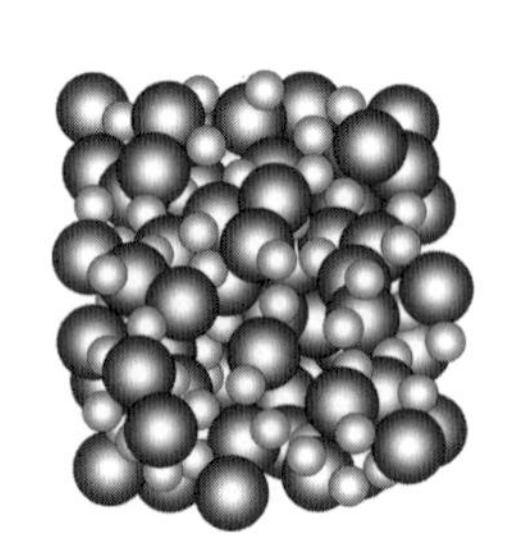

（b）　アモルファス合金

図 19.5　結晶質合金とアモルファス合金の原子配列概念図

アモルファス合金と結晶質合金である電磁鋼板の寸法，物理特性と磁気特性を**表 19.2**，直流初磁化曲線を**図 19.6** に示す。圧延によって製造される電磁鋼板に比べて，アモルファス合金は単ロール液体急冷法で鋳造されるため表面が粗く，厚さも薄いことから，占積率が低くなっている。また，アモルファス合金は無方向性電磁鋼板 35A300 比で，引張強さは約 5 倍，ビッカース硬度も約 5 倍ある。

表 19.2 アモルファス合金と電磁鋼板の寸法，物理特性と磁気特性[8)～13)]

鋼 種		アモルファス合金 Metglas 2605SA1		方向性電磁鋼板	無方向性電磁鋼板	
		磁路方向磁界中熱処理	無磁界中熱処理	23P090	35A300	6.5% Si-Fe 10JNEX900
公称板厚〔mm〕		0.025		0.23	0.35	0.10
占積率 LF〔%〕		86 min		94.5 min	95 min	90 min
密度（$\times 10^3$ kg/m^3）		7.18		7.65	7.65	7.49
固有抵抗〔μΩ·m〕		1.30		0.50	0.52	0.82
引張強さ〔N/mm^2〕		2 000		388	530	650
ビッカース硬度		900		188	187	395
鉄損〔W/kg〕	$W_{10/50}$	0.051 typ	0.056 typ	0.28 typ	1.11 typ	0.5 typ
	$W_{10/400}$	1.2 typ	0.81 typ	8.0 typ	18.2 typ	5.7 typ
	$W_{10/1k}$	4.3 typ	3.0 typ	28 typ	78 typ	18.7 typ
磁束密度〔T〕	B_{50}	1.56 typ		1.88 min	1.64 typ	1.52 typ
	B_s	1.56		2.03	2.03	1.80
直流比透磁率 at 1.0 T		200 000 typ	31 000 typ	76 000 typ	7 200 typ	19 000 typ
磁気ひずみ定数〔ppm〕		27*		8*	8*	0.1**
キュリー温度〔℃〕		399		750	750	700
結晶化温度〔℃〕		510		—	—	—

〔注〕 *飽和磁気ひずみ定数，**1.0 T，400 Hz の磁気ひずみ定数

アモルファス合金は超急冷で鋳造されるため，大きな内部応力を有する。このため，材料本来の磁気特性を十分に引き出すためには，この内部応力を緩和するための熱処理が必要である。例えば，2605SA1 の場合，窒素雰囲気中で結晶化温度 510℃より低い 360℃で熱処理することにより構造緩和[14)]が行われ，表 19.2 および図 19.6 の無磁界中熱処理で示すほぼ等方的な磁気特性が得られる。また，この構造緩和を起こすための熱処理時に磁路方向に 800 A/m 程度以上の直流磁界を印加し続けると磁路方向に磁化容易軸が形成され，表 19.2 および図 19.6 の磁路方向磁界中熱処理で示す磁気特性を得ることができる。アモルファス合金は電磁鋼板に比べ Fe の含有率が低いため，その B_s は小さい。しかし，図 19.5 の原子配列概念図に示すようにアモルファス合金は不規

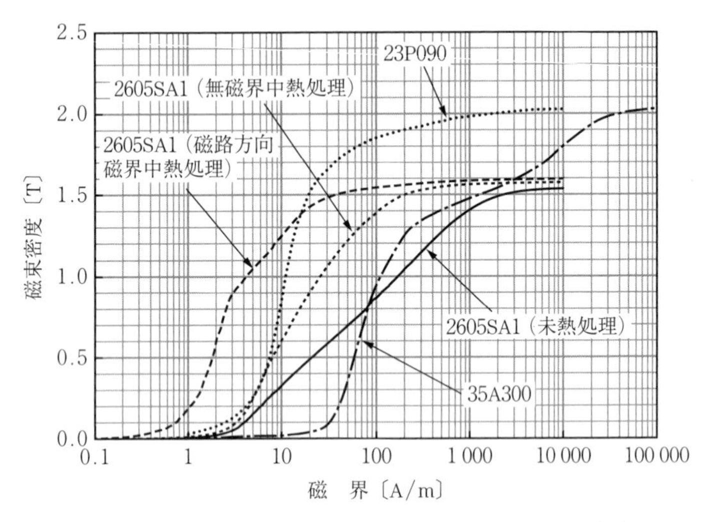

図 19.6　アモルファス合金と電磁鋼板の直流初磁化曲線[9),10)]

則な原子配列のため，規則的な原子配列の結晶質合金が有する結晶磁気異方性を持たず結晶質合金に比べて保磁力が小さく，ヒステリシス損が小さくなる。また，この不規則な原子配列によりアモルファス合金は，その抵抗率も結晶質合金に比べて1.5～2倍程度大きく，その板厚も結晶質合金に比べて1桁小さいため，結晶質合金に比べて渦電流損も大幅に小さい。このようにヒステリシス損と渦電流損の両方とも小さいことから，アモルファス合金の鉄損は無方向性電磁鋼板などの結晶質合金の鉄損に比べて大幅に小さく，透磁率も非常に高い。

しかし，アモルファス合金は，電磁鋼板に比べて磁気ひずみ定数が大きいため，応力を加えると磁気特性の劣化（鉄損増，透磁率低下）を起こしやすい。また，前述した内部応力の緩和のための熱処理により，構造緩和によるクラスタ（微結晶核）が部分的に生じて脆化を引き起こす問題もある[15)]。

アモルファス合金の構造は非平衡状態にあることから実用材料としての十分な安定性を持つことの確認が必要となる。アモルファス合金の安定性確認の際に用いられる最も一般的な手法は，高温放置したときの磁気特性の変化を調べる加速試験である。2605SA1 に関しては，150℃での推定寿命は 1 200 年間であることが確認されており[16]，通常の変圧器，リアクトルあるいはモータに使用するかぎり，実用上問題ない。

19.2.4 アモルファス軟磁性合金のモータへの応用

〔1〕 モータ用鉄心の鉄損の低減方法

モータの損失には，鉄心の磁束変化により鉄心で発生する鉄損，電流が巻線に流れるため巻線で発生する銅損，軸受やファンなどで発生する機械損，および金属製シャーシに漏れ磁束が流れるため発生する漂遊負荷損がある。

通常のモータ鉄心には，無方向性電磁鋼板が用いられているが，その鉄損を低下させるためには

1） 無方向性電磁鋼板の薄板化により渦電流損を減らすことで低鉄損化

2） 軟磁性材料を鉄心に加工する際の応力などの影響で鉄損が増加する比率であるビルディングファクタ BF を減らすことで低鉄損化

3） 無方向性電磁鋼板よりも低鉄損の軟磁性材料を用いることで低鉄損化

の三つの手法がある。

1）に関しては，それまで一般に用いられる無方向性電磁鋼板の板厚は 0.35 mm ないし 0.50 mm だったが，最近では EV や HEV などの高速モータ用として 0.15 mm あるいは 0.20 mm 厚の製品が実用化されている[10]。さらに薄い 0.1 mm 厚の製品も少量販売されているが，圧延工数が増加するため高価になってしまう問題がある。また，6.5％ Si-Fe はその板厚が 0.1 mm と薄く，磁気ひずみが非常に小さいことから，通常の無方向性電磁鋼板に比べて低鉄損であるが，その製造時に CVD（chemical vapor deposition：化学気相蒸着法）工程を必要とする[11] ため高価であり，その適用は特殊用途のモータに限定されている。

2）に関しては，例えば，通常のモータ用積鉄心で行われているかしめ加工の代わりに接着加工を採用する技術が実用化されている[17]。

3）に関し，実際にモータ用鉄心として使用されている軟磁性材料の寸法，物理特性と磁気特性を無方向性電磁鋼板との比較で**表 19.3** に示す。

表 19.3　おもなモータ用コア材の寸法，物理特性および磁気特性の比較[8),10)~13),18),19)]

鋼　種		アモルファス合金 Metglas 2605SA1		PB系パーマロイ	パーメンダ（パーメンジュール）	無方向性電磁鋼板	
		無磁界中熱処理	未熱処理	PB-1	YEP-2V	35A300	6.5% Si-Fe 10JNEX900
公称板厚〔mm〕		0.025		0.10	0.2	0.35	0.10
占積率 LF〔%〕		84 min		90 min	93 min	95 min	90 min
密度〔$\times 10^3$ kg/m^3〕		7.18		8.25	8.28	7.65	7.49
固有抵抗〔μΩ·m〕		1.3		0.52	0.47	0.52	0.82
引張強さ〔N/mm^2〕		2 000		640	728	530	90
ビッカース硬度		900		130	200	187	350
鉄　損〔W/kg〕	$W_{10/50}$	0.056 typ	0.17 typ	0.18 typ	0.6 typ	1.11 typ	0.5 typ
	$W_{10/400}$	0.81 typ	2.2 typ	2.7 typ	8.6 typ	18.2 typ	5.7 typ
	$W_{10/1k}$	3.0 typ	7.4 typ	10 typ	35 typ	78 typ	18.7 typ
磁束密度〔T〕	B_{50}	1.56 typ	1.52 typ	1.16 typ	2.25 typ	1.64 typ	1.52 typ
	B_s	1.56		1.51	2.37	2.03	1.80
直流比透磁率 at 1.0 T		31 000 typ	4 700 typ	57 800 typ	25 000 typ	7 200 typ	19 000 typ
磁気ひずみ定数〔ppm〕		27*		25*	70*	8*	0.1**
キュリー温度〔℃〕		399		400	960	750	700

〔注〕 *飽和磁気ひずみ定数，**1.0 T，400 Hz の磁気ひずみ定数

同表中，最も低鉄損なのが無磁界中熱処理をしたアモルファス合金であり，以下，未熱処理アモルファス合金，PB系パーマロイ，6.5% Si-Fe 無方向性電磁鋼板，パーメンダ（パーメンジュール），無方向性電磁鋼板 35A300 の順に鉄損は大きくなる。PB系パーマロイはニッケル 50 重量パーセントと鉄の合金，パーメンダはコバルト 48 重量パーセント，バナジウム 2 重量パーセントと鉄の合金である。これら 2 種類の合金は高価なニッケル，コバルトあるいはバナジウムを多量に含むため無方向性電磁鋼板に比べて非常に高価なことから，特殊用途のモータに採用されている。特に後者は，実用化されている軟磁性材料中，最も高い B_s を持つためモータの小型化の面で優れている。これらに対し，アモルファス合金は無方向電磁鋼板 35A300 に比べてその価格が数倍

程度と比較的安価であり，高効率モータ鉄心用の低損失軟磁性材料として注目されている。

〔2〕 **モータ用アモルファス鉄心の特徴と課題**

アモルファス合金 2605SA1 と無方向性電磁鋼板 35A300 の直流初磁化曲線を**図 19.7** に示す。アモルファス合金を窒素雰囲気中 360℃で無磁界中熱処理することにより，同合金の内部応力が緩和され図示小破線のようにその初磁化曲線の勾配大（透磁率大）となる。しかし，この熱処理により合金が脆化（ぜいか）し，モータ鉄心として十分な機械強度が確保できなくなる。このため，その機械的強度を高めることを目的に，通常，エポキシ系樹脂やアクリル系樹脂などを用いた真空加圧樹脂含浸が行われている。しかし，この樹脂含浸でアモルファス合金に加えられる応力の影響により，図示のように初磁化曲線の傾きが未熱処理時よりも低下する問題がある。一方，未熱処理のアモルファス合金は，無磁界中熱処理したアモルファス合金に比べて，その鉄損は数倍大きいが，**図 19.8** に示すように通常の無方向性電磁鋼板 35A300 に比べると桁違いに小さい。このため，アモルファス合金が熱処理によって脆化するのを嫌って，未熱処理状態でモータ用鉄心に適用することが各方面で検討されている[7),20)~22)]。

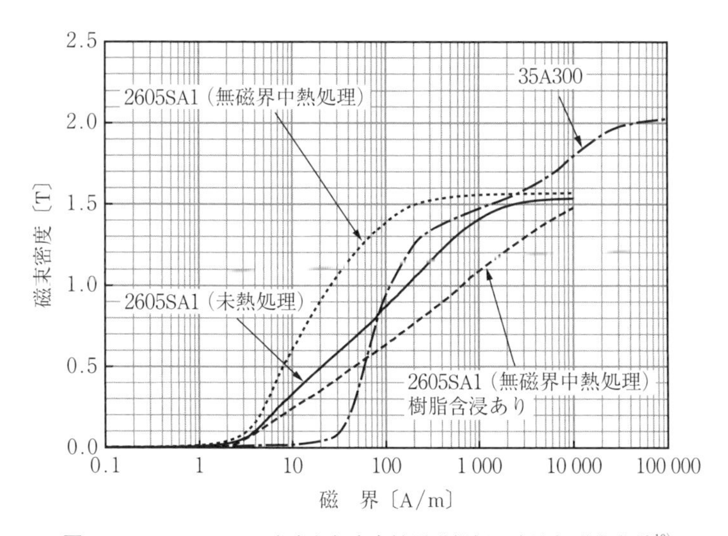

図 19.7 アモルファス合金と無方向性電磁鋼板の直流初磁化曲線[10)]

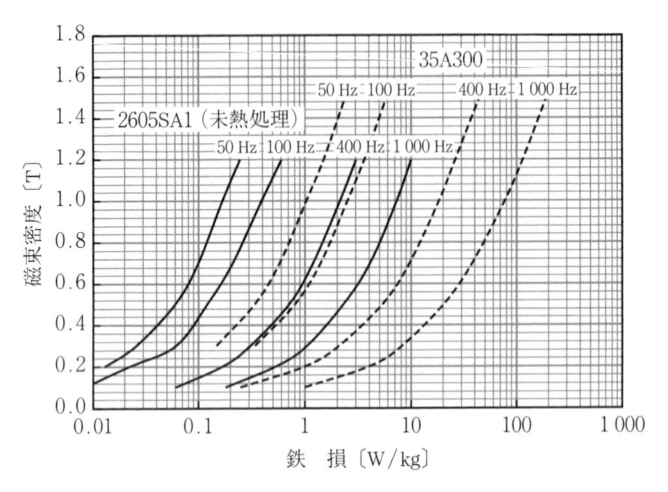

図 19.8　アモルファス合金と無方向性電磁鋼板の鉄損

アモルファス合金は，通常の無方向性電磁鋼板に比べて，板厚は 1/10 以下の 0.025 mm ときわめて薄く，ビッカース硬度は約 900 と約 5 倍も硬い。このため，アモルファス合金をせん断加工する際には，僅少クリアランスが必要なことと工具寿命の問題がある。また，アモルファス合金は，機械的に等方的で，基本的に塑性変形しにくいという特徴を持っている。このため，アモルファス合金をモータ用鉄心に加工する場合，**表 19.4** のような課題が指摘されている。

表 19.4　おもなモータ用アモルファス合金鉄心加工法と課題

鉄心の種類	加工工程の概要	課　題
打抜き加工積鉄心	打抜き⇒積層⇒樹脂含浸	打抜き金型寿命
エッチング加工積鉄心	洗浄⇒乾燥⇒レジスト塗布⇒露光⇒不要部レジスト剥離⇒エッチング⇒レジスト剥離⇒洗浄⇒乾燥⇒積層⇒樹脂含浸	加工工数
ワイヤ放電加工積鉄心	積層⇒樹脂含浸⇒ワイヤ放電加工⇒洗浄⇒乾燥⇒（表面処理）	加工工数 加工面短絡
ウォータジェット加工巻鉄心	スリット⇒巻磁心作製⇒樹脂含浸⇒ウォータジェット加工⇒洗浄⇒乾燥	加工工数 形状の制約
スリット切断加工積鉄心	スリット⇒切断⇒積層⇒樹脂含浸またはケース挿入	形状の制約

最も一般的なモータ用鉄心は打抜き加工積鉄心である。超硬製工具を用いクリアランスをほぼ0とすれば打抜きは可能であるが，金型の寿命がきわめて短いとの報告がなされている[23]。また，この金型寿命が短い問題を解決するため，焼結ダイヤモンド（poly crystalline diamond，PCD）製打抜き工具を用い，アモルファス合金薄帯を200℃程度に加熱することが有効とされるが，寿命がどこまで改善されるかに関する具体的な報告はなされていない[24]。積層枚数が数千枚以上に達するモータ用のアモルファス積鉄心に適用する場合，この打抜き金型の寿命に関するさらなる改善が必要とされている。

アモルファス合金のエッチング加工は比較的容易であり，加工に際し機械的なストレスが加わりにくいことからBFを小さくできる長所を持ち，小型の電子部品用として実用化されている。しかし，積層枚数の多いモータ用積鉄心に適用しようとする場合，加工工程が複雑で工数も多いという課題がある。

ワイヤ放電加工積鉄心は，積層したアモルファス合金を樹脂含浸して製作したブロック状の積鉄心をワイヤ放電加工することにより製造される[25]。ワイヤ放電加工に長時間を要することと放電加工による切断面が短絡する問題がある。後者の問題に対しては，短絡面をエッチング処理などにより除去する対策が行われている。この加工法は加工工数が多いという課題を抱えているが，金型を必要としないため試作や小ロットのモータ製造に用いられている。

ウォータジェット加工巻鉄心は，アモルファス合金巻鉄心を作製後，樹脂含浸し，これをウォータジェット加工により所定の形状に加工したもので[26]，加工工数が多く適用できる鉄心形状にも制約がある。

スリット切断加工積鉄心は，電子部品用や配電用変圧器のアモルファス合金鉄心の加工に用いられているスリットと切断加工を用い短冊状の積鉄心を形成するもので，加工は比較的容易であるが適用できる鉄心形状に制約がある[7]。

〔3〕 アモルファス合金を用いたアキシャルギャップモータ[21]

すでに述べたように，アモルファス合金を用いたモータを実用化する上での最大の課題は，その鉄心の低コストで効率的な加工方法を開発することである。この課題を解決した一例として，前記のスリット切断加工アモルファス合金積鉄心を用いたアキシャルギャップモータの試作結果について紹介する。

試作したアキシャルギャップモータの構造を**図 19.9** に示す。コイルと鉄心から成る固定子を中心部に配置し，この固定子の上下にフェライト磁石とヨークから成る回転子を設けた構造である。このように永久磁石を上下に対向して配置することにより，磁石の回転に伴う界磁変化による磁束密度変化はおもに固定子の鉄心部分だけで発生し，回転子ヨークなどの他の部分の磁束密度変化は少ないため鉄心以外での鉄損は少なくなる。試作したアキシャルギャップモータの諸元を**表 19.5** に示す。モータの定格回転数は 3 600 rpm である。

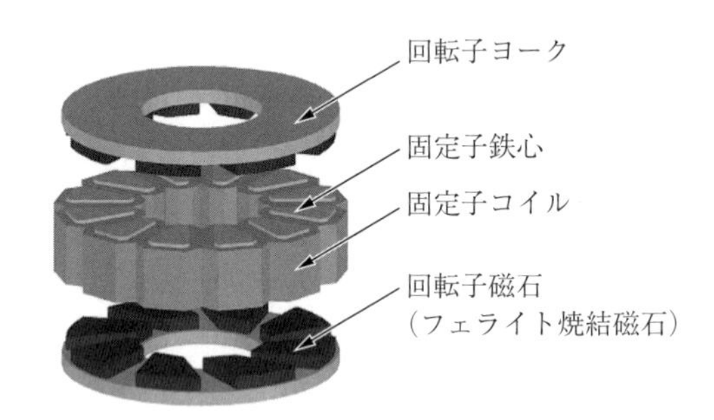

図 19.9　アキシャルギャップモータの構造[21)]

表 19.5　アキシャルギャップモータの諸元[21)]

相　数	3
固定子コイル数	12
回転子極数	8
回転子外径〔mm〕	200
定格回転数〔rpm〕	3 600
定格トルク〔N/m〕	30
回転子磁石	11 mm 厚 焼結フェライト 日立金属株式会社製 NMF-12F（B_r=0.45 T）
固定子鉄心	高さ：50 mm 底面積：1 020 mm^2（台形）

無方向性電磁鋼板 35A300 およびアモルファス合金 2605SA1 を用いて，その外観を**図 19.10** に示す形状の 2 種類の固定子鉄心を作成した。固定子鉄心の高さはスリット幅に相当し，スリットした材料の切断間隔を変えて切断した後，

図 19.10　11 kW アキシャルギャップモータの固定子鉄心[21)]

図中矢印の方向に積層，樹脂含浸することで短冊状の固定子鉄心が得られる。この 2 種類の固定子鉄心の周波数 400 Hz の鉄損を**図 19.11** と**図 19.12** に示す。周波数 400 Hz，磁束密度 1.0 T において，無方向性電磁鋼板 35A300 鉄心の BF は 1.15 であるのに対し，アモルファス合金 2605SA1 鉄心の BF は 1.6 と大きい。しかし，アモルファス合金 2605SA1 鉄心の周波数 400 Hz，磁束密度 1.0 T の鉄損は 4.5 W/kg と無方向性電磁鋼板 35A300 鉄心の同 23 W/kg に比べ 1/5 以下ときわめて小さい。

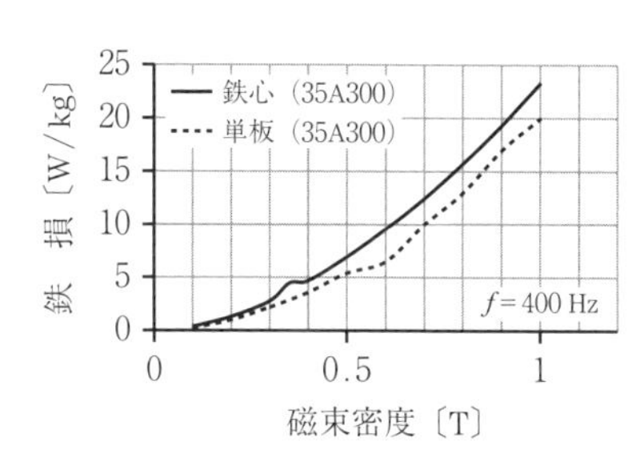

図 19.11　無方向性電磁鋼板 35A300 鉄心の鉄損[21)]

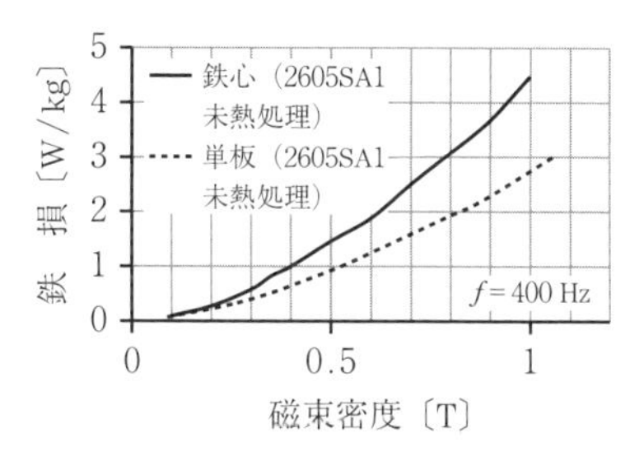

図 19.12　アモルファス合金 2605SA1 鉄心の鉄損[21)]

図 19.13 に試作した 11 kW アキシャルギャップモータの各部外観を示す。図（a）は回転子であり，8 個の焼結フェライト磁石とスペーサ，無方向性電磁鋼板によるヨークとそれらを支える構造体から成る。図（b）は固定子コイルであり，1.4 mm×1.4 mm の真四角銅線で 155 ターンである。この固定子コ

（a） 回転子

（b） 固定子コイル

（c） 固定子

（d） モータ

図 19.13 11 kW アキシャルギャップモータの各部外観[21)]

イルの中心に図 19.10 に示した鉄心を挿入し，図 19.9 に示すように 12 個を 1 セットとして樹脂で固めて固定子（図（c）参照）を形成する。これらをケースに収めたモータを図（d）に示す。ケースには市販の誘導機用のものを用いているため，ケースの回転軸方向には不要で大きなスペースが存在する。

試作した 11 kW アキシャルギャップモータを外部モータで駆動する方法を用いて無負荷損失を測定した結果を**図 19.14** に示す。測定結果には鉄損以外に

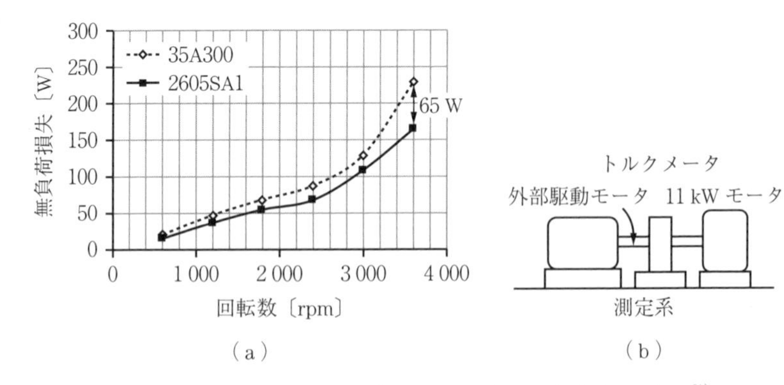

図 19.14 11 kW アキシャルギャップモータの無負荷損失の比較[21)]

風損やベアリングによる機械損が含まれているが，これらは鉄心によらず同じであると仮定すると回転数 3 600 rpm で鉄心による鉄損の差は 65 W である。

定格回転数 3 600 rpm でのトルク特性の評価結果を**図 19.15** に示す。高トルク領域で，無方向性電磁鋼板 35A300 鉄心の場合のほうが同一トルクに対し，アモルファス合金 2605SA1 鉄心の場合よりもわずかに高い電流が必要になることがわかる。定格トルクの 30 N·m においてアモルファス合金 2605SA1 鉄心の場合，電流が 43.5 A_{rms} であるのに対し，無方向性電磁鋼板 35A300 鉄心の場合 46.6 A_{rms} となった。これは無方向性電磁鋼板 35A300 鉄心のほうがアモルファス合金 2605SA1 鉄心よりも励磁電力が大きく励磁電流が大きいためと考えられる。

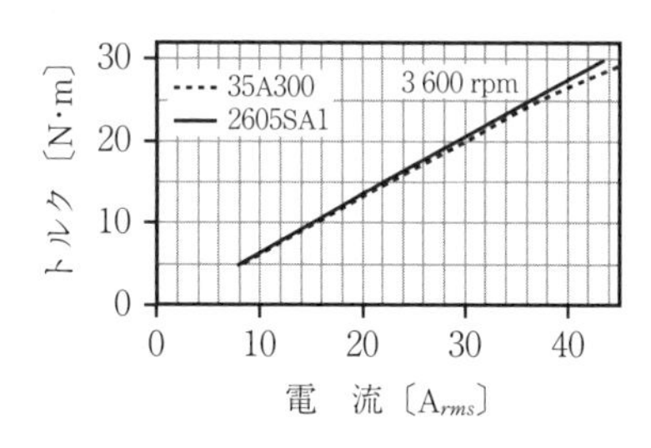

図 19.15　11 kW アキシャルギャップモータのトルク特性の比較[21]

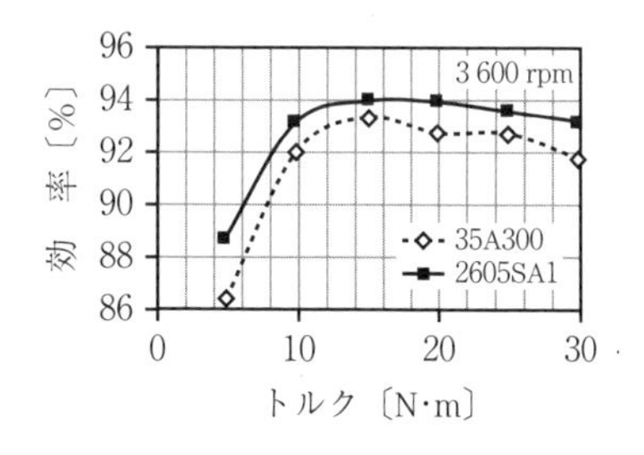

図 19.16　11 kW アキシャルギャップモータの効率の比較[21]

図 19.16 に試作した 11 kW アキシャルギャップモータの定格回転数 3 600 rpm における効率の測定結果を示す。定格トルク 30 N·m において無方向性電磁鋼板 35A300 鉄心の場合では 91.7％であるのに対し，アモルファス合金 2605SA1 鉄心の場合は 93.2％となり，1.5％の効率向上が図れた。また，5.0 N·m の低トルクでは電流が少なくなるため銅損が減少し，損失に占める鉄損の割合が増加するため効率の差が 2.3％に拡大する。

定格出力時の損失について要因別に分析した結果を**図 19.17** に示す。アモルファス合金 2605SA1 鉄心を用いた場合，無方向性電磁鋼板 35A300 鉄心を用いた場合に比べて鉄損が 1/5 以下となる。また，アモルファス合金 2605SA1 鉄心を用いた場合，無方向性電磁鋼板 35A300 を用いた場合に比べて励磁電力が

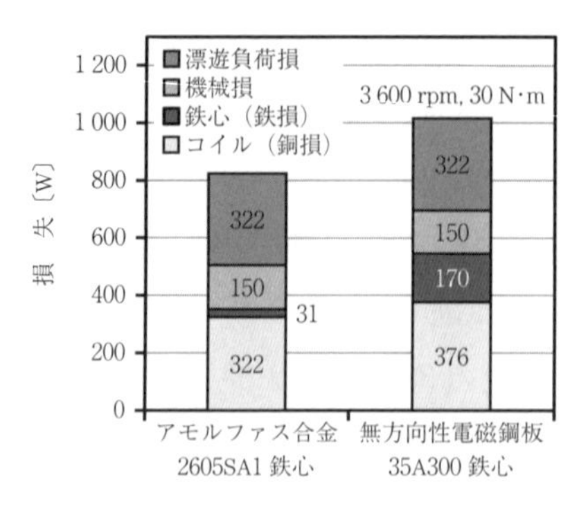

図 19.17　11 kW アキシャルギャップモータの損失分析[21]

小さいため励磁電流も少なくなり銅損も小さい。

アキシャルギャップモータでは鉄心の高さに比例してコイルの断面積を増加させることができるので銅損は鉄心の高さに反比例する。一方，鉄心の鉄損は高さに比例する。したがって，鉄心の高さを最適化すればさらに効率を上げることが可能であり，以上の単純なモデルでは，アモルファス合金 2605SA1 鉄心を用いた場合には，鉄心の高さを 3.2 倍することで，効率をさらに 1.2%程度向上させることができると考えられる。一方，無方向性電磁鋼板 35A300 鉄心を用いた場合には，鉄損と銅損の差が小さく，鉄心の高さを調節しても 0.3%程度の効率改善しか見込めない。

以上説明したように，スリット切断加工して作成したアモルファス合金短冊積層鉄心を用いたアキシャルギャップモータにより，従来の無方向性電磁鋼板鉄心を用いた場合に比べ大幅な効率の向上が図れることが明らかになり，同タイプのモータを使用した小型，高効率の圧縮機が製品化されるに至っている[27]。

19.3　ナノ結晶軟磁性合金

19.3.1　ナノ結晶軟磁性合金の歴史

表 19.6 にナノ結晶軟磁性合金の歴史を示す。アモルファス軟磁性合金を結

表 19.6　ナノ結晶軟磁性合金の歴史

晶化させると軟磁気特性が失われる，とのそれまでの常識を覆して開発された史上初のナノ結晶軟磁性合金が，1988 年に日立金属株式会社の吉沢らによって報告された Fe-Si-B-Nb-Cu 系ナノ結晶合金ファインメットである[28]。この材料の開発により，アモルファス合金を結晶化させた場合でも**図 19.18** に示すような均一微細な bcc Fe-Si 相から成るナノ結晶組織が得られれば優れた軟磁気特性が得られることが明確になり，その後，Fe-Zr-B 系[29]，Fe-Si-B-Cu 系[30),31)]，Fe-Si-B-P-Cu[32),33)] 系などのナノ結晶合金の開発が行われるようになった。

ファインメットに代表される Fe-Si-B-Nb-Cu 系や Fe-Zr-B 系などのナノ結晶軟磁性合金では，単ロール液体急冷法で鋳造したアモルファス合金から結晶

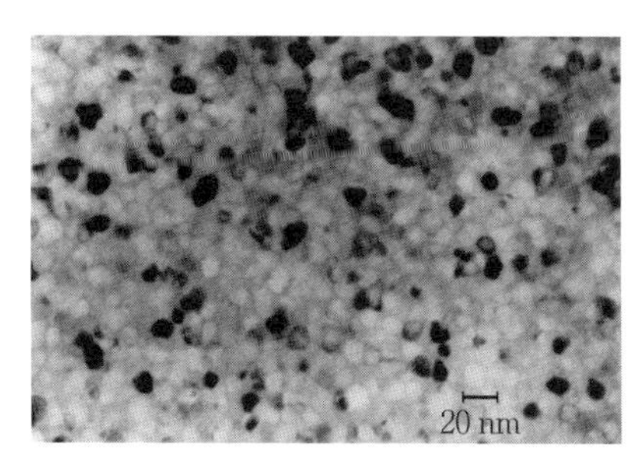

図 19.18　ナノ結晶軟磁性合金ファインメットの TEM 像

粒成長を抑制して均一微細な bcc Fe-Si 相から成るナノ結晶組織を得るため，Nb，Zr などを多く含有させる必要がある。このため Fe の含有量が低下し，その B_s が 1.7 T 以下となる。このタイプのナノ結晶合金の中では，Fe-Si-B-Nb-Cu 系ナノ結晶合金が磁気特性良好で製造も容易なため主流となっている。

これに対し，Fe の含有量を上げ，高 B_s 化したナノ結晶軟磁性合金が日立金属株式会社の太田らにより 2007 年に報告された Fe-Si-B-Cu 系ナノ結晶合金であり，その後，Fe-Si-B-P-Cu 系などの高 B_s ナノ結晶合金が開発されている。しかし，高 B_s ナノ結晶合金は，その詳細を後述するように合金の鋳造あるいは熱処理方法に課題を抱えており，現時点では広く実用化されるまでには至っていない。

19.3.2　ナノ結晶軟磁性合金の製造方法

〔1〕 Fe-Si-B-Nb-Cu 系ナノ結晶合金の製造方法[28),34)]

Fe-Si-B-Nb-Cu 系ナノ結晶合金は，単ロール液体急冷法で鋳造した Fe-Si-B-Nb-Cu 系アモルファス合金を結晶化温度以上で熱処理することによって得られる。**図 19.19** に Fe-Si-B-Nb-Cu 系ナノ結晶合金とアモルファス合金の熱処理による結晶化過程の模式図を示す。図（a）に示すように，ナノ結晶合金ではアモルファス相をスタートとして，熱処理過程で Cu リッチクラスタが生じ，これを核生成サイトとして bcc Fe-Si の初期微結晶が析出する。結晶化の進行に伴い，残留するアモルファス相の Fe 濃度は下がり，Nb や Zr 濃度は上がる。そのため，残留アモルファス相が安定化，結晶粒の成長が抑制され，均一な粒径のナノ結晶相が得られる。図（b）に示すように Nb や Zr などを含まず，Cu も含まない Fe 高濃度のアモルファス合金を結晶化温度以上で熱処理すると，結晶核が不足し，結晶粒成長が進み，結晶粒は粗大化してしまう。

つまり，ナノ結晶化に際しては，結晶化の前に核が高密度で均一に生成していることと，結晶粒の成長が抑制されることがポイントとなる。このため，ファインメットに代表される Fe-Si-B-Nb-Cu 系や Fe-Zr-B 系などのナノ結晶合金ではアモルファス合金から，結晶粒成長を抑制して均一微細な bcc Fe 相

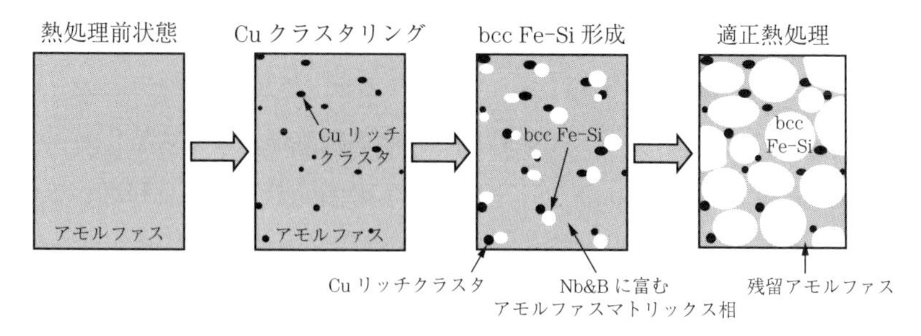

（a）　ナノ結晶軟磁性合金

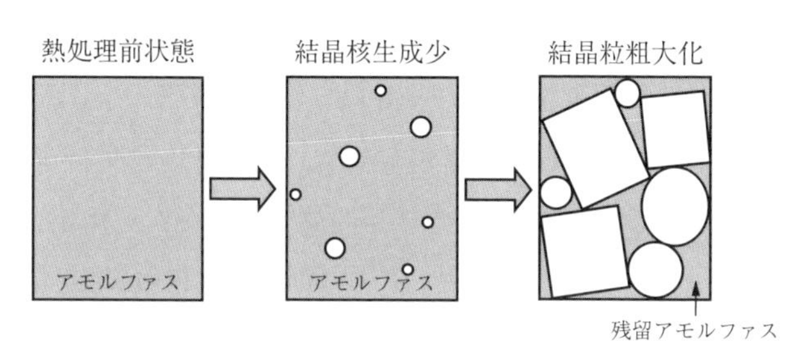

（b）　アモルファス合金

図 19.19　熱処理による結晶化過程の模式図[34)]

から成るナノ結晶組織を得るため，Nb や Zr などを多く含有させる必要がある。しかし，この影響で Fe の含有量が低下するため，その飽和磁束密度は 1.7 T 以下となる。また，ナノ結晶化により合金は著しく脆化するため，鉄心として使用する場合には，ケースに挿入，あるいはエポキシ樹脂などを用いて真空加圧含浸処理することで機械的な強度を高めることが必須となる。

代表的な Fe-Si-B-Nb-Cu 系ナノ結晶軟磁性合金であるファインメット FT-3 の場合，19.2.2 項で説明した単ロール液体急冷法で鋳造されたアモルファス合金薄帯を鉄心形状に加工後，窒素雰囲気中 550℃，1 h の熱処理を行い，ナノ結晶合金 FT-3M 鉄心を作製する。FT-3 用アモルファス合金薄帯の公称板厚は 0.014 mm と 0.018 mm，標準鋳造幅は 53 mm，63 mm および 142 mm であり，内径 457 mm の紙管に巻かれた最大外径 850 mm のコイルで供給される。

〔2〕　初期微結晶タイプ高 B_s ナノ結晶軟磁性合金の製造方法[30),31),33),34)]

Fe の含有量を上げ，高 B_s 化したナノ結晶軟磁性合金は，その製造法の違いにより二つのタイプに分類することができる。ここでは，初期微結晶タイプの高 B_s ナノ結晶合金の製造方法について解説する。

初期微結晶タイプ高 B_s ナノ結晶軟磁性合金の熱処理による結晶化過程の模式図を**図 19.20** に示す。Cu が Fe に固溶しない性質を持つことを利用して一定量以上の Cu を含有した Fe の含有量の多い Fe-B ないし Fe-Si-B 溶湯を液体急冷鋳造することで，冷却過程において Cu リッチクラスタ，あるいはこれを起点とする bcc Fe-Si の初期微結晶の核生成サイトを均一かつ高密度に含むアモルファス合金を作成する。このアモルファス合金を結晶化温度以上で熱処理することで，bcc Fe 初期微結晶がいっせいに粒成長する。bcc Fe 相中には B はほとんど固溶できないため，残留アモルファス相の B 濃度が bcc Fe 微結晶相の増加とともに高まる。これによりアモルファス相が安定化し，結晶粒の成長が抑制され，均一なナノ結晶組織となり，高 B_s，低保磁力 H_c かつ低鉄損のナノ結晶軟磁性合金が得られる。つまり，これまでのナノ結晶合金において，Nb や Zr などが担っていたアモルファス相の安定化を高 B 濃度の残留アモルファス相が果たしている。

初期微結晶タイプの高 B_s ナノ結晶合金の一例として単ロール液体急冷法で

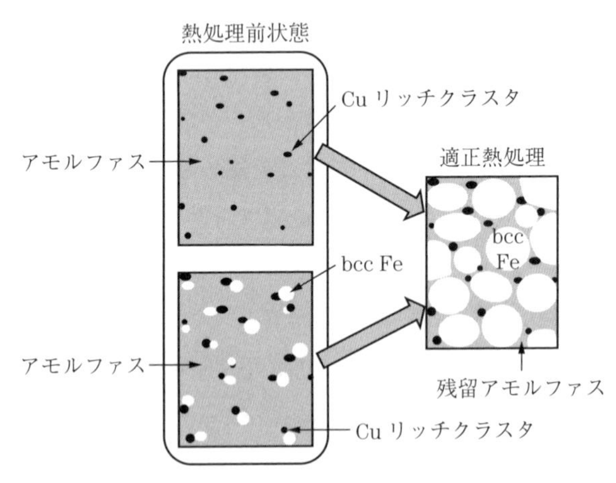

図 19.20　初期微結晶タイプの熱処理による結晶化過程の模式図[34)]

鋳造した幅 15 mm，板厚 0.022 mm の $Fe_{85}B_{15}$ アモルファス合金と初期微結晶を含む $Fe_{83.7}Cu_{1.5}B_{14.8}$ アモルファス合金を窒素雰囲気中で 390℃，1 h 熱処理を行う前後の TEM 像を**図 19.21** に示す。Cu 添加の Fe 高濃度の合金系で核生成サイト（初期微結晶）が存在することで均一なナノ結晶組織が得られることがわかる。

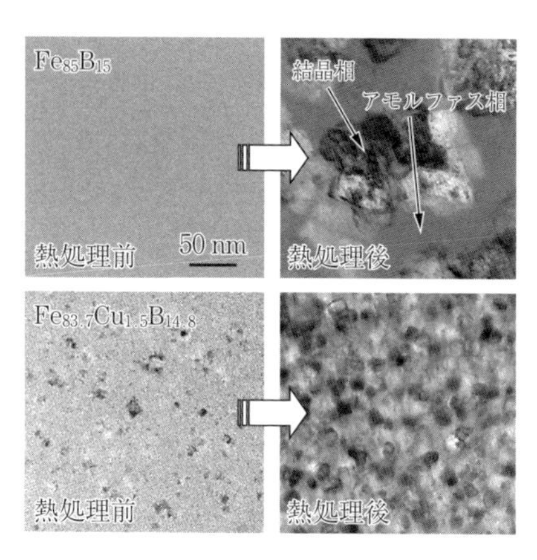

図 19.21　$Fe_{85}B_{15}$ アモルファス合金と初期微結晶を含む $Fe_{83.7}Cu_{1.5}B_{14.8}$ アモルファス合金の熱処理前後の TEM 像[30)]

単ロール液体急冷法で鋳造された初期微結晶を含むアモルファス合金の鋳造ロール面に接触していた面側表層部は，鋳造時の冷却速度が速いため，**図 19.22** 左に示すように初期微結晶を含まないアモルファス相となる。この合金を通常熱処理（昇温速度 0.3 K/s，400℃で 1 h 保持後，冷却）すると図 19.22 右上に示すように鋳造ロール面に接触していた面側の表層部は，残留アモルファス相の割合が多く，その内側には粗雑な結晶もあることがわかる。この鋳造ロール面に接触していた面の表層部のナノ結晶組織の不均一性を改善するため，急速加熱処理（昇温速度 3 K/s，400℃で 5 min 保持後，冷却）を行った結果を図 19.22 右下に示す。急速加熱処理により，均一なナノ結晶構造が得られている。また，これら二つの熱処理を行って得られた高 B_s ナノ結晶合金の鉄損を**図 19.23** に示す。急速加熱処理により高磁束密度領域での鉄損が低減で

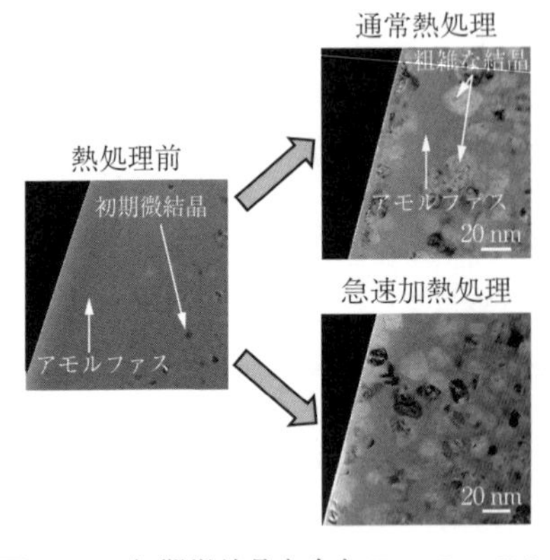

図 19.22　初期微結晶を含む $Fe_{80.5}Cu_{1.5}Si_4B_{14}$ アモルファス合金の通常熱処理と急速加熱処理前後の TEM 像[33)]

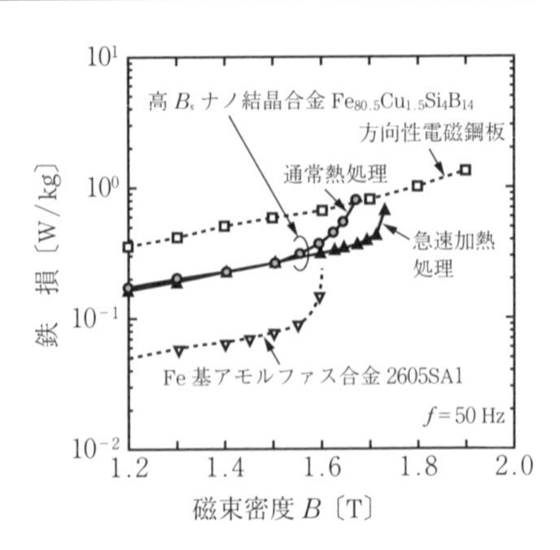

図 19.23　初期微結晶を含むアモルファス $Fe_{80.5}Cu_{1.5}Si_4B_{14}$ 合金の通常熱処理後と急速加熱処理後の鉄損[33)]

きることがわかる。

すでに説明したように，均一な初期微結晶タイプ高 B_s ナノ結晶材を得るには，均一なナノ結晶構造を得るために Cu リッチクラスタ，あるいはこれを起点とする bcc Fe-Si の初期微結晶の核生成サイトを均一，かつ高密度に含むアモルファス合金を作成する必要がある。しかし，同合金を薄帯として鋳造するのはきわめて難しく，同合金薄帯を長時間にわたって安定に鋳造するのは困難であり，このことが同合金を実用化する上での最大の障害である。また，同合金薄帯は Cu リッチクラスタあるいは bcc Fe-Si の初期微結晶の核生成サイトを有するため非常にもろく，スリットや打抜きなどの機械加工は困難である。これらの欠点を抱えているため，初期微結晶タイプ高 B_s ナノ結晶合金は，現時点で，実用材料として一般に使用されるには至っていない。

〔3〕　急速加熱処理タイプ高 B_s ナノ結晶合金の製造方法[33),35)]

前出の図 19.22 右下に示すように，初期微結晶を含む $Fe_{80.5}Cu_{1.5}Si_4B_{14}$ アモルファス合金を急速加熱処理（昇温速度 3 K/s，400℃で 5 min 保持後，冷却）することで，そのアモルファス相を均一なナノ結晶構造にすることができることが明らかになった。この現象を活用し，Fe 量の比較的多いアモルファス合金を急速加熱処理することで均一なナノ結晶構造を得るのが，急速加熱処理タイプ高 B_s ナノ結晶合金である。

急速加熱処理タイプ高 B_s ナノ結晶軟磁性合金の熱処理による結晶化過程の模式図を**図 19.24** に示す。Cu の Fe に対する固溶限が低い性質を利用して一定量以上の Cu を含有した Fe の含有量の多い Fe-B ないし Fe-Si-B 溶湯を液体急冷鋳造，これを急速加熱処理することで，析出する Cu クラスタを核に bcc Fe-Si の初期微結晶が均一かつ高密度に析出する。同時に B リッチとなった残留アモルファス相がそれらの結晶粒径の粗大化を防止し，均質なナノ結晶構造が得られる。

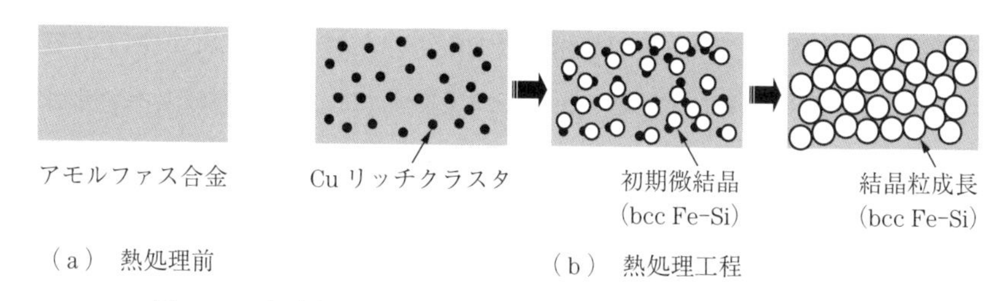

図 19.24　急速加熱処理タイプの熱処理による結晶化過程の模式図

急速加熱処理タイプの高 B_s ナノ結晶合金の一例として，単ロール液体急冷法で鋳造した幅 5 mm，板厚約 0.021 mm の $Fe_{82}Cu_1Nb_1Si_4B_{12}$ アモルファス合金を窒素雰囲気中で昇温速度 3 K/s で昇温，450℃で 5 min 保持後，冷却する急速加熱処理を行う前後の TEM 像を**図 19.25** に示す。Fe-Cu-Nb-Si-B アモルファス合金から通常熱処理により均一なナノ結晶組織を得るためには Nb 量を 3 at%程度以上としなくてはならない。これに対し，急速加熱処理をすることで Nb 量を 1 at%まで減少させた比較的 Fe 量の多いアモルファス合金でも均一なナノ結晶組織が得られていることがわかる。

急速加熱処理タイプの高 B_s ナノ結晶軟磁性合金用のアモルファス合金の鋳造は比較的容易で，長時間の安定鋳造も可能である。しかし，均一なナノ結晶組織を得るための急速加熱処理で必要な昇温速度 3 K/s 程度以上を実現するためには，単板状態のアモルファス合金薄帯での熱処理が必須である。つま

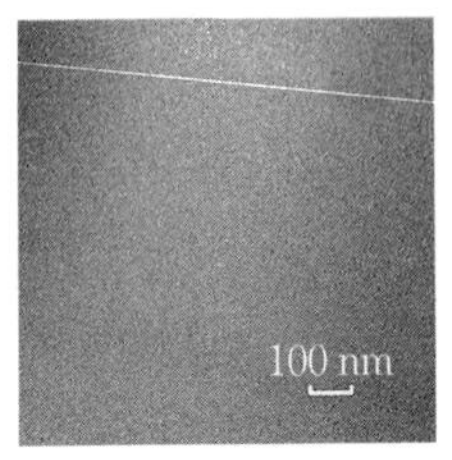

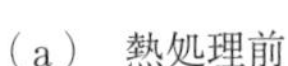

（a） 熱処理前　　（b） 急加速熱処理後

図 19.25 $Fe_{82}Cu_1Nb_1Si_4B_{12}$ アモルファス合金の熱処理前と急速加熱処理（昇温速度 K/s，450℃で 5 min 保持後，冷却）後の TEM 像[35]

り，通常行われている鉄心などバルク状態はもちろんのこと，アモルファス合金薄帯を複数枚重ねての熱処理も困難である。したがって，鉄心に加工する際には，単板状態で急速加熱処理を行ってナノ結晶化したきわめてもろい合金薄帯を用いて鉄心に加工する必要があり，これが実用化する上での最大の障害となっている。この問題に対し，極端に脆化しないように単板状態のアモルファス合金薄帯を急速加熱処理して得られたナノ結晶合金薄帯を用いて鉄心に加工した後，再度，熱処理を行う 2 段階熱処理により良好な磁気特性の鉄心の製造が可能なことが知られている。しかし，工業的に安定に鉄心を製造できるレベルには到達しておらず，現時点で，実用材料として，一般に使用されるには至っていない。

19.3.3　ナノ結晶軟磁性合金の磁気特性とモータへの応用

代表的なナノ結晶合金の磁気特性をアモルファス合金および無方向性電磁鋼板との比較で**表 19.7** に示す。代表的な Fe-Si-B-Nb-Cu 系ナノ結晶合金であるファインメット FT-3M は，その B_s が 1.23 T と小さいが，鉄損が比較した材料中，圧倒的に小さいことがわかる。この低鉄損に着目したきわめて鉄損の小さな永久磁石埋込型同期モータの試作結果も報告されている[37]。残りの 5 種類の高 B_s ナノ結晶軟磁性合金の B_s は，無方向性電磁鋼板 35A300 の 85% 以上となる 1.75 T 以上でありながら，その鉄損は 1/10 程度と小さく，モータ用の

表 19.7 ナノ結晶軟磁性材料の磁気特性[8),10)~13)]

材質		B_s〔T〕	$P_{15/50}$〔W/kg〕	$P_{10/400}$〔W/kg〕	$P_{10/1k}$〔W/kg〕
ナノ結晶合金	ファインメット*FT-3M	1.23	—	0.12 typ	0.57 typ
	$Fe_{82}Cu_1Nb_1Si_4B_{12}$**[33)]	1.78	0.20	1.3	4.4
	$Fe_{82}Cu_1Nb_1Si_2B_{12}P_2$**[33)]	1.76	0.20	1.5	4.2
	$Fe_{80.8}Cu_{1.2}Si_5B_{11}P_2$**[33)]	1.79	0.18	1.8	6.8
	$Fe_{80.5}Cu_{1.5}Si_4B_{14}$***[33)]	1.80	0.27	1.6	5.8
	$Fe_{81.8}Cu_1Mo_{0.2}Si_4B_{14}$**[36)]	1.75	0.28	1.5	5.0
アモルファス合金 Metglas 2605SA1		1.56	0.13 typ	1.2 typ	4.3 typ
無方向性電磁鋼板	35A300	2.03	2.4 typ	18 typ	78 typ
	6.5% Si-Fe 10JNEX900	1.8	—	5.7 typ	18.7 typ

〔注〕 * ファインメットは日立金属株式会社の登録商標です。
** 急速加熱処理タイプ高 B_s 材
*** 初期微結晶タイプ高 B_s 材

低損失軟磁性材料としてきわめて優れた磁気特性を示す。また，Fe-Si-B-P-Cu 系高 B_s ナノ結晶合金 NANOMET（B_s＝1.84 T，$W_{17/50}$＝0.7 W/kg）を固定子に用いた直径約 70 mm，高さ約 50 mm の小型モータを試作し，電磁鋼板を固定子に用いた同一形状のモータとの比較で，その鉄損を 70%減少させ，モータ効率を 6%向上させたとの報告がなされている[38)]。しかし，前述したように，高 B_s ナノ結晶合金は鉄心への加工に関し実用化のために解決すべき課題が残されており，その実用化には時間を要するものと考えられる。しかし，アモルファス合金をしのぐ B_s と，これと同程度の鉄損を両立していることから高効率モータ用の次世代材料としてきわめて魅力的であり，これを用いたモータの実用化を期待したい。

引用・参考文献

1） W. Klement Jun., R. H. Willens, and P. Duwez：Nature, Vol.187, p.869（1960）.
2） S. H. C. Lin and P. Duwez：Physica Status Solidi, Vol.34, p.469（1969）.
3） 三寺正雄，大沼繁弘，渡辺清，増本健：日本金属学会講演概要集 No.77, p.341（1975）.

4) 増本健，鈴木謙爾，藤森啓安，橋本功二：“アモルファス金属の基礎”，オーム社，p.7（1982）.
5) JIS C 2553：2012 方向性電磁鋼板 p.4（日本規格協会）
6) Electric Power Research Institute：An EPRI White Paper “Amorphous Metal Transformer：Next Steps”（2009）.
7) 榎本裕治，床井博洋，今川尊雄，鈴木利文，小俣剛，相馬憲一：日立評論，Vol.97, No.06-07, 368（2015）.
8) 日立金属株式会社カタログ「アモルファス合金薄帯 Metglas」，No.HJ-B10-C（2015）
9) 新日鐵住金株式会社カタログ「方向性電磁鋼帯」，D004je_04_201509f（2015）
10) 新日鐵住金株式会社カタログ「無方向性電磁鋼帯」，D005je_03_201308f（2013）
11) 笠井勝司，浪川操，平谷多津彦：JFE 技報，No.36 p.12（2015）.
12) JFE スチール株式会社カタログ「スーパーコア」，Cat. No. F1J-002-05（2014）
13) 日本鋼管株式会社カタログ「NK スーパー E コアの磁気特性」，Cat. No.133-087-01（1999）
14) 増本健，鈴木謙爾，藤森啓安，橋本功二：「アモルファス金属の基礎」，オーム社，p.69（1982）.
15) 増本健，鈴木謙爾，藤森啓安，橋本功二：「アモルファス金属の基礎」，オーム社，p.89（1982）.
16) A. Sato, H. Terada, T. Nagata, S. Kurita, Y. Matsuda, K. Fukui, D. Azuma, and R. Hasegawa：CIRED2009 Session 1, Paper No.0474（2009）.
17) 黒田精工株式会社カタログ「KURODA FASTEC システム」，CAT. KD101-15.01（2015）
18) 株式会社日立金属ネオマテリアル カタログ「NEOMAX パーマロイ（PB-1, 2）」，CAT. No.E1102（2005）
19) 日立金属株式会社技術資料「YSS パーメンダ YEP-2V」，技術資料 No.311（1985）
20) 深尾正，松井幹彦，千葉明：電気学会論文誌 D，Vol.108，No.4，p.403（1988）.
21) 杉山雄太，榎本裕治，今川尊雄，板橋弘光，床井博洋：電気学会論文誌 D，Vol.134，No.8，p.760（2014）.
22) S. Okamoto, N. Denis, and K. Fujisaki：IEEE Trans. Indt. Appl., Vol.52, No.3, p.2261（2016）.
23) 岡田奨平，山口貴史，古閑伸裕：第 67 回塑性加工連合講演会講演論文集，

p.37（2016）.

24）古閑伸裕，岡田奨平，山口貴史：平成 28 年度 塑性加工春季講演会講演論文集，p.257（2016）.

25）井上正己，小田原峻也，藤﨑敬介：電気学会研究会資料 RM-16-98，LD-16-106（2016）.

26）N. Ertugrul, R. Hasegawa, W. L. Soong, J. Gayler, S. Kloeden, and S. Kahourzade：IEEE Trans. Magn., Vol.51, No.7, 8106006（2015）.

27）株式会社日立産機システム ニュースリリース「世界初「アモルファスモータ一体型 オイルフリースクロール圧縮機」を販売開始」（2017）

28）Y. Yoshizawa, S. Oguma, and K. Yamauchi：J. of Appl. Phys., Vol.64, No.10, p.6044（1988）.

29）K. Suzuki, N. Kataoka, A. Inoue, and T. Matsumoto：Mater. Trans., JIM, Vol.31, No.8, p.743（1990）.

30）M. Ohta and Y. Yoshizawa：Jpn. J. of Appl. Phys., Vol.46, No.20, p.L447（2007）.

31）M. Ohta and Y. Yoshizawa：J. of Phys. D：Appl. Phys., Vol.44, No.6, 064004（2011）.

32）A. Makino, H Men, T. Kubota, and A. Inoue：Mater. Trans., JIM, Vol.50, No.1, p.204（2009）.

33）M. Ohta and Y. Yoshizawa：Appl. Phys. Express 2, 023005（2009）.

34）太田元基，吉沢克仁：「まてりあ」，Vol.48，No.3，p.126（2009）.

35）M. Ohta and Y. Yoshizawa：J. of Mag. and Mag. Mater. 321, p.2220（2009）.

36）M. Ohta and R. Hasegawa：IEEE Trans. on Mag., Vol.53, No.2, 2000205（2017）.

37）N. Denis, M. Inoue, K. Fujisaki, H. Itabashi, and T. Yano：IEEE Trans. on Mag., 2700471（2017）.

38）東北大学，パナソニック株式会社 プレスリリース「高効率モータの世界最高水準の省エネ性を実証」（2014）

20 Nd-Fe-B 系焼結磁石

ネオジム(Nd)‐鉄(Fe)‐ボロン(B)系磁石[1),2)]は1982年に発明された磁石である。それまで最も強い磁石であったサマリウム（Sm）‐コバルト（Co）系磁石を超える磁気特性を，資源的な制約が小さなNdやFeを主体とした組成で実現した画期的な材料である。

Nd-Fe-B磁石は現在，**表20.1**に示すようないくつかの手法で工業的に生産されているが，このうち最も生産量が多いのは，粉末冶金法によって作製される焼結磁石である。これは，焼結磁石がNd-Fe-B系磁石の中でも最も高い性能を発現できること，ならびに，大量生産が容易であることによるものである。

本章では，Nd-Fe-B系焼結磁石の特長，製法，高性能化に向けた取組みなどについて説明する。

表20.1　工業的に採用されているNd-Fe-B系磁石の製法

製　法	結晶粒径	異方化	備　考	引用・参考文献
焼結法	≧1 μm	◎		1)
超急冷法	10 nm ～ 100 nm	×	おもにボンド磁石用粉末として使用	2)
熱間加工法	100 nm ～ 1 μm*	◎	超急冷法で得られる合金を加工	3)
水素化‐不均化‐脱水素‐再結合（HDDR）法	100 nm ～ 1 μm	○	おもにボンド磁石用粉末として使用	4)

〔注〕 *扁平な結晶粒の長軸サイズ

20.1 Nd-Fe-B 系焼結磁石を理解する上での基礎知識

20.1.1 実用的な観点から見た永久磁石の特性に関する一般的な指標

永久磁石の特性は**図 20.1** に示されるような磁気ヒステリシス曲線上の各点で表現される。磁気ヒステリシス曲線の表現方法としては，磁気分極 J と外部磁界 H の関係を示した J-H 曲線，磁束密度 B と外部磁界 H の関係を示した B-H 曲線の二つが一般的に用いられる。J と B の間には $B=J+\mu_0 H$（μ_0 は真空の透磁率）の関係が成立する。また，$J=\mu_0 M$（M は磁化）の関係を用いると，$B=\mu_0(M+H)$ となる†。多くの磁気回路では，永久磁石は磁気ヒステリシス曲線の第二象限で用いられる。

磁石の外部に取り出せる磁束は B-H 曲線上で表現され，磁気回路中の動作

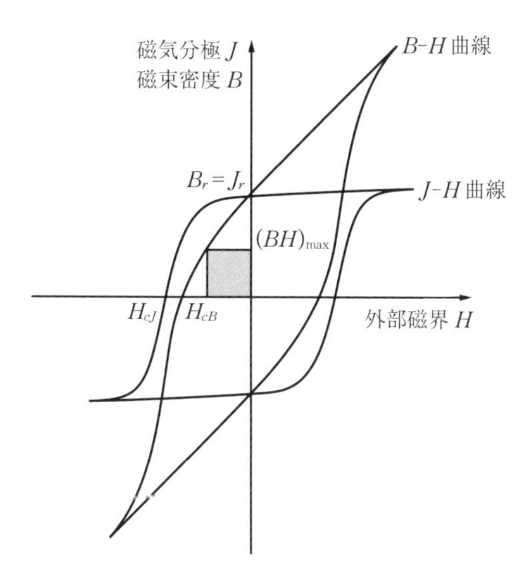

図 20.1　磁気ヒステリシス曲線

† 永久磁石を含めた磁性材料の分野では採用する単位系の違いなどに起因して，しばしば物理記号の表記の混同が起こる。本書では SI に倣って記載しており，J は「磁気分極」を示しているが，これを「磁化」と表現しているケースがしばしば見られるため注意が必要である。

点（有効磁界）で高い磁束密度 B が得られる材料が「高性能材料」である[†]。また，ヒステリシス曲線は温度によって変化するため，実使用においては，磁石がさらされる温度範囲で不可逆減磁が起こらないことも重要である。そのためには，使用される温度，動作点（有効磁界）の全領域で B–H 曲線が直線性を保っていることが理想である。

永久磁石の性能を示す指標のうち，最もよく用いられるのは残留磁束密度 B_r と保磁力 H_{cJ}（B–H 曲線上の H_{cB} と区別するときは「固有保磁力」と呼ばれる）で，前者は永久磁石が外部に供給できる磁束量の最大値を，後者は磁化の向きを反転させるのに必要な外部磁界の大きさ，すなわち磁石の磁気的な安定性を示す。J と B の関係式から，B_r の値は残留磁気分極 J_r と等しくなる。

H_{cJ} の値が小さいと，B–H 曲線が磁気ヒステリシス曲線の第二象限で屈曲し，屈曲点よりも高い有効磁界となったときに不可逆減磁が起こってしまう。さらに，B–H 曲線の直線性という観点では，磁気ヒステリシス曲線の角形性も重要である。角形性を示す指標はいくつかあるが，磁気分極 J の値が B_r（$=J_r$）の 90％（あるいは 95％）となる外部磁界 H の値を H_k とし，H_k/H_{cJ} を「角形比」として表現する方法が簡便であり，しばしば用いられている。同一の B_r，H_{cJ} の場合には，H_k/H_{cJ} が 1 に近いほうが角形性の良い磁石，すなわち優れた磁石となる。

さらに，磁石のポテンシャルを示す指標として最大磁気エネルギー積 $(BH)_{\max}$ が用いられる。高い $(BH)_{\max}$ を得るためには，高い B_r に加えて十分な H_{cJ} と角形性を有していることが必要となり，その最大値は，$B_r^2/4\mu_0$ となる。

20.1.2　永久磁石の特性支配要因

20.1.1 項で示したように，一般的に永久磁石の特性を示す代表的な指標と

† 高温で使用される Nd-Fe-B 系磁石の普及に伴い，保磁力に着目した研究が精力的に推進されているという背景から，磁気分極（磁束密度）の大きさを無視して保磁力のみを高性能化の指標と考えてしまうケースも見られるが，これは不適切である。

して，残留磁束密度 B_r と保磁力 H_{cJ} がある。このうち，残留磁束密度 B_r は，Nd-Fe-B 系焼結磁石のように磁気特性を担う主相化合物が 1 種類の場合，化合物の飽和磁気分極を J_s，材料を構成するすべての相に対する主相（Nd-Fe-B 系磁石の場合，$Nd_2Fe_{14}B$ 相）の体積比率を f，材料中の空隙（ポア）の体積比率を v，個々の主相結晶粒の磁化容易方向と配向方向（磁気特性の測定方向）との角度を θ とし，θ の方向余弦成分の材料全体での平均値を $\langle\cos\theta\rangle$ とすると

$$B_r = J_s \times f \times (1 - v) \times \langle\cos\theta\rangle \tag{20.1}$$

で示される。式 (20.1) からわかるように，高い B_r を得るためには，主相として J_s の高い化合物を選択し，この相の体積比率と配向度を高めればよい。一方，保磁力 H_{cJ} に関して，主相化合物の異方性磁界 H_a と飽和磁気分極 J_s に係数 α，N_{eff} を組み合わせた以下の式がよく用いられている。

$$H_{cJ} = \alpha H_a - \frac{N_{\mathrm{eff}} J_s}{\mu_0} \tag{20.2}$$

式 (20.2) における α は通常 0 から 1 の間の値をとることから，主相の異方性磁界 H_a が局所的に低下していると解釈され，この領域は，主相結晶粒の最外部であることが指摘されている[5)]。また N_{eff} は有効反磁界係数と呼ばれる。α や N_{eff} の値を決定する物理的な起源は十分明らかになっていない。このような事情から，H_{cJ} 向上のための材料設計指針は B_r ほど明確に提示されていない。しかし，経験的には，主相の結晶粒径を小さくすることや[6)～9)]，主相結晶粒子間の磁気的な結合を分断すること[6)] が重要であるとされている。一方，式 (20.2) から，α や N_{eff} が一定の場合は，主相の H_a を高くして J_s を小さくすると H_{cJ} が向上する。後述する Nd-Fe-B 系焼結磁石における Dy や Tb の活用は，このような効果により H_{cJ} が向上すると解釈されている。

20.1.3　Nd-Fe-B 系焼結磁石の一般的な特徴

Nd-Fe-B 系焼結磁石は，資源が比較的豊富な Nd や Fe を用い，かつ，大量生産が容易な粉末冶金法で作製されるという特徴がある。性能面では，他の製

法で作製した磁石と比較して高い B_r が容易に得られること，ヒステリシス曲線の角形性が非常に優れていること，着磁性に優れていることが大きな特徴である。

これらの特徴から，Nd-Fe-B 系焼結磁石はハードディスクドライブ（HDD）のボイスコイルモータ（VCM），音響機器，空調機のコンプレッサモータ，電気自動車（xEV）の駆動モータなど，特に小型化・大出力化・高効率化を強く求められる用途で広く使用されている。

一方で，Nd-Fe-B 系焼結磁石は，**図 20.2** に示すように，B_r の温度変化に対して H_{cJ} の温度変化が非常に大きく，動作点によっては高温側で不可逆減磁を起こしてしまうという問題がある。この磁石の用途が，HDD などの情報機器から，家電，空調機，自動車と広がっていくにつれ，磁石が使用される温度が高温側に広がっている。高温での不可逆減磁を防ぐためには，室温の H_{cJ} を十分高くしておく手法が一般的に用いられている（具体的な手法については後述する）。

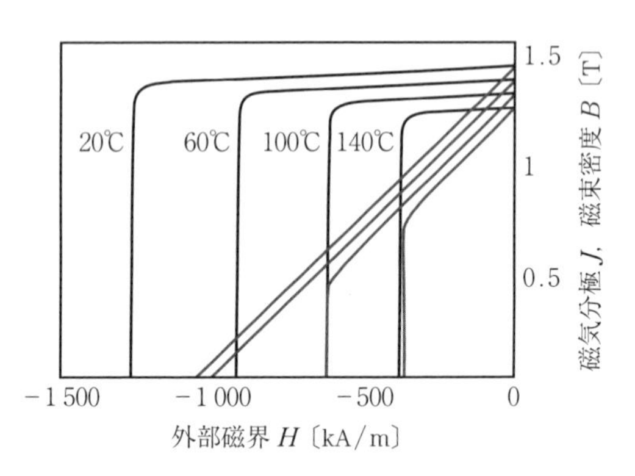

図 20.2　Nd-Fe-B 系焼結磁石の減磁曲線の温度変化（一例）

また，Nd-Fe-B 系焼結磁石は耐食性が十分でなく，特に高温・高湿などの環境に長時間さらされると腐食が進行するという問題があることから，使用環境に応じた表面処理が採用される。表面処理は，使用環境に応じて，めっきや蒸着，樹脂塗装が一般的に採用されるが，製品に組み込まれたあとの腐食のリスクが小さい場合は，より簡易な防錆処理が適用される場合もある。

20.1.4　$Nd_2Fe_{14}B$ 化合物

アルニコ磁石など一部の磁石を除き，多くの永久磁石では，飽和磁気分極 J_s と異方性磁界 H_a がともに高い化合物が主相として用いられる。ストナー（Stoner）とウォルファース（Wohlfarth）による単磁区粒子の一斉回転モデル[11] や，式 (20.1) および式 (20.2) から，J_s は B_r のポテンシャルを，H_a は H_{cJ} のポテンシャルを示す物性であると考えることができる。Nd-Fe-B 系磁石の主相は室温の飽和磁気分極 $J_s = 1.6$ T，異方性磁界 $H_a = 5.3$ MA/m（$\mu_0 H_a = 7.0$ T，ただし μ_0 は真空の透磁率）を示す $Nd_2Fe_{14}B$ 三元化合物である[12]。$Nd_2Fe_{14}B$ 化合物の結晶構造[13] を**図 20.3** に示す。この化合物は非常に複雑な結晶構造をしている。この化合物の Nd のサイトにはイットリウム（Y）およびランタノイド（以後，両者をまとめて希土類もしくはレアアースと呼ぶ）が，Fe のサイトにはコバルト（Co）やアルミニウム（Al）など，おもに遷移金属や典型金属などが，B のサイトには炭素（C）が置換し，これにより化合物の J_s や H_a，キュリー点 T_c などの物性が変化する。

Nd サイトを他の希土類元素（R）に置き換えた $R_2Fe_{14}B$ 化合物の格子定数お

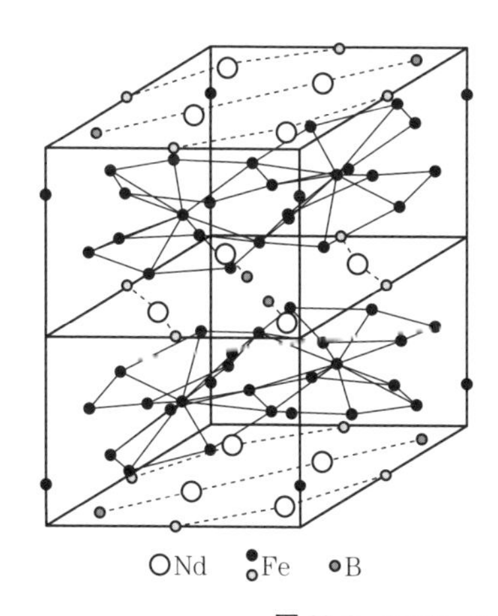

位置を認識しやすくするため，Nd と同一結晶面の Fe の色を変えて表示している。

図 20.3　$Nd_2Fe_{14}B$ 化合物の結晶構造

よび磁気物性値を**表 20.2** に示す[12]。サマリウム（Sm）（軽希土類元素）までとガドリニウム（Gd）（重希土類元素）以降で J_s の値が大きく変わっている。これは軽希土類元素の磁気モーメントが Fe の磁気モーメントと強磁性的に結合して同じ向きになるのに対し，重希土類元素の磁気モーメントは Fe の磁気モーメントと反強磁性的に結合して互いを打ち消し合うからである。なお，イットリウム（Y）は磁気モーメントを持たないことから，$Y_2Fe_{14}B$ 化合物の J_s および H_a の寄与はいずれも Fe 副格子の寄与によるものと解釈されている。また，$Sm_2Fe_{14}B$ は面内磁気異方性となってしまうが，これは希土類原子の 4 f 電子雲の分布に起因している。

表 20.2　$R_2Fe_{14}B$ 化合物（R は希土類元素）の格子定数および磁気物性値（文献 12）をもとに作成）

元　素	格子定数		密　度	飽和磁気分極 (300 K)	キュリー温度	異方性磁界 (300 K)
R	a〔nm〕	c〔nm〕	D_x〔kg/m^3〕	J_s〔T〕	T_c〔K〕	H_a〔MA/m〕
Y	0.876	1.200	7.00	1.41	571	1.6
Ce	0.875	1.210	7.69	1.17	422	2.4
Pr	0.881	1.227	7.49	1.56	569	6.9
Nd	0.881	1.221	7.58	1.60	586	5.3
Sm	0.882	1.194	7.82	1.52	620	—
Gd	0.874	1.194	8.06	0.893	659	2.0
Tb	0.877	1.205	7.96	0.703	620	17.5
Dy	0.876	1.199	8.07	0.712	598	11.9
Ho	0.875	1.199	8.12	0.807	573	6.0
Er	0.875	1.199	8.16	0.899	551	—
Tm	0.874	1.194	8.23	1.15	549	—

Nd-Fe-B 系磁石では Nd サイトの一部をプラセオジム（Pr），ジスプロシウム（Dy），テルビウム（Tb）で置換する手法が一般的に採用されている。Nd-Fe-B 系焼結磁石への Pr の使用は，多くの場合，希土類の分離精製の過程で生成される Nd と Pr の混合希土類（ジジムと呼ばれる）をそのまま活用することに起因している。$Pr_2Fe_{14}B$ は室温では $Nd_2Fe_{14}B$ とほぼ同等の J_s，H_a であるが，温度の上昇に伴う H_a の低下が大きい[12] ことから，高温で使用する磁石に Pr を用いる場合は注意が必要である。$Dy_2Fe_{14}B$ や $Tb_2Fe_{14}B$ は H_a が非常に高

いことから，これらの元素を Nd と置換することにより，H_{cJ} の値を高めることができる[14]。しかし，前述したとおり，Dy や Tb の磁気モーメントは Fe の磁気モーメントと打ち消し合うために J_s の値が小さくなり，その結果，B_r の低下を伴うという問題点がある。また，Tb のほうが Dy よりも同一置換量でより高い H_{cJ} が得られるが，Tb の資源埋蔵量は Dy よりもさらに少ないことに注意が必要である。

20.1.5　Nd-Fe-B 系状態図

Nd-Fe-B 系焼結磁石は高い性能を比較的容易に得ることができる。その原因の一つは Nd-Fe-B 系状態図の特徴で説明することができる。**図 20.4** に Nd-Fe-B 系三元状態図を Nd と B のモル比が 2：1（化学量論比）となる断面で切り取ったものを示す[15]。$Nd_2Fe_{14}B$ 相は平衡相であり，広い温度域で安定に存在

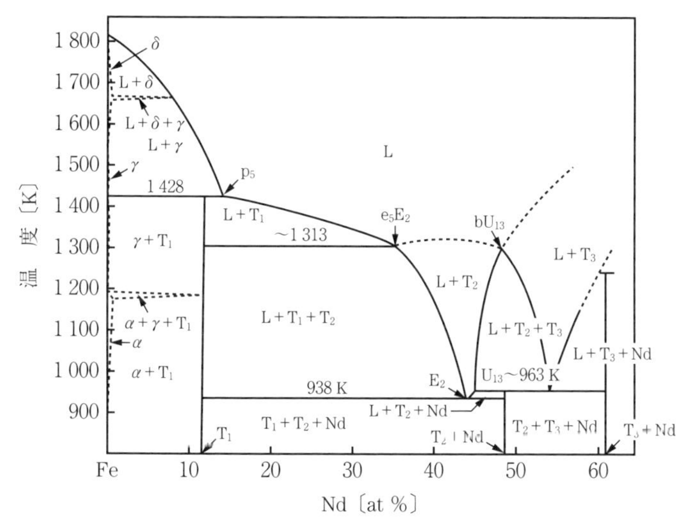

図中，L は液相，T_1 は $Nd_2Fe_{14}B$ 相，T_2 は $Nd_{1+\varepsilon}Fe_4B_4$ 相，p_5 は包晶反応（$\gamma-Fe+L \Leftrightarrow Nd_2Fe_{14}B$），$E_2$ は共晶反応（$L \Leftrightarrow Nd+Nd_2Fe_{14}B+Nd_{1+\varepsilon}Fe_4B_4$），$e_5$ は共晶反応（$L \Leftrightarrow Nd_2Fe_{14}B+Nd_{1+\varepsilon}Fe_4B_4$），$U_{13}$ は遷移反応（$L+Nd_2FeB_3 \Leftrightarrow Nd+Nd_{1+\varepsilon}Fe_4B_4$）と関連している。

図 20.4　Nd：B＝2：1 となる断面を通る Nd-Fe-B 系三元状態図[15]

することができる。

Nd-Fe-B 系焼結磁石では，$Nd_2Fe_{14}B$ の化学量論組成よりも若干 Nd リッチ側の組成域が一般的に採用される。このような組成における初晶は γ-Fe 相であり，主相は，1 428 K（1 158℃）における液相（L）と γ-Fe 相の包晶反応（図 20.4 の p_5 に対応）で生成する。また，少なくとも L ⇔ Nd＋$Nd_2Fe_{14}B$＋$Nd_{1+\varepsilon}Fe_4B_4$ で記述される三元共晶反応が起こる約 938 K（665℃，図 20.4 の E_2 に対応）以上で液相が生成し，典型的な焼結温度である 1 323 K（1 050℃）近傍では，$Nd_2Fe_{14}B$ 相と液相が平衡する。

実際の磁石では，焼結が進行するために必要な量の液相が得られるように組成を設定する必要があるが，Nd のような希土類元素は容易に酸化が起こり，酸化した Nd は液相生成に関与しないと考えられることから，希土類量は酸化を考慮して設定される。一方，焼結後に冷却すると，液相線は前述した三元共晶点 E_2 に向かって移動するが，三元共晶組成は $Nd_{67}Fe_{26}B_7$（mol%）とかなり Nd リッチ側になっている[15)]。これらの特徴により，焼結温度では緻密化が進行するのに十分な量の液相が生成するにもかかわらず，冷却後の主相比率は非常に高くなる。このことは，式 (20.1) において高い B_r を得るために重要となる，主相比率 f の向上と，空隙率 v の低減が実現できることを示しており，実

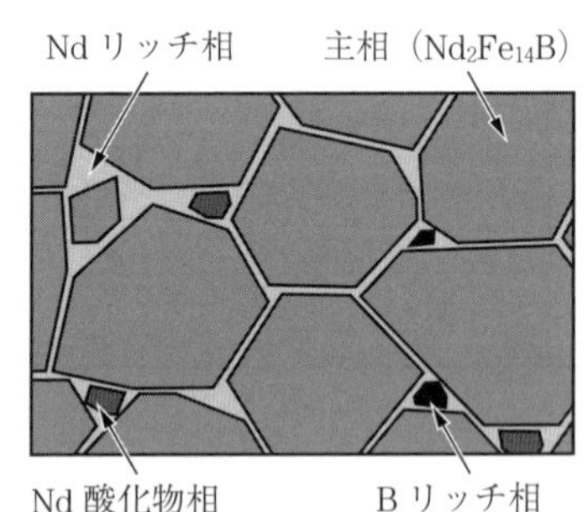

図 20.5　典型的な Nd-Fe-B 系焼結磁石の組織（模式図）

験室レベルでは98%以上の主相比率が得られることが報告されている[16]。

典型的なNd-Fe-B系焼結磁石の組織を**図20.5**に模式的に示す。先述した三元共晶の反応式からも予想できるように，比較的Ndに富んだ相（Ndリッチ相）が生成し，これが二つの主相結晶粒の間（しばしば「二粒子粒界」と呼ばれる）に存在することで実用的な保磁力が得られる。また，主相やNdリッチ相以外にNd酸化物相やBリッチ相などが存在する。

20.1.6 Nd-Fe-B系焼結磁石の作製工程

Nd-Fe-B系焼結磁石の一般的な作製工程を**図20.6**に示す。以下，各工程について詳細を説明する。

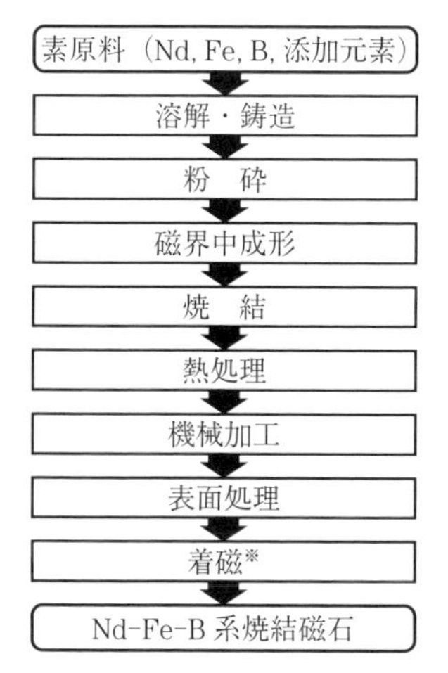

※着磁はモータなどの部品に組み込まれた後に実施する場合が多い。

図20.6 Nd-Fe-B系焼結磁石の一般的な作製工程

〔1〕素　原　料

実用的なNd-Fe-B系焼結磁石では，主成分であるNd，Fe，Bに加え，添加元素としてコバルト（Co）や銅（Cu）などが一般的に添加された組成が適用される。このうち，Ndなどの希土類元素は，一般的に鉱山から分離精製した酸化物やフッ化物を溶融塩電解することで得られるが，近年では，工程から回収した加工くずや廃製品中の磁石から希土類を回収して活用する取組みも行われている。

〔2〕 溶 解， 鋳 造

素原料を溶解・鋳造することで原料合金を作製する。これらのプロセスは，Nd などの希土類が酸化しやすいことから真空または不活性雰囲気で行われる。ここで，20.1.5 項で述べたように，典型的な Nd-Fe-B 系焼結磁石の組成における液相からの初晶は γ-Fe 相であり，鋳型に注湯して冷却・凝固させる方法で得られる合金では，多くの場合，包晶反応が十分に進行せずに残留した γ-Fe 相が相変態することにより生成した α-Fe 相が存在する。このように合金中に存在する α-Fe 相は，包晶温度直下での熱処理でも完全に消失させることが困難で，その後の粉砕などに悪影響を及ぼす。これに対し，**図 20.7** で模式的に示すように，回転する冷却ロールの上に溶湯を供給し，比較的高い冷却速度で凝固させるストリップキャスト（SC）法が開発・実用化されている[17),18)]。SC 法で得られる合金は，厚さ数百 μm 程度の薄片状で，それまでの鋳型への鋳造法と比較して α-Fe 相が大幅に低減されているだけでなく，合金中の Nd リッチ相が適度に分散している。これらの特徴により，その後の微粉砕工程において単結晶ライクの粉末作製や微細な粉末作製が容易になり，結果として高い磁気特性が得られやすくなる。

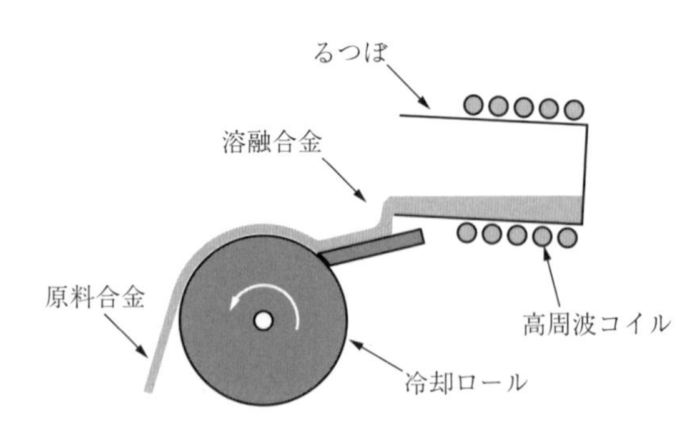

図 20.7　ストリップキャスト（SC）法の模式図

〔3〕 粉　　　　砕

Nd-Fe-B 系合金は難粉砕性である。しかし，水素吸蔵-崩壊（hydrogen decrepitation, HD）法という方法を適用することで，合金を容易に脆化させ，粉砕性を高めることができる[19),20)]。HD 法は，原料合金を水素雰囲気で保持することで，主相や Nd リッチ相に水素を吸蔵させ，水素化によりもろい相を生成させたり，水素吸蔵時の体積膨張差を利用して合金中に粉砕時の破壊の起点となるクラックを導入する方法である。

水素吸蔵-崩壊処理後の合金は微粉砕工程で微粉末にされる。工業的に採用されている典型的な粉末の粒度は 3 ～ 10 μm である。粉砕方法としては，ジェットミルを用いることが多い。これは処理する合金を高速気流中に投入し，合金どうし，もしくは，合金と粉砕装置を構成する部品の衝突エネルギーを利用して合金を粉砕する。粉砕装置には，得られる粉末の粒度分布を制御するために分級機が組み込まれる場合もある。

〔4〕 磁 界 中 成 形

得られた粉末は磁界中で配向されながら圧縮成形することで，圧粉体にされる。一方向に配向した成形体の作製方法としては，配向方向と圧縮方向が直交した直角磁界中成形（横磁界成形，**図 20.8**（a）参照），配向方向と圧縮方向が同じ平行磁界中成形（縦磁界成形，図 20.8（b）参照）があり，一般的に圧縮に伴う粉末の配向の乱れが小さな直角磁界中成形のほうが，高い B_r を得ることができる。

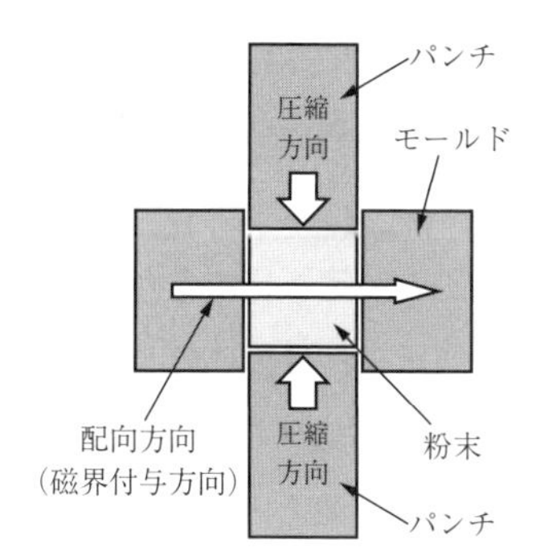

（a） 直角磁界中成形（横磁界成形）

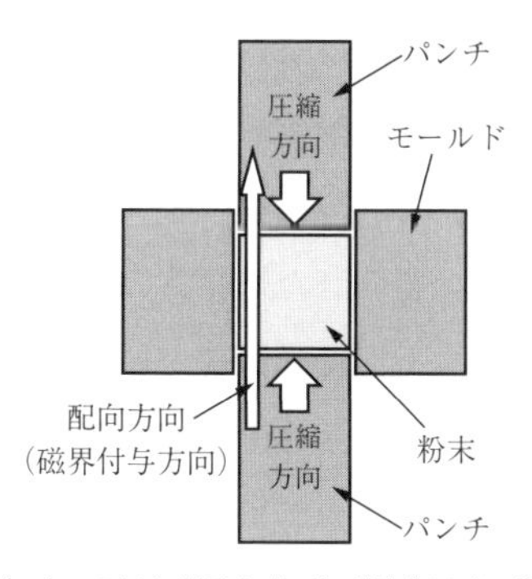

（b） 平行磁界中成形（縦磁界成形）

図 20.8 磁界中成形の模式図

また，成形時に付与する配向磁界分布を適切に設定することで，特徴的な配向分布を有する磁石を作製することができる。例えば，円筒形状の成形体に対して，**図 20.9**（a）のような配向分布を付与したラジアル異方性磁石や，図 20.9（b）のような配向分布を付与した極異方性磁石が製造されている。これら特徴的な配向分布を有する磁石を作製するためには，焼結工程における成形体の収縮挙動などを考慮して成形条件を設定する必要がある。

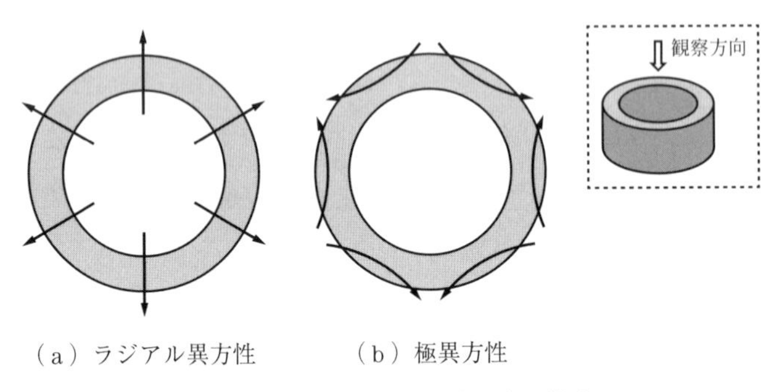

図 20.9　円筒形状磁石の配向分布の模式図

〔5〕　**焼結および熱処理**

得られた成形体を焼結して焼結体を作製する。20.1.5 項で示したとおり，Nd-Fe-B 系焼結磁石の基本組成では，少なくとも 938 K（665℃）以上で液相が生成するとともに，温度上昇とともに液相量が急激に増加することから，1 373 K（1 100℃）以下という比較的低温で典型的な液相焼結が進行して緻密（ちみつ）化が完了する。酸化を防ぐため焼結時の雰囲気には，真空や不活性ガス雰囲気が適用される。

その後，得られた焼結体の磁気特性，特に保磁力を適正化するために，焼結温度よりも低温で熱処理が施される。熱処理の適正条件は組成によって異なるが，最終的には 773 K（500℃）近傍の比較的低温で熱処理を行う場合が多い。工業的に生産されている焼結磁石には一般的に添加元素として Cu が添加されており，また，Nd-Cu 二元系における Nd リッチ側の共晶温度が 793 K（520℃）であることから，Nd や Cu を含む液相が生成して，これが保磁力向上に関与していると考えられている。近年の電子顕微鏡技術の高度化に伴って，これら低温熱処理による粒界相の変化が，実際に捉えられるようになってきている[10]。

〔6〕 加工および表面処理

得られた焼結体は所定の製品形状・寸法となるように切削加工や研削加工を行う。さらに，耐食性を確保するために表面処理を行う。表面処理の方法は磁石が使用される環境などに合わせて選定されるが，ニッケルなどのめっきやアルミニウムなどの蒸着，樹脂塗装といった手法が開発されてきた。なお，近年主流となっている埋込み磁石モータ（IPM-SM）用の磁石などでは，部品への組込みによって，腐食環境への暴露が起こらなくなる場合がある。このような場合には，製品を出荷してから部品に組み込まれるまでの間の比較的穏やかな環境下での防錆のみを目的とした，より簡便で低コストの表面処理が適用される場合もある。

〔7〕 着　　　　磁

Nd-Fe-B 系焼結磁石の作製工程にはキュリー点以上の温度での熱処理が含まれているため，得られた焼結体は，基本的には熱消磁状態になっている。したがって，磁石としての性能を発現させるためには，外部から磁界を付与して着磁することが必要である。着磁特性の一例を**図 20.10** に示す。着磁磁界が不十分であると，その磁石が発現し得る磁束を十分に取り出すことができない。さらに，不完全着磁状態の場合には不可逆熱減磁が顕在化する場合もある。

製造工程での取扱いの容易さから，多くの場合は，未着磁状態の磁石をモータなどの磁気回路に組み込んだ後で着磁を行っている。このとき，磁気回路によっては高い磁界を付与することができないため，低磁界で容易に着磁できること（着磁性が良いこと）は実用上大きなメリットになる。この観点で，Nd-Fe-B 系焼結磁石は着磁性に優れた磁石であるということができる。

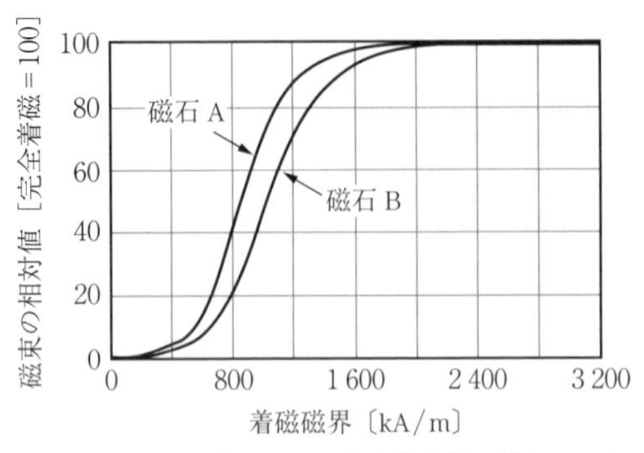

この図では磁石 A のほうが着磁性に優れている。

図 20.10　着磁特性の例

20.2　Nd-Fe-B 系焼結磁石の高性能化技術

20.2.1　高 B_r 化技術

一般的に永久磁石の B_r は，前述した式（20.1）で記述されるが，主相の飽和磁化 J_s を大幅に高めることができる添加元素が存在しない。したがって，高い B_r を得るためには，式（20.1）中の空隙率 v を低減するとともに，主相の体積比率 f および主相の配向度 $\langle\cos\theta\rangle$ を高める必要がある。

主相の体積比率 f を高くするためには，組成を $Nd_2Fe_{14}B$ の化学量論組成に近付ける必要がある。一方，焼結による緻密（ちみつ）化を進行させて空隙率 v を低減するとともに保磁力発現に寄与する Nd リッチ相を確保するには，化学量論組成よりも余剰の Nd が必要である。Nd などの希土類元素は酸化しやすいことから，液相焼結や保磁力発現に寄与できない Nd 酸化物の生成を抑制することが B_r 向上の重要な手段である[15)]。酸化を抑制するためには，各工程において酸素との接触を遮断すればよいが，特徴的なプロセスとしては，微粉砕粉を油中に回収して，湿式成形するプロセス（Hitachi Low Oxygen Process, HILOP）[21)]や，酸素（大気）を完全に遮断することが困難な金型成形を採用せずに，酸素遮断雰囲気で回収した微粉砕粉末を容器に充填後，そのまま容器中で磁界中配向，焼結を行うプロセス（plessless process，PLP）[22] などがある。

一方，主相配向度〈$\cos\theta$〉を向上させるためには，磁界中成形の際に個々の微粉砕粉末の磁化容易方向をできるだけ同じ方向にそろえる必要がある。金型成形の場合には，20.1.6項で示したとおり，直角磁界中成形（横磁界成形）のほうが平行磁界中成形（縦磁界成形）よりも配向度が高くなる。配向度を向上させる手段としてはこのほかに，静水圧プレスにより配向後の粉末を等方的に圧縮する方法[23),24)] や，交番パルス磁界や傾斜磁界の活用により個々の粒子の回転や流動を促進させる方法[25),26)]，粉末を表面処理して磁界中での粉末間の摩擦を低減する方法[25)] などが報告されているが，工業的には，生産性を考慮した方法を採用する必要がある。また，配向度が高くなると保磁力 H_{cJ} が低下することが報告されており[27)]，この点にも注意が必要である。

20.2.2 高 H_{cJ} 化技術

20.1.3項で述べたように，H_{cJ} を高める手法として最も有効な手段は，Ndの一部をDyやTbに置換して主相化合物の異方性磁界 H_a を高めることであり，この手法が広く採用されてきた。しかし，DyやTbの置換量が増加すると主相の飽和磁気分極 J_s が低下し，結果，得られる磁石の B_r も低下する。さらに，DyやTbは埋蔵量や産出する地域の偏在性による資源リスクが高いという問題がある。

DyやTbを有効に活用する方法として，H_{cJ} 向上に有効な領域にこれらを偏在させる手法がある。式(20.2)中の α で示されている主相の局所的な異方性の低下は主相結晶粒の最外部で生じると解釈されていることから，この領域にDyやTbを濃縮できれば高い H_{cJ} が得られる。その有効な手段として「粒界拡散法」が開発されている。これは，焼結体を作製した後，**図20.11** に示すようにDyやTbを焼結体表面に供給し，焼結温度よりも低温で熱処理することで，これらの元素を焼結体表面から結晶粒界を通じて導入して主相最外部のみに濃縮させる方法で[28)]，2000年代になって大量生産可能な手法が確立された[29)~31)]。粒界拡散法は，適用できる磁石の大きさに制約があるものの，高 B_r

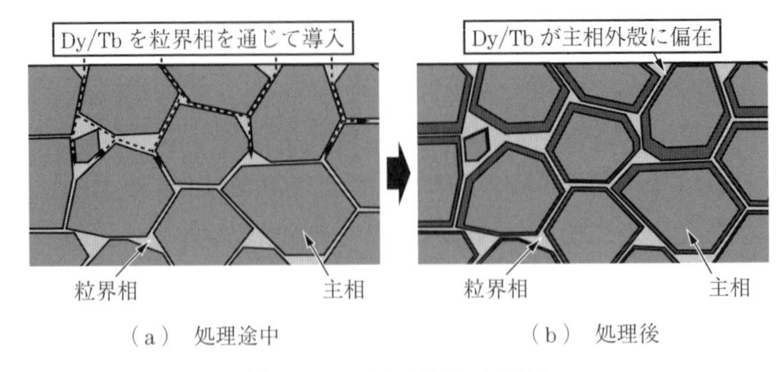

図 20.11　粒界拡散法の模式図

と高 H_{cJ} の両立および重希土類元素使用量の大幅低減を同時に実現することができることから，自動車用途を中心に採用されている。また，粒界拡散法で得られた磁石に H_{cJ} の分布ができることから，磁気回路設計上，反磁界が高くて磁化反転が起こりやすくなる領域（一般的には磁石表面近傍の特定部位となる）に，Dy（または Tb）を集中的に導入して，この領域を高保磁力化することで，必要最小限の Dy（または Tb）量で耐熱性を確保する手法も提案されている[32),33)]。

一方，重希土類元素にまったく依存しない H_{cJ} 向上手法としては，20.1.2 項で示した結晶粒径の微細化および粒界近傍組織の適正化の二つのアプローチがある。

このうち，結晶粒微細化は焼結前の微粉砕粉粒度を小さくすることで実現できる。近年ではより高い粉砕エネルギーを付与するためにジェットミルの粉砕ガスをヘリウムにすることによって 1 μm 程度の微粉砕粉を作製し，これを用いた焼結体で高い H_{cJ} が得られることが実証されている[34)]。このように微粉砕粉の粒度を小さくすることは高保磁力化に有効であるが，粉末が活性で取扱いが困難になるということや，生産性の悪化を招くなどの問題点がある。

一方，粒界近傍組織の適正化に関しては，2000 年代以降の組織解析技術の飛躍的な進歩[10),35)〜39)]に加え，従来非磁性であると考えられてきた二粒子粒界相が強磁性である[36),40)〜42)]といった新しい知見が得られてきており，粒界制御に着目した研究開発が成果を結びつつある。材料開発においても，例えば，ガリウム（Ga）を含む特定の組成を適用した磁石では，10 nm を超える厚さの二粒子粒界相が形成されており，高い H_{cJ} が得られることが示されている[43]。

20.3　ま　と　め

本章で示したように，Nd-Fe-B 系焼結磁石は単に高性能であるというだけでなく，大量生産に適していること，形状や配向自由度が高いこと，着磁性に優れていること，などの特徴からユーザにとって使いやすい永久磁石材料である。発表から 30 年以上が経過した現在でも，希少資源削減と高性能化の両面で材料開発が継続的に行われており，引き続き，モータのさらなる小型化，高効率化，高出力化に貢献することが期待される。

引用・参考文献

1） M. Sagawa, S. Fujimura, N. Togawa, H. Yamamoto, and Y. Matsuura：“New material for permanent magnets on a base of Nd and Fe (invited)”, J. Appl. Phys., Vol.55, No.6, pp.2083-2087 (1984).

2） J. J. Croat, J. F. Herbst, R. W. Lee, and F. E. Pinkerton：“Pr-Fe and Nd-Fe-based materials：A new class of high-performance permanent magnets (invited)”, J. Appl. Phys., Vol.55, No.6, pp.2078-2082 (1984).

3） R. W. Lee：“Hot-pressed neodymium-iron-boron magnets”, Appl. Phys. Lett., Vol.46, No.8, pp.790-791 (1985).

4） R. Nakayama, T. Takeshita, M. Itakura, N. Kuwano, and K. Oki：“Magnetic properties and microstructures of the Nd-Fe-B magnet powder produced by hydrogen treatment”, J. Appl. Phys., Vol.70, No.7, pp.3770-3774 (1991).

5） H. Kronmüller, K. -D Durst, and M. Sagawa：“Analysis of the magnetic hardening mechanism in RE-FeB permanent magnets”, J. Magn. Magn. Mater., Vol.74, No.3, pp.291-302 (1988).

6） R. Ramesh, G. Thomas, and B. M. Ma：“Magnetization reversal in nucleation controlled magnets. II. Effect of grain size and size distribution on intrinsic coercivity of Fe-Nd-B magnets", J. Appl. Phys., Vol.64, No.11, pp.6416-6423 (1988).

7) P. Nothnagel, K. -H. Müller, D. Eckert, and A. Handstein："The influence of particle size on the coercivity of sintered NdFeB magnets", J. Magn. Magn. Mater., Vol.101, No.1-3, pp.379-381 (1991).

8) D. W. Scott, B. M. Ma, Y.L. Liang, and C. O. Bounds, "The effects of average grain size on the magnetic properties and corrosion resistance of NdFeB sintered magnets", J. Appl. Phys., Vol.79, No.8, pp.5501-5503 (1996).

9) K. Uestuener, M. Katter, and W. Rodewald："Dependence of the Mean Grain Size and Coercivity of Sintered Nd-Fe-B Magnets on the Initial Powder Particle Size", IEEE Trans. Magn., Vol.42, No.10, pp.2897-2899 (2006).

10) F. Vial, F. Joly, E. Nevalainen, M. Sagawa, K. Hiraga, and K. T. Park："Improvement of coercivity of sintered NdFeB permanent magnets by heat treatment", J. Magn. Magn. Mater., Vol.242-245, Part 2, pp.1329-1334 (2002).

11) E. C. Stoner and E. P. Wohlfarth："A Mechanism of Magnetic Hysteresis in Heterogenious Alloys", Phil. Trans. Roy. Soc., Vol.240, No.826, pp.599-642 (1948).

12) S. Hirosawa, Y. Matsuura, H. Yamamoto, S. Fujimura, M. Sagawa, and H. Yamauchi："Magnetization and magnetic anisotropy of $R_2Fe_{14}B$ measured on single crystals", J. Appl. Phys., Vol.59, No.3, pp.873-879 (1986).

13) J. F. Harbst, J. J. Croat, F. E. Pinkjerton, and W. B. Yelon："Relationships between crystal structure and magnetic properties in $Nd_2Fe_{14}B$", Phys. Rev. B, Vol.29, No.7, pp.4176-4178 (1984).

14) M. Sagawa, S. Fujimura, H. Yamamoto, Y. Matsuura, and K. Hiraga："Permanent magnet materials based on the rare earth-iron-boron tetragonal compounds", IEEE Trans. Magn., Vol.20, No.5, pp.1584-1589 (1984).

15) M. Sagawa, S. Hirosawa, H. Yamamoto, S. Fujimura, and Y. Matsuura："Nd-Fe-B Permanent Magnetic Materials", Jpn. J. Appl. Phys., Vol.26, Part 1, No.6 pp.785-800 (1987).

16) 播本大祐，松浦裕："超高性能 Nd-Fe-B 焼結磁石の開発"，日立金属技報，Vol.23，pp.69-72 (2007).

17) Y. Hirose, H. Hasegawa, S. Sasaki, and M. Sagawa："Microstructure of Strip Cast Alloys for High Performance NdFeB Magnets", Proc. 15th Rare-Earth Magnets and their Applications, Dresden, pp.77-86 (1998).

18) 岡田力，三宅裕一，山本和彦，芝本孝紀："希土類焼結磁石用原料合金の新

製造方法（ストリップキャスト法）の開発”，粉体および粉末冶金，Vol.55，No.7，pp.517-521（2008）.

19） I. R. Harris, C. Noble, and T. Bailey：“The hydrogen decrepitation of an $Nd_{15}Fe_{77}B_8$ magnetic alloy”, J. Less-Common Met., Vol.106, No.1, L1-L4（1985）.

20） P. J. McGuiness, I. R. Harris, E. Rozendaal, J. Ormerod, and M. Ward：“The production of a Nd-Fe-B permanent magnet by a hydrogen decrepitation/attritor milling route”, J. Mater. Sci., Vol.21, No.11, pp.4107-4110（1986）.

21） 内田公穂，高橋昌弘，谷口文丈，三家谷司，佐々木研介：“湿式成形による Nd-Fe-B 系永久磁石の高性能化”，日立金属技報，Vol.13，pp.59-64（1997）.

22） M. Sagawa and Y. Une：“A new process for producing Nd-Fe-B sintered magnets with small grain size”, Proc. 20th Int. Workshop on Rare-Earth Permanent Magnets and their Applications, Crete, pp.103-105（2008）.

23） M. Sagawa and H. Nagata：“Novel processing technology for permanent magnets”, IEEE Trans. Magn., Vol.29, No.6, pp.2747-2751（1993）.

24） Y. Kaneko and N. Ishigaki：“Recent developments of high-performance NEOMAX magnets”, J. Mater. Eng. Performances, Vol.3, No.2, pp.228-233（1994）.

25） 金子裕治，徳原宏樹，笹川泰英：“高性能 Nd-Fe-B 磁石（400 kJ/m^3）の実用化”，粉体および粉末冶金，Vol.47，No.2，pp.139-145（2000）.

26） 國吉太，中原康次，金子裕治：“460 kJ/m^3 磁石の開発”，粉体および粉末冶金，Vol.51，No.9，pp.698-702（2003）.

27） Y. Matsuura, J. Hoshijima, and R. Ishii：“Relation between $Nd_2Fe_{14}B$ grain alignment and coercive force decrease ratio in NdFeB sintered magnets”, J. Magn. Magn. Mater., Vol.336, pp.88-92（2013）.

28） K. T. Park, K. Hiraga, and M. Sagawa：“Effect of Metal-Coating and Consecutive Heat Treatment on Coercivity of Thin Nd-Fe-B Sintered Magnets”, Proc. 16th Int. Workshop on Rare-Earth Magnets and Their Applications, Sendai, pp.257-264（2000）.

29） K. Hirota, H. Nakamura, T. Minowa, and M. Honshima：“Coercivity Enhancement by the Grain Boundary Diffusion Process to Nd-Fe-B Sintered Magnets”, IEEE Trans. Magn., Vol.42, No.10, pp.2909-2911（2006）.

30） 吉村公志，森本英幸，小高智織：“R-T-B 系希土類焼結磁石およびその製造方法” 国際公開公報，WO2007/102391 A1（2007）.

31） 國枝良太：“Nd-Fe-B 系希土類焼結磁石における省重希土類技術”，マテリアルインテグレーション，Vol.24，No.2，pp.270-274（2011）.

32）棗田充俊：“Dy 拡散磁石を使用したモーターの設計手法と適用効果”，日立金属技報，Vol.28，pp.8-13（2012）.

33）N. Watanabe, M. Ito, Y. Doi, K. Hirota, H. Nakamura, and T. Minowa：“Investigation of Demagnetization Process of the Coercivity Distributed Nd-Fe-B Sintered Magnets”, Proc. 22nd Int. Workshop on Rare-earth Permanent Magnets and their Applications, Nagawaki, pp.359-362（2012）.

34）宇根康裕，佐川眞人：“結晶粒微細化による Nd-Fe-B 焼結磁石の高保磁力化”日本金属学会誌，Vol.76，No.1，pp.12-16（2012）.

35）W. F. Li, T. Ohkubo, K. Hono, and M. Sagawa：“The origin of coercivity decrease in fine grained Nd-Fe-B sintered magnets”, J. Magn. Magn. Mater., Vol.321, No.8, pp.1100-1105（2009）.

36）H. Sepehri-Amin, T. Ohkubo, T. Shima, and K. Hono：“Grain boundary and interface chemistry of an Nd-Fe-B-based sintered magnet”, Acta Mater., Vol.60, No.3, pp.819-830（2012）.

37）M. Itakura, N. Watanabe, M. Nishida, T. Daio, and S. Matsumura：“Atomic-Resolution X-ray Energy-Dispersive Spectroscopy Chemical Mapping of Substitutional Dy Atoms in a High-Coercivity Neodymium Magnet”, Jpn. J. Appl. Phys., Vol.52, No.5R, 050201（2013）.

38）T. T. Sasaki, T. Ohkubo, K. Hono, Y. Une, and M. Sagawa：“Correlative multi-scale characterization of a fine grained Nd-Fe-B sintered magnet”, Ultramicroscopy, Vol.132, pp.222-226（2013）.

39）T. T. Sasaki, T. Ohkubo, and K. Hono：“Structure and chemical compositions of the grain boundary phase in Nd-Fe-B sintered magnets”, Acta Mater., Vol.115, pp.269-277（2016）.

40）Y. Murakami, T. Tanigaki, T. T. Sasaki, Y. Takeno, H. S. Park, T. Matsuda, T. Ohkubo, K. Hono, and D. Shindo：“Magnetism of ultrathin intergranular boundary regions in Nd-Fe-B permanent magnets”, Acta Mater., Vol.71, pp.370-379（2014）.

41）T. Kohashi, K. Motai, T. Nishiuchi, and S. Hirosawa：“The magnetism at the grain boundaries of NdFeB sintered magnet studied by spin-polarized scanning electron microscopy（spin SEM）”, Appl. Phys. Lett., Vol.104, No.23, 232408（2014）.

42）T. Nakamura, A. Yasui, Y. Kotani, T. Fukagawa, T. Nishiuchi, H. Iwai, T. Akiya, T.

Ohkubo, Y. Gohda, K. Hono, and S. Hirosawa："Direct observation of ferromagnetism in grain boundary phase of Nd-Fe-B sintered magnet using soft x-ray magnetic circular dichroism", Appl. Phys. Lett., Vol.105, No.20, 202404 (2014).

43) T. T. Sasaki, T. Ohkubo, Y. Takada, T. Sato, A. Kato, Y. Kaneko, and K. Hono："Formation of non-ferromagnetic grain boundary phase in a Ga-doped Nd-rich Nd-Fe-B sintered magnet", Scripta Mater., Vol.113, pp.218-221 (2016).

21 希土類ボンド永久磁石

ボンド磁石とは，各種磁石粉をバインダで固化成形して得る複合永久磁石の総称である。プラスチック磁石またはプラマグなどは同義語である。磁石粉のほかにバインダを含んでいること，成形後に微細な空孔が残存することなどのため，磁気特性そのものは焼結磁石に比べて劣る。しかしながら，形状自由度が大きく薄肉リング状など多様な形状をニアネットシェープで高精度に作製できること，成形体の靭性(じんせい)が高いため割れ欠けが生じにくいこと，およびシャフトなどとの一体成形が可能であり芯ぶれを少なくできること，などの点で焼結磁石に比べて勝っており，電子機器用の小型モータなどにたくさん使われている。

21.1 磁石の基本特性

表 21.1 は代表的な磁石用希土類化合物の基本特性である。高性能磁石材料になるための必要条件は，飽和磁化 J_s，異方性磁界 H_A，キュリー温度 T_c がそれぞれ高いことである。磁石化した場合に保有できる最大磁気エネルギー積は，保磁力が必要な条件を満たした場合には飽和磁化の 2 乗に比例するため，飽和磁化はできるだけ大きなものが望ましい。現在ボンド磁石に使われている希土類磁石粉は，この表に示されているように組成的には Nd 系と Sm 系が主である。

磁石の保磁力発生機構には逆磁区核生成型と磁壁ピニング型等があり，いずれも磁気異方性エネルギーと密接な関係がある。特に核生成型の場合には，磁

表 21.1 代表的な磁石用希土類化合物の基本特性

	飽和磁化 J_s〔T〕	異方性磁界 H_A〔MA/m〕	キュリー温度 T_c〔K〕	結晶磁気異方性 K_1〔MJ/m^3〕	密度 d〔Mg/m^3〕	結晶構造	引用・参考文献
$SmCo_5$	1.14	22.3	1 000	17.2	8.4	$CaCu_5$	a)
Sm_2Co_{17}	1.25	4.8	1 193	3.3	8.4	Th_2Zn_{17}	a)
$Sm_2Fe_{17}N_3$	1.54	20.7	749	8.6	7.67	Th_2Zn_{17}	a)
$NdFe_{11}TiN$	1.45	9.5	729	—		$ThMn_{12}$	a)
$Nd_2Fe_{14}B$	1.6	5.3	585	4.9	7.56	$Nd_2Fe_{14}B$	b)
$Sm_{10.6}Fe_{89.4}N_x$	1.4	6.8	743	0.2		$TbCu_7$	c)
$(Sm_{0.75}Zr_{0.25})(Fe_{0.7}Co_{0.3})_{10}N_{1.5}$	1.7	6.2	>600	—	7.7	$TbCu_7$	d)

〔注〕 a) H. Fujii and H. Sun：Handbook of Magnetic Materials, Vol.9, p.395, Elsevier (1995).
b) K. H. J. Buschow：Handbook of Magnetic Materials Vol.10, p.506, Elsevier (1997).
c) M. Katter, et al.：J. Appl. Phys., Vol.70, p.3188 (1991).
d) S. Sakurada, et al.：J. Appl. Phys., Vol.79, p.4611 (1996).

気異方性エネルギーを飽和磁化で除して得られる異方性磁界と保磁力との間に直線関係が経験的に成り立つと考えられており，大きな異方性磁界を有する $SmCo_5$ や $Sm_2Fe_{17}N_3$ などは，合金塊を結晶粒が数 μm の大きさになるまで粉砕するだけで，ボンド磁石として必要な大きさの保磁力が得られる。それに対して，$Nd_2Fe_{14}B$ の異方性磁界は $SmCo_5$ や $Sm_2Fe_{17}N_3$ に比べるとかなり小さいため粉砕のみでは使用できない。Nd 焼結磁石の場合は結晶粒界が非磁性相で囲まれているため，結晶粒が数 μm でも必要な保磁力が得られるが，ボンド磁石の場合には，合金塊をサブ μm もしくはさらに小さな結晶粒径にする必要があり，その結果，もし大きな保磁力が得られたとしても，希土類合金は活性な化合物であるために空気に触れた途端に発火してしまう危険性が高い。そのため，サブ μm 程度の結晶粒で構成された微結晶集合体とすることで発火しにくい大きさの粉末にする必要がある。このような磁石粉の製造方法として，液体急冷（rapid quenching）法[1] や水素を用いた HDDR（hydrogenation decomposition desorption recombination）法[2] などが開発された。

一方，ピニング型としては Sm_2Co_{17} 系磁石粉が代表的である。合金塊を加熱制御することで相分離させて微細な結晶相の周りを別な結晶相で取り囲んだ二相構造にしている。取り囲んだ相との磁気異方性の差で磁壁がピニングされて必要な保磁力が得られる。

21.2 磁石粉の種類

21.2.1 等方性磁石粉

世界で一番使用量の多い希土類磁石粉は液体急冷法で製造されるNd系である。液体急冷法とは希土類合金を溶解して，その溶湯を高速回転する金属製ホイール上にノズルから噴出させて接触急冷させる方法である[1]。数十nmの微細結晶を含む厚さ約35 μm，幅1～3 mmの薄片が得られる。この方法で作製した薄片は，含まれる微細結晶の結晶軸の方向が原理的に無秩序であるため，等方性磁石粉と呼ばれる。サブミクロン程度の微細な結晶が密に集まった構造をしているため，結晶粒子間に磁気的に強め合う効果（レマネンスエンハンスメント）が働き，単結晶の粒子を配向させずに等方性として使った場合に比べて角形性に優れ，大きな残留磁化が得られる。その結果，等方性ではあっても予想以上の高いエネルギー積が得られる。

等方性でより高いエネルギー積を実現するためには残留磁化を大きくすることが必要であるが，そのため α-Fe や Fe_3B のような大きな飽和磁化を有する微細な軟磁性相（ソフト相）と $Nd_2Fe_{14}B$ や $Sm_2Fe_{17}N_3$ のような大きな異方性磁界を有する微細な硬磁性相（ハード相）を複合化したナノコンポジット磁石が考案され開発が進められてきた[3),4)]。軟磁性相と硬磁性相の微細結晶粒間に強い交換相互作用が働くことで硬磁性特性が得られ，大きなエネルギー積を得る可能性を秘めている。ただし，まだ残留磁化と保磁力を同時に高めるには至っていない。

以上の考え方で製造販売されている磁石粉の代表的なものがNeo MagnequenchのMQPであり，**図21.1**はその特性図である[5]。横軸は保磁力，縦軸は残留磁束密度であり，それぞれの四角の大きさは各磁石粉の特性幅を示している。

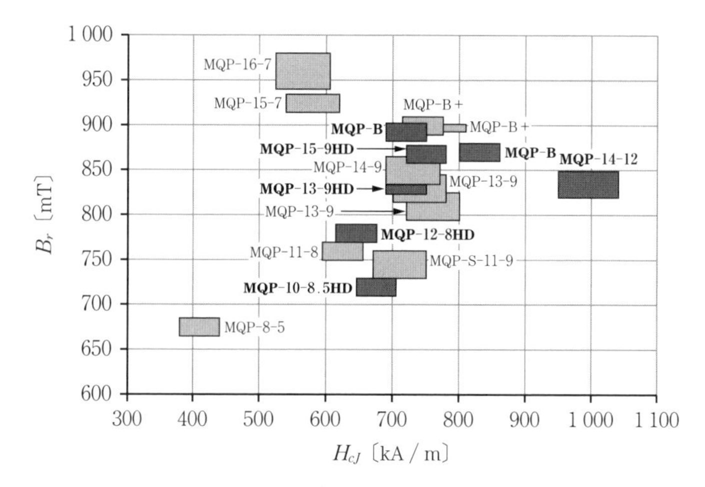

図 21.1 代表的な等方性磁石粉 MQP の特性図
（MQP は Neo Magnequench の登録商標です）

この図には掲載していないが，MQP-A という単純な Nd-Fe-B 系磁石粉が最初に開発された。保磁力は 1 030 ～ 1 350 kA/m と大きく，自動車用の発電機またはモータ用として使用することが期待されたが実用化には至らなかった。その後，PC 用の小型モータ関連向けに小型磁石で多極着磁が可能な材料として，保磁力を低下させた材料の要求があり，高キュリー温度，高残留磁束密度を狙った Nd-Fe-Co-B 系の磁石粉（MQP-B＋など）が開発された。エポキシ樹脂をバインダとして圧縮成形法で製造されるリング磁石は，FDD，HDD および CD-ROM などのスピンドルモータの業界標準として大きな市場を形成した。

MQP-15-7 や MQP-16-7 などは残留磁束密度や角形性を高めるため，Nd の一部を Pr で置換することや Fe リッチな組成にすることで開発された Pr-Fe-Co-Nb-B 系の粉末である。保磁力は低いが，MQP 系で最高の残留磁束密度を有するナノコンポジット磁石粉である。これは，光ディスクドライブやオフィスオートメーションの製品で使われるステッピングモータなどのフェライト置換として適している。

MQP-14-12 は高耐熱性を狙った Nd-Fe-Nb-B ベースの粉末である。Nb を添加することで，150℃程度の温度に保持した場合の減磁率が改善され，樹脂を選ぶことで，180℃で使用可能な磁石となっている。自動車のボンネット内のモータやセンサなどの高温アプリケーション向けに特別に設計されたものである。

MQP-13-9は，残留磁束密度を少し下げても価格を優先するということで開発された磁石粉であり，Nd-Pr-Ce-Fe-B組成の合金がベースとなっている。スピンドルモータなどのほか，価格に敏感なフェライト置換え品として，CPU冷却用ファンモータ，ボックスファンなどに使用されている。

さらにNdをCeで80％程度置換して得たMQP-8-5や射出成形で流動性を高める目的でNd-Pr-Fe-Co-Ti-Zr-B系のMQP-S-11-9がアトマイズ法で生まれた。

この図で太字の材料は，現在Neo Magnequenchが推奨しているものである。HDの付いたものは，従来の圧縮成形では磁粉量が77.5 vol％程度であったのに対して80 vol％まで増加しても，圧縮成形後のスプリングバックが小さく，抜き圧が低くできるよう工夫されたものである。

表21.2に代表的な等方性磁石粉の磁気特性を示す[5)]。

一方，株式会社ダイドー電子ではSm系$TbCu_7$型のSmFeN系磁石粉を製造販売している。この合金は異方性磁界がNdFeB系合金と同じ程度であるため

表21.2　代表的な等方性磁石粉の磁気特性

	MQP-10-8.5HD	MQP-12-8HD	MQP-13-9HD	MQP-14-12	MQP-15-9HD	MQP-B	MQP-B
B_r〔mT〕	710～730	770～790	823～833	820～850	858～878	860～880	883～903
$(BH)_{max}$〔kJ/m^3〕	76～86	90～100	104～112	107～120	115～123	116～124	116～124
H_{cJ}〔kA/m〕	645～705	615～675	690～750	940～1 050	720～780	800～860	690～750
95％以上の飽和に必要な印加磁界〔kA/m〕	≧1 275	≧1 350	≧1 600	≧1 600	≧1 600	≧1 600	≧1 600
$\alpha(B_r)$〔％/℃〕	−0.2	−0.17	−0.15	−0.13	−0.14	−0.14	−0.14
$\alpha(H_{cJ})$〔％/℃〕	−0.36	−0.39	−0.40	−0.40	−0.42	−0.44	−0.44
T_c〔℃〕	219	246	273	305	289	298	298
密度〔Mg/m^3〕	7.6	7.6	7.6	7.62	7.6	7.59	7.59

結晶粒をサブミクロン以下にしないと必要な保磁力は得られない。そのため液体急冷法で開発が進められた。開発当初は，ホイールの線速度を70 m/s 程度まで高める必要があり，できた薄片の厚さは10 μm 以下であり，生産性の点で問題があったが，Zr と Co を添加するなど開発が進み，40 m/s 程度の低速度でも高保磁力化が可能になった[6),7)]。等方性磁石ではあるが，従来の MQP に比べて高エネルギー積が得られ，耐食性に優れ，高温での磁力低下が少ないことが特徴となっている。

21.2.2 異方性磁石粉

さらに高エネルギー積をボンド磁石で実現するためには，異方性磁石粉を用いる必要がある。単独粒子が単結晶であるか，もしくは，多結晶ではあってもその微細結晶の容易軸が一方向にそろえられたものである。異方性粉として長い歴史を有するものに，SmCo 系の磁石粉がある。現在でも使われてはいるが，Co ベースであるため Fe ベースに比べて高価でかつ価格変動が大きいという問題があり，高耐熱性や磁束の安定性が要求される用途で限定的に使われているのが現状である。

Nd 系異方性磁石粉の製造方法として，現在以下に述べる二つの方法が考案されている。

第一の方法は，前述した液体急冷法で作製された微結晶から成る粉末を加熱しながら，まず空孔がない状態まで密度を高めて固めた後，一方向に加圧して塊をつぶして，結晶粒子を配向させる方法（ダイアップセット）である[8)]。このような熱間塑性加工を用いて異方性化する方法は，長いこと開発が試みられてきた。現在は Neo Magnequench から MQA として販売されている[9)]。

第二の方法は，一般に HDDR 法と称されるものである。合金塊を水素雰囲気中で高温処理することで，粉砕するとともに結晶を構成する化合物を希土類の水素化物と α-Fe に一度分解する。その後，水素を取り除く過程で，再度微細な化合物の結晶を含む粉末を生成する技術である。微細な結晶を含むため高保磁力化が可能である。ただし特別な制御を行わない場合は，生成する微結晶の結晶軸の方向が無秩序でかつ角形性が液体急冷法で作製したものに比べて劣る等方性磁石粉となってしまう。また，小規模の生産であれば異方化が可能であっても量産規模で制御するのが難しい方法でもある。愛知製鋼株式会社ではこの微細結晶の生成過程を量産規模で制御する d-HDDR プロセスを実現した。結晶の c 軸をそろえるための原理はこれまでいろいろ議論されており，それらを参考にしていただきたい[10)]。ただ，微結晶の配向が可能になったとはいえ，まだ±20 度程度の分布があるため，その配向度を高める研究が継続されている。

Sm 系異方性磁石粉の製造には，Sm_2Fe_{17} の母合金粉を作製した後，窒素と反応させて $Sm_2Fe_{17}N_3$ 合金粉として，その後，数 μm の大きさに粉砕する方法が用いられる。

Sm_2Fe_{17} 母合金粉の製造方法の一例として，酸化サマリウム粉と鉄粉を粒状金属カルシウムと混合して，不活性ガス雰囲気中で加熱反応させる還元拡散法がある[11)]。蒸留によって分離精製される金属サマリウムに比べて，酸化サマリウムは原料的に安価である。また，Sm_2Fe_{17} の包晶温度以下で拡散反応させるとともに，Sm の拡散距離を考慮して鉄粉粒度を選択することで，残留 α-Fe 相の少ない単相合金が製造しやすく，溶解鋳造法では不可欠である均一化熱処理が不要である。さらに，Sm_2Fe_{17} 合金が直接粉末として得られるため，窒化前の粗粉砕工程も不要である。したがって，溶解鋳造法に比べてコスト的に有利である。

Sm_2Fe_{17} 相に窒素を導入する窒化工程では，均一な $Sm_2Fe_{17}N_3$ 相を得ることが重要になる。そのため，窒化雰囲気として NH_3 と H_2 の混合ガスを用いており，粉末中の H_2 を取り除き，窒素濃度分布を均一化する目的で，窒化処理後に Ar ガス下で熱処理をする。

保磁力を発現させるためには，窒化工程で得られた粗粉末をジェットミルやボールミルなどで平均粒径 2 ～ 3 μm まで微粉砕する。また微粉砕後の粒径は非常に細かいため，粒子表面を各種の方法で不活性化する処理が必要である。現在，製造工程の見直しなどが進められ，B_r = 1.44 T，H_{cJ} = 915 kA/m の磁粉が報告されている[12]。

もう一つの例として，化合物生成時に小さな粒径を得る方法がある。Smと Feの硫酸水溶液から水酸化物を沈殿させ，大気焼成した微結晶酸化物を用いることで，微粉砕をほとんど必要としない粒径約3 μmの$Sm_2Fe_{17}N_3$合金粉が得られている。このようにして製造された粉末の磁気特性はB_r＝1.08 T，H_{cJ}＝1 138 kA/mで，これをさらに機械解砕したものはB_r＝1.24 T，H_{cJ}＝1 074 kA/mと非常に高いH_{cJ}を有している[13]。また製造時にTiO_2超微粉を添加することで粒成長を抑え，B_r＝1.21 T，H_{cJ}＝1 530 kA/mの磁粉が報告されている[14]。

また，$Sm_2Fe_{17}N_3$合金のFeの一部をMnで置き換え，窒素で過剰処理すると単結晶相の内部にMnと窒素が多く含まれたアモルファス相が析出し磁壁のピニングを示し，高保磁力が得られることがわかってきた[15]。保磁力の温度変化が小さく，比較的高温での使用に耐えることができる可能性がある。

表21.3に代表的な異方性磁石粉の磁気特性を示す[5),16),17)]。

表21.3 代表的な異方性磁石粉の磁気特性

	Wellmax*	MAGFINE**		MQA***			
	SFN	MF15P	MF18P	37-11	38-14	37-16	36-18
B_r〔mT〕	1 300～1 440	1 270～1 390	1 200～1 300	1 300	1 310	1 290	1 240
$(BH)_{max}$〔kJ/m^3〕	268～347	295～350	239～302	290	300	295	285
H_{cJ}〔kA/m〕	796～916	1 035～1 274	1 193～1 432	840	1 120	1 270	1 430
95%以上の飽和に必要な印加磁界〔kA/m〕	＞1 350	＞2 000	＞2 000	≧1 600	≧1 600	≧2 000	≧2 500
$\alpha(B_r)$〔%/℃〕	−0.07	−0.11	−0.14	−0.27	−0.09	−0.13	−0.14
$\alpha(H_{cJ})$〔%/℃〕	−0.52	−0.56	−0.49	−0.75	−0.66	−0.65	−0.64
T_C〔℃〕	478	310	310	339	369	347	343
リコイル透磁率	1.1	1.1～1.2	1.1～1.2	1.1	1.14	1.11	1.05
密度〔Mg/m^3〕	7.67	7.6	7.6	7.47	7.51	7.51	7.54

〔注〕 * Wellmaxは住友金属鉱山株式会社の登録商標です。
** MAGFINEは愛知製鋼株式会社の登録商標です。
*** MQAはNeo Magnequench社の登録商標です。

21.2.3　最近の開発動向

$ThMn_{12}$ 系の合金でボンド磁石用磁粉の開発が進められている。これまでは，構造を安定させるためにFeの一部をTiやVで置換する必要があり，磁化が思ったほど高くできなかったため見捨てられていた合金であるが，SmやNdの一部をZrで置換することでFeを多く含む合金化に成功し，高保磁力化の検討が進められている[18]。

また，SmFeN系の磁石粉は窒素を含んでいるため，焼結可能な温度では分解してしまうという問題があるが，最近SPS（spark plasma sintering）などを利用して高密度化を試みる研究が進められている[19),20]。

21.3　バ　イ　ン　ダ

磁石粉を固化成形するためのおもなバインダは樹脂であり，熱硬化性と熱可塑性がある。熱硬化性樹脂としては一般にEP（エポキシ）樹脂が用いられる。熱可塑性樹脂としてはPA（ポリアミド，ナイロン）樹脂，PPS（ポリフェニレンサルファイド）樹脂，エラストマーであるNBR（アクリロニトリルブタジエンゴム），CPE（塩素化ポリエチレン）樹脂やEVA（エチレンビニルアセテート）樹脂などが用いられる。

21.4　成　　形　　法

等方性磁石粉を用いてボンド磁石を製造する場合には，いかにして生産性良く成形体の密度を高められるかが重要である。磁石粉の着磁特性にもよるが，成形体ができれば任意の着磁が原理的に可能であり，必要な着磁パターンが実現できる。

21.4.1　圧 縮 成 形 法

圧縮成形は，単純形状ではあるがボンド磁石の中では密度を高くすることができるため，高いエネルギー積が実現できる。原料となる磁石粉とEP樹脂を添加剤と一緒に混練してコンパウンドとし，それを金型に投入して圧縮成形する。その後加熱硬化させた上で，余分な粉末を洗浄して表面コートする。コンパウンド製造時の重要な要素は，磁石粉の選択，粉末の表面処理法，EP樹脂の選択，混練条件の選択などである[21]。

よく知られているように，粒子径の分布を最適化することで密度を高めることが可能である。また密度を高めるために液状樹脂を使って磁粉間の滑り性を高めることは効果的であるが，一方で，金型に安定した量を短時間に入れるためにはコンパウンドの給粉性が重要であり，コンパウンドの表面は乾いていなければならないというジレンマがある。磁石粉含有量は，重量換算で98％程度であるが，空孔などが残るため，体積換算では80％程度にとどまる。重量で2％程度のEP樹脂をあらかじめ磁石粉表面に均一に分布させることが重要な技術であり，またEP樹脂はコンパウンドの給粉性や成形体の高密度化に合わせて選択する必要がある。

等方性の磁石粉を成形する場合には磁界を印加する必要はなく，成形体の密度変化，重量変化が少なく，金型への給粉性に優れていればよいが，異方性の磁石粉を成形する場合には，磁界印加による磁石粉の配向度が重要な条件として付け加えられるため，その際にどのような種類の樹脂を用いるかが重要なノウハウとなる。すなわち，磁石粉の配向を考慮すると，磁界印加時に個々の磁石粉がバインダの粘性に打ち勝って自由に動ける状態を作ることが重要であり，液状の樹脂が有利である。ただ一方で，金型への給粉を考慮すると，コンパウンドの表面は乾いている必要があり，固形の樹脂が有利である。これらの矛盾する条件を克服するため，金型内にコンパウンドを投入する際は固形であり，磁界印加時には金型加熱をすることでEP樹脂を溶融した状態にする方法を考案して対応している[22),23]。現在，電動工具のほかに実用化が進められている。大きな目標は自動車用途であり，シートモータとして実用化の動きが紹介されている。

SmFeNのような微粉でも成形圧力を高めることで高エネルギー積を実現す

ることは可能であるが，実用化という観点では，Nd 系の比較的大きな粒子を使ったほうが，低圧力で密度を高めることができて都合が良い。

コンパウンドには硬化剤を添加しておく必要があるため，保存条件によっては硬化が進むことがある。したがって，コンパウンドは一般には各社が自前で製造したものが用いられる。

表 21.4 に圧縮成形ボンド磁石の磁気特性例を示す[17),24)]。

表 21.4　圧縮成形ボンド磁石の磁気特性例

磁　石	等方性磁石						異方性磁石		
	NEOQUENCH*-P				NITROQUENCH*-P		MAGFINE		
	NP-8L	NP-8R	NP-8SR	NP-12L	SP-14	SP-14L	MF14C	MF16C	MF18C
B_r〔mT〕	640～710	580～650	600～680	720～770	750～820	750～830	900～070	850～1 050	850～1 050
$(BH)_{max}$〔kJ/m^3〕	68～80	60～72	65～77	88～99	98～112	98～112	151～183	143～175	139～171
H_{cJ}〔kA/m〕	637～796	1 035～1 353	835～1 075	716～836	670～800	550～670	1 035～1 154	1 194～1 354	1 314～1 433
$\alpha(B_r)$〔%/℃〕	−0.1	−0.15	−0.13	−0.1	−0.05～−0.07	−0.05～−0.07	−0.11	−0.11	−0.11
$\alpha(H_{cJ})$〔%/℃〕	−0.4	−0.4	−0.4	−0.4	−0.4	−0.4	−0.56	−0.47	−0.46
リコイル透磁率	1.2	1.13	1.13	1.2	1.2	1.2	1.10～1.20	1.10～1.20	1.10～1.20
密度〔Mg/m^3〕	5.6～6.1	5.6～6.1	5.8～6.1	6.1～6.4	5.8～6.4	5.8～6.4	6.1～6.3	6.1～6.3	6.1～6.3
バインダ（樹脂）	エポキシ								

〔注〕 *　NEOQUENCH，NITROQUENCH は株式会社ダイドー電子の登録商標です。

21.4.2　射 出 成 形 法

射出成形は複雑な形状品を，後加工なしで成形することができるという特徴がある。バインダとしては PA 樹脂または PPS 樹脂などが用いられる。PPS 樹脂を用いたものは耐熱性，耐薬品性に優れるので，自動車など耐熱，耐油用途向けに最近多く採用されている。

原料となる磁石粉を PA 樹脂または PPS 樹脂と添加剤とを一緒にしてニーダ

で混練してペレット状とし，このコンパウンドを射出成形機に投入して，シリンダ内で加熱溶融させた上で，金型内に射出して成形する。樹脂の粘度が低すぎると磁石粉との分離が生じて射出できなくなり，また樹脂の粘度が高すぎると射出そのものができなくなるという問題が発生する。そのため，樹脂および添加剤の選択は混練条件とともに各社の重要なノウハウになっている。磁石粉の含有量を多くするほど磁気特性は高くできるが，以上のような制限があるため，磁石粉の量は重量換算で93%程度となり，体積換算では60%程度となる。

異方性磁石粉を用いて射出成形する場合は，金型に必要な磁気回路を構成して磁石粉を配向させる必要がある。高性能な異方性射出成形磁石を製造するためには，金型に射出された溶融コンパウンドに含まれる磁石粉の結晶軸を固化する前に十分配向させる必要がある。そのためにはコンパウンドの流動性が高いこと，配向磁界が大きいことなどが重要である。特に，希土類磁石粉の保磁力はフェライト粉に比べて大きいため，配向に大きな磁界が必要であり，金型の磁界解析がきわめて重要な要素となる。また異方性射出成形の場合には，溶融したコンパウンドが金型内で急速に冷却されるため，流動性が低下し，配向しにくくなる傾向がある。これは磁石が小型薄肉形状になるほど顕著である。十分な配向ができているとすれば，磁石粉含有率が高いほど磁気特性は向上するが，現実には，含有率が高いと流動性が低下し，配向度が悪化するため，粉末自体の磁気特性は高いものの，磁石特性が逆に低下する場合も見られるので注意が必要である。

表 21.5 に射出成形ボンド磁石の磁気特性例を示す[16),17)]。

21.4.3　その他の成形法

その他の方法として圧延または押出し成形がある。エラストマーをバインダとしたロールによる圧延成形磁石または口金からの押出し成形磁石がある。混合比は重量比で磁石粉：エラストマーを9：1の近傍とすることが多い。磁気特性は低いが，フレキシビリティに富むという特徴を有する。

ゴムを用いた押出し成形磁石は押出し方向に磁気特性が均一で，長尺・シー

表 21.5　射出成形ボンド磁石の磁気特性例

	等方性磁石		異方性磁石			
	Wellmax		Wellmax			
磁石粉	NdFeB		SmFeN	SmFeN + Ferrite	SmFeN + NdFeB	
バインダ（樹脂）	PA12	PPS	PA12	PA12	PA12	PPS
B_r〔mT〕	410〜730	390〜600	630〜810	360〜570	860〜940	710〜780
$(BH)_{max}$〔kJ/m^3〕	28〜76	29〜57	76〜115	19〜60	131〜147	91〜107
H_{cJ}〔kA/m〕	637〜875	676〜836	660〜910	430〜770	955〜1 155	995〜1 195
$\alpha(B_r)$〔%/℃〕	−0.11	−0.11	−0.07	−0.14〜−0.04	−0.09	−0.10
$\alpha(H_{cJ})$〔%/℃〕	−0.40	−0.40	−0.50	−0.44〜−0.30	−0.65〜−0.56	−0.61〜−0.55
リコイル透磁率	1.0〜1.2	1.1	1.1		1.1	1.1
密度〔Mg/m^3〕	4.1〜5.9	4.3〜5.4	4.1〜4.9	3.6〜4.3	5.4〜5.6	5.0〜5.2

	異方性磁石					
	Wellmax		MAGFINE			
磁石粉	SmCo(2-17)		MF15P		MF18P	
バインダ（樹脂）	PA12	PPS	PA12	PPS	PA12	PPS
B_r〔mT〕	630〜700	550〜650	790〜840	650〜700	760〜810	640〜690
$(BH)_{max}$〔kJ/m^3〕	75〜88	59〜72	115〜123	80〜88	111〜119	76〜84
H_{cJ}〔kA/m〕	763〜995	710〜980	1 035〜1 115	1 035〜1 115	1 274〜1 354	1 274〜1 354
$\alpha(B_r)$〔%/℃〕	−0.03	−0.03	−0.11	−0.11	−0.14	−0.14
$\alpha(H_{cJ})$〔%/℃〕	−0.30	−0.30	−0.56	−0.56	−0.49	−0.49
リコイル透磁率	1.1	1.1	1.10〜1.20	1.10〜1.20	1.10〜1.20	1.10〜1.20
密度〔Mg/m^3〕	5.5〜5.7	5.3〜5.7	5.0〜5.2	4.6〜4.7	5.0〜5.2	4.6〜4.7

ト状のボンド磁石を製造する場合に適しており，また射出成形に比べて金型が短納期・安価にできるので，コストパフォーマンスは高いとしている。組成物中の磁石粉は成形機先端の金型部にかけた磁界の方向に異方化されて押し出される。磁石の厚みや製造条件によって異なるが，異方性の SmFeN 微粉を用いて現在 81 kJ/m^3 までの最大エネルギー積が得られている[25]。扁平でかつ粒子径が大きい MQP を用いた場合も成形は可能であるが，成形品の表面から粉末が離脱しやすいので注意が必要である。

図 21.2 に各種成形法で作製した MQP-13-9HD 磁石の磁化曲線を示す[5]。

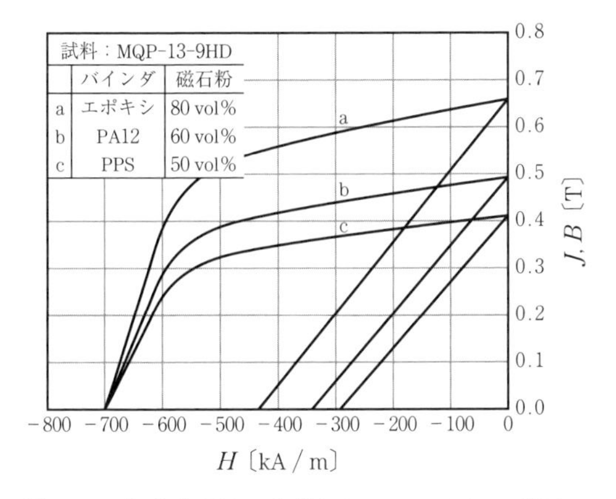

図 21.2　各種成形法で作製した MQP-13-9HD 磁石の磁化曲線

21.5 配　向　技　術

異方性磁石粉を用いてボンド磁石を製造する際に問題になるのは，磁石粉の配向度である。成形時に粒子の結晶軸を目的とする方向に配向させ，かつ等方性磁石と同様に密度を高めなければならない。リング磁石の場合の配向方向としては，軸方向，径方向および多極配向などがある。特に，径方向に配向させる場合に問題となるのは形状である。リングを成形する際に軸の両端から反発する向きに磁界を印加して径方向に磁石粉を配向させるが，内側の円の面積 S とリングの外側の表面積 A との間で $f_R = A/2S$ なる関係を考えなければならないとされている。これは浜野により提案されたラジアルファクタとして知られており，例えば保磁力が 10 kOe 程度の Sm_2TM_{17} を配向させようとした場合，f_R が 1 より小さい場合には十分な配向可能な条件であるが，2 以上になると配向は難しくなるとされている[26]。

多極配向の場合には一般に焼結磁石を金型内に配置して結晶粒の配向を行う。フェライト磁石の場合には保磁力が小さいため，比較的小さな磁界で配向可能であるが，希土類磁石粉の場合には配向に比較的大きな磁界が必要となる。したがって，磁界解析などを行って最適な状態を作る必要がある。

磁界を印加して成形された磁石は容易軸の方向が決まるため着磁の方向は限定され，成形後に任意の方向に着磁することはできない。しかしながら，容易軸の方向が決まっているために，成形時にしっかりとした配向を行っておけば，着磁は比較的安定にできるという特徴がある。

異方性磁石粉を用いてボンド磁石を成形する場合には，結晶軸を最終的に使おうとする向きにそろえる必要があり，磁界の印加技術，特別な金型技術が重要である。また，成形品を取り出す際には反転磁界を印加するなどして消磁するのが一般的である。それに対して，等方性磁石粉を用いてボンド磁石を成形する場合には，磁界印加は不要であり，金型などが単純になる。

異方性磁石粉を磁界印加なしで成形すれば等方性磁石として使えるのではとの相談がよくある。粉末自体が等方性である液体急冷粉などを成形した場合には，粉末内の結晶粒間に強い相互作用が働き，残留磁化は飽和磁化の7～8割程度が保持できるため，最大エネルギー積は異方性磁石粉を使った場合の約2分の1程度の大きな値を得ることができるが，異方性磁石粉を等方性で使った場合には，残留磁化が飽和磁化の半分になってしまうことが知られており，また最大エネルギー積は残留磁化の2乗に比例するため，4分の1と極端に小さくなってしまうことに注意が必要である。

図21.3に磁界印加有無の条件下射出成形法で作製したWellmax-S3A12MA

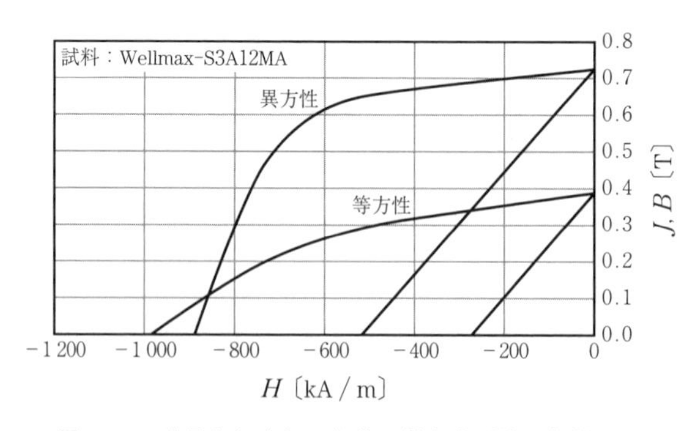

図21.3　磁界印加有無の条件下射出成形法で作製したWellmax-S3A12MA磁石の磁化曲線

磁石の磁化曲線を示す[27]。残留磁束密度は異方性が 0.72 T に対して，等方性は 0.39 T である。異方性化が完全でないこと，または金型に残留磁化があり配向に影響しているか不明ではあるが，54％になっている。また，最大エネルギー積は異方性が 94 kJ/m^3 であるのに対して，等方性は 26 kJ/m^3 であり 28％である。

21.6　着　磁　技　術

等方性磁石粉，異方性磁石粉にかかわらず，磁石として使う場合には成形体に改めて着磁する必要がある。特に小型モータ用途では，2～3 mm ピッチで N 極と S 極とを多極に着磁した磁石を使用することが少なくない。このような用途では，着磁ヨークの制約から十分な磁界がかけられるとは限らない。したがって，テストピースを飽和磁化まで着磁したときの磁気特性と現実の製品の磁気特性では，その着磁特性によって得られるフラックスに差が生じるので注意が必要である。カタログなどを参考にして着磁特性を調べておく必要がある[17),28)～32)]。

21.7　経　時　変　化

磁石はその表面磁束を利用して部品組立てが行われるが，その表面磁化による反磁界が磁石そのものに対して減磁界として働くため，保持温度にもよるが時間とともに磁束変化が生じることになる。これを経時変化と呼ぶ。磁石のカタログを参考にすることで，反磁界係数の異なる磁石の保持温度における磁束の時間変化を調べておくことは重要である[17),33)～36)]。

21.8 温 度 特 性

磁気特性は保持温度で残留磁束密度，保磁力および最大エネルギー積が変化する。磁石のカタログでは残留磁束密度の温度係数 α（B_r），保磁力の温度係数 α（H_{cJ}）として任意の温度範囲での変化率を示している。ただ，一般にボンド磁石は焼結磁石と違って角形性があまり良くないため，このデータだけで使える温度範囲を見積もることは難しい。目安として利用し，実際に使う場合には必要な温度での磁化曲線を測定しておく必要がある。

図 21.4 は，圧縮成形法で作製した MQP-13-9HD 磁石の磁化曲線の温度変化である[5)]。

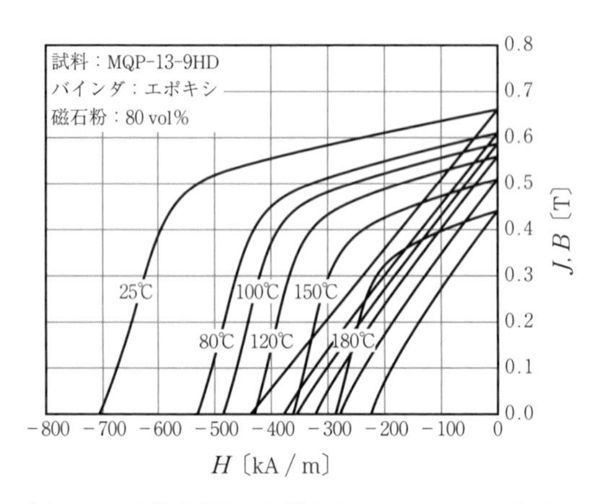

図 21.4　圧縮成形法で作製した MQP-13-9HD 磁石の磁化曲線の温度変化

21.9 表 面 コ ー ト

NdFeB 系の圧縮成形磁石の場合にはさびを防ぐため成形体の表面コートが不可欠である。一般にはエポキシ系の樹脂塗装が施されるが，その方法としては，電着塗装（20 ～ 35 μm），吹付け塗装（15 ～ 30 μm），浸漬塗装（1 ～ 5

μm)，バレルによる吹付け塗装（3 ～ 18 μm）などがある。また，金属系の塗装が必要な場合にはNi系のめっき（10 ～ 30 μm）が施される。一方，射出成形磁石の場合には樹脂の配合率が高いため，表面コートなしで使われる場合が多い。SmFeN系磁石はNdFeB系に比べてさびにくいのが特徴である。極悪な環境で使われる場合にはエポキシ系の樹脂塗装などが施されるが，識別または粉落ち防止程度のために必要とされる場合がある。

21.10　耐　　候　　性

耐候性の評価基準は用途によって大きく異なる。耐食性試験，耐薬品性試験，耐熱性試験などが一般的な試験となる。

耐食性試験の環境としては，水道水，純水，塩水（5％濃度NaCl水溶液）などに一定時間浸漬して外観（特にさび，酸化物の発生），質量，磁気特性などの変化を評価する。対照実験として室温大気中に暴露したものと比較して評価する。耐薬品性試験の溶液としては，純水（イオン交換水），水道水，塩水，中性洗剤，塩酸，硝酸，硫酸，酢酸，クエン酸，水酸化ナトリウム，炭酸ナトリウム，アンモニア水，メチルアルコール，エチルアルコール，アセトン，ベンゼン，機械油No.1（動粘度 18.71 ～ 21.05 mm^2/s），機械油No.2（動粘度 19.19 ～ 21.52 mm^2/s），機械油No.3（動粘度 31.96 ～ 34.18 mm^2/s），ガソリン，灯油などがある。外観，質量，磁気特性の変化を評価するが，外観試験では，ボンド磁石の表面を観察し，変色やさびの発生，膨潤（ぼうじゅん）の有無，磁石粉末の欠落，亀裂やひび割れの有無，溶解や分解の有無などを観察する。

耐熱性試験は，試験片を試験環境（室温，60℃，80℃，100℃，125℃，150℃，180℃，200℃）に一定時間（クラスA：100 h　クラスB：1 000 h）暴露し，その前後の外観（特にさび，酸化物の発生），質量などの変化を評価し，その変化が規定以内であるかを判定する。磁気特性の変化を測定する耐熱性は磁気的温度係数算出で行う。機械特性あるいはその他必要特性の温度に対する変化を測定する場合には，JIS K 7212およびJIS K 7226を参考とする。ただし，試験方法は実用上重要と思われる特性に関して行われるべきであり，試験片としてボンド磁石製品そのものを用いる試験が推奨される。一般的物性試験片を使用した代用試験により得られた数値はボンド磁石材料間や品質管理の評価としては有効であるが，ボンド磁石製品の場合，磁界や構造的な応力の存在下における複合的耐熱性試験となるため，一般的代用試験で得られる数値とは乖離(かいり)した結果が得られる場合がある。そのため，耐熱性試験の目的に応じて試験方法の選択に注意しなければならず，ボンド磁石製品自体を試験片として用いた試験が妥当である[37]。

引用・参考文献

1) Neo MAGNEQUENCH 社ホームページ：http://www.mqitechnology.com/bonded-neo-powder-history.jsp（2018 年 5 月 23 日現在）
2) R. Nakayama and T. Takeshita：J. Alloys Compd., Vol.193, p.259 (1993).
3) R. Coehoorn, D. B. DeMooij, and C. DeWaard：J. Mag. Mag. Mater., Vol.80, p.101 (1989).
4) E. F. Kneller and R. Hawig：IEEE Trans. Magn., Vol.27, p.3588 (1991).
5) Neo MAGNEQUENCH 社ホームページ：http://www.mqitechnology.com/product-name-mqp.jsp（2018 年 5 月 23 日現在）
6) S. Sakurada, A. Tsutai, T. Hirai, Y. Yanagida, and M. Sahashi：J. Appl. Phys., Vol.79, p.4611 (1996).
7) R. Omatsuzawa, K. Murashige, and T. Iriyama：Trans. Magn. Soc. Japan, Vol.4 p.113 (2004).
8) Y. Kawashita, T. Tayu, T. Sugiyama, H. Ono, H. Takabayashi, and T. Iriyama：Trans. Magn. Soc. Japan, Vol.4, p.46 (2004).
9) Neo MAGNEQUENCH 社ホームページ：http://www.mqitechnology.com/downloads/brochures_PDF/MQA-Overview.pdf（2018 年 5 月 23 日現在）
10) M. Yamazaki, T. Horikawa, C. Mishima, M. Matsuura, N. Tezuka, and S. Sugimoto：AIP Advances, Vol.7, 056220 (2017).
11) A. Kawamoto, T. Ishikawa, S. Yasuda, K. Takeya, K. Ishizaka, T. Iseki, and K. Ohmori：IEEE Trans. Magn., Vol.35, p.3322 (1999).
12) 石川尚：BM News, No.51, p.35 (2014-04-01).

13) 久米道也：BM News, No.23, p.34（2001-03-31）.

14) 多田秀一：BM News, No.46, p.16（2011-10-01）.

15) T. Ishikawa, K. Yokosawa, K. Watanabe, K. Ohmori, and T. Iseki：Ninth International Conference on Ferrites（ICF-9）, 543（2004）.

16) 住友金属鉱山株式会社ホームページ：http://www.smm.co.jp/products/material/magnet/property.html（2018年5月23日現在）

17) 愛知製鋼株式会社ホームページ：https://www.magfine.com/downloads/（2018年5月23日現在）

18) T. Kuno, S. Suzuki, K. Urushibata, K. Kobayashi, N. Sakuma, M. Yano, A. Kato, and A. Manabe：AIP Advances 6, 025221（2016）.

19) K. Takagi, H. Nakayama, and K. Ozaki：J. Magn. Magn. Mater., Vol.324, p.2336（2012）.

20) S. Okada, K. Suzuki, E. Node, K. Takagi, and K. Ozaki：AIP Advances, Vol.7, 056219（2017）.

21) 大森賢次, 吉沢昌一：BM News, No.11, p.26（1994-03-31）.

22) 本蔵義信, 御手洗浩成：BM News, No.15, 49（1996-03-31）.

23) H. Mitarai, Y. Sugiura, H. Matsuoka, and Y. Honkura：Proc. 16th Int. Workshop on Rare-Earth Magnets and their Applications, 787（2000）.

24) 株式会社ダイドー電子ホームページ：http://www.daido-electronics.co.jp/product/index.html（2018年5月23日現在）

25) 伊田壯：BM News, No.26, 36（2001）.

26) 浜野正昭：日本応用磁気学会 第58回研究会資料, 58-10, 67（1989）.

27) 石川尚氏私信（courtesy of T.Ishikawa）

28) Neo MAGNEQUENCH社ホームページ：http://www.mqitechnology.com/jp/downloads/research-notes/bonded-neo-magnet-saturation.pdf（2018年5月23日現在）

29) Neo MAGNEQUENCH社ホームページ：http://www.mqitechnology.com/jp/downloads/research-notes/unsaturated-bonded-neo-magnet.pdf（2018年5月23日現在）

30) MS-Schramberg GmbH & Co. KG社ホームページ：http://www.magnete.de/uploads/media/aufmagnetisierungsfeld_en.pdf（2017年8月21日現在）

31) 株式会社ダイドー電子ホームページ：http://www.daido-electronics.co.jp/product/neoquench_p/magnetizability/index.html（2018年5月23日現在）

32) 株式会社ダイドー電子ホームページ：http://www.daido-electronics.co.jp/

product/nitroquench_p/magnetizability/index.html（2018 年 5 月 23 日現在）

33) Neo MAGNEQUNCH 社ホームページ：http://www.mqitechnology.com/jp/downloads/research-notes/factors-affecting-magnet-aging.pdf（2018 年 5 月 23 日現在）

34) 株式会社ダイドー電子ホームページ：http://www.daido-electronics.co.jp/product/neoquench_p/temperature /index.html（2018 年 5 月 23 日現在）

35) 日亜化学工業株式会社ホームページ：http://www.nichia.co.jp/jp/product/magnet_compound_b.html（2018 年 5 月 23 日現在）

36) 日亜化学工業株式会社ホームページ：http://www.nichia.co.jp/jp/product/magnet_compound_j.html（2018 年 5 月 23 日現在）

37) ボンド磁石試験方法ガイドブック（日本ボンド磁石工業協会編 2000-04）BMG-4001，BMG-4002，BMG-4003 参照

22 永久磁石のレアアース問題

永久磁石のレアアース問題とは，レアアースを必須元素として含むレアアース磁石材料の原料価格がレアアース資源の流通制限などにより一時的に高騰したり，一部の希少レアアース資源の供給が採掘や精製に伴う環境問題や資源の枯渇などの理由により需要を満たさなくなるリスクを帯びていたりすることを指す。本章では，このレアアース問題を取り上げる。

22.1 レアアースリスクと磁石材料

磁性を持つ原子番号59のプラセオジム（Pr）から70のイッテルビウム（Yb）までのレアアース元素の上部大陸地殻中の存在比，および，主要産出国とリスク指数を鉄族遷移金属のうち，室温以上で磁性元素とみなされるものと比較して**表22.1**（レアアース元素）に示す。リスク指数は英国の地理調査所（British Geological Survey）が資源の偏在によるリスクと，資源の枯渇リスクなどを勘案して定義した，最低リスクを1とし最大リスクを10とする定性的な指数[1]を採用した。

2011年に中国による輸出量制限によってこれらレアアース元素の価格が瞬時に高騰したことは記憶に新しい。これを受けて中国以外にある鉱山での採掘を再開し，レアアース資源の寡占状況を解消しようとする試みもあったが，その後の輸出量緩和に伴う取引価格の沈静化の結果，それらの活動も勢いをなくしている。しかし，主産国による独占状態が依然として続いていることから，現在も供給リスクという観点では依然として高いリスクを負っていると認識さ

表 22.1　磁性元素およびそれらの中のレアアース元素（原子番号 59 から 70）の地殻（上部大陸部）中の存在比，首位産出国，および，リスク指数と，レアアース磁石での使用状況

<table>
<tr><th>元　素</th><th>上部大陸地殻
中の存在比[a]</th><th>首位産出国[b]</th><th>リスク指数[b]</th><th>当該元素
使用材料</th></tr>
<tr><td>Cr</td><td>9.2×10^{-5}</td><td>南アフリカ</td><td>6.2</td><td>Fe-Cr-Co</td></tr>
<tr><td>Mn</td><td>7.75×10^{-4}</td><td>中国</td><td>5.7</td><td>MnAlC</td></tr>
<tr><td>Fe</td><td>1.83×10^{-1}</td><td>中国</td><td>5.2</td><td>Nd-Fe-B</td></tr>
<tr><td rowspan="2">Co</td><td rowspan="2">1.73×10^{-5}</td><td rowspan="2">コンゴ</td><td rowspan="2">8.1</td><td>Sm-Co</td></tr>
<tr><td>Fe-Cr-Co</td></tr>
<tr><td>Ni</td><td>4.7×10^{-5}</td><td>インドネシア</td><td>5.7</td><td>Alnico</td></tr>
<tr><td>Pr</td><td>7.1×10^{-6}</td><td rowspan="11">中国</td><td rowspan="11">9.5</td><td>Nd-Fe-B</td></tr>
<tr><td>Nd</td><td>2.7×10^{-5}</td><td>Nd-Fe-B</td></tr>
<tr><td>Sm</td><td>4.7×10^{-6}</td><td>Sm-Co</td></tr>
<tr><td>Eu</td><td>4×10^{-6}</td><td>—</td></tr>
<tr><td>Gd</td><td>4×10^{-6}</td><td>—</td></tr>
<tr><td>Tb</td><td>7×10^{-7}</td><td>Nd-Fe-B</td></tr>
<tr><td>Dy</td><td>3.9×10^{-6}</td><td>Nd-Fe-B</td></tr>
<tr><td>Ho</td><td>8.3×10^{-7}</td><td>—</td></tr>
<tr><td>Er</td><td>2.3×10^{-6}</td><td>—</td></tr>
<tr><td>Tm</td><td>3×10^{-7}</td><td>—</td></tr>
<tr><td>Yb</td><td>2×10^{-6}</td><td>—</td></tr>
</table>

〔出典〕 a)　国立天文台編：“理科年表”，丸善出版（2013）．
b)　Risk List 2015, British Geographical Survey (2015).

れている。

レアアース磁石に主要成分として使用される元素は，ネオジム磁石では，元素番号順に，プラセオジム（Pr）とネオジム（Nd），サマリウムコバルト磁石ではサマリウム（Sm）である。さらに，ネオジム磁石を高温で使用する際には，使用温度範囲での不可逆的な減磁を回避する目的で，テルビウム（Tb）およびジスプロシウム（Dy）で Nd の一部を置換することによって高保磁力化し，高温での保磁力の低下を補償する手法が開発当初から用いられており，それらの材料では準必須元素ともいえる位置を占める。

Pr から Sm までの，いわゆる軽希土類元素については，豊富な資源が世界

各地に存在する。一方，重希土類元素に分類されるTbおよびDyについては，含有量が高く，しかも，選鉱残渣に含まれる放射性元素濃度が比較的少ないという特性を生かして発展した，中国南方の鉱床からしか，経済的な採掘ができないという状況が，今後も続くと予想されている[2)]。

したがって，永久磁石のレアアース問題といえば，狭義には，存在比が低く産出国も限られている，TbやDyの原料価格高騰や，安定供給への懸念を指す。広義には，レアアースを含有するすべての材料が，産出国が限定される元素への依存性を有するという，国家の基幹産業の維持振興戦略の観点から見た課題をはらんでいるという考え方もある。

また，レアアース元素は，鉱山ごとに比率は異なるものの，一連の元素種が同時に産出する。それらの消費バランスがとれていないため，特に存在比の多いセリウム（Ce）など，十分な市場がないものは余剰状態にある。Ndなどの需要の高いレアアース元素価格安定化には，他の希土類元素の用途が開拓されてすべてのレアアース元素についてバランスのとれた市場が開拓されることが，レアアース問題の低減のために望ましい。

永久磁石のレアアース問題を解決する材料技術として特に有効と考えられる事項は，以下のいずれかを実現することである。

1)　レアアース元素を含まない高性能永久磁石

2)　鉄を主成分とし，軽希土類の使用量を削減した高性能磁石

3)　重希土類元素を含まない高保磁力ネオジム磁石

真に汎存（ユビキタス）といえる磁性元素は鉄（Fe）のみであり，その他の磁性元素の存在比は桁違いに小さい。Feと並んで重要な磁性元素であるコバルト（Co）の存在比は一部のレアアース元素と同程度である。表22.1に示した英国の調査ではひとまとめにされているが，レアアース元素の地殻中の存在比および経済的に採掘可能な鉱山の分布は元素ごとに大きく異なる。したがって，新規な磁石材料には，Feを主成分とし，レアアースおよびCoの含有量が可能な限り低い組成であることが求められる。

日本企業が生産する高性能永久磁石のおもな用途はモータを主とする電磁ア

クチュエータと発電機であり，これらをまとめて電気エネルギー＝機械エネルギー変換装置ということもできる。永久磁石に要求される特性はそれら変換装置の設計と不可分の関係にあり，設計者の創意工夫によって，レアアース問題といわれるものが低減されることもあり得る。

22.2　おもな永久磁石とレアアース

永久磁石には，18章で述べられているように，多くの種類があり，それぞれの特徴を生かした用途に使用されている。それらの中で，レアアース元素が使用されているのは，フェライト磁石の一部（すなわち，ランタンコバルト（La-Co）系の高性能フェライト磁石），Sm-Co，Nd-Fe-B，Sm-Fe-N の各磁石である（表 22.1 参照）。レアアースを含まない磁石としてはフェライト磁石，アルニコ，Fe-Co-Cr，Mn-Al-C 磁石がある。

これらの磁石の室温の磁気特性範囲を保磁力（H_{cJ}）- 残留磁束密度（B_r）平面上に示すと**図 22.1**（永久磁石材料の磁気特性マップ）のようになる。また，磁石材料に用いられるおもな主相化合物の希土類元素含有量と飽和磁化を，研究段階のものも含めて**図 22.2**（レアアース含有量と飽和磁気分極）に示す。永久磁石材料の磁気エネルギー積の理論限界値を得るには，保磁力が残留磁束密度の 1/2 よりも大きい必要があり，室温でその条件を満たすのはフェライト磁石とレアアース磁石に限られる。モータの出力密度（単位重量当りの出力）の高さが要求される電気自動車等ではレアアース磁石が用いられる。

22.2.1　鉄を主成分とし，軽希土類の使用量を削減した高性能磁石

$Nd_2Fe_{14}B$ 型化合物よりもレアアース含有量が少ない物質系は R_2Fe_{17} および RFe_{12} 系である。これらは $SmCo_5$ の結晶構造から派生する一連の物質群に属し，R＝Sm の物質群が結晶の主軸（c 軸）方向に容易磁化方向を持つ。R_2Fe_{17} 系は Sm_2Co_{17} と同型の結晶構造を有する「2-17 系」と呼ばれる物質群であり，レアアース含有量は $Nd_2Fe_{14}B$ 系よりもモル比で約 11%低い。

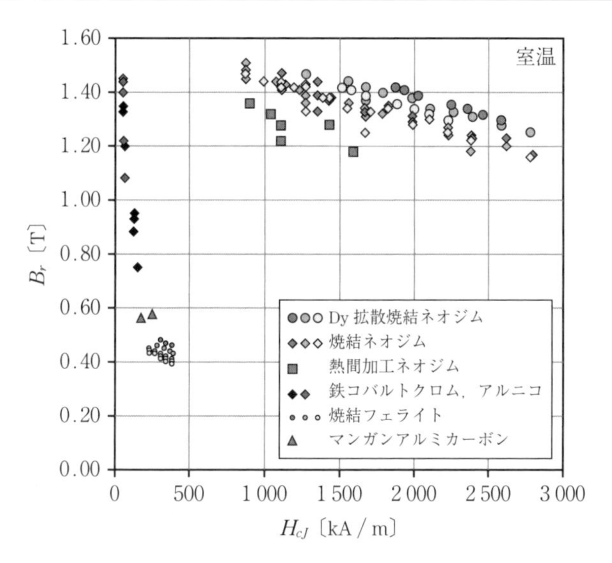

図 22.1 永久磁石材料の磁気特性マップ。室温の保磁力（H_{cJ}）-残留磁束密度（B_r）の範囲。

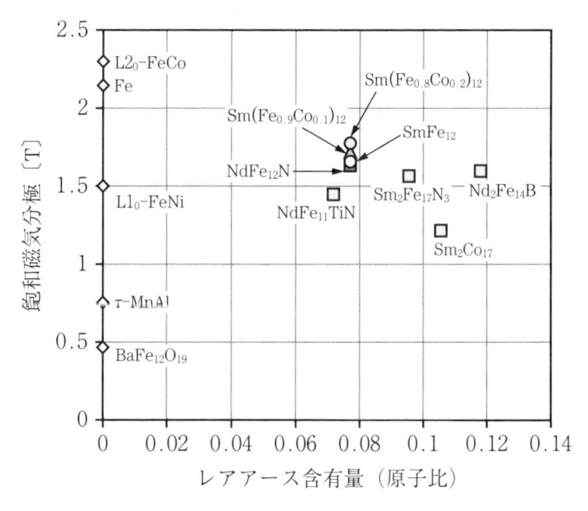

図 22.2 種々の磁石用化合物のレアアース含有量と飽和磁気分極。永久磁石材料としての保磁力については図 22.1 を参照のこと。

RFe_{12} 系は Fe を Ti などで一部置換，あるいは，R を Zr などで一部置換しないと，安定に存在しないが，レアアース含有量はさらに低く，$Nd_2Fe_{14}B$ 系よりもモル比で約 27% 低い。結晶構造安定化のために R の 25% を Zr で置換した材料では（Zr はレアアースとみなされないので）レアアース含有量がさらに低く，$Nd_2Fe_{14}B$ のおよそ 50%（モル比）になる。一部の RFe_{12} 系は $Nd_2Fe_{14}B$ 系よりも高磁化かつ高キュリー温度の物質が存在することが理論計算および単結晶薄膜試料[3] で確認されており，特に高温での磁気特性が注目される。これらは永久磁石としての実用化に向けて研究が進められている段階である。

「2-17 系」では温度係数 0 などの特殊材質のほかは重希土類元素を使用する必要がなく，サマリウムコバルト焼結磁石がすでに優れた高温での安定性から近郊電車の駆動モータに使用され始めた[4),5)] ほか，保磁力を低く調整して磁束可変モータに使用した事例[6),7)] が報告されている。

$Sm_2Fe_{17}N_3$ 系磁粉はボンド磁石に実用化され，$Nd_2Fe_{14}B$ を主相とする磁粉との混合使用もされている。ボンド磁石は優れた形状自由度を持つことと，電気抵抗が高いという利点を生かして，種々のモータに使用されている。

22.2.2　重希土類元素フリーネオジム磁石

Dy を使用した焼結磁石と比較して，代替可能な総合的磁気特性という観点では，Dy フリー磁石で保磁力約 1 600 kA/m クラスの材料が，粉末冶金および熱間塑性加工の，いずれの製法によっても製品化されている。これらの材料は，モータシステムの総合的設計の最適化により，HEV 駆動モータにも使用され始めている。モータだけで走行する EV やモータ走行の比率が高い PHEV に使用されるハイパワーモータには依然として，室温で 2.4 MA/m クラスの高保磁力を求める需要家も多く，継続した材料技術の開発が求められている。

Dy 削減技術の根幹は，材料の結晶粒径の微細化と粒界相の磁性の制御である。前者は，焼結磁石では原料合金粉末の微細化[8)]，熱間加工磁石では原料合金組織や塑性加工条件の適正化[9)] によってもたらされる。後者（粒界磁性の制御）は磁石素材表面から熱処理によって Dy や Tb を結晶粒界に沿って内部に拡散浸透させる粒界拡散プロセスが実用化されているほか，これら重希土類を使わずにNdやPrとCuなどの低融点合金を表面から粒界に沿って浸透させるプロセスが重希土類元素によらないで高保磁力を得る方法として提案されている。

22.3　モータ用永久磁石材料に課せられる要請

モータ用永久磁石には，大きな残留磁束密度のほかに，電機子コイルからの減磁界に耐えるだけの十分な保磁力，減磁曲線（B–H曲線）の直線性，磁束密度および保磁力の温度依存性が小さいこと，着磁性が優れている（すなわち，低磁界でも着磁できる）こと，渦電流損が発生しないような高い電気抵抗，高い機械強度など，種々の要請がある。

永久磁石式同期モータの高速領域で，永久磁石が発生する磁束が電機子コイルに大きな逆起電力を発生し，高効率運転の障害となるという問題を解決するための提案の一つとして，可変磁束モータ[10]がある。可変磁束モータは回転数およびトルクの広い動作領域において磁石が出す磁束の通り道，あるいは，磁石の残留磁束自体を変化させて，モータの広い動作領域全体にわたって高効率を達成しようとするものである[11),12]。そのような制御の安定性を保証するために，磁石の保磁力の温度変化が小さいことや，部分脱磁状態における磁化状態の安定性が高い（すなわち，J-Hマイナーループが磁界軸にほぼ平行である）ことなどが利点となると考えられる。

以上の観点は，新規に開発される磁石材料が現存磁石材料に代わって採用されるための，重要なポイントとなり得る。

22.4　レアアース問題を解決するための磁石材料研究の展望

レアアース磁石で希少元素の使用量を削減する際の課題は，保磁力の低減をいかにして回避するかということである。保磁力を実際に左右するのは，原子レベルの構造欠陥であると考えられる。したがって，Dyなど希少レアアース元素を使わないで高い保磁力を得るための保磁力理論では，原子レベルの構造を捨象している従来の連続体描像による理解では不十分で，材料組織と保磁力との関係を，材料を構成する原子のレベルから理解することが必要である。そのために，電子論と原子描像の物質感に基づいた，原子論的（離散的）マイクロマグネティクス理論をレアアース磁石に適用するための，理論開発が重要である。電子論から材料の磁気ヒステリシスを記述するためには，数桁に及ぶサイズと時間スケールをまたいで連結する，マルチスケール計算手法の開発と同時に，原子分解能で材料の結晶粒界や異相界面の構造を解析する技術や，材料内部の磁区や磁壁と材料組織との相互作用をメゾスケールからマクロスケールまで可視化する技術の開発などが必要である。さらに，新材料の組織を制御する材料プロセスの開発には，材料熱力学の情報を蓄積し，データベースとして利用できる体制を作ることも重要である。

これらの研究には磁性物理学から材料熱力学と材料プロセス開発までの幅広い分野にまたがる総合的な共同研究体制が欠かせない。文部科学省が推進する元素戦略プロジェクトでは，磁石材料開発のための基盤的研究が2007年度から2011年度までの産学連携型と，2012年度から2021年度までの拠点形成型が継続して実施されている。その成果が磁石産業界に広く用いられるためには，基盤的研究成果に対するリテラシーを持った人材育成が産業界側でなされることも重要である。将来にわたっても，磁石材料研究における学術界の成果が産業界に取り入れられて，その競争力を高められるような，産学連携体制の醸成と創出が期待される。

引用・参考文献

1）British Geological Survey ホームページ Risk List 2015：http://www.bgs.ac.uk/mineralsuk/statistics/risklist.html/（2018年5月23日現在）

2）USGS ホームページ Rare Earths Statistics Information：https://minerals.usgs.

gov/minerals/pubs/commodity/rare_earths/（2018 年 5 月 23 日現在）

3) Y. Hirayama, Y. K. Takahashi, S. Hirosawa, and K. Hono：Scr. Mater., Vol.95, p.70 (2015)；*ibid.*, Vol.138, p.62 (2017).

4) 東芝未来科学館ホームページ てくのろじい解体新書 2014 年 6 月，永久磁石同期モーター：http://toshiba-mirai-kagakukan.jp/learn/sci_tech/tech_book/pdf/tec201406.pdf（2018 年 5 月 23 日現在）

5) 長谷川寿郎："鉄道駆動用永久磁石同期電動機の動向と効果"，電気学会マグネティックス研究会資料，MAG-16-186（2016）.

6) 岡崎潔："全自動洗濯機の低騒音化に革新をもたらした DD インバータ技術と洗濯機の進化"，東芝レビュー Vol.69，p.37（2014）.

7) 東芝マテリアルホームページ 磁力が変わる不思議な可変磁石のご紹介：http://www.toshiba-tmat.co.jp/res/theme10.htm（2018 年 5 月 23 日現在）

8) 宇根康裕，佐川眞人："結晶粒微細化による Nd-Fe-B 焼結磁石の高保磁力化"，日本金属学会誌，Vol.76，No.1，pp.12-16（2012）.

9) K. Hioki, A. Hattori, and T. Iriyama："Development of Dy-free hot-deformed Nd-Fe-B magnets by optimizing chemical composition and microstructure", J. Magn. Soc. Jpn., Vol.38, pp.79-82 (2014).

10) V. Ostovic："Memory motors - a new class of controllable flux PM machines for a true wide speed operation", IEEE Industry Applications Conference Record Vol.4, pp.277-284 (2001).

11) T. Kato, T. Fukushige, K. Akatsu, and R. Lorenz："Variable characteristic permanent magnet motor for automobile application", SAE Technical Paper, 2014-011869 (2014).

12) J. Huang, X. Wang, and Z. Sun："Variable flux memory motors：A review", ITEC Asia-Pacific 2014, 1569920713 (2014).

23 高周波磁気

近年，携帯端末の多機能化が著しく進展しており，通話機能以外に GPS，無線 LAN，Bluetooth 等のさまざまな無線機能が搭載されている。また，第四世代通信規格や LTE-Advanced[1]，WiMAX では複数のアンテナを用いた MIMO（multiple-input and multiple-output）による通信が採用されるなど無線回路部は増大している。このような多機能化の進展に伴う携帯端末内の無線回路部の増大は，携帯端末の体積増加の要因になる[2]。**図 23.1** に CMOS-LNA（complementary metal oxide semiconductor low noise amplifier）回路の一例を示す[3]。図 23.1 より RF 回路は能動素子だけでなく，抵抗やインダクタ，キャパシタといった多くの受動素子によっても構成されている。例えば引用・参考文献 3）によれば，CMOS-LNA の中央部には，平面スパイラル空心インダクタが 2 個配置されており，CMOS-LNA 回路のうち大部分をインダクタが占めている。

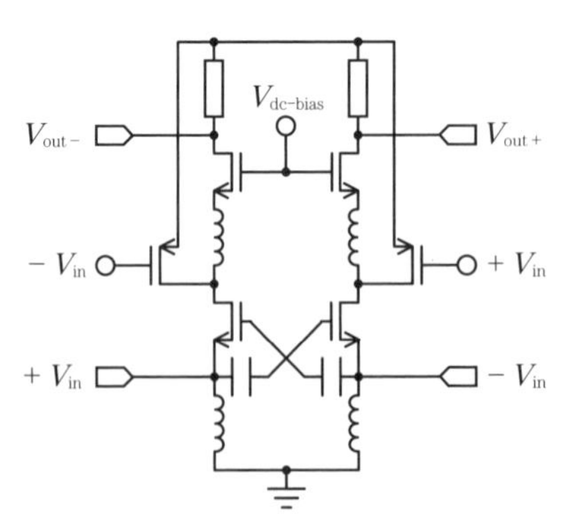

図 23.1　LTE-RF 回路における代表的な CMOS-LNA の回路図

したがって，RF回路においては特にインダクタ素子の小型化あるいはRF-ICへの集積化が急務となっている。これらが実現すれば，回路の小型化のみならず不要な配線ロスを低減でき，LNAはより低損失になる。加えて，微弱な電波でも増幅できるようになることから，通信エリアの拡大にも寄与すると考えられる。

RF-ICへの集積化としては，**図23.2**に示すようなチップサイズパッケージ（CSP）などが提案されている。しかしながら現状の空心インダクタでは，図23.2（a）に示すようにインダクタから漏洩する交番磁束が近傍素子・配線で誘導現象を生じさせノイズを重畳させてしまう，いわゆるクロストークノイズが問題になる。この解決策として，図23.2（b）に示すように磁性薄膜で平面スパイラル空心インダクタをサンドイッチする構造の磁性薄膜インダクタの開発が進められている[4)]。

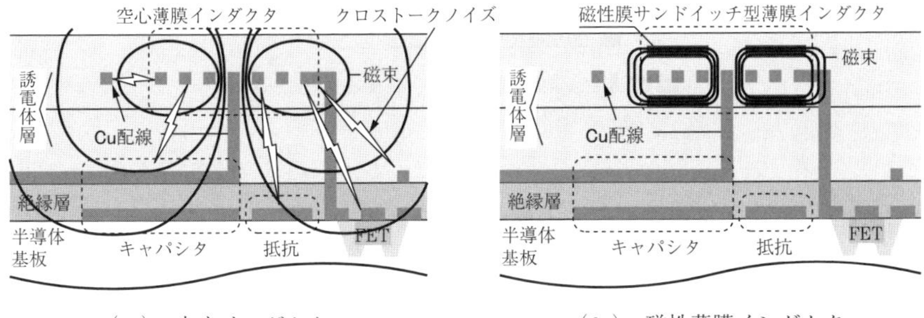

（a） 空心インダクタ　　（b） 磁性薄膜インダクタ

図23.2 チップサイズパッケージ（CSP）RF-ICの断面模式図

本章では，特に上記回路への応用として，UHF帯（0.3～3 GHz）用の磁性薄膜インダクタに焦点を絞って説明する。また，ここでは「高周波」をUHF帯以上のことを指すこととする。結論から先にいえば，題目の「高周波磁気」として，① 高い複素比透磁率の実部，② 低い複素比透磁率の虚部，③ 高い電気抵抗率を有する軟磁性材料（薄膜）が必要になる。

23.1　一軸磁気異方性を有する軟磁性薄膜

UHF帯で磁性材料を利用することは容易ではない。数kHz以下であれば，磁化容易軸方向に駆動磁界を印加して，磁壁移動による磁化反転を用いて高い透磁率を得ることができる。しかしながら，駆動磁界の周波数が高くなると，磁壁の移動が追従しなくなり，磁化反転が生じず，空気と同じように比透磁率が1になってしまう。そこで，高周波領域ではもっぱら**図23.3**に示すような一軸磁気異方性を有する磁性薄膜が用いられ，磁化困難軸方向を駆動磁界方向とする。なお，同図中のH_kは異方性磁界を表す。

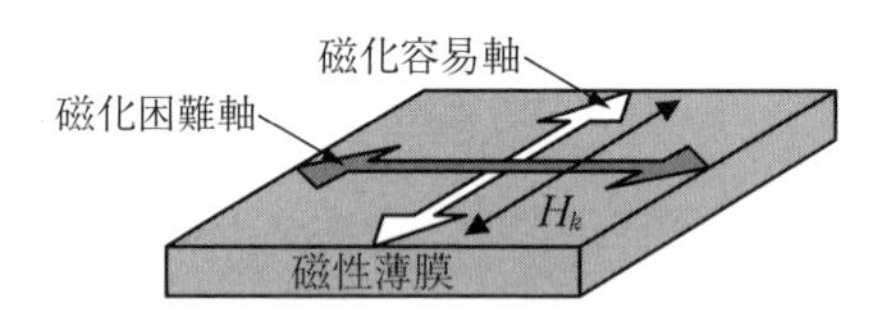

図23.3　一軸磁気異方性を有する軟磁性薄膜の模式図

23.1.1　磁化困難軸励磁による磁化回転

磁化困難軸方向に式(23.1)の高周波磁界を印加することで，磁気モーメントは，**図23.4**(a)に示すようにx軸正方向の初期状態からトルク$-\boldsymbol{M}\times\boldsymbol{h}$を得て$z$軸負方向へ向かい，やがて定常状態である同図(b)のようにx軸を中心に楕円軌道を描きながら歳差運動をする。定常状態である同図(b)の場合

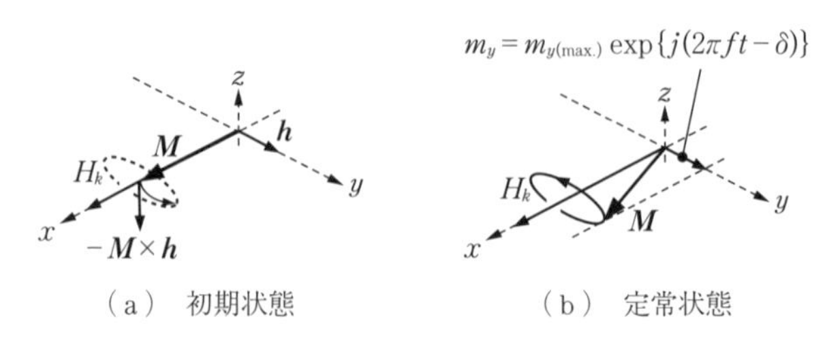

(a)　初期状態　　　(b)　定常状態

図23.4　磁化困難軸方向に高周波交番磁界を印加した場合の磁化過程

において，y 軸方向の磁化成分 m_y は高周波印加磁界と位相差 δ を有して式(23.2) のように表すことができる。

$$h_y = h_{y(\max)} \exp(j2\pi ft) \tag{23.1}$$

$$m_y = m_{y(\max)} \exp\{j(2\pi ft - \delta)\} \tag{23.2}$$

ここで，j は虚数である。

位相差 δ と印加する高周波磁界の周波数 f の関係は，高周波印加磁界の周波数 f が強磁性共鳴周波数 f_r より低い場合，**図 23.5**（a）に示すように位相差 δ は $0<\delta<90°$ の範囲をとる。このとき位相差 δ が小さいほど，インダクタとして考えた場合，リアクタンスは正すなわち誘導性を示し，等価直列抵抗は小さ

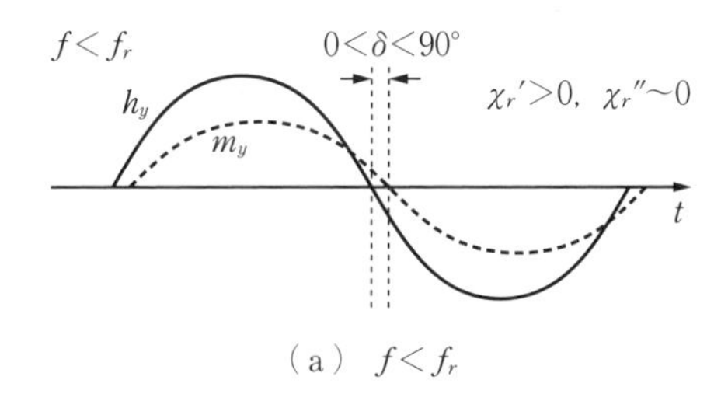

（a）　$f<f_r$

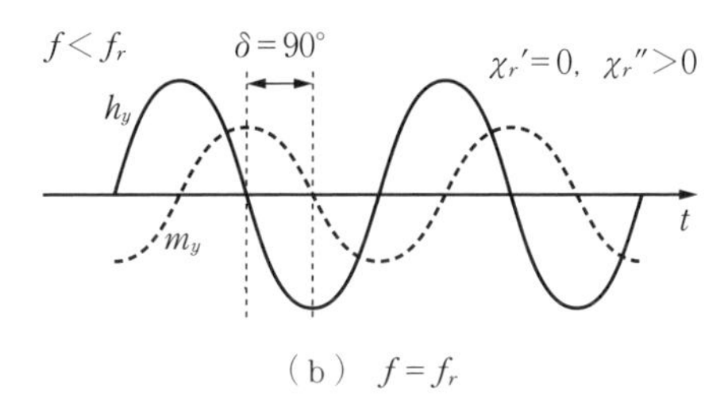

（b）　$f=f_r$

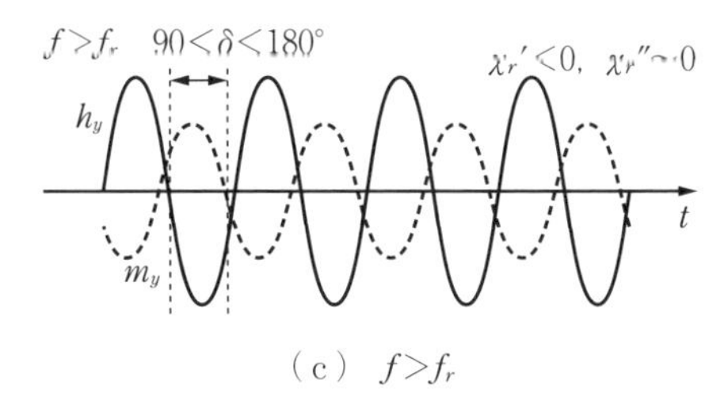

（c）　$f>f_r$

図 23.5　磁性薄膜における高周波交番磁界 h_y の周波数 f，磁化 m_y および位相差 δ の関係

い。一方，高周波印加磁界の周波数fが強磁性共鳴周波数f_rと一致する場合，図 23.5（b）に示すように位相差δは 90°である。インダクタとして考えた場合，等価直列抵抗は非常に大きくなる。また，高周波印加磁界の周波数fが強磁性共鳴周波数f_rより高い場合，図 23.5（c）に示すように位相差δは$90<\delta<180°$の範囲をとる。この場合，インダクタとして考えると，リアクタンスは負すなわち容量性を示すことになる。

式 (23.1) および式 (23.2) より，磁化困難軸方向の磁化率χ_rは次式で表される。

$$\chi_r=\frac{m_y}{\mu_0 h_y}=m_{y(\max)}\exp\frac{\left(j(2\pi ft-\delta)\right)}{\mu_0 h_{y(\max)}}\exp\left(j2\pi ft\right)$$

$$=m_{y(\max)}\exp\frac{(-j\delta)}{\mu_0 h_{y(\max)}}$$

$$=m_{y(\max)}\frac{(\cos\delta-j\sin\delta)}{\mu_0 h_{y(\max)}} \qquad (23.3)$$

ここで，μ_0は真空中の透磁率（$4\pi\times10^{-7}$ H/m）である。複素比磁化率χ_rの実部χ_r'と虚部χ_r''は次式で表される。

$$\chi_r=\chi_r'-j\chi_r'' \qquad (23.4)$$

式 (23.3) および式 (23.4) より，複素比磁化率の実部χ_r'および虚部χ_r''は次式で表される。

$$\chi_r'=m_{y(\max)}\frac{\cos\delta}{\mu_0 h_{y(\max)}} \qquad (23.5\,\mathrm{a})$$

$$\chi_r''=m_{y(\max)}\frac{\sin\delta}{\mu_0 h_{y(\max)}} \qquad (23.5\,\mathrm{b})$$

また，複素比透磁率の実部μ_r'および虚部μ_r''は次式で表される。

$$\mu_r'=\frac{m_{y(\max)}\cos\delta}{\mu_0 h_{y(\max)}}+1 \qquad (23.6\,\mathrm{a})$$

$$\mu_r''=\frac{m_{y(\max)}\sin\delta}{\mu_0 h_{y(\max)}} \qquad (23.6\,\mathrm{b})$$

複素比透磁率の実部μ_r'および虚部μ_r''が式 (23.7) のように，それぞれインダクタのインダクタンス L および等価直列抵抗 R に比例すると仮定するなら，前述のとおり位相差 δ は小さいことが望まれる。

$$\begin{aligned} j2\pi f\mu_r &= j2\pi f(\mu_r' - j\mu_r'') \\ &= j2\pi f\mu_r' + 2\pi f\mu_r'' \propto j2\pi fL + R \end{aligned} \tag{23.7}$$

なお，渦電流損など交流損失は，R として現れるため，磁性薄膜には高い電気抵抗率が必要であることは明らかである。

23.1.2　強磁性共鳴周波数

前項で位相差 δ は小さいことが望まれると記述したが，これは使用する周波数（帯）よりも軟磁性薄膜の強磁性共鳴周波数 f_r が十分高くなければならないということである。

強磁性体が十分大きい静磁界 $\boldsymbol{H}$ の中にある場合，全磁気モーメントは静磁界 $\boldsymbol{H}$ 方向を軸として角周波数 ω で歳差運動を始め，静磁界 $\boldsymbol{H}$ の方向へ向く。渦電流などによる制動効果も考慮すると，式 (23.8) の LLG（Landau-Lifshitz-Gilbert）方程式で表される[5)]。

$$\frac{\mathrm{d}\boldsymbol{M}}{\mathrm{d}t} = -\gamma(\boldsymbol{M}\times\boldsymbol{H}) + \frac{\alpha}{M_s}\left(\boldsymbol{M}\times\frac{\mathrm{d}\boldsymbol{M}}{\mathrm{d}t}\right) \tag{23.8}$$

ここで，α は制動定数（$0.01 \leqq \alpha \leqq 0.02$），$\gamma$ はジャイロ磁気定数（$1.105\,g\times10^5$ m/A･s），g は Lande 因子（$=2$）である。

静磁界 $\boldsymbol{H}$ に直交する方向にある角周波数 ω_r の高周波磁界 $\boldsymbol{h}$ を印加する場合，磁気モーメントは高周波磁界 $\boldsymbol{h}$ からエネルギーを吸収して，減衰することなく歳差運動を継続する。これを強磁性共鳴吸収といい，この際に印加した高周波磁界の周波数を強磁性共鳴周波数 f_r という。また，この際の運動方程式は，式 (23.8) の右辺第 2 項の制動項をなくした式 (23.9) と考えられ，同式を解くことにより，強磁性共鳴周波数 f_r を求めることができる。

$$\frac{\mathrm{d}\boldsymbol{M}}{\mathrm{d}t} = -\gamma(\boldsymbol{M}\times\boldsymbol{H}) \tag{23.9}$$

一般に，式 (23.9) における静磁界 $\boldsymbol{H}$ には式 (23.10) に示すさまざまな要素が含まれている。

$$\boldsymbol{H}=\boldsymbol{H}_{\mathrm{dc}}+\boldsymbol{H}_k+\boldsymbol{H}_m+\boldsymbol{H}_d \tag{23.10}$$

ここで，$\boldsymbol{H}_{\mathrm{dc}}$ は直流外部磁界，$\boldsymbol{H}_m$ は分子磁界，$\boldsymbol{H}_d$ は反磁界である。

直流外部磁界 $\boldsymbol{H}_{\mathrm{dc}}$ は z 軸方向に印加されている場合を考える。異方性磁界 $\boldsymbol{H}_k$ は一軸異方性の場合を考え，z 軸方向を向いているとする。分子磁界 $\boldsymbol{H}_m$ は磁化 $\boldsymbol{M}$ と平行であるから式 (23.9) の右辺より 0 となる。反磁界 $\boldsymbol{H}_d$ は試料表面に生じる磁極によるもので，簡略にするため回転楕円体試料で考え，その主軸が x，y，z 方向にあると仮定する場合，反磁界係数 N はそれぞれ $N_{(x)}$，$N_{(y)}$，$N_{(z)}$ のみになる。反磁界 $\boldsymbol{H}_d$ は x，y，z 方向の成分ごと式 (23.11) のように表すことができる。

$$H_{d(i)}=-\frac{N_{(i)}M_{(i)}}{\mu_0}\quad (i=x,y,z) \tag{23.11}$$

以上を整理すると，式 (23.11) の静磁界 $\boldsymbol{H}$ は x，y，z 方向の成分ごとに式 (23.12) のように表すことができる。

$$H_{(x)}=-\frac{N_{(x)}M_{(x)}}{\mu_0} \tag{23.12 a}$$

$$H_{(y)}=-\frac{N_{(y)}M_{(y)}}{\mu_0} \tag{23.12 b}$$

$$H_{(z)}=H_{dc}+H_k-\frac{N_{(z)}M_{(z)}}{\mu_0} \tag{23.12 c}$$

$\boldsymbol{M}(t)=M\exp(j\omega t)$ とし，式 (23.12) を式 (23.9) に代入して各成分を計算すると式 (23.13) が成り立つ。なお，$M_{(x)}$，$M_{(y)} \ll H_{\mathrm{dc}}$，$H_k$，$M_{(z)}$ とし，小さい値どうしの積は省略した。

$$\begin{aligned}-\frac{\mathrm{d}M_{(x)}}{\gamma\mathrm{d}t}&=-j\omega\frac{M_{(x)}}{\gamma}\\&=M_{(y)}\left\{H_{\mathrm{dc}}+H_k+\frac{\left(N_{(y)}-N_{(z)}\right)M_{(z)}}{\mu_0}\right\}\end{aligned} \tag{23.13 a}$$

$$-\frac{\mathrm{d}M_{(y)}}{\gamma\mathrm{d}t}=-j\omega\frac{M_{(y)}}{\gamma}$$

$$= M_{(x)}\left\{H_{\mathrm{dc}} + H_k + \frac{\left(N_{(x)} - N_{(z)}\right)M_{(z)}}{\mu_0}\right\} \tag{23.13 b}$$

$$-\frac{\mathrm{d}\,M_{(z)}}{\gamma\,\mathrm{d}t} = 0 \tag{23.13 c}$$

$M_{(z)}$ は時間に対し不変であるから $M_{(z)} \simeq M_s$ と置き換えて考える。以上を考慮すると式 (23.14) が成り立つ。

$$-\frac{j\omega M_{(x)}}{\gamma} - M_{(y)}\left\{H_{\mathrm{dc}} + H_k + \frac{\left(N_{(y)} - N_{(z)}M_s\right)}{\mu_0}\right\} = 0 \tag{23.14 a}$$

$$M_{(x)}\left\{H_{\mathrm{dc}} + H_k + \frac{\left(N_{(x)} - N_{(z)}M_s\right)}{\mu_0}\right\} - \frac{j\omega M_{(y)}}{\gamma} = 0 \tag{23.14 b}$$

$M_{(x)}$，$M_{(y)}$ が解を有するためには，式 (23.14) を行列式にして，それを解くと角周波数 ω は式 (23.15) で表される。

$$\omega = \gamma\left[\left\{H_{\mathrm{dc}} + H_k + \frac{\left(N_{(y)} - N_{(z)}\right)M_s}{\mu_0}\right\} \cdot \left\{H_{\mathrm{dc}} + H_k + \frac{\left(N_{(x)} - N_{(z)}\right)M_s}{\mu_0}\right\}\right]^{0.5} \tag{23.15}$$

式 (23.15) における角周波数 ω が，静磁界 $\boldsymbol{H}$ に直交する方向に印加した高周波磁界 $\boldsymbol{h}$ の角周波数（強磁性共鳴角周波数 ω_r）である。したがって，強磁性共鳴周波数 f_r は式 (23.16) で表される。

$$f_r = \left(\frac{\gamma}{2\pi}\right)\left[\left\{H_{\mathrm{dc}} + H_k + \frac{\left(N_{(y)} - N_{(z)}\right)M_s}{\mu_0}\right\} \cdot \left\{H_{\mathrm{dc}} + H_k + \frac{\left(N_{(x)} - N_{(z)}\right)M_s}{\mu_0}\right\}\right]^{0.5} \tag{23.16}$$

磁性薄膜インダクタなどで利用される磁性薄膜の場合を考察する。直流外部磁界 $\boldsymbol{H}_{\mathrm{dc}}$ は印加しない場合を考察するため，$\boldsymbol{H}_{\mathrm{dc}} = 0$ とする。磁性薄膜の場合は膜厚方向のみ反磁界係数を有するため，$N_{(x)} \simeq 1$，$N_{(y)} = N_{(z)} \simeq 0$ と考えられる。したがって，磁性薄膜の場合，強磁性共鳴周波数 f_r は式 (23.17) で表される。

$$f_r = \left(\frac{\gamma}{2\pi}\right)\left\{H_k\left(H_k + \frac{M_s}{\mu_0}\right)\right\}^{0.5} \tag{23.17}$$

式 (23.17) より，磁性薄膜には，高い飽和磁化 M_s を有する磁性材料を選択して，かつ大きな磁気異方性を付与させ異方性磁界 H_k を増大させる必要があることがわかる。一方，式 (23.6) からわかるように異方性磁界 H_k を高くし過ぎると透磁率が低くなってしまうので，注意が必要である。

23.2　磁性薄膜インダクタの開発例

磁性薄膜インダクタ用の磁性薄膜は盛んに開発されている。例えば，カルーセルスパッタ装置のような動的スパッタ法を用いる方法[6]や，スリットパターンによる形状異方性を利用する方法[7]，単結晶 GaAs 上に Fe をエピタキシャル成長させて大きな結晶磁気異方性を利用する方法[8]，交換バイアス磁界を用いる交換結合積層膜を利用する方法[9]，フェライト膜[10)～12)]，ナノグラニュラー系磁性薄膜[13)～15)]などが挙げられる。ここでは，CoFeSiO/SiO_2 グラニュラー磁性薄膜[16]を用いた磁性薄膜インダクタの開発例について述べる。また，磁性微粒子複合材料を用いた高 Q インダクタ[17]の開発事例についても概説する。

23.2.1　CoFeSiO/SiO_2 グラニュラー磁性薄膜利用インダクタ

CoFe/SiO_2 の成膜には，誘導結合型 RF スパッタリング装置を用いた。ターゲットには CoFeSiO_2 合金と SiO_2 の同時スパッタによって形成したグラニュラー層と SiO_2 層の交互積層によって作製され，6 nm-CoFeSiO/1 nm-SiO_2 の積層構造においてきわめて狭い強磁性共鳴半値幅が得られることがわかっている。1 nm-SiO_2 層により電気抵抗率は高い。**図 23.6** に複素透磁率の周波数特性を示す。共鳴周波数が 2.7 GHz 付近にあり，少なくとも 2 GHz 程度までは複素比透磁率の虚部 μ_r'' は十分小さい。また，CoFeSiO/SiO_2 グラニュラー磁性薄膜は一軸異方性を有している。

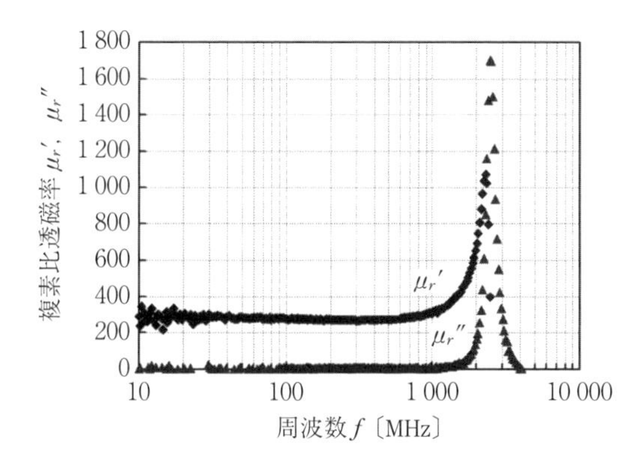

図 23.6　CoFeSiO/SiO_2 グラニュラー磁性薄膜の複素比透磁率の周波数特性の測定結果

図 23.7 に試作した 4 ターンの薄膜インダクタの模式図を示す。ガラス基板上に下層から CoFeSiO/SiO_2 グラニュラー磁性薄膜層/ポリイミド絶縁層/Cu スパイラルコイル導体ライン層で構成される片側磁性体構造である。CoFeSiO/SiO_2 は一軸異方性を有しているため，磁化容易軸は図 23.7 の A-A′と直交する方向に誘導する。これより正方形スパイラルコイルの半分の面積が磁化回転領域となる。また，高周波における Q の向上を目的として，磁性薄膜の垂直磁束成分による面内渦電流を抑制するためにスリット加工を施し，かつコイル導体鎖交磁束による交流銅損の増加を抑制するためにコイル導体にもスリット加工を施した[18]。

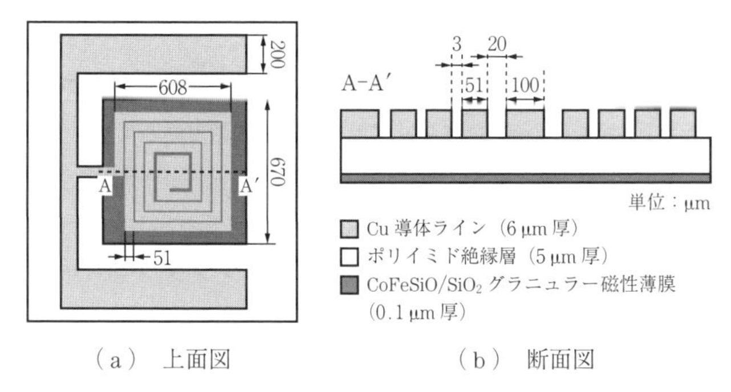

図 23.7　試作された CoFeSiO/SiO_2 グラニュラー磁性薄膜利用インダクタの模式図

図 23.8 に十文字にスリットを入れた磁性薄膜（0.1 μm 厚）および 3 分割導体ライン（6 μm 厚）で構成された片側磁性体構造の薄膜インダクタのインダクタンス L と性能指数 $Q(=\omega L/R)$ の周波数特性の測定結果を示す。同図には比較として磁性薄膜にスリット加工していない同サイズの薄膜インダクタおよび空心インダクタの測定結果も併記した。磁性薄膜を付加した場合インダクタンス L は 1 GHz を超えたあたりから増大し，2 GHz 付近で急減する特性を示す。これは，図 23.6 で示したように，共鳴周波数近傍における磁性薄膜の複素比透磁率の実部 μ_r' の周波数特性に対応するものであると考えられる。スリットありの磁性薄膜インダクタの Q 値が 10 以上を動作周波数とすれば，400 MHz ～ 2 GHz が動作範囲となる。また，1 GHz において，スリットなしの磁性薄膜インダクタでは 7.54 であるが，スリットありの磁性薄膜インダクタでは 13.3 まで増大する。

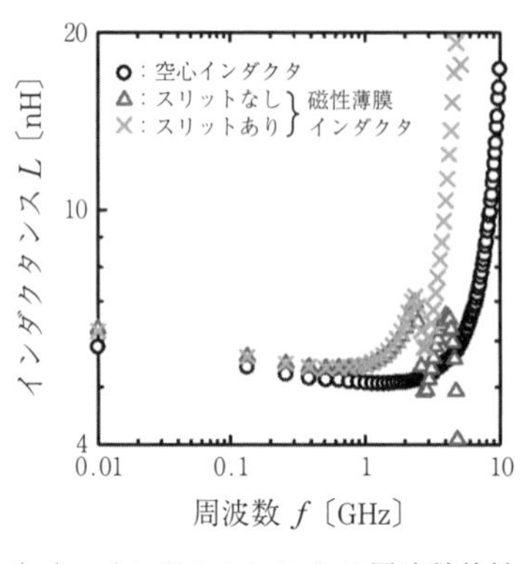

（a）インダクタンス L の周波数特性

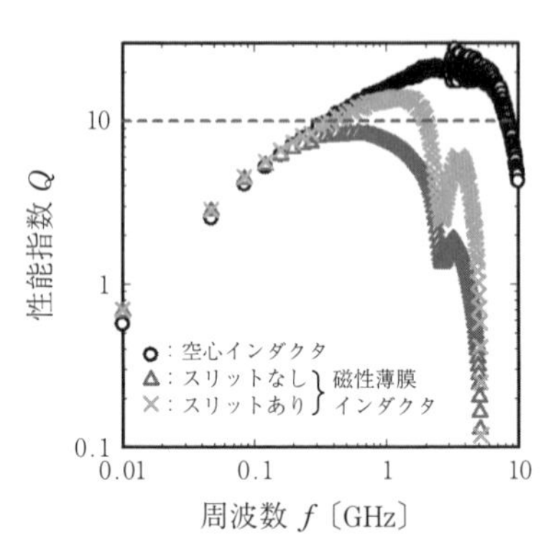

（b）性能指数 Q の周波数特性

図 23.8　試作された CoFeSiO/SiO_2 グラニュラー磁性薄膜利用インダクタのインダクタンス L と性能指数 Q の周波数特性の測定結果

23.2.2　磁性微粒子複合材料を用いた高 Q インダクタ

ここでは磁性微粒子複合材料を用いた高 Q インダクタについて概説する。**図 23.9** に平面スパイラル空心インダクタの断面模式図を示すが，この場合，巻線 B を流れる高周波電流によって生じる交番磁束が隣接する巻線 A および

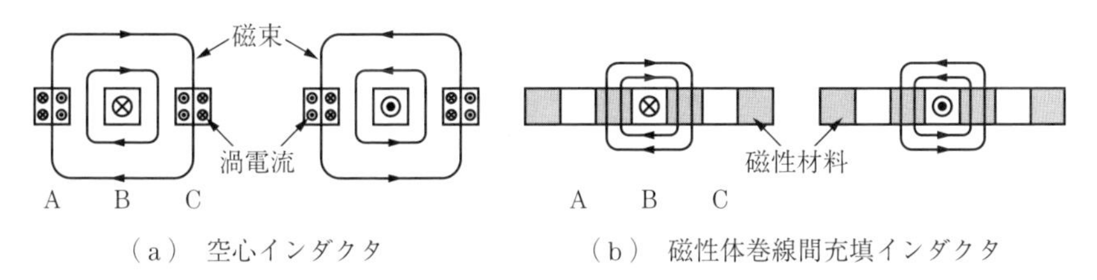

（a） 空心インダクタ　（b） 磁性体巻線間充填インダクタ

図 23.9 平面スパイラルインダクタの断面模式図

C に鎖交する。すると巻線 A と C では誘導現象による渦電流が発生し，すなわち近接効果による損失が生じる。一方，図 23.9（b）に示すように提案した手法では，各巻線を流れる電流によって生じる磁束は，隣接する巻線よりも透磁率が高い巻線間に埋め込まれた磁性材料をパスすることになり，近接効果による損失を抑制できる。

そこで，導体ライン間スペースに充填する磁性材料として，絶縁体中に磁性微粒子を分散させた構造を持つカルボニル鉄粉/エポキシ複合材料磁心（以下，磁性微粒子複合材料）を使用した。複合材料磁心は初期状態がペースト状であり，インダクタ上面にメタルマスクおよびスキージを用いて塗布することで**図 23.10** のようにインダクタのライン間に充填が可能である[19]。また，従来の金属磁性薄膜より高い抵抗率を持つため，高周波での渦電流損を低減でき

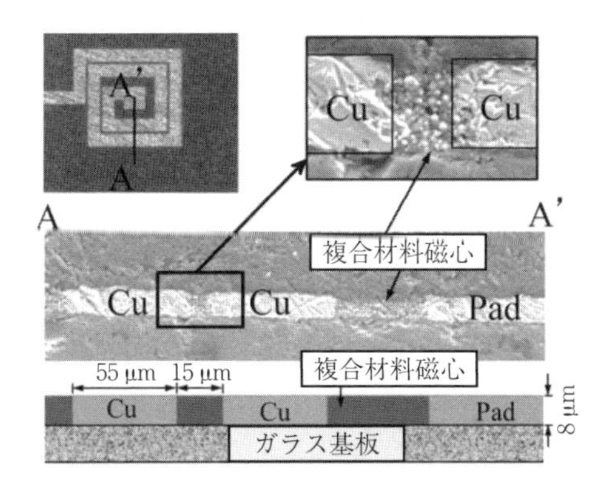

図 23.10 試作された磁性微粒子複合材料巻線間充填平面スパイラルインダクタの上面および断面写真

る。

詳細は割愛して，結果のみ述べるが，**図23.11**（a）に図23.10の磁性微粒子複合材料巻線間装荷インダクタのインダクタンスLの周波数特性，同図（b）にQ値の周波数特性を示す。また，各図に同サイズの空心インダクタならびに解析値も実線あるいは破線で示す。図23.11（a）から，磁性微粒子複合材料磁心装荷インダクタのインダクタンスLは1 GHzで2.0 nHであり，これは空心インダクタよりも22%高い。これは導体ライン間にしか磁性微粒子複合材料を充填していないが，磁性微粒子複合材料が有する透磁率によってわずかではあるがインダクタンスLが増大したものと考えられる。一方，同図（b）から，磁性微粒子複合材料磁心装荷インダクタのQ値は1 GHzで29であり，これは空心インダクタよりも29%高い。これらは前述のとおり，近接効果が抑制され交流銅損が低減されたためであると考えられる。しかし，1 GHzより高い周波数ではQ値の減少が見られ，これは磁性微粒子複合材料の高周波損失による影響であると考えられる。高周波での材料の損失は，粒径の小さい磁性微粒子を用いることや磁性微粒子表面を絶縁材料により被膜することなどで改善が期待できる。

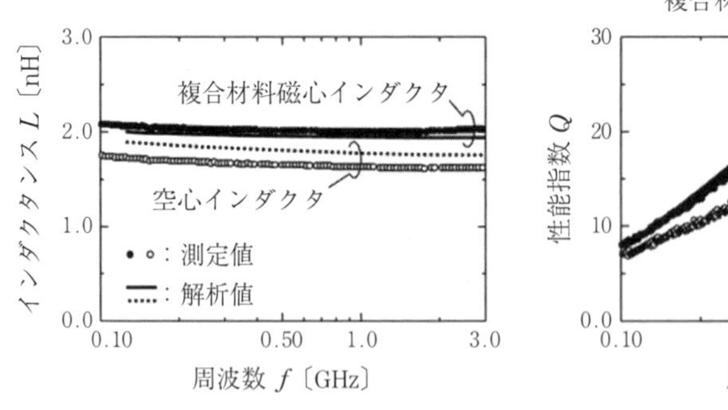

（a） インダクタンスLの周波数特性

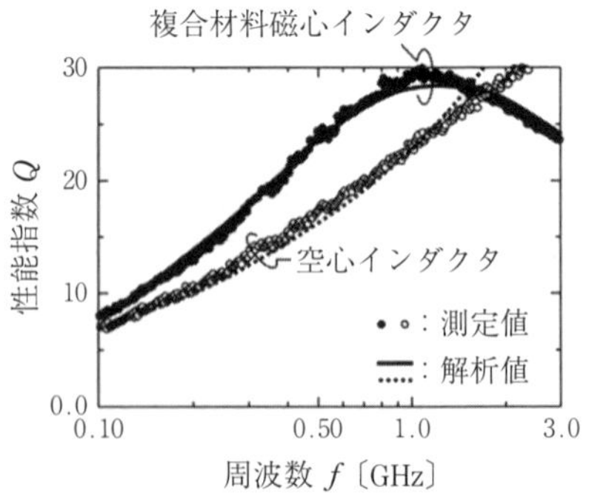

（b） 性能指数Qの周波数特性

図23.11　試作された磁性微粒子複合材料巻線間充填平面スパイラルインダクタのインダクタンスLと性能指数Qの周波数特性の測定結果および解析結果

23.3 まとめ

具体的な磁性薄膜インダクタおよび磁性微粒子を用いたインダクタの開発事例を最後に紹介したが，特に1GHzを超える周波数で使用する磁性材料を用いた高周波インダクタは実用化されていない。磁性材料とデバイスの両側から開発しなければ高周波インダクタの実用化はありえないと本章著者は考えている。

一方，SiCやGaN次世代パワー半導体を利用した電源回路が開発・市販されつつある。現状では数MHzのスイッチング周波数を用いている電源が多いが，JST未来創造事業「地球規模課題である低炭素社会の実現」領域の平成29年度採択課題の「100MHzスイッチング電源用磁心材料開発」[20]にもあるように，スイッチング周波数は今後さらに高周波化されると予想されている。同課題名にもなっているが，数MHz以上でも低損失かつ小型なインダクタやトランスといった磁気部品用磁性材料が現状ではボトルネックになっている。本章の冒頭で述べた①～③を満たす磁性材料の開発が急務であり，23.2.2項で述べた磁性微粒子を用いた電源用インダクタの研究・開発が進められている[21),22)]。モータ駆動システムを構成するインバータやコンバータなどへも適用されると予想されるため，本章で述べた「高周波磁気」は今後重要になると思われる。

引用・参考文献

1）3GPPホームページ：http://www.3gpp.org/technologies/keywords-acronyms/97-lte-advanced（2018年5月23日現在）
2）T. Maruyama, et al.：“Experimental study of cross-talk suppression effect by introducing magnetic thin film to spiral inductor for CSP RF-IC”, The paper of Technical Meeting on Magnetics, IEE Japan, MAG-10-201, pp.11-16 (2010).
3）O. A. Hidayov, et al.：“0.7-2.7 GHz wideband CMOS low-noise amplifier for

LTE application", Electronics letters, Vol.49, No.23, pp.1433-1435 (2013).

4) D. S. Gardner, et al.：“Review of On-Chip Inductor Structures with Magnetic Films", IEEE Transactions on Magnetics, Vol.45, No.10, pp.4760-4766 (2009).

5) 太田恵造：“磁気工学の基礎Ⅱ”，共立全書，共立出版（1990）.

6) M. Munakata, et al.：“Magnetic Properties and Frequency Characteristics of (CoFeB)x-(SiO1.9)1-x and CoFeB Films for RF Application", Transactions of the Magnetics Society of Japan, Vol.2, No.5, pp.388-393 (2002).

7) S. Ikeda, et al.：“A design chart of effective permeability of magnetic film with parallel slit structure", Technical Report of IEE of Japan, MAG-02-111, pp.25-29 (2002).

8) C. S. Tsai, et al.：“Wideband Electronically Tunable Microwave Bandstop Filters Using Iron Film-Gallium Arsenide Waveguide Structure", IEEE Trans. Magn., Vol.35, pp.3178-3180 (1999).

9) 曽根原誠ほか；“高周波マイクロ磁気デバイス用 Mn-Ir/Fe-Si 交換結合膜の作製と特性評価”，日本応用磁気学会誌，Vol.29，No.2，pp.132-137（2005）.

10) 近藤幸一ほか；“Ni-Zn-Co フェライトめっき薄膜の FMR 解析”，第 28 回日本応用磁気学会学術講演概要集，Vol.28，p.479（2004）.

11) 石田元ほか；“低電圧での ECR スパッタ法による Ni-Zn フェライト薄膜の作製”，第 28 回日本応用磁気学会学術講演概要集，Vol.28，p.480（2004）.

12) 柳井武志ほか：“透磁率制御 Fe 系トロイダルコアの高温特性”，第 30 回日本応用磁気学会学術講演概要集，Vol.30，p.291（2006）.

13) 伊藤哲夫ほか；“蒸着法で作製した Ni-Fe 系グラニュラー薄膜の微細構造と磁気特性”，第 28 回日本応用磁気学会学術講演概要集，Vol.28，p.482（2004）.

14) S. Ohnuma, et al.：“Nano-granular Magnetic Thin Films for Applications as Soft Magnetic Materials", Digests of the 30th Annual Conference on Magnetics, Vol.30, pp.435-436 (2006).

15) M. Naoe, et al.：“Investigation of Controlling In-Plane Uniaxial Anisotropy of CoPd-CaF_2 Nanogranular Films by Tandem-Sputtering Deposition", IEEE Magnetics Letters, Vol.5, No.1, pp.1-4 (2014).

16) K. Ikeda, et al.：IEEE INTERMAG Conference 2009, BS-07 (2009).

17) M. Sonehara, et al.：“Fundamental study of high Q-factor RF spiral inductor using carbonyl-iron/epoxy composite magnetic core", IEEJ Transactions on Electrical and Electronic Engineering, Vol.11, No.S1, pp.S3 ～ S8 (2016).

18) K. Ikeda, et al.：Technical Meeting on Magnetics, IEE Japan, MAG-09-80

(2009).

19) Y. Sugawa, et al.："Carbonyl-iron/epoxy composite magnetic core for planar power inductor used in package-level power grid", IEEE Transactions on Magnetics, Vol.49, No.7, pp.4172-4175 (2013).

20) JST 未来社会創造事業ホームページ：https://www.jst.go.jp/mirai/jp/project/index.html（2018 年 3 月 31 日現在）

21) K. Sugimura, et al.："Formation of high electrical-resistivity thin surface layer on carbonyl-iron powder (CIP) and thermal stability of nanocrystalline structure and vortex magnetic structure of CIP", AIP Advances, Vol.6, No.5, p.#055932 (2016).

22) 佐藤紘介ほか；"表面酸化カルボニル鉄粉メタルコンポジット磁心トランスの試作とフライバックコンバータへの応用, Transactions on Magnetics Society of Japan (Special Issues), Vol.1, pp.44-52 (2017).

Part V　磁気応用

24 モータの鉄損計算

近年のエネルギー問題を背景として，多くの先進国で電力使用量の半分以上を占めるモータにおいて，損失の正確な算定の必要性が高まっている。モータで発生する損失は機械損，銅損，および鉄損に大別できるが，このうちの固定子・回転子鉄心で発生する鉄損を高精度に算定するには，以下のように鉄心材料のモデル化と高調波電磁界の両方の正確な考慮が重要であるといえる。

（1）　鉄心材料特性のモデル化

電磁鋼板などの鉄心材料の磁界 H と磁束密度 B は，磁気飽和やヒステリシス現象によって非線形な関係となっている。また，H と B のベクトルは同じ方向ではなく，ベクトル磁気特性を有している[1)]。これらの特性のモデル化の精度が，鉄損算定精度に直結する。さらにモータ固定子，回転子鉄心には，焼ばめや遠心力によって機械応力が加わり，その影響で鉄損が増加する場合があるため[2)〜8)]，応力に対する磁気特性および鉄損特性のモデル化も必要である。

（2）　モータ内の高調波電磁界

モータの固定子・回転子によって発生する磁界は空間的に正弦波ではなく，起磁力高調波，相帯高調波，スロット高調波などのさまざまな空間高調波が顕著に存在する[7)～10)]。さらにモータをインバータで駆動する場合には，インバータキャリヤによる時間高調波も発生する[9),10)]。これらの高調波による損失は，場合によっては基本波の磁界による損失の数倍に達することがあり，考慮することが不可欠である。また，高次の高調波磁界で鉄心材料に発生する渦電流損は，表皮効果の影響を無視すると，実際の損失の数倍の値が計算されることがある。

これまでに国内外でさまざまな鉄損算定法が提案されているが，上記の（1），（2）の事項をすべて考慮した算定法が開発されているとはいい難く，何かしらの近似を行っているのが現状である。さらに鉄損計算法によっては，必要となる材料特性や計算時間が膨大となって，現実的に実施することが難しい場合がある。したがって，対象機に応じて，必要十分な精度が得られるような鉄損計算法を適切に選択することが肝心である。

以下に，鉄損の各成分について述べた後，各種鉄損計算法と計算事例について解説する。

24.1　鉄損の各成分と計算法の概略

モータの鉄心で発生する単位重量当りの鉄損 w_i は，次式のように渦電流損 w_e とヒステリシス損 w_h の2項の合計であると考えることができる。

$$w_i = w_h + w_e \tag{24.1}$$

さらに上記の w_e は，鉄心材料をマクロな塊状導体と考えた場合の古典渦電流損 w_e' と，磁壁のミクロな移動によって発生する異常渦電流損 w_{ex} の合計と考えることができる。この場合，w_i は，つぎのように3項の合計で表される。

$$w_i = w_h + w_e' + w_{ex} \tag{24.2}$$

現在提案されている鉄損計算法の多くは，式(24.1)または式(24.2)の各項を，鉄心材料による実験結果とモータの電磁界解析の結果から求めるものである。わが国では式(24.1)に基づく方法が多く[3)～10)]，欧米では式(24.2)による方法が標準的に行われている[11)～15)]。

式 (24.1), (24.2) とも，ヒステリシス損 w_h の定義は同じであり，電磁界解析でヒステリシス現象を考慮している場合には，鉄心各部のヒステリシスループから直接計算できる。また，ヒステリシスループを無視している場合は，あらかじめ鉄心材料の実験結果より，磁束密度の振幅に対するヒステリシス損の関係を求めておき，電磁界解析で得られた鉄心各部の磁束密度振幅より近似的に求めることができる。また，式 (24.1) の渦電流損 w_e に関しては，渦電流解析から直接求める方法や，ヒステリシス損と同様に鉄心材料の実験結果と照らし合わせて求める方法などがある。これに対して，式 (24.2) の古典渦電流損 w_e' は，つぎのような表皮効果を無視した渦電流損の理論式から求めることが一般的である。

$$w_e' = \frac{\sigma_{iron}(\pi h)^2}{6D} f^2 B_m{}^2 \tag{24.3}$$

ここで σ_{iron}, h, D はそれぞれ，鉄心材料の導電率，板厚，比重，f は周波数，B_m は磁束密度振幅である。この場合の異常渦電流損は，全渦電流損 w_e から式 (24.3) の w_e' を差し引いた残差として定義される。

図 24.1 に，電磁鋼板の素材実験より得られた単位重量当りの鉄損を式 (24.1) ～ (24.3) に基づいて分離した一例を示す[9]。同図における K_h, K_e はそれぞれ，式 (24.1) の w_h, w_e をつぎのように近似的にモデル化した場合のヒ

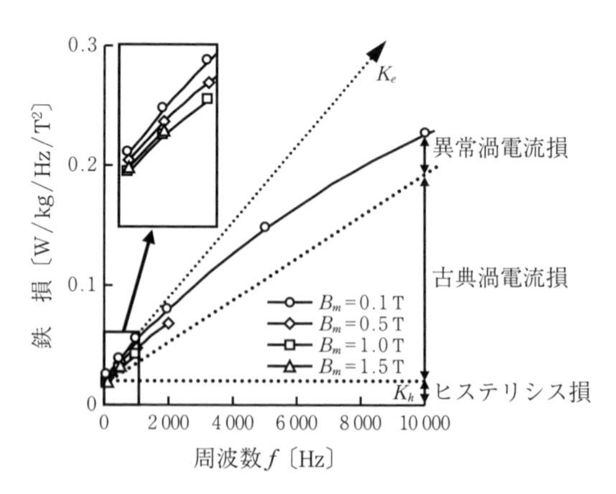

図 24.1　電磁鋼板の鉄損の素材実験結果 (20RMHF1200)[9]

ステリシス損係数と渦電流損係数である。

$$w_i = w_e + w_h = K_e f^2 B_m^{\ 2} + K_h f B_m^{\ 2} \tag{24.4}$$

図 24.1 の縦軸は，w_i を $fB_m^{\ 2}$ で割った値をプロットしている。一方，式 (24.4) に従うと，この値は $K_e f + K_h$ と表される。したがって，図 24.1 の特性の切片がヒステリシス損係数 K_h，傾きが渦電流損係数 K_e に対応する。一方，同図の特性は周波数 f が高くなるにつれて傾きが減少している。式 (24.1) に基づく鉄損分離では，この傾きの減少は表皮効果によるものであるとみなしている。また，表皮効果の少ない低周波数における K_e は，式 (24.3) の古典渦電流損に対応する傾きよりも大きい。これは異常渦電流損が存在するためである。そこで式 (24.3) と式 (24.4) 第 1 項より，古典渦電流損に対する全渦電流損の比率を表す異常渦電流損補正係数 κ を，次式のように導出することができる[9)]。

$$\kappa = \frac{6DK_e}{\sigma_{iron}(\pi h)^2} \tag{24.5}$$

表皮効果を考慮した全渦電流損は，まずマクロな渦電流解析によって古典渦電流損を求め，これに式 (24.5) の κ を乗じることで近似的に求めることができる[9)]。

一方，式 (24.2) に基づく鉄損算定において，式 (24.3) を古典渦電流損とした場合，異常渦電流損はつぎのように fB_m の 1.5 乗に比例すると近似することが多い[11)～15)]。

$$w_{ex} = K_{excs} f^{1.5} B_m^{\ 1.5} \tag{24.6}$$

ここで，K_{ex} は異常渦電流損係数である。

以上の方法は，いずれも実際の現象を近似的に表したものである。ただし式 (24.1) に基づく方法の場合は，鉄心材料の実験結果から各係数 K_e，K_h，κ を定数として決定可能であるのに対して，式 (24.2) に基づく方法の場合は，異常渦電流損係数 K_{ex} が周波数と磁束密度に対して複雑に変化する関数となる[9)]。また，ベクトル磁気特性を考慮する場合は，式 (24.1)，(24.2) のような鉄損分離を行わず，さまざまな条件で行った鉄心材料の実験結果より全鉄損を直接求める場合が多いが[1)]，つぎに述べる高調波や応力を考慮する場合には，さらに膨大なケースの鉄心材料の実験データが必要となる。このため，現状ではベクトル磁気特性を考慮した鉄損算定の実施例報告は限定的なものとなっている。

以降は，式 (24.1) に基づく鉄損算定法における，高調波と機械応力の考慮法について述べる。

24.2　高調波を考慮したモータ鉄損の算定法

モータ機内のように，鉄心材料を通る磁束に高調波成分が含まれる場合は，式 (24.3)，(24.4) のように鉄損を単一の周波数 f で表すことができなくなる。また，鉄心の位置によって磁束密度の変化が大きく異なるため，電磁界解析の要素単位で鉄損を求め，合計することでモータ全体の鉄損を求める必要がある。

鉄心材料の表皮効果を無視した式 (24.4) に基づいて，電磁界解析で得られた磁束密度波形から直接モータの全渦電流損とヒステリシス損 W_e，W_h を求める場合は，次式で計算できる[16)]。

$$W_e = \frac{K_e D}{2\pi^2}\int_{iron}\frac{1}{N}\sum_{k=1}^{N}\left\{\left(\frac{B_r^{\,k+1}-B_r^{\,k}}{\Delta t}\right)^2+\left(\frac{B_\theta^{\,k+1}-B_\theta^{\,k}}{\Delta t}\right)^2\right\}dv \qquad (24.7)$$

$$W_h = \frac{K_h D}{T}\sum_{i=1}^{NE}\frac{\Delta V^i}{2}\left(\sum_{j=1}^{N_{pr}^{\,i}}\left(B_{mr}^{\,ij}\right)^2+\sum_{j=1}^{N_{p\theta}^{\,i}}\left(B_{m\theta}^{\,ij}\right)^2+\sum_{j=1}^{N_{pz}^{\,i}}\left(B_{mz}^{\,ij}\right)^2\right) \qquad (24.8)$$

ここで Δt は時間刻み，N は1周期当りのサンプリング回数，NE は鉄心領域中の有限要素数，B_r，B_θ は磁束密度の径方向・周方向成分，$N_{pr}^{\,i}$，$N_{p\theta}^{\,i}$，$N_{p\zeta}^{\,i}$ は i 番目の有限要素における磁束密度の径方向，周方向，軸方向成分の時間変化に対する極大・極小値の個数，$B_{mr}^{\,ij}$，$B_{m\theta}^{\,ij}$，$B_{mz}^{\,ij}$ はメジャーおよびマイナーヒステリシスループの振幅である。なお，ここでは鉄心は電磁鋼板を積層して製作されているものとし，軸方向の磁束密度による面内渦電流損は別途計算するものとする。また，回転磁界の影響に関しては，磁束密度の各方向成分が単独で印加された場合の鉄損の合計値が全鉄損になると近似している。

さらに，電磁鋼板の表皮効果を考慮する場合は，電磁鋼板の渦電流を直接考慮した三次元電磁界解析によって渦電流密度 $\boldsymbol{J}_e$ を求め，式 (24.5) の κ を用いて次式で求めることができる[17]。

$$W_e = \frac{1}{T}\kappa\int_0^T\int_{iron}\frac{\left|\boldsymbol{J}_e\right|^2}{\sigma_{iron}}\mathrm{d}v\,\mathrm{d}t \tag{24.9}$$

上式による渦電流損の評価は，**図 24.2** に示すように，まず渦電流を無視した二次元解析を行い，後処理として各有限要素ごとに電磁鋼板の厚さ方向の一次元解析を実施することによって行うこともできる[9]。

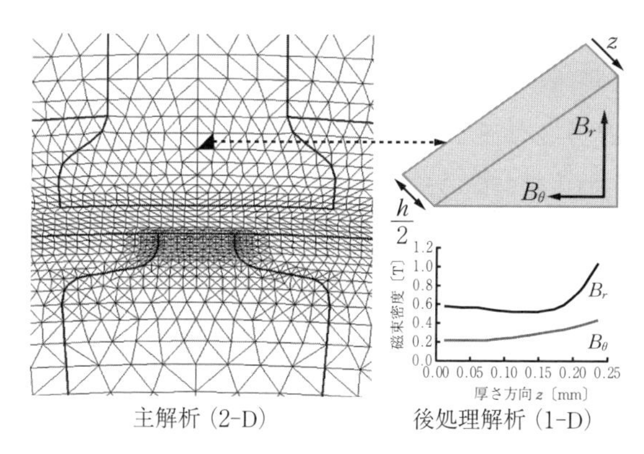

図 24.2　後処理一次元解析による電磁鋼板の表皮効果考慮[9]

なお，式 (24.7) ～ (24.9) は磁束密度および渦電流密度の波形から直接渦電流損とヒステリシス損を算出しているが，これらの波形をフーリエ級数展開することにより，損失を高調波次数別に分解して求めることも行われている[9),10]。この方法は，モータの鉄損発生の主要因について考察する上できわめて有用な方法である。ただし，ヒステリシス損に関しては，厳密には高調波次数別に分解することができないため，特に鉄心で強い磁気飽和が起きている場合に，高調波次数別に分解したヒステリシス損の合計が分解前と一致しないことに注意する必要がある。

なお，式 (24.8) のヒステリシス損算定においては，メジャーループとマイナーループが相似形であるとして，単一の K_h を用いて算出しているが，電磁界解析にヒステリシスモデルを導入することにより，マイナーループの形状を正確に考慮する方法も提案されている[18]。

24.3　機械応力を考慮したモータ鉄損の算定法

焼ばめや遠心力によってモータで発生する機械応力は，鉄心の磁気抵抗率と鉄損の両方に影響を与える。このため，機械応力の影響を考慮した鉄損算定を行うには，まず鉄心の磁気特性の応力依存性を素材実験によって求め，これに基づく応力・電磁界連携解析を実施する必要がある。

図 24.3 に，回転機内の応力と磁界を示す[7]。同図における (σ_1, σ_2) は最大・最小主応力，(B_x, B_y) は磁束密度ベクトル $\boldsymbol{B}$ の x，y 成分，(h_1, h_2) と (B_1, B_2) はそれぞれ，応力主軸方向の磁界単位ベクトルと $\boldsymbol{B}$ の各成分である。なお，ここではベクトル磁気特性は無視し，(h_1, h_2) と (B_1, B_2) は同方向と仮定する。また，磁界は xy 平面（電磁鋼板面内方向）の二次元で近似できるものとする。電磁鋼板の磁気抵抗率 ν は，応力や磁束密度ベクトルの大きさだけでなく，それらのなす角によっても変化する。したがって，鉄心中における磁界の支配方程式は次式で表される。

$$\nabla \cdot \{\nu(\sigma_1, \sigma_2, B_x, B_y)\nabla A_z\} = 0 \tag{24.10}$$

ここで，$\boldsymbol{A}_z$ は磁気ベクトルポテンシャルの z 成分である。

このように，厳密には磁気抵抗率 ν は 4 変数関数（主応力 σ_1，σ_2 でなく応

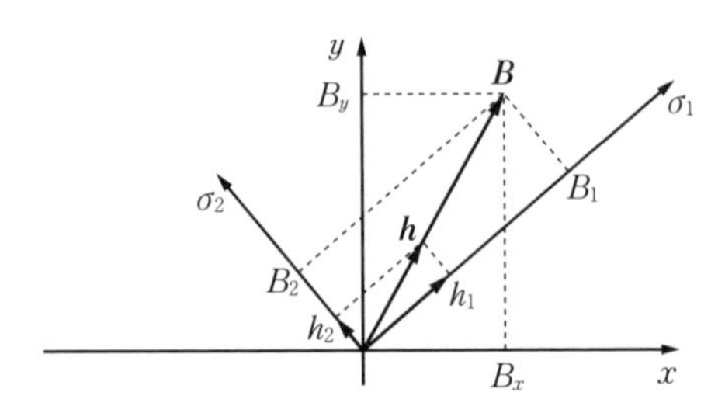

図 24.3　モータ内の応力と磁界[7]

力テンソル σ_x, σ_y, τ_{xy} を用いる場合は5変数関数）になると考えられる。しかし，この関数を決定するには膨大なケースの鉄心素材実験を行う必要があり，現実的でない。

このような背景から，従来よく行われていたのが，ν を次式で表されるスカラのミーゼス応力 σ_{VM} の関数として考える方法である[2),3)]。

$$\sigma_{VM} = \sqrt{\frac{1}{2}\left\{\sigma_1^2 + \sigma_2^2 + (\sigma_1 - \sigma_2)^2\right\}} \tag{24.11}$$

このとき，式 (24.10) の ν はつぎのように近似される。

$$\nu(\sigma_1, \sigma_2, B_x, B_y) \cong \nu(\sigma_{VM}, |\boldsymbol{B}|) \tag{24.12}$$

この場合 ν は，応力解析より求められる σ_{VM} と電磁界解析で得られる $|\boldsymbol{B}|$ がそれぞれ，鉄心素材実験における応力と磁束密度に対応すると考えて決定する。しかしこの場合は，主応力と磁束密度ベクトルの角度による影響が無視される。また電磁鋼板の磁気抵抗率が，機械工学における材料破壊の観点で用いられる σ_{VM} に従って決定されるという根拠もない。

これを解決する一つの方法として，次式の等価応力 σ_{eq} が提案されている[19)]。

$$\sigma_{eq} = \left(\sigma_1 - \frac{1}{2}\sigma_2\right)h_1^2 + \left(\sigma_2 - \frac{1}{2}\sigma_1\right)h_2^2 \tag{24.13}$$

上式で与えられる σ_{eq} が磁束と平行に加わった場合に磁性体に蓄えられる弾性エネルギーは，σ_1, σ_2, および B_x, B_y によるものと等しい[19)]。このため，弾性エネルギーが同じ場合の磁気特性が同じであると仮定すれば，式 (24.10) の ν をつぎのように表すことができる。

$$\nu(\sigma_1, \sigma_2, B_x, B_y) = \nu(\sigma_{eq}, |\boldsymbol{B}|) \tag{24.14}$$

上式に従って，応力解析と電磁界解析で得られる σ_{eq} と $|\boldsymbol{B}|$ を，鉄心素材実験において同じ方向に加えた応力と磁束密度に対応させて ν を決定することにより，主応力と磁界の角度を近似的に考慮した電磁界解析を行うことができる[7),8)]。

また，鉄損に関しても σ_{eq} を用いて次式で算出できる。

$$w_c = \sum_{k=1}^{2} \left\{ C_e\left(\sigma_{eq,k}, B_{\max,k}\right) w_{e,k,\sigma 0} + C_h\left(\sigma_{eq,k}, B_{\max,k}\right) w_{e,k,\sigma 0} \right\} \tag{24.15}$$

ここで，w_c は単位体積当りの鉄損，$w_{e,k,\sigma 0}$，$w_{h,k,\sigma 0}$ はそれぞれ，応力が0のときの単位体積当りの渦電流損とヒステリシス損，C_e，C_h はそれぞれ，応力による渦電流損およびヒステリシス損の増加係数，$B_{\max,k}$ は B_k の振幅，$\sigma_{eq,k}$ は B_k に対する等価応力であり，次式で表される。

$$\sigma_{eq,1} = \left(\sigma_1 - \frac{1}{2}\sigma_2\right) \tag{24.16}$$

$$\sigma_{eq,2} = \left(\sigma_2 - \frac{1}{2}\sigma_1\right) \tag{24.17}$$

式 (24.6) の C_e，C_h は，式 (24.5) の ν と同様に，磁界と同じ方向に応力を印加した鉄心素材実験の結果から決定することができる。また，$w_{e,k,\sigma 0}$，$w_{h,k,\sigma 0}$ は前節で述べた各手法によって求めることができる。

24.4 鉄損算定事例[8)]

ここでは100 kWクラスの埋込み磁石同期電動機の鉄損を，高調波と機械応力を考慮して求めた結果について紹介する[8)]。**表24.1**に対象機の諸元を示す。本機は可変速用途であり，最高回転数は10 000 min^{-1} である。また，固定子はアルミニウムで焼ばめされている。

表24.1　対象機の諸元[8)]

相数，極数	3相，8極
最高速度	10 000 min^{-1}
最大電機子電流	700 A
連続定格電機子電流	300 A
固定子外径，積厚	200 mm，150 mm
固定子スロット数	48（分布巻）
永久磁石種別，残留磁束密度	Nd-Fe-B，1.1 T
電磁鋼板厚さ	0.3 mm
インバータ	$f_c = 10$ kHz，$V_{DC} = 400$ V

図 24.4 に，応力・電磁界連携解析のブロック図を示す。応力解析・電磁界解析とも二次元有限要素法を適用している。応力解析では，焼ばめによって固定子鉄心に発生する応力と，遠心力によって回転子に発生する応力の両方を算出している。つぎに応力解析の結果に従って，電磁界解析で用いる鉄心の磁気抵抗率を式 (24.14) に従って決定している。また，応力解析で得られた鉄心の変位に従って，電磁界解析で用いるメッシュを変形している。**図 24.5** に，応力解析で得られた主応力ベクトル分布を示す。固定子外周は 25 μm 内周側に変位するとした固定境界条件を与えている。同図より，焼ばめによって固定子ヨークの周方向に圧縮応力が加わっていることがわかる。また，回転速度が低い場合は回転子にはほとんど応力が発生していないが，最高速度では内側磁石間のブリッジと回転子表面に比較的大きな引張応力が発生していることがわかる。主応力と磁界の角度について注目すると，焼ばめによる固定子ヨークの圧縮応力は磁束とほぼ同じ方向である。この場合は，従来のミーゼス応力 σ_{VM} による応力依存性の考慮に大きな問題はないと考えられる。一方，高速回転時に回転子表面で発生する引張応力は磁束と方向が異なり，むしろ垂直方向に近い。式 (24.13) の σ_{eq} は，磁界と垂直方向に引張応力（符号プラス）が加わった場合は，磁界と同じ方向に 1/2 の圧縮応力（符号マイナス）が加わった場合と等価であることを示している。圧縮応力が鉄心素材に与える磁気特性は引

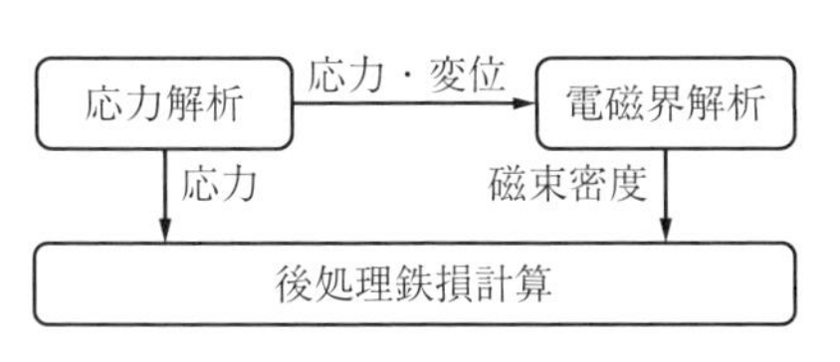

図 24.4　応力・電磁界連携解析のブロック図[8)]

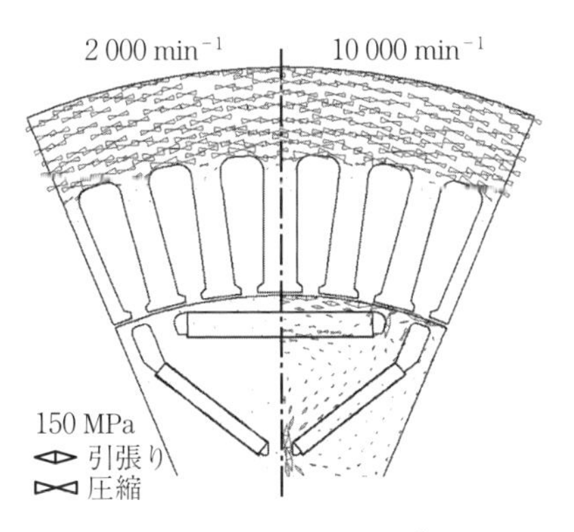

図 24.5　応力解析結果[8)]

張応力よりも非常に大きい。このため，回転子表面での高調波鉄損増加が予想される。

図 24.6 に，最高速度時の変位の解析結果を示す。固定子は焼ばめによって内径側に変位し，回転子は遠心力によって外径側に変位する結果，エアギャップ幅が減少することがわかる。固定子の変位は，回転速度によって変化しないため，設計時に織り込むことができる。一方，回転子の変位は速度によって変化し，最高速度時においてはエアギャップの 5%強に達している。このようなエアギャップ幅減少も，回転子鉄心表面の高調波鉄損増加を引き起こすと考えられる。

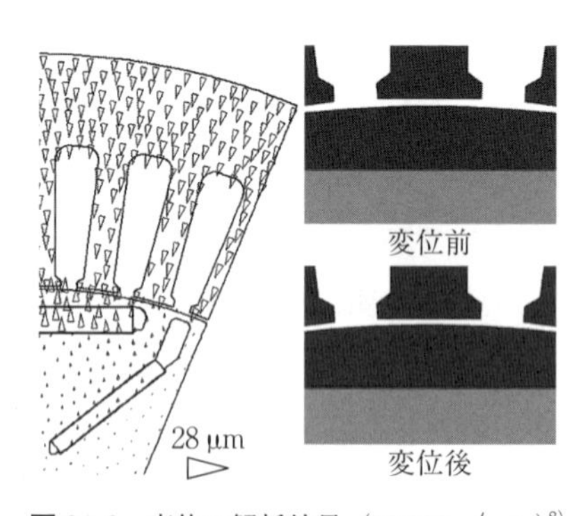

図 24.6　変位の解析結果（10 000 r/min）[8]

図 24.7 に鉄損の実験・解析結果を示す。比較の目的で，応力による磁気抵抗率・鉄損の増加と回転子の変位の両方を考慮した結果に加え，これらの応力の影響をすべて無視した解析結果，および回転子の変位のみを無視した解析結果を併せて示す。同図より，応力の影響を考慮することで，鉄損算定精度が向上していることがわかる。同図の（a），（c）の解析結果を比較すると，2 000 min^{-1} の場合は，応力によって主として固定子鉄損のみが増加しているのに対して，10 000 min^{-1} では，回転子鉄損も増加していることがわかる。これは，回転子の遠心力が増加したことが原因と考えることができる。（a），（b）の解析結果の差異は，エアギャップ幅減少による影響であり，これによって回転子鉄損は 6%増加したと見積もられる。一方，（b），（c）の差異は，高調波磁

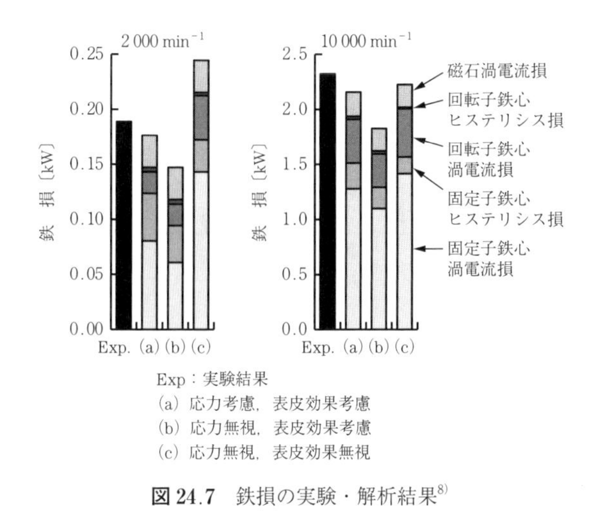

図 24.7　鉄損の実験・解析結果[8)]

界と並行でない引張応力による影響と考えられる。前述のように，式 (24.4) に従えば，応力が引張りの σ_1 のみであり，磁界がこれと垂直な成分である h_2 のみの場合，引張応力 σ_1 はその半分の圧縮応力が磁界と平行に加わったときと同じ影響を与える，この影響によって回転子鉄損は 26％増加したと見積もられる。

図 24.8 に，鉄損を高調波次数別に分解して発生要因別にまとめた結果を示す。同図より，基本波成分は主として応力によってヒステリシス損が増加しているのに対し，高調波成分は渦電流損の増加の割合が大きくなっていることがわかる。特にキャリヤ高調波による固定子鉄損は，むしろ渦電流損のほうが増加している。

この原因を明らかにするために，**図 24.9** に透磁率分布とヨークの磁束密度波形を示す。同図より，応力を考慮した場合は，周方向の圧縮応力によってヨークの透磁率が著しく劣化していることがわかる。このときのヨークの磁束密度波形を見ると，応力を無視した場合は表皮効果の影響によって高調波成分が電磁鋼板の表面に集中しているのに対して，応力を考慮すると透磁率の減少に従って表皮効果が緩和していることがわかる。

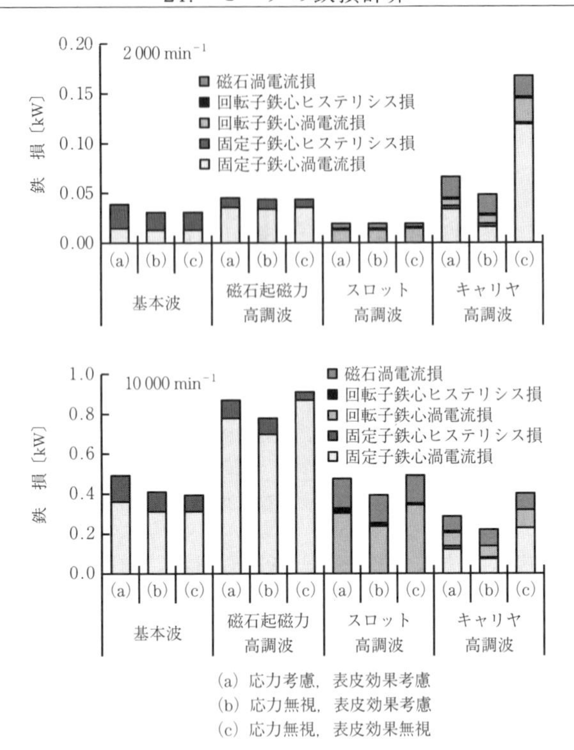

図 24.8　鉄損の発生要因別分析結果[8)]

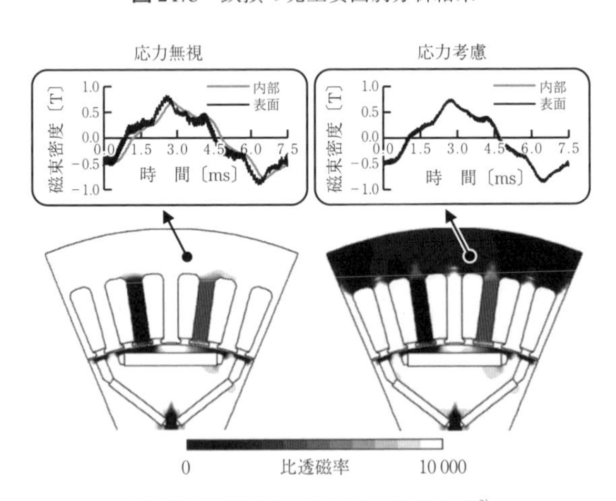

図 24.9　透磁率分布と磁束密度波形[8)]

図 24.10 に，この磁束密度波形に含まれる基本波成分とインバータキャリヤ高調波成分の板厚方向の分布を示す。基本波成分の分布は応力によってあまり変化していないのに対して，キャリヤ高調波成分は表皮効果が弱まり，板全体に高調波が分布するようになっている。これが，図 24.8 においてキャリヤ高調波による固定子鉄心渦電流損が，応力によって大幅に増加した原因であると考えることができる。

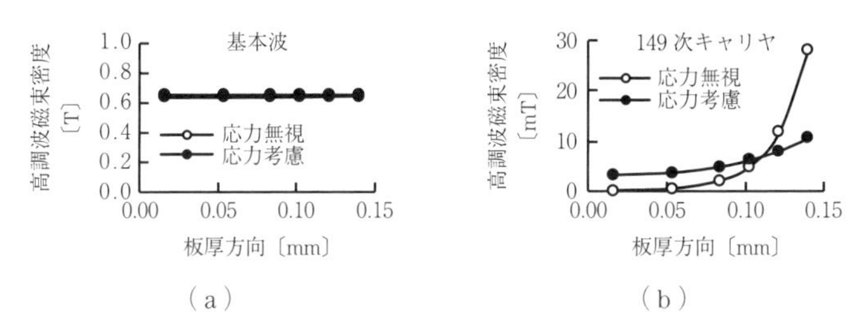

図 24.10　板厚方向の高調波磁束密度分布[8)]

引用・参考文献

1）S. Urata, M. Enokizono, T. Todaka, and H. Shimoji：“Magnetic characteristic analysis of the motor considering 2-D vector magnetic property”, IEEE Trans. Magn., Vol.42, No.4, pp.615-618 (2006).

2）A. Daikoku, M. Nakano, S. Yamaguchi, Y. Tani, Y. Toide, H. Arita, T. Yoshioka, and C. Fujino：“An accurate magnetic field analysis for estimating motor characteristics taking account of stress distribution in the magnetic core”, IEEE Trans. Ind. Applicat., Vol.42, No.3, pp.668-674 (2006).

3）K. Fujisaki, R. Hirayama, T. Kawachi, S. Satou, C. Kaido, M. Yabumoto, and T. Kubota：“Motor core iron loss analysis evaluating shrink fitting and stamping by finite-element method”, IEEE Trans. Magn., Vol.43, No.5, pp.1950-2007 (2007).

4）N. Takahashi, H. Morimoto, Y. Yunoki, and D. Miyagi：“Effect of shrink fitting and cutting on iron loss of permanent magnet motor”, J. Magnetizm and Magnetic Materials, Vol.320, No.20, pp.e925-e928 (2008).

5）D. Miyagi, N. Maeda, Y. Ozeki, K. Miki, and N. Takahashi：“Estimation of iron loss in motor core with shrink fitting using FEM analysis”, IEEE Trans. Magn.,

Vol.45, No.3, pp.1704-1707 (2009).

6) M. Nakano, C. Fujino, Y. Tani, A. Daikoku, Y. Toide S. Yamaguchi, H, Arita, and T. Yoshioka：“High precision calculation of iron loss by considering stress distribution of magnetic core”, IEEJ Trans. on IA, Vol.11, No.129, pp.1060-1067 (2009).

7) K. Yamazaki and Y. Kato：“Iron loss analysis of interior permanent magnet synchronous motors by considering mechanical stress and deformation of stators and rotors”, IEEE Trans. Magn., Vol.50, No.2, 7022504 (2014).

8) K. Yamazaki and H. Takeuchi：“Impact of Mechanical Stress on Characteristics of Interior Permanent Magnet Synchronous Motors”, IEEE Trans. Ind. Applcat., Vol.53, No.2, pp.963-970 (2017).

9) K. Yamazaki, A. Suzuki, M. Ohto, and T. Takakura：“Harmonic loss and torque analysis of high speed induction motors”, IEEE Trans. Ind. Applcat., Vol.48, No.3, pp.933-941 (2012).

10) K. Yamazaki and Y. Seto：“Iron loss analysis of interior permanent magnet synchronous motors-Variation of main loss factors due to driving condition”, IEEE Trans. on Ind. Applicat., Vol.42, No.4, pp.1045-1052 (2006).

11) G. Bertotti：“General properties of power losses in soft ferromagnetic materials”, IEEE Trans. Magn., Vol.24, No.1, pp.621-630 (1988).

12) K. Atallah, Z. Q. Zhu, and D. Howe：“An improved method for predicting iron losses in brushless permanent magnet motor”, IEEE Trans. Magn., Vol.28, No.5, pp.2997-2999 (1992).

13) C. I. McClay and S. Williamson：“The variation of cage motor losses with skew”, IEEE Trans. Ind. Appl., Vol.36, No.6, pp.1563-1570 (2000).

14) A. Cassat, C. Espanet, and N. Wavre：“BLDC motor stator and rotor iron losses and thermal behavior based on lumped schemes and 3-D FEM analysis”, IEEE Trans. on Ind. Appl., Vol.39, No.5, pp.1314-1321 (2003).

15) T. T. Mthombeni and P. Pillay：“Lamination core losses in motors with nonsinusoidal excitation with particular reference to PWM and SRM excitation”, IEEE Trans. on Energy Conversion., Vol.20, No.4, pp.836-843 (2005).

16) K. Yamazaki：“Torque and efficiency calculation of an interior permanent magnet motor considering harmonic iron losses of both the stator and rotor”, IEEE Trans. on Magn., Vol.39, No.3, pp.1460-1463 (2003).

17) K. Yamazaki and N. Fukushima：“Iron loss modeling for rotating machines：

Comparison between Bertotti's three term expression and 3-D finite element method", IEEE Trans. Magn., Vol.46, No.8, pp.3121-3124 (2010).

18) Y. Takeda, Y. Takahashi, K. Fujiwara, A. Ahagon, and T. Matsuo : "Iron loss estimation method for rotating machines taking account of hysteretic property", IEEE Trans. on Magn., Vol.51, No.3, pp.7300504 (2015).

19) L. Daniel and O. Hubert : "An equivalent stress for the influence of multiaxial stress on the magnetic behavior", J. Applied Physics, Vol.105, 07A313 (2009).

25 インダクタのコアロス

パワーエレクトロニクス回路で使用されるインダクタは，正弦波交流電圧/電流とはまったく異なる条件で励磁されるため，そのコアロスの発生様態も大きく異なる場合が多い。本章では，パワーエレクトロニクス回路で使用される変圧器とインダクタの励磁様態の相違を明らかにした上で，インダクタのコアロスの測定方法と計算方法に関する最近の研究事例を紹介する。

25.1 PWM インバータにおけるインダクタの励磁状態

はじめに，パワーエレクトロニクス回路における変圧器とインダクタの機能上の違いを DC-DC コンバータ（変換器）と PWM インバータを例に説明する。**図 25.1** および**図 25.2** は，それぞれ DC-DC コンバータおよび単相 PWM インバータの基本的な回路構成である。両図にはインバータの交流出力端子に変圧器の一次巻線が接続される。DC-DC コンバータの場合，変圧器の二次巻線には整流回路が接続され，その直流出力端子はインダクタを経て負荷回路が接続される。一方，PWM インバータの場合，変圧器の二次巻線の直後にインダク

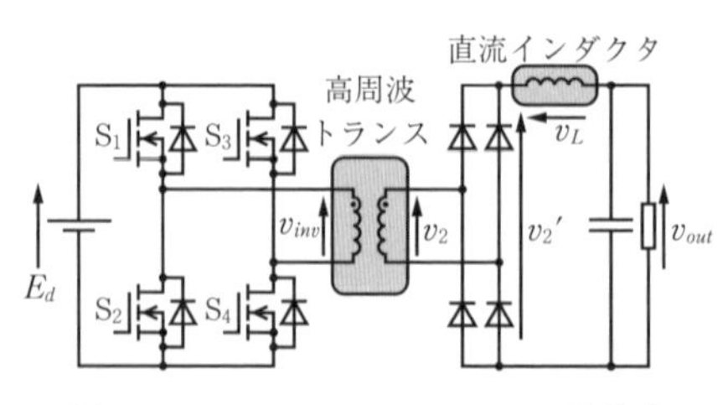

図 25.1 DC-DC コンバータの回路構成

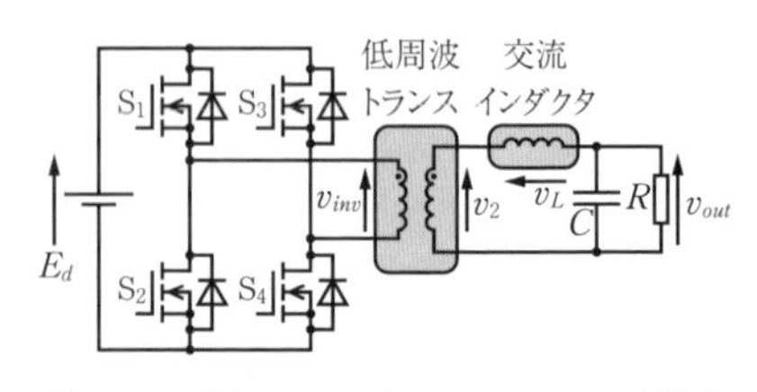

図 25.2 単相 PWM インバータの回路構成

タが接続され，負荷回路が接続される。

つぎに，変圧器について考える。変圧器の等価回路は**図 25.3** に示すように励磁インダクタンス L_g，漏れインダクタンス L_{1l}，L_{2l}，巻線抵抗 R_w，および理想変圧器によって記述される。DC-DC コンバータにおける変圧器の各部動作波形例を**図 25.4** に示す。変圧器の一次巻線には正負交互の矩形波状のインバータ出力電圧 v_{inv} が印加される。変圧器の一次巻線電流 i_1 は変圧器の励磁インダクタンス L_g を流れる電流 i_g と負荷電流 i_2' の和となる。変圧器の磁性体は矩形波交流電圧で励磁されるため，磁束密度波形は三角波状となる。PWM インバータにおける変圧器の各部動作波形を**図 25.5** に示す。変圧器一次巻線にはインバータ出力電圧 v_{inv} が印加されるが，その電圧波形は，インバータの交流出力電圧に対応して，パルス幅が徐々に変化する正の矩形波状のパルス電圧列に続いて，負のパルス電圧列となる。変圧器の一次巻線には励磁インダクタンス L_g を流れる電流 i_g とインバータの負荷電流 i_2' が流れる。ここで，励磁電

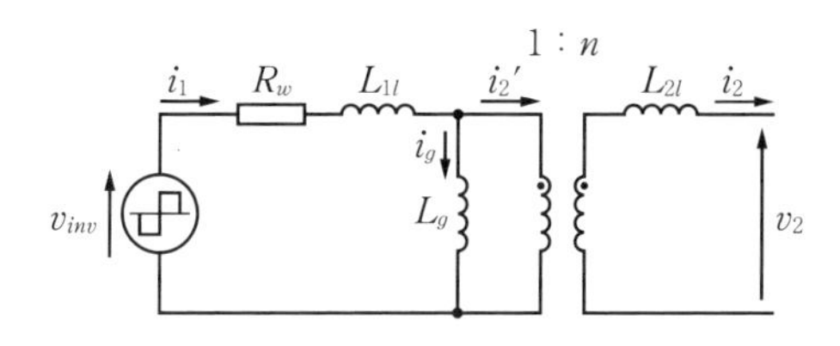

図 25.3　変圧器の等価回路

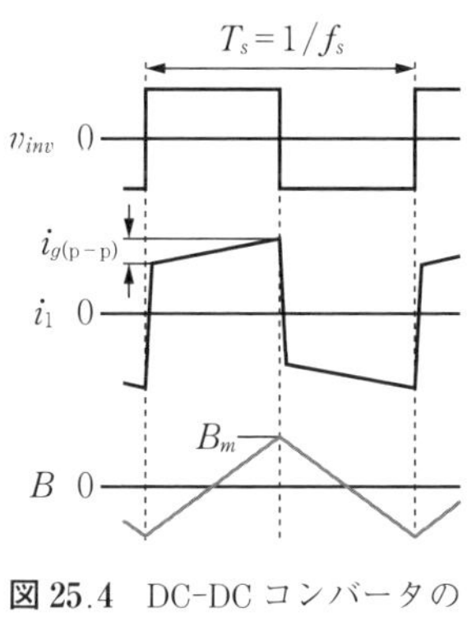

図 25.4　DC-DC コンバータの変圧器の動作波形

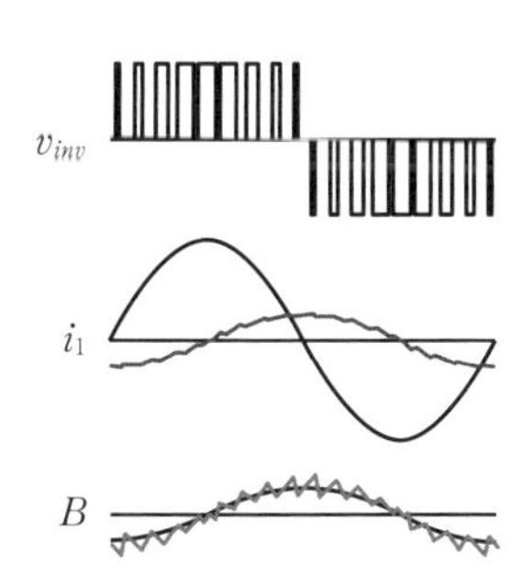

図 25.5　単相 PWM インバータの変圧器の動作波形

流 i_g はインバータ出力電圧の積分値となるので，インバータ交流出力の負荷電圧 v_{out} の周期で徐々に変化する低周波成分とインバータのスイッチング周期に対応したおおむね三角波状の高周波電流成分の和となる。また，磁束密度波形も低周波成分に高周波成分が重畳した波形となる。変圧器の励磁波形は原理的には変圧器に印加されたインバータ出力電圧によって決定し，負荷電流の影響を受けない点である。

さらに，インダクタについて考える。変圧器の等価回路は**図 25.6** に示すように励磁インダクタンス L_g，漏れインダクタンス L_{1l}，および巻線抵抗 R_w によって記述される。DC-DC コンバータにおけるインダクタの各部動作波形例を**図 25.7** に示す。インダクタに印加される電圧 v_L は，インバータ出力電圧 v_{inv} を整流した電圧 v_2' と負荷電圧 v_{out} の差電圧になる。また，インダクタには負荷電流が流れるため，インダクタ電流 i_1 はインダクタの励磁電流 i_g と等しくなる。ここで，負荷電圧が平滑な直流であると仮定すると，磁束密度波形は

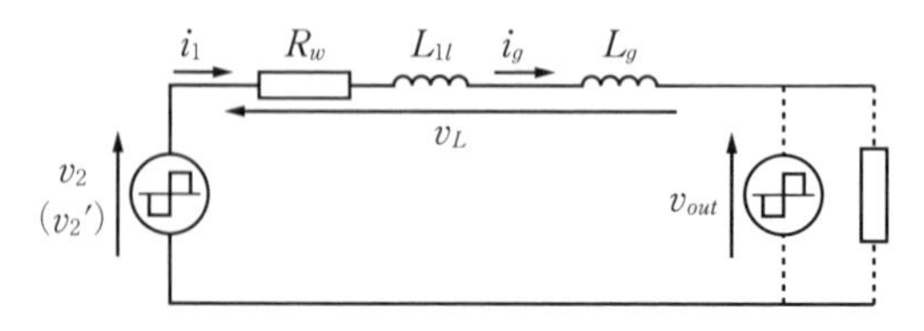

図 25.6　インダクタの等価回路

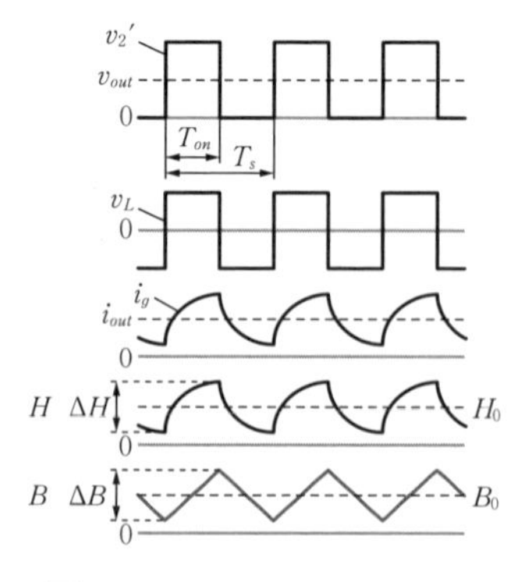

図 25.7　DC-DC コンバータのインダクタの動作波形

インダクタ電圧 v_L の積分値としてスイッチング周波数に対応した周波数の三角波状の波形に加えて，負荷電流値に対応したバイアス磁束密度波形が加わったものとなる。単相 PWM インバータのインダクタの動作波形を**図 25.8** に示す。インダクタに印加される電圧 v_L はインバータ出力電圧 v_{inv} と負荷電圧 v_{out} との差電圧になる。インダクタ電流 i_1 はインダクタの励磁電流 i_g と等しくなることは DC-DC コンバータの場合と同様であるが，負荷電流がインバータ出力電圧等に対応して時々刻々と変化することに相違がある。磁束密度波形もスイッチング周波数に対応した周波数の三角波状の波形に加えて，負荷電圧の時間変化に対応した交流波形との和となる。

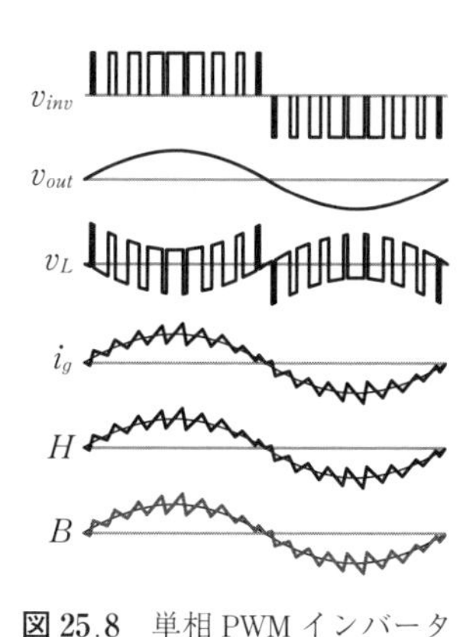

図 25.8　単相 PWM インバータのインダクタの動作波形

以上述べたように，インバータ等で使用される変圧器とインダクタは，その励磁状態が大きく異なる。とりわけインダクタの場合には，負荷条件によって変動する磁界バイアス成分が，その鉄損に大きな影響を与えることに注意を要する。

25.2　直流磁界バイアス条件下での鉄損の計測方法

図 25.9 に示すような正弦波電圧で励磁される鉄損の表記には古くから式 (25.1) で記述される Steinmetz の式がよく用いられてきた[1)]。

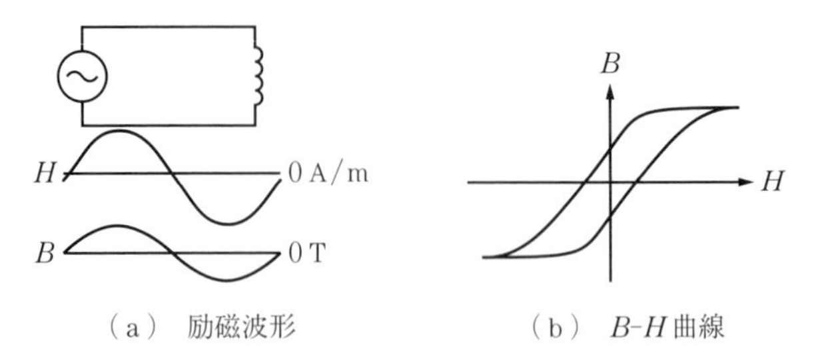

（a） 励磁波形　　（b） B-H 曲線

図 25.9 正弦波電圧励磁の場合の励磁波形と B-H 曲線

$$P = K_i f^{\alpha} B^{\beta} \tag{25.1}$$

一方，インバータ装置に使用する変圧器では，**図 25.10** に示すような矩形波電圧で励磁されることを踏まえて，その磁性体の鉄損を式 (25.2) で記述する Improved Generalized Steinmetz Equation（拡張スタインメッツ方程式）が提案された[2)]。

$$P = \frac{1}{T}\int_0^T K_i \left|\frac{\mathrm{d}B}{\mathrm{d}t}\right|^{\alpha} \left|\Delta B(t)\right|^{\beta-\alpha} \mathrm{d}t \tag{25.2}$$

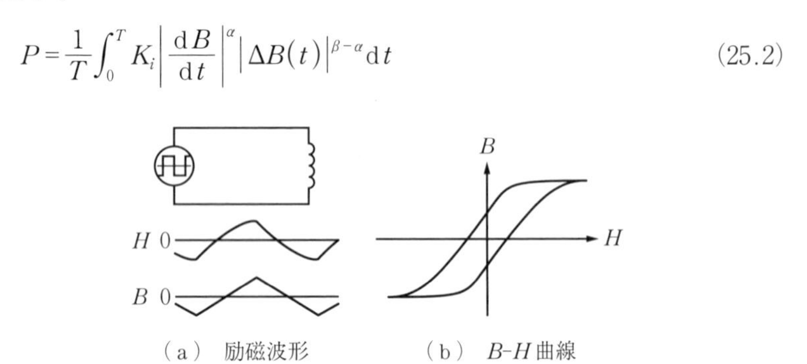

（a） 励磁波形　　（b） B-H 曲線

図 25.10 矩形波電圧励磁の場合の励磁波形と B-H 曲線

式 (25.2) は，B-H 平面の原点を中心にヒステリシス曲線が描かれることを前提としているため，DC-DC コンバータの出力に接続される変圧器の鉄損は比較的正確に表記できる。しかし，**図 25.11** に示す降圧チョッパ回路のインダクタのように，磁界バイアスによって原点以外の場所にヒステリシス曲線（これをマイナーヒステリシスループと呼ぶ）を描き，かつインバータ動作状態や負荷状態でその位置が変化する場合，式 (25.2) で鉄損を表記することは困難であった。

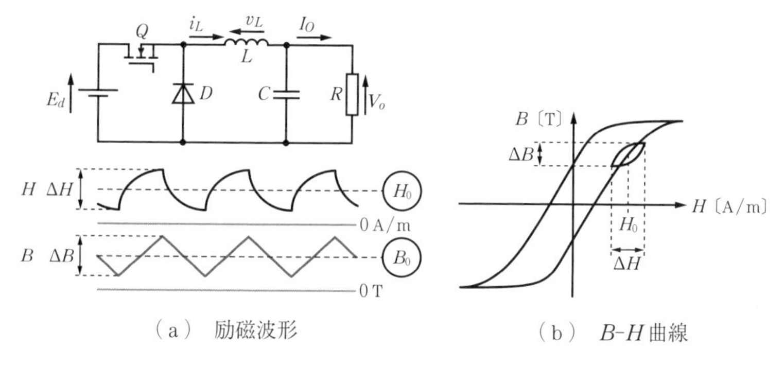

（a）励磁波形　（b）B-H曲線

図 25.11　降圧チョッパ回路におけるインダクタの励磁波形と B-H 曲線

磁界バイアスが多様に変化した場合の鉄損を計測する手法の一例を**図 25.12** に示す。この手法では，B-H アナライザと実際の降圧チョッパ回路を用い，降圧チョッパ回路を B-H アナライザからの同期信号で運転する。また，B-H アナライザは，降圧チョッパのインダクタの二次巻線起電圧の積分値から磁束密度 B を，インダクタの一次巻線電流から磁界強度 H を検出し，B-H アナライザで鉄損値を計測する。本方式のメリットは，実際の降圧チョッパ回路で動作するインダクタの鉄損を計測できることであり，降圧チョッパの仕様を適切に設定することにより広範囲な電圧・電流・周波数条件でのインダクタ鉄損を計測できることである。**図 25.13** に磁界バイアスとマイナーヒステリシスループの測定例を示す。同一の磁束密度の変化量（ΔB＝400 mT）の状態で磁界バイアス H_0 を 1 230 A/m から 6 500 A/m に変化させると，マイナーヒステリ

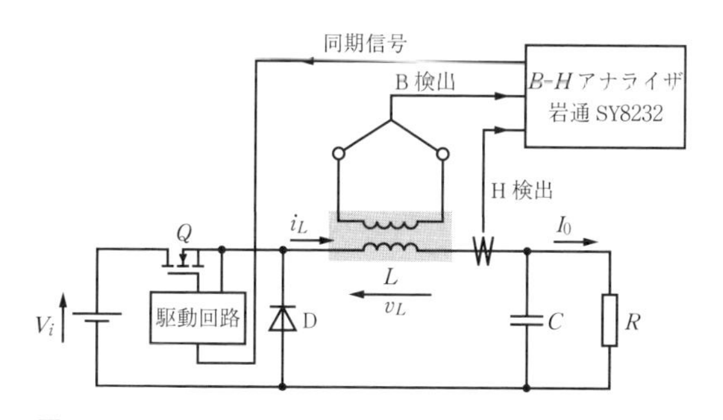

図 25.12　磁界バイアス印加時の鉄損計測装置の構成図

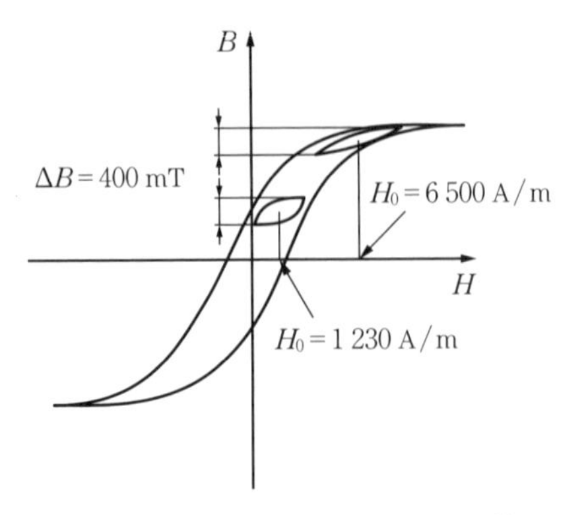

（a）マイナーヒステリシスループの位置

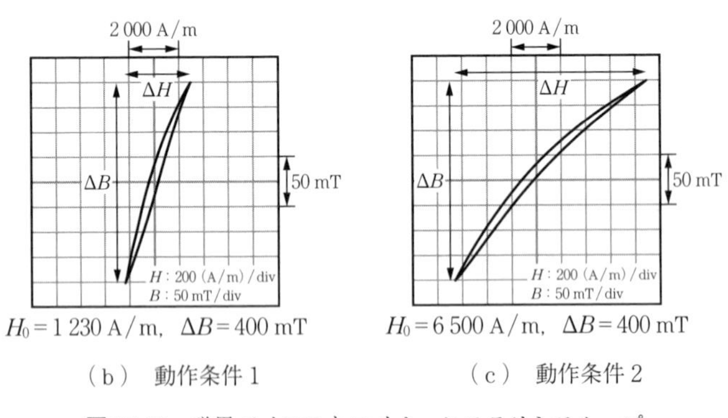

$H_0 = 1\,230$ A/m，$\Delta B = 400$ mT　　$H_0 = 6\,500$ A/m，$\Delta B = 400$ mT

（b）動作条件 1　　（c）動作条件 2

図 25.13　磁界バイアスとマイナーヒステリシスループ

シスループの形状が大きく変化し，鉄損の値は 115 J/m^2 から 145 J/m^2 に増加する。このような鉄損の変化の様態は多様に変化するため単一の数式では表記が難しい。そこで，損失をデータベースとして表記したグラフ（ここでは，ロスマップと呼ぶ）を**図 25.14** に示す[3)]。これらのデータから明らかなように，磁界バイアス H_0 の増加に対して鉄損値が増加する場合と減少する場合があること，およびその変化量も磁性材料の種類によって大きく異なることがわかる。インバータなどで使用するインダクタでは，これらの損失特性を踏まえた設計が重要であることがわかる。

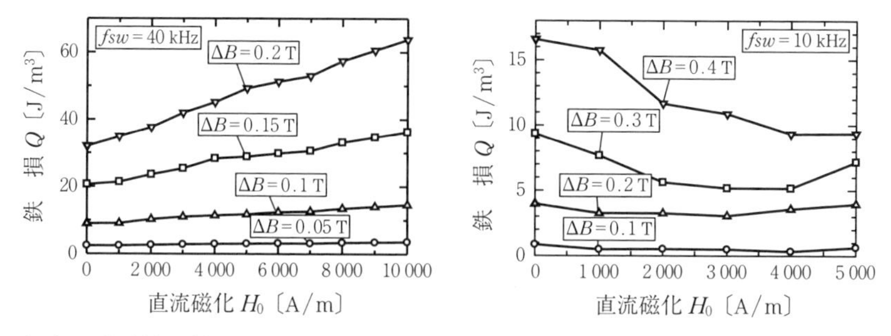

（a）　電界鉄粉（東邦亜鉛株式会社：SK）　（b）　センダスト（東邦亜鉛株式会社：HK）

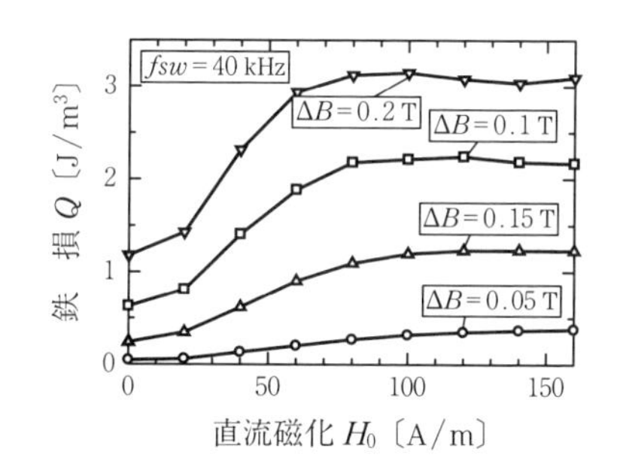

（c）　フェライト（TDK株式会社：PC40）

図 25.14　各種磁性材料のロスマップ

25.3　インダクタの鉄損計算方法と評価方法

直流チョッパ回路のインダクタの場合には，一定の動作条件の下では図25.11に示すようにマイナーヒステリシスループはほぼ一定の閉ループ形状とみなせるので，インダクタの鉄損値はロスマップから直接的に計算できる。一方，図25.2に示すPWMインバータのフィルタインダクタの場合には，その様相が大きく異なり，**図 25.15**のようになる。図25.15（a）は交流出力1周期間のB-H曲線であるが，B-H平面の原点を中心とする大きな（低周波の）ヒステリシス曲線に加えて，インバータのスイッチングに対応して変化するヒステリシス曲線が生じる。図25.15（b）はスイッチングの3周期分のヒステリシス曲線の拡大図であるが，スイッチングに伴うヒステリシス曲線が閉ルー

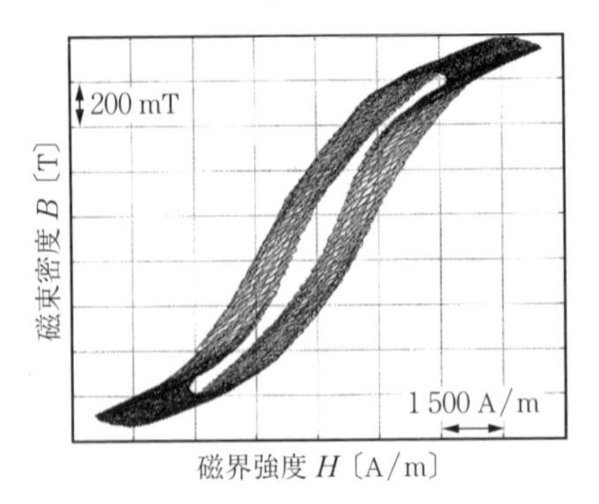

（a） インバータ出力 1 周期の B-H 曲線

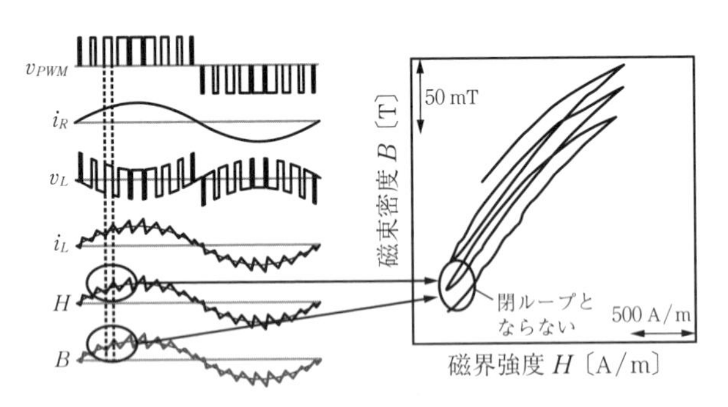

（b） スイッチング周期ごとの B-H 曲線

図 25.15 単相 PWM インバータのフィルタインダクタの B-H 曲線

プとならないことがわかる。

このような開ループ状のヒステリシス曲線からスイッチング周期ごとの鉄損を計算する手法について**図 25.16** を用いて説明する[3)]。図 25.16 はインバータのスイッチング 1 周期分に対応するヒステリシス曲線であり，スイッチング開始時の磁化状態は P 点にあるとする。この時点から正方向の磁化が行われ磁化状態が Q 点に移動する。Q 点に達すると負方向の磁化が行われ，磁化状態は R 点に移動する。2 点間の磁化変化に対応した磁化遅れに伴い，ヒステリシス曲線は二つの円弧状となる。つぎに，インダクタの磁性体に蓄積された磁気エネルギーの変化について考える。正の磁化によって，磁性体には直線 $\overline{B_P P}$，

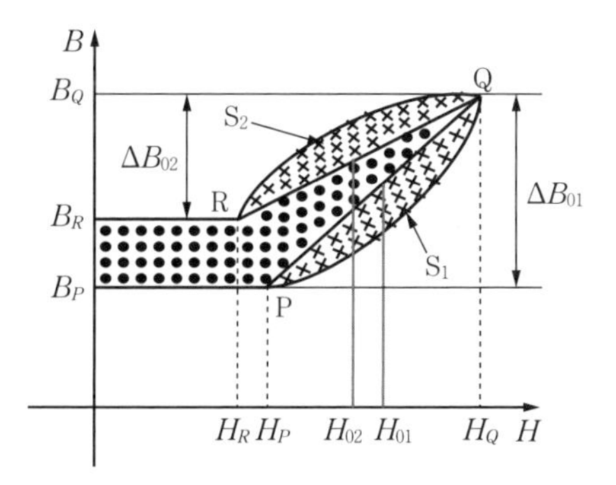

図 25.16　開ループ状のヒステリシス曲線の鉄損

円弧 $\widehat{PQ}$，直線 $\overline{QB_Q}$ で囲まれた面積に対応した磁気エネルギーが蓄積される。負の磁化によって，磁性体からは直線 $\overline{B_QQ}$，円弧 $\widehat{QR}$，直線 $\overline{RB_R}$ で囲まれた面積に対応した磁気エネルギーが放出される。したがって，図の●と×の部分はこのスイッチング区間に残留する磁気エネルギーとみなせる。●部分の磁気エネルギーはインバータの低周波出力電流の変化分に対応するものであるので，低周波出力の1周期間にわたる面積（正または負）の値の総和をとることにより低周波磁化に伴う鉄損と考えられる。つぎに，PからQ，QからRの磁化状態の変化時に鉄損が生じないならば，磁化曲線は直線的に変動すると考えられる。すなわち，円弧を描いたことによって生じた×部分の磁気エネルギー $S_{pwM}=S_1+S_2$ がスイッチングに伴って生じた磁性体の磁気エネルギー損失とみなせる。このことは式 (25.12) で記述される Improved Generalized Steinmetz Equation の図的解釈と考えることもできる。しかし，この円弧の形状は円弧中心の磁界バイアス H_0 の大きさによって多様に変化するため，これを考慮していない式 (25.2) はそのまま適用できない。さて，×部分の円弧の面積は図25.13に示したマイナーループ面積の1/2に相当すると考えれば，図25.14のロスマップデータ上で対応する H_0 と ΔB における鉄損値の1/2の値として円弧部分の鉄損が求められる。また，各スイッチング期間の磁界バイアス H_0 と磁束密度リプル ΔB は，**図 25.17** に示すように電気回路シミュレータなどを用

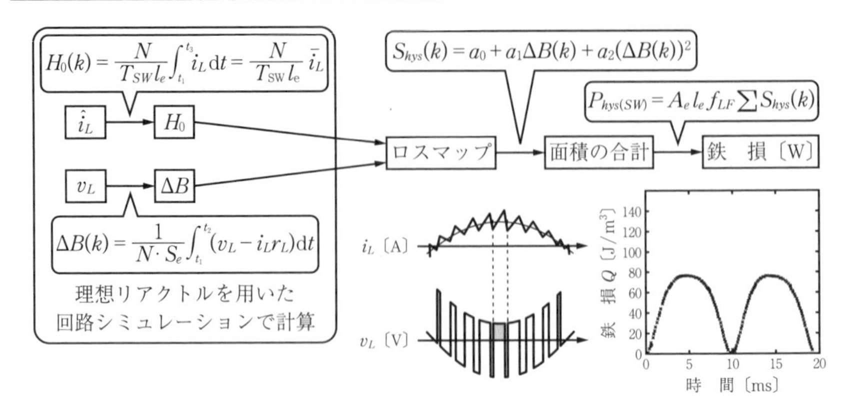

図 25.17　スイッチング期間ごとの鉄損計算手順

いて比較的容易に計算できるので，これらを連成すればスイッチング期間ごとのインダクタ鉄損が算出できる。

つぎに，ロスマップによる鉄損計算値の妥当性を評価する手段について考える。**図 25.18** にインダクタロスアナライザ（ILA）の外観と回路構成を示す。インバータ主回路は三相フルブリッジインバータで，その交流出力にはフィルタインダクタ，フィルタキャパシタ，および負荷抵抗が接続される。インバータの動作信号は高速メモリからの同期信号に基づいて，PWM 信号発生器から供給される。インダクタの二次電圧と一次電流は高速メモリによって検出し，インバータのスイッチング周期ごとのインダクタの鉄損値をパーソナルコン

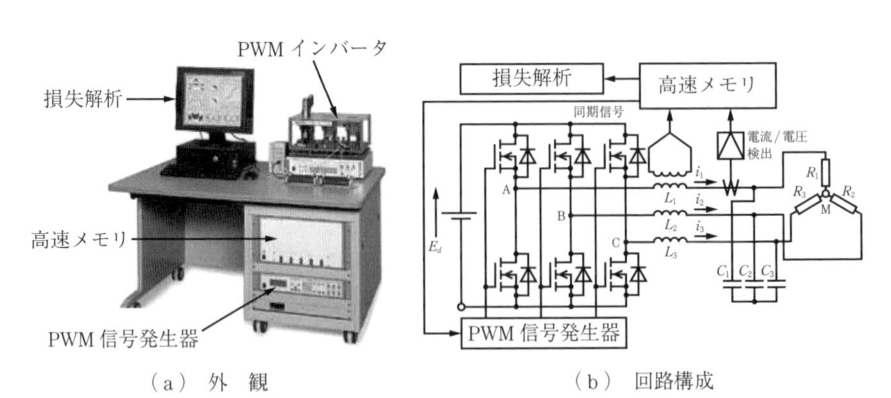

（a）外　観　　　　（b）回路構成

図 25.18　インダクタロスアナライザ（ILA）

ピュータによって計算する。

図 25.19 に単相 PWM インバータのフィルタインダクタの鉄損の評価結果を示す。図 25.19（b）は，磁束密度波形（上）とインバータのスイッチング期間ごとの鉄損〔J/cm^3〕（本章では瞬時鉄損と呼ぶ）の測定値とロスマップ法による計算値（下）である。瞬時鉄損は磁束密度の時間変化に伴って変化していることがわかる。**表 25.1** は，インバータの交流出力 1 周期間のインダクタ鉄損の平均値〔W〕である。瞬時鉄損および平均鉄損の測定値と計算値は良く一致していることから，ロスマップ法による瞬時鉄損計算手法の妥当性が認められる。

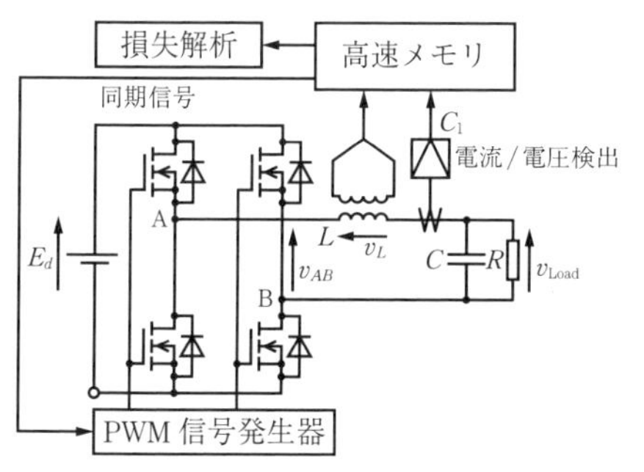

（a）　単相 PWM インバータ試験回路

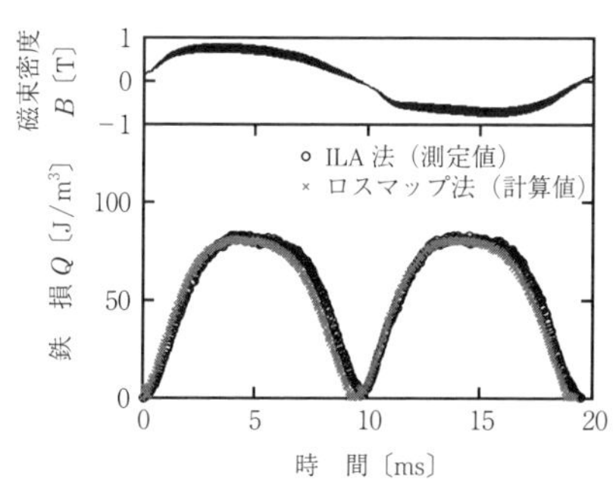

（b）　瞬時鉄損の測定値と計算値

図 25.19　単相 PWM インバータのフィルタインダクタ鉄損の評価結果

表 25.1　インダクタ鉄損の測定値と計算値

	鉄損の平均値〔W〕
ILA 法（測定値）	2.41
ロスマップ法（計算値）	2.32

図 25.20 は三相 PWM インバータのフィルタインダクタ鉄損の測定結果を示す。図 25.20（a）から明らかなように，区間 a では計測値と計算値は良く一致するが，区間 b は不一致となることがわかる。図 25.20（b）の磁束密度波形を見ると，区間 a では三角波形状が連続した波形となるが，区間 b では磁束密度低下時の磁束密度変化率 dB/dt が途中で変化している。従来の鉄損計算

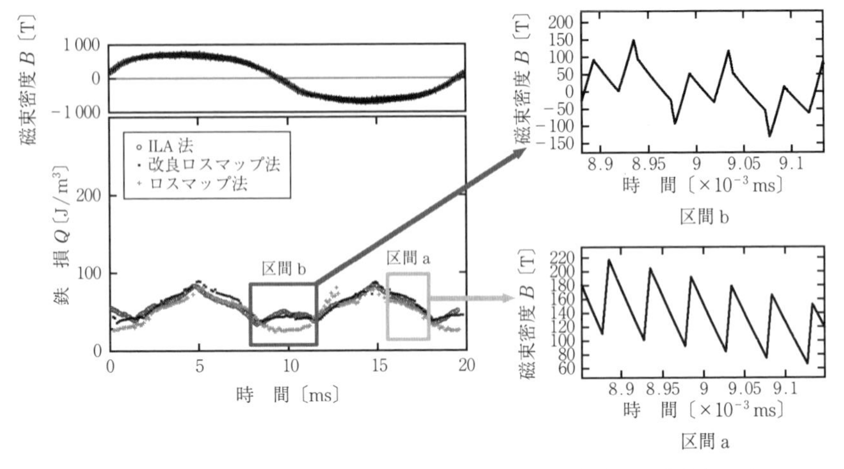

（a）　瞬時鉄損の測定値と計算値　　　　　　（b）　磁束密度波形

図 25.20　三相 PWM インバータのフィルタインダクタ鉄損の測定結果

手法では式 (25.2) に示されるように $\mathrm{d}B/\mathrm{d}t$ の区間ごとの損失を求めるため，ロスマップ法の計算においても同様の計算手法をとっているが，これが計算誤差の原因と考えられる。磁性体の鉄損は，磁束密度の上昇と下降時の磁気エネルギーの蓄積量と放出量の差分とみなすことができる。Brockmeyer らは，磁束密度の上昇率（あるいは下降率）が途中で変化し，n 個の直線の磁束密度波形で表される場合，これを一連の上昇（あるいは下降）動作に伴う損失として一括し，その区間の波形は式 (1.3) で与えられる等価周波数 $f_{eq(n-seg)}$ を用いて鉄損計算を行う手法を開発した[4)]。

$$f_{eq(n-seg)}=\sum_{k=2}^{K}\frac{\left(B_k-B_{k-1}\right)^2}{\left(B_{\max}-B_{\min}\right)^2}\cdot\frac{1}{t_k-t_{k-1}} \tag{25.3}$$

これを応用すると，**図 25.21** に示すように，点 c から点 f の一連の磁束密度下降に伴う鉄損はその磁束密度変化量 ΔB_{cf}，および式 (25.4) で示す等価周波数 $f_{eq(cf)}$ を用いてロスマップから鉄損を計算できる。

$$f_{eq(cf)}=\frac{B_{cd}^2 f_{cd}+B_{de}^2 f_{de}+B_{ef}^2 f_{ef}}{\left(B_{cd}+B_{de}+B_{ef}\right)^2} \tag{25.4}$$

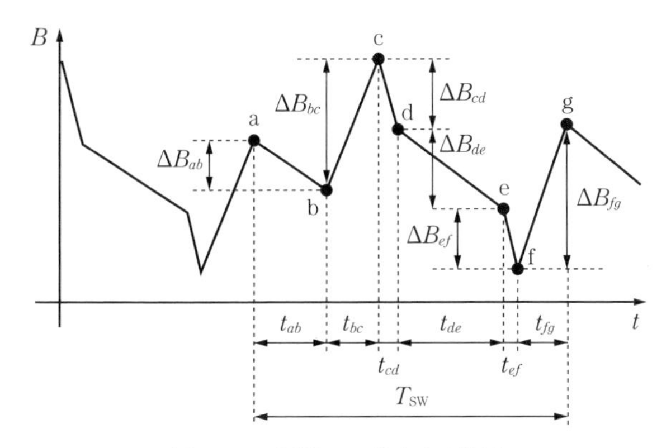

図 25.21 区間 b の磁束密度波形

ただし，$f_{cd}=1/t_{cd}$，$f_{de}=1/t_{de}$，$f_{ef}=1/t_{ef}$ である。

この手法を改良ロスマップ法と呼ぶ[5)]。改良ロスマップ法を用いた鉄損の計算結果（図 25.20（a）参照）は全範囲にわたって測定結果と良く一致しており，計算法の妥当性が確認できる。また，**図 25.22** は PWM インバータの変調率を変化させたときの鉄損の計算値と測定値の比較を示す。改良ロスマップ法による計算値は測定値と良く一致するが，従来の鉄損計算法では特に変調率が高くなるほど計算誤差が増加する。

以上述べたように，PWM インバータのフィルタインダクタなどでは，その励磁電圧は矩形波電圧が主体となること，また磁界バイアスが印加された状態

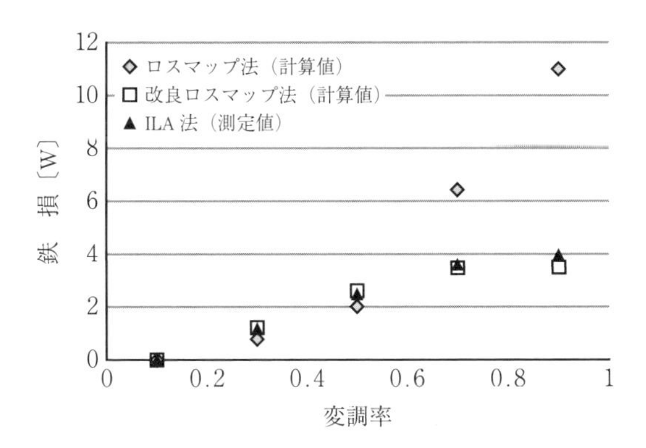

図 25.22 計算値と測定値の比較

となること，さらには磁束密度波形の形状などを踏まえて鉄損を計算する必要がある。なお，鉄損の磁界バイアス依存性は磁性体によって大きく異なることも注意を要する。

引用・参考文献

1) C. P. Steinmetz：“On the law of hysteresis”, Proc. IEEE, Vol.72, No.2, pp.197-221 (1984).
2) J. Li. T. Abdallah and C. R. Sullivan：“Improved calculation of core loss with nonsinusoidal waveforms”, Ind. Appl. Comf., 36th IEEE IAS Annual Meeting, Vol.4, pp.2203-2210 (2001).
3) T. Shimizu and S. Iyasu：“A Practical Iron Loss Calculation for AC Filter Inductors Used in a PWM Inverters”, IEEE Trans. on Industrial Electronics, Vol.56, No.7, pp.2600-2609 (2009).
4) M. Albach, Th. Durbaum, and A. Brockmeyer：“Calculating Core Losses in Transformers for Arbitrary Magnetizing Currents-A Comparison of Different Approaches”, IEEE Prof. of 27th Applied Power Electronics Conference, Vol.2, pp.1493-1468 (1996).
5) H. Matsumori, T. shimizu, K. Takano, and H. Ishii：“Evaluation of Iron Loss of ac Filter Inductor Used in Three-Phase PEM Inverters Based on an Iron Loss Analyzer”, IEEE Trans. Power Electronics, Vol.31, pp.3080-3095 (2016).

26

自動車での磁気応用

自動車は安全快適に移動する手段を世界中のすべての人々に提供するモノであり，自動車メーカ各社はその実現のために安全性能，環境性能，走行性能，快適空間提供などの機能開発に邁進している。

自動車にはさまざまな磁気回路材料技術が応用されており，自動車の高機能化・高性能化に欠かせない技術として自動車産業の発展を支えてきた重要技術である。ここでは，自動車の「走る」，「曲がる」，「止まる」の基本機能と磁気応用との関係を自動車の歴史的観点から述べ，さらに昨今の最新技術ならびに今後の展望について解説する。

26.1 「 走 る 」

自動車は安全快適に移動するモノと述べたが，移動に最も重要な機能は「走る」である。現在，自動車を走行させるためのおもな動力源には，内燃機関であるガソリンエンジンやディーゼルエンジンならびに電気自動車やハイブリッド自動車に利用される電気モータが用いられる。これらは環境保護を背景とした CO_2 排出量低減要求のための高効率化要求によってエンジン制御やモータ制御の高精度化ならびに高速化が求められ，磁気回路で駆動するアクチュエータの制御や磁性材料への磁気特性要求値が高度化している。以下には，内燃機関と自動車用モータ制御に関する，高精度・高効率化の技術を磁気応用の観点で述べる。

26.1.1 燃料噴射制御

自動車の内燃機関はガソリンや軽油などの液体燃料が用いられ，その燃焼の方法が燃費や環境へ直接影響することは容易に想像できよう。すなわち，燃料を効率よく燃焼させるためのさまざまなエンジン制御部品は，それらの駆動や物体の位置検出に磁気応用技術を用いており，燃費向上に役立っている。**図26.1**にEFIシステム（electronic fuel injection system）[1]の概要図を示す。燃料は，エンジンの吸気ポートまたはエンジンのシリンダ内へインジェクタによって噴射される。インジェクタは，高い磁気回路技術と磁性材料適用技術を駆使したアクチュエータであり（**図26.2**参照）[1]，高速な開閉弁を高燃圧の燃料条件下で作動させることから，高応答で高吸引力を実現するための磁性材料と磁気回路が用いられている。具体的な材料要件は，吸引力には磁束密度が高いこと，高応答には電気抵抗が高い材料で渦電流を抑制することである。磁気回路では各部品メーカが工夫をするところであるが，一般には磁気飽和をさせない磁気回路設計とエアギャップ最小化による磁気回路効率の向上であろう。**図26.3**にインジェクタの磁気回路事例を示す。インジェクタの可動コアは開弁時に励磁され，素早く吸引力を発生させるために磁束密度を上昇させるが，

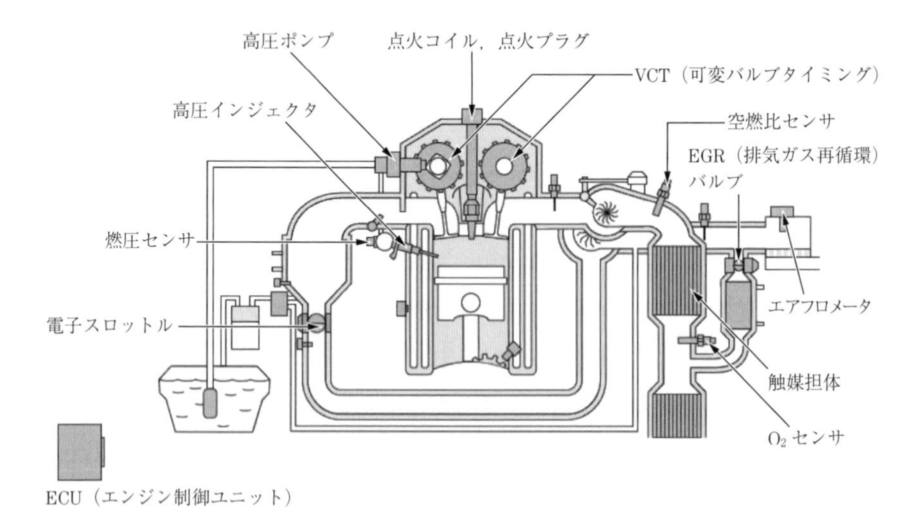

図26.1　EFIシステムの概要図（システム構成とおもな部品（過給エンジンの例））

図 26.2　インジェクタ

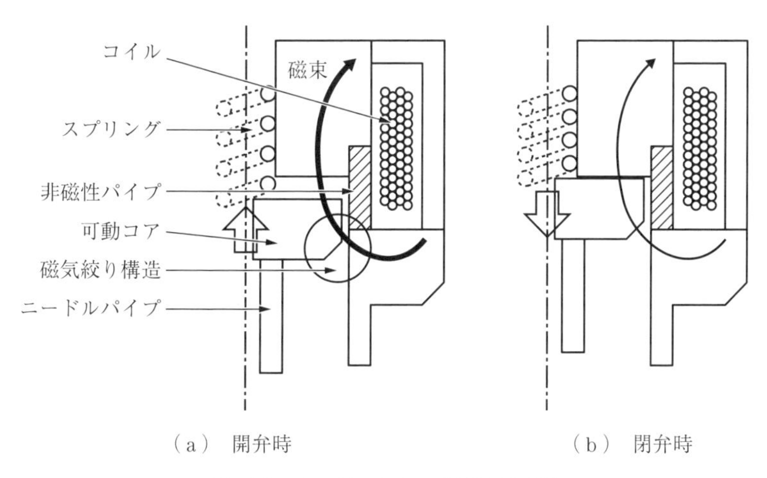

図 26.3　インジェクタの磁気回路事例

閉弁時は磁束密度を素早く立ち下げたい。そこで，コアの挙動に合わせて磁束密度を増減できるように磁気絞り構造を採用している。

インジェクタは ECU（engine control unit）と呼ばれる燃料噴射用コンピュータに内蔵されたトランジスタによるスイッチングによって開閉弁が制御される。一方で，運転者のアクセルペダルからの走行の「意思」は，1995 年頃以前のエンジン制御ではアクセルペダルとエンジンへの空気流量を制御するスロットルボデーの間をワイヤによる機械的接続によって伝達していたが，現在

ではドライブ バイ ワイヤ化され，電気信号でアクセル開度情報がECUへ伝達される仕組みになっている。ここでの磁気応用はアクセルペダル開度の検出である。従来は，可変抵抗体を用いた摺動（しゅうどう）式センサが用いられてきたが，摺動部が有限寿命であることから現在ではホールIC式センサが用いられている（**図26.4**参照）[1]。アクセル開度はECUへ伝えられ，それがエンジンへの空気流入量を制御する電子スロットル（**図26.5**参照）[1]へ電気信号で伝えられる。

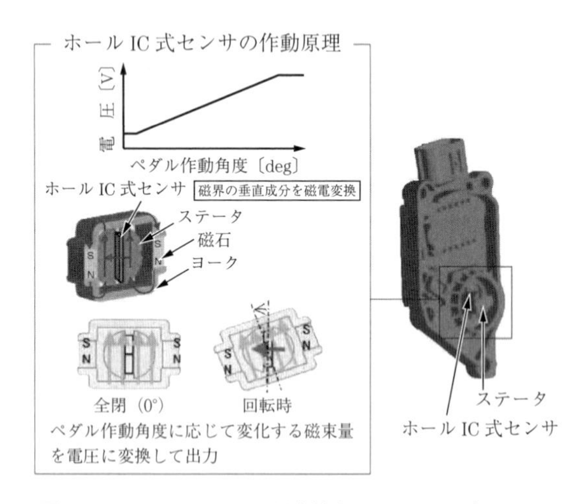

図26.4　アクセルペダル開度検出用ホールIC式センサ

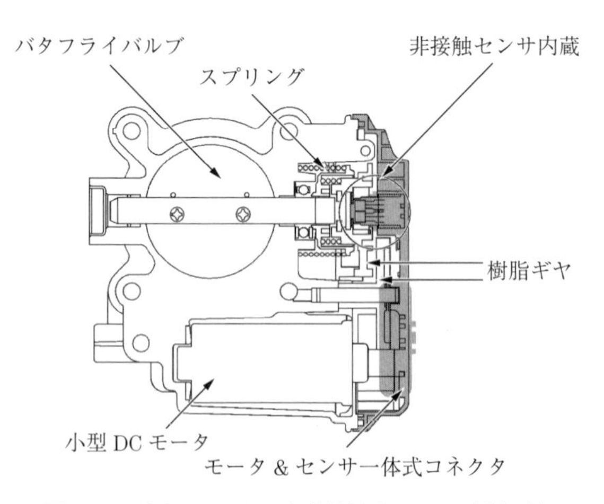

図26.5　電子スロットルと非接触式センサ（磁気式）

電子スロットルは，実際に開いた弁の角度をここでも磁気式の非接触センサで検出し，ECUへ回転角をフィードバックする。これら回転角センサは，角度検出特性において直線性と低磁気ヒステリシスが求められ，磁気回路の工夫や磁性材料の選定によってそれらの課題を解決している。以上によって，エンジンへの燃料と空気の投入量をECUがプログラムによって最適な量を計算・選択し指令することで，最適なエンジン制御がされることになる。当然であるが，ECUはアクセル開度情報に加えて，気温・気圧などの周囲環境情報や車両の走行速度，登坂などのエンジン負荷状況や冷却水温度など，その場そのときの走行条件を各種センサから情報を得ることでアクセル開度に補正を加え，最適な制御によって燃料を最も効率良く燃焼させるための制御をしている。

26.1.2 点火・燃焼制御

燃料と空気の混合気がシリンダ内に導入されたエンジンは，混合気を点火することで燃焼・爆発する。ガソリンエンジンでは，圧縮混合気を点火プラグからの放電火花によって点火させ，ディーゼルエンジンではシリンダ内の圧縮された空気へ高圧燃料噴射することによって自然着火させる。ここでは，ガソリンエンジンを例にとり点火燃焼制御における磁気応用技術を解説する。

エンジンの高効率運転には，燃料を不完全燃焼させないための高い放電火花エネルギーと点火タイミングの最適制御が必要である。これは，例えばブランコを漕(こ)ぐイメージを想像してみると，漕ぐ力が点火エネルギーであり，漕ぐタイミングが点火タイミングである。すなわち，これらの両方が適正に備わっていることで効率の良いエンジンの運転が可能になり，ここにも磁気応用技術が使われている。まず，点火エネルギーとなる放電火花の発生には，点火コイルによるバッテリー電圧の昇圧が必要であるが，点火コイルは，電気–磁気エネルギー変換によってバッテリー電圧の昇圧機能を担っている。**図26.6**に点火コイルの電気–磁気エネルギー変換による昇圧作用を示す。自動車のバッテリー電圧は12ボルトであるが，点火コイルの出力電圧は4万ボルトにも達する。点火コイルはインダクタンス素子そのものであり，一次コイルに電流を流

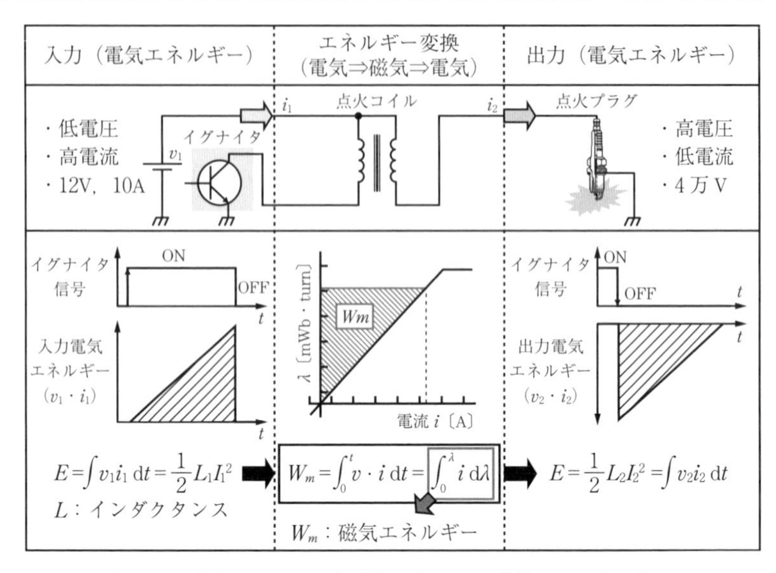

図 26.6　点火コイルの電気磁気エネルギー変換による昇圧作用

すことによって鉄心に磁気エネルギーを蓄え，一次コイルの電流を遮断したときに鉄心に蓄えた磁気エネルギーが再び二次コイルに電気エネルギーとなって誘起される仕組みである。このときの一次コイルと二次コイルの巻数比で4万ボルトもの高電圧を発生させる。図 26.7[1)] に点火コイルの構造を示すが，電

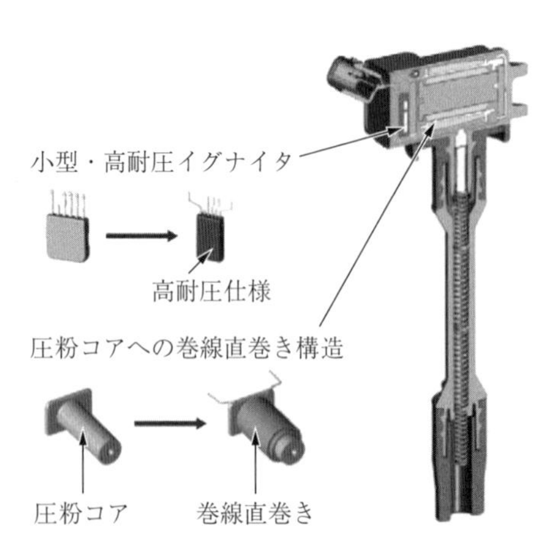

図 26.7　点火コイルの構造

流のスイッチングは点火コイルに取り付けられたイグナイタと呼ばれるIGBT（insulated gate bipolar transistor）素子で行われており，点火ECUからのON-OFF指令信号によって駆動される。点火コイルに要求される出力性能は高電圧と高エネルギーであり，双方とも鉄心材料の磁束密度と低い磁気損失が要求されることから，鉄心材料には高磁束密度で低鉄損な電磁鋼板材料や圧粉磁心材料が用いられている。また，鉄心の磁気飽和を緩和し点火コイルを小型化するために，励磁電流磁界とは逆方向の逆磁気バイアスをネオジム磁石によって磁気回路に加えて，高出力化を図っている。

一方，混合気を点火させるタイミングを考える。これは点火時期制御と呼ばれ，上述ではブランコを漕ぐタイミングに例えたが，言い換えるとガソリンエンジンのペースメーカともいえる。点火時期はエンジンの負荷状態などによって進めたり遅らせたりする制御により排気ガスをつねにクリーンな状態に保つため，点火ECUは実際のピストンの位置を正確に把握する必要がある。ピストンの位置は，エンジンの出力軸であるクランクシャフトの回転角を磁気センサで検出する。**図26.8**と**図26.9**[1)]にクランク角，カム角センサの概要を示すが，仕組みは大きく二つに分けられる。一つは2000年頃まで主流であったピックアップ式，現在ではIC磁気センサ方式が主流となりつつある。ピックアップ式はネオジム磁石とコイル，鉄心で構成され，ネオジム磁石から発する磁束を鉄心に対向する検出歯によって変化を与え，その変化をコイルが回転角として電圧検出する。IC式は，MREセンサ（magneto resistive element sen-

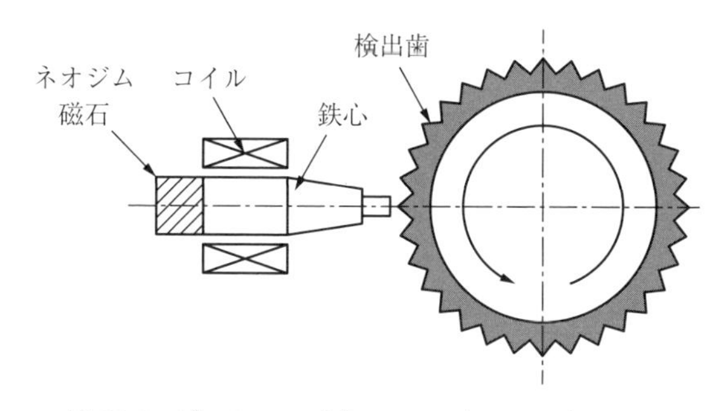

図26.8　ピックアップ式クランク角，カム角センサ

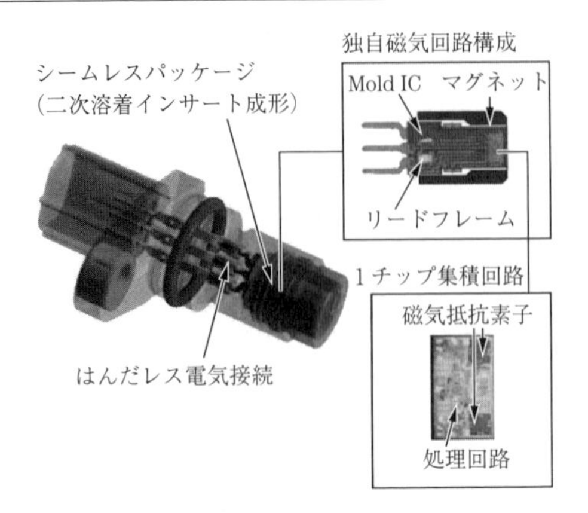

図 26.9 IC磁気センサ式クランク角，カム角センサ

sor）を用いており，フェライトボンドマグネットから発する磁束の角度を対向する検出歯によって変化させ，磁界の角度変化を回転角として検出する。IC式はピックアップ式に比べ希土類磁石を使わないこと，コイル巻線が不要であることから低コストであり，現在の主流となっている。またこの回転角センサは後述するブレーキ制御用車輪速度センサにも同じ方式が使われている。

磁気的な信号で検出された回転角情報は点火 ECU へ伝達され，点火 ECU は燃料噴射プログラムと共同で適切な点火時期を計算した上で点火コイルへ点火指令をしている。

26.1.3　変　速　制　御

エンジンは内燃機関である特質上，特定のトルクバンドを持つことから自動変速機（automatic transmission，AT）が用いられる。AT は変速ギヤを油圧によって制御するが，油圧を制御するソレノイドバルブに磁気回路が使用される。**図 26.10** に AT リニアソレノイドの事例を示すが，ステータコア吸引力発生部の磁気絞り構造とレーザ孔あけによる磁気遮断構造が磁気回路の工夫として盛り込まれている。磁気絞り構造は，励磁によるプランジャの移動に伴いステータコアの磁気飽和部を移動させることで，吸引力の直線性とプランジャの

磁気絞り構造　磁気遮断構造
ステータ　コイル　ヨーク
磁束　プランジャ

（a）

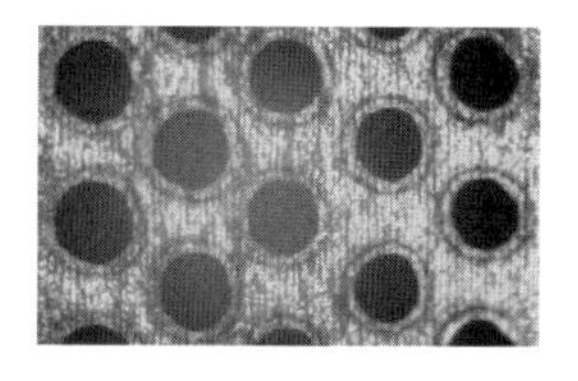

（b）　磁気遮断部孔（直径 ϕ0.2 mm）

図 26.10　AT リニアソレノイドの磁気絞り・磁気遮断構造

長いストロークを確保している。磁気遮断構造は本来エアギャップを形成すると 2 部品となるステータコアを一体部品とすることでコストダウンを目的に採用している。

26.1.4　冷　　却

自動車は走ることによって熱を発生する。燃料のエンジンによる燃焼熱やモータの損失熱，ハイブリッド車インバータのスイッチング熱などである。これらは，水冷にて温度管理され冷却系の磁気応用製品としては，ラジエータ冷却ファンモータやウォータポンプモータなどがある。これらは，出力密度，コスト，静粛性要求，搭載性などを加味し，従来型の DC モータまたは最近主流となっているブラシレス DC モータが選択される。ブラシレスモータでは，回転始動時の制御コストを抑制するため，センサレス制御が適用されることが多い。これは，モータの回転子と固定子の位置関係によるインダクタンス成分検出を利用しており，これも磁気応用技術の一つである。

26.1.5　始動・電力供給

自動車のエンジン始動にはスタータが用いられ，ハイブリッド車では駆動モータが用いられる。また自動車には，上述の EFI システムなどの駆動に多くの電力を利用するため，ハイブリッド車や電気自動車でなくとも電力が必要である。電力の供給にはエンジン車ではオルタネータと呼ばれる発電機が用いられ，ハイブリッド車や電気自動車では発電機能を兼ねた駆動モータまたは発電機が用いられる。これらモータや発電機制御の仕組みと磁気応用技術との関係は本書に紹介されているので割愛するが，ここでは自動車における電流センシングについて解説する。

2000年頃以降のエンジン車には，バッテリー充電制御がされている。これは，自動車の加速時や定常走行時にはオルタネータの発電量を抑制してエンジン負荷を下げることで燃費や出力を改善し，一方減速時には積極的にオルタネータが発電するよう制御することで自動車全体の電力収支をマネジメントする技術である。この技術の要はバッテリーの充放電管理であり，そのセンサに磁気応用技術が用いられている。**図26.11**[1)]にバッテリー電流センサの概要を示すが，原理はアンペールの法則で発生する磁界で鉄心部品を磁化し，その磁束密度をホール素子で検出するものである。電流検出にはエンジン始動時のスタータによる大電流から充放電全域をカバーする必要があり，広い電流検出範囲と高精度が求められる。したがって，曲げコアに使用する鉄心材料には低ヒステリシスで高磁束密度なパーマロイ合金材料や方向性電磁鋼板材料が用いられている。またこの電流検出方式は，ハイブリッド車や電気自動車用モータのベクトル制御にも用いられている。

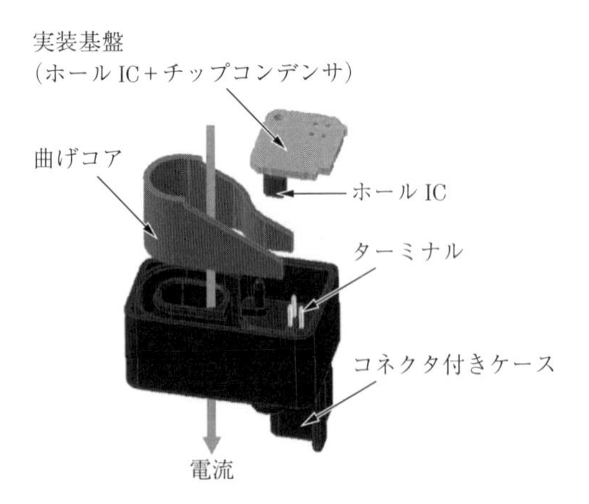

図26.11　バッテリー電流センサの概要

26.1.6 駆動モータ制御

ハイブリッド車や電気自動車にはパワーコントロールユニット（PCU，**図 26.12** 参照）[1] が搭載されており，直流のバッテリー電源から三相交流を作り駆動モータへ供給する働きをする。直流のバッテリー電圧はハイブリッド車の場合およそ 200 V 程度であるが，モータの小型軽量化と高速回転のため PCU では電圧を昇圧している事例がある。高電圧化は，モータやワイヤハーネスの線径を細くできるため，モータの小型化と銅線使用量削減によるコストダウンが可能になり，またモータ制御において電圧上限を上げられることから，モータの回転数増加によって出力を向上させることができる。この昇圧にはリアクトルと呼ばれる磁気応用製品が用いられる。**図 26.13** に昇圧リアクトルの概要を示す。リアクトルは前述の点火コイルと同じ原理の電気・磁気エネルギー変換によって電圧を昇圧する。点火コイルとの違いはコイルが一次のみであることであり，直流バッテリー（電池）と直列接続されたリアクトルが IGBT によ

図 26.12　パワーコントロールユニット（PCU）

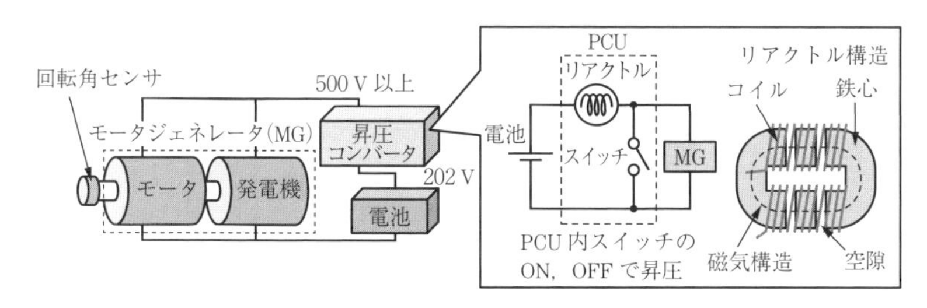

図 26.13　昇圧リアクトルの概要

るスイッチングによってエネルギー変換動作し，リアクトル自体が電池となることで昇圧できることがイメージできよう。現在のリアクトルは10 kHz程度で駆動されており，回路の効率および発熱抑制の観点により低磁気損失が求められ，小型化要求のため高い飽和磁束密度も求められる。これらの要求を満たすため現在のリアクトルでは，6.5%ケイ素含有の電磁鋼板や粉末材料などが用いられており，今後のスイッチング素子のSiC化などへの進化によってさらに高い周波数で駆動されるようになると思われる。

26.2 「曲がる」

自動車の曲がる操作は，運転者の「意思」がハンドルを操舵し，ステアリングシャフトを回転させ，ピニオン・ラックギヤを介してタイロッドを動かすことで自動車の進行方向を変えることである。ここで，2000年頃以前は油圧式アシスト技術が多く用いられてきたが，それ以降はモータによる電気的なアシスト技術である電動パワーステアリングシステム（electric power steering system，EPS）が燃費改善や自動車のコストダウンのために用いられるようになった（**図26.14**参照）。ここでは，ハンドルの操舵トルクとEPSモータの回転角検出について解説する。

運転者の「意思」はハンドルを回すことによって，ステアリングシャフトに

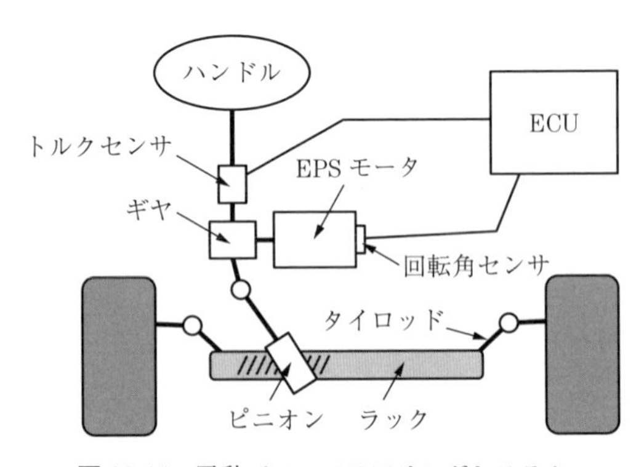

図26.14　電動パワーステアリングシステム

生じるトルクを磁気センサで検出する。**図 26.15** に EPS 用トルクセンサの概要図を示すが，シャフトに取り付けられたヨークと磁石に操舵（そうだ）によるトルクが加えられると，磁石とヨークの位置関係が変化し，磁石磁束がホールセンサが取り付けられたヨーク部へ伝わることでシャフトのねじれ変化を検出する。検出された操舵信号は，EPS の ECU へ伝達され，EPS モータへ駆動指令が伝えられる。EPS モータでは，回転駆動によって操舵をアシストするトルクを発生させるが，指令に対する適正な操舵角に駆動制御するため，厳格な回転角制御が必要となる。これを支えるのが磁気式の回転角センサである。ブラシレス DC モータの回転角制御には，レゾルバと呼ばれる絶対値型回転角センサが現在でも多く用いられている。この技術の歴史は第二次世界大戦における砲台の方向制御にまでさかのぼり，絶対角を高精度に検出できる特徴を持っている反面，鉄心やコイルで構成されていることから小型化やコストダウンへの対応が困難であり，現在では IC 式の回転角センサが使用され始めている。このセンサには高感度で温度安定性が高い TMR 素子（tunnel magneto resistance element）が用いられている。

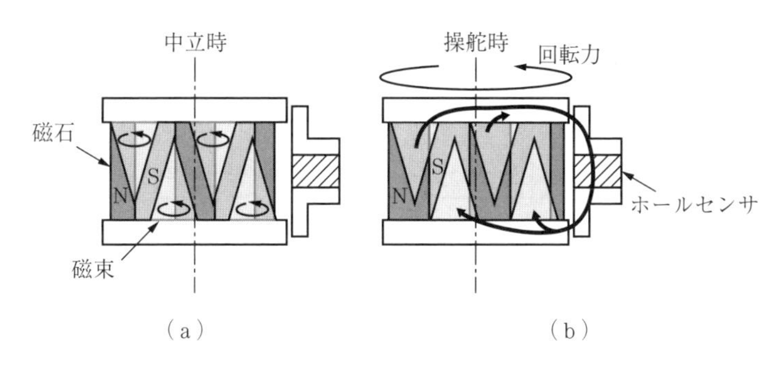

図 26.15 EPS 用トルクセンサ概要

26.3「 止 ま る 」

自動車のブレーキは，運転者のブレーキペダルからの操作を油圧シリンダが受け，各車輪に備わるブレーキパッドを油圧によってブレーキディスクなどへ押し付けることで機能する。1980年代後半以降，自動車のブレーキシステムにはABS（anti-lock brake system）が装着されるようになり，ブレーキ油圧を増減圧することで停止挙動時の自動車の姿勢安定性を向上させている。したがって，ABSにはブレーキの油圧を増圧するためのオイルポンプモータと，減圧するためのソレノイドが搭載され，それらはABSのECUにて制御される。オイルポンプモータには一般的なDCモータが用いられる。一方，ソレノイドはコストダウンおよび小型化要求によって，**図26.16**に示す複合磁性材料を適用した磁気回路技術が採用されていた。複合磁性材料は，強磁性と非磁性を熱処理と加工技術によって切替えが可能な材料であり，非磁性ステンレス材料（オーステナイトステンレス鋼）をベースに開発された材料である。この材料によって，当時のABSソレノイドは従来型に比し，約30%の小型化を達成している。しかしながら現在は，さらなるコストダウン要求によって複合磁性材料が使用されたソレノイドは生産されていない。

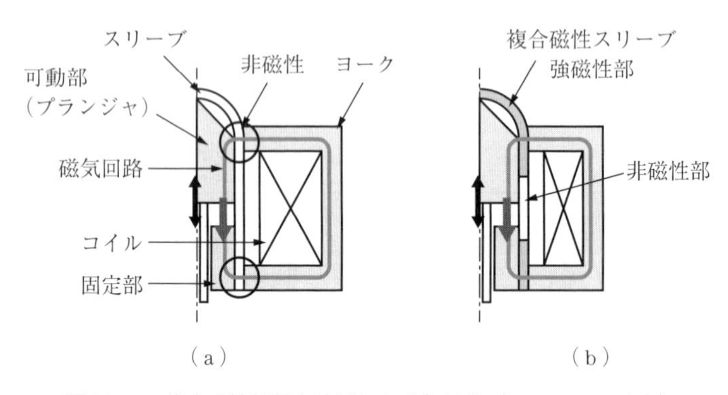

図26.16　複合磁性材料を適用した磁気回路（ABSソレノイド）

一方，昨今のブレーキ技術は予防安全技術へと進化しており，ミリ波レーダや画像認識カメラによって車両前方障害物や進行方向の検知を行い，ECUによって自動的にブレーキを操作する技術が一般化している。しかしながらこれらの先進技術も，前述のオイルポンプモータやソレノイド製品の高い信頼性と磁気回路技術が支えている。

26.4 自動車用磁性材料の進化

自動車に使われる磁性材料には鉄心材料と磁石材料がある。本章で述べたように，鉄心材料はモータや電磁弁・リニアソレノイドで用いられており，従来のオルタネータ，スタータ，電動ファンモータなど補機系回転機製品のコア部品には低コストな冷延鋼板が用いられ，磁石材料も低コストなフェライト磁石が多く用いられている。一方，電磁弁では耐食性要求や磁気ヒステリシス抑制の要求により電磁ステンレス鋼や純鉄材が用いられている。このように従来の自動車部品は，エンジン制御系製品には高い要求値に応えるため，高機能な磁性材料が用いられてきた半面，補機系回転機製品に対しては要求性能により低コスト材を選定して用いる傾向があった。ところが，本章でも随所に記載したネオジム磁石は自動車技術に革新を起こした。**図 26.17** にはネオジム磁石の性能変遷と自動車部品への適用の歴史を示す。ネオジム磁石の自動車部品への適用初期段階は，小さなセンサ類がおもな用途であったが，これに並行してパワーエレクトロニクス技術が発達し，同期モータがソフトウェア制御で駆動されるようになると，一気に自動車の駆動分野へもその用途が広がり，ハイブリッド自動車や電気自動車が大量生産できるようになった。しかしながら，ネ

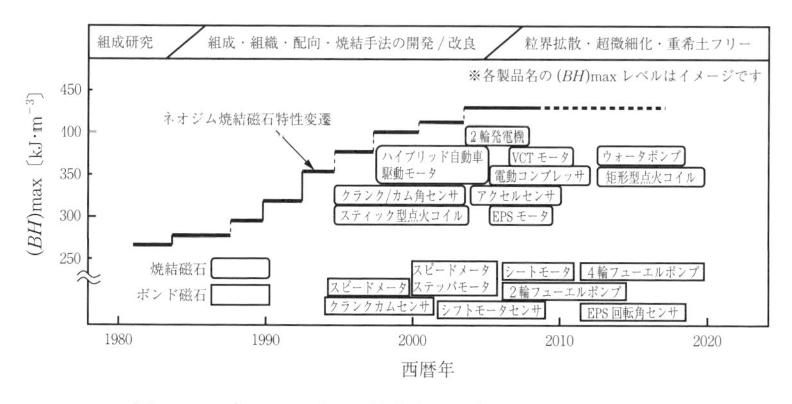

図 26.17 ネオジム磁石の性能変遷と自動車部品への適用

オジム磁石はフェライト磁石比でコストが約10倍であり従来型補機製品には適用しにくく，そのコストダウンや新磁石開発については，現在も産学連携のプロジェクトや各磁石メーカにて進行中である。

一方，鉄心材料については大きく分けて二つの用途に分かれると思われる。一つは駆動系の電磁鋼板材料であり，ハイブリッドや電気自動車用モータの小型化のため高速駆動化要求に伴う低損失が求められるようになっていくであろう。もう一つはリアクトルや非接触給電などのエネルギー変換材料用途である。この用途ではスイッチング素子へのSiC適用などによって駆動周波数は現状の10倍程度になると見込まれ，高ケイ素粉末材やナノ粉末，アモルファス材料などとそれらの圧粉材料などの研究がされている。これらの材料のコストと損失要求の両立も大きな課題であり，こちらも産学連携プロジェクトなどで開発が進められている。

これらの材料や磁気回路・磁気応用技術開発のニーズ・シーズの発端はネオジム磁石であり，「世界を一変させた発明」と呼ばれるゆえんである。今後も，日本の技術力を最大限に発揮した各種取組みによる新規磁性材料の開発・実用化に期待したい。

引用・参考文献

1)　株式会社デンソーのホームページ：https://www.denso.com/jp/ja/（2018年5月23日現在）

27 リニアモータでの磁気応用

リニアモータ[1]は，可動側（可動子）を電磁力で直接駆動し，対象物を直線的に動かす電気機械である。対象物を直線的に駆動するためリニアモータを使用すれば，回転モータを駆動源とする場合と異なり，ギヤなどの変換機構は使う必要がなく，駆動系をシンプルに構成できる。リニアモータの可動範囲（ストローク）はμm から km オーダであり，対象物の位置決めや速度制御駆動のためリニアドライブシステムが構成される。リニアドライブシステム[2]は，リニアモータを駆動源として，支持機構，センサ，駆動回路などから構成され，輸送・搬送機器や情報機器などさまざまな用途に応用されている。ここでは，おもに産業用に使用されている中型・小型のリニアモータを解説する。

27.1 リニアモータとリニアドライブシステム

27.1.1 リニアモータの種類

リニアモータは，回転モータを直線状に展開した電気機器と等価であり，その動作原理に基づき，**表 27.1** に示すように[3]，リニア誘導モータ（linear induction motor，LIM），リニア直流モータ（linear DC motor，LDM），リニア同期モータ（linear synchronous motor，LSM），リニアステッピングモータ（linear stepping motor，LSTM）に分類される。

短ストロークのためのアクチュエータとして，リニア振動アクチュエータ（linear oscillatory actuator，LOA）やリニア電磁ソレノイド（linear electromagnetic solenoid，LES）がある。LOA は，「電気入力によって，何らかの変

表 27.1　リニアモータの種類[3)]

リニア誘導モータ（LIM）	・リニア誘導モーター般 ・電磁誘導型電磁ポンプ
リニア直流モータ（LDM）	・単極型（ボイスコイルモータ） ・ブラシ付き
リニア同期モータ（LSM）	・電磁石型 ・PM 型 ・VR 型
リニアステッピングモータ（LSTM）	・VR 型 ・PM 型

換機構も用いずに可動体に直接直線的な往復運動を与えるリニアアクチュエータ」であり，LES は，「励磁コイルに電圧を印加し，磁気力によって可動子鉄心に直接直線的な運動を与える機構部品」である。LOA や LES は，LSM または LDM に含めてみなすこともできる。

27.1.2　リニアドライブシステム

リニアドライブシステムは，**図 27.1** に示すように，リニアモータを駆動源として，パワーエレクトロニクス駆動回路（ドライバ），位置センサや速度センサ，制御回路（コントローラ）と組み合わせ，対象物の位置決め制御や定速動作を行わせる。図 27.1 は LSM を駆動源としたリニアドライブシステム[4)] を示している。駆動源として他のリニアモータを使用した場合には異なるセンサやドライバが必要とされるが，構成は基本的に同様となる。

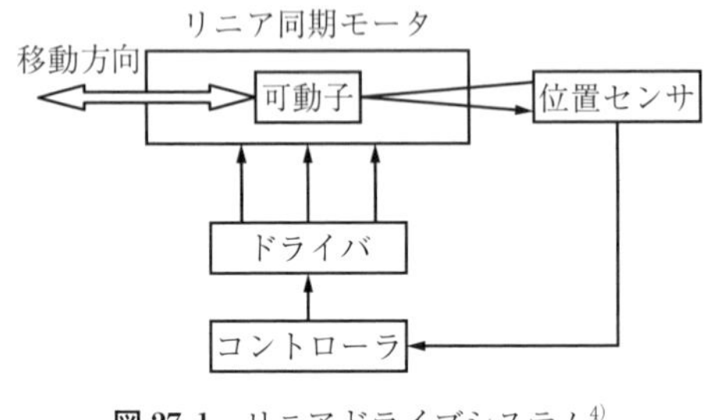

図 27.1　リニアドライブシステム[4)]

27.1.3　リニア誘導モータ（LIM）

LIM は，「回転型誘導モータの固定子と回転子を中心軸周りで切り開いて直線状に引き伸ばした直線運動をするモータ」である。その動作原理や特性も基本的に回転型誘導モータと同じで，入力の周波数に同期せず，滑り速度で移動する非同期のリニアモータである。

図 27.2 に LIM の構造の展開を示した[3)]。LIM は，電磁鋼板を積層して作成された鉄心に多相コイルを施した一次側とリアクションプレートと呼ばれるアルミニウム板または銅板から成る二次側導体で構成される。一次側と二次側は，どちらを可動側，固定側にしてもよい。一次側コイルに多相電源を供給することによって，ギャップ中に移動磁界が発生し，二次側導体に誘導電流が発生する。そして，移動磁界と誘導電流の間に働く電磁力によって直線方向の推力を発生する。

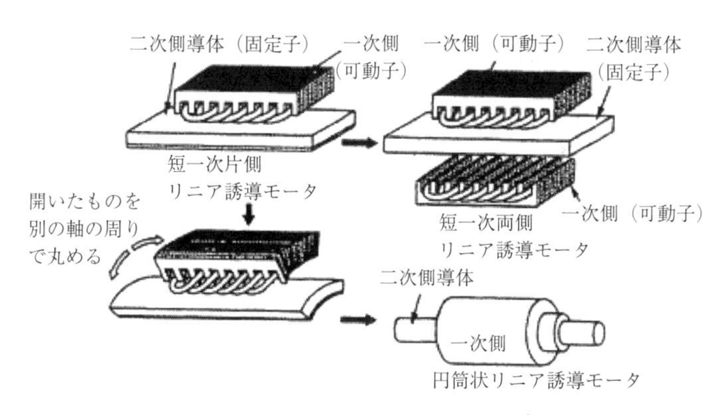

図 27.2　リニア誘導モータ（LIM）[3)]

二次側導体の片側に一次側を配置した片側式 LIM，二次側導体の両側に一次側を配置した両側式 LIM，一次側を円筒状に構成した円筒状 LIM がある。また，二次側導体に磁束を集中させるため，二次側導体の裏側に鉄板（バックアイアン）を設ける場合もある。LIM は，界磁用の永久磁石を敷き詰めた LSM や二次側導体に溝加工を施した LSTM と異なり，二次側が導体板と鉄板のみから成るため，シンプルに構成できる。しかし，後述の LSM に比べ，出力密度，推力の大きさ，効率の高さなどで劣る場合がある。最近では，パワーエレクトロニクスの発展に伴い，ベクトル制御を適用することにより高効率に駆動できるようになった。

一般に，LIM は長距離（大ストローク）の連続運転に適し，輸送用や搬送用として，工場内搬送ラインやリニアメトロなどに使用されている。

27.1.4 リニア直流モータ（LDM）

LDM は，可動範囲（ストローク）内の界磁磁束の向きが単一の単極型と，多極にするためブラシを使ったものがある。多極コイルの切替えをブラシレスで行う多極 LDM は，LSM に分類されている。LDM は，リニアエンコーダなどのセンサと組み合わせて使用することによって高速精密位置決めが容易に実現でき，情報機器等へ数多く使用されている。

図 27.3 に LDM の代表的な基本構造を示した[5)]。いずれも永久磁石によって永久磁石とヨーク（もしくは永久磁石）間のギャップ内に磁界を発生させ，ギャップ内のコイルに流れる電流に作用するローレンツ力が推力となる。LDM の推力 F は次式で表される。

$$F = NlBI \text{〔N〕}$$

ここに，N：コイルの巻数，l：磁束が作用するコイルの長さ〔m〕，B：コ

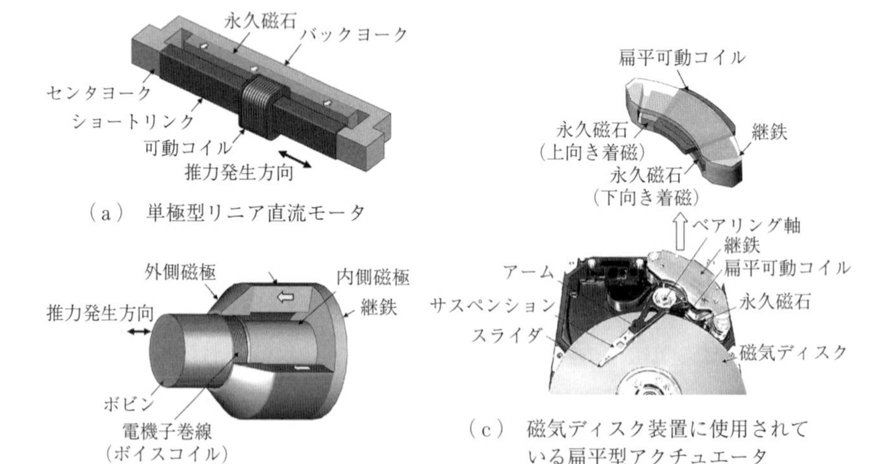

（a） 単極型リニア直流モータ

（b） ボイスコイルモータ

（c） 磁気ディスク装置に使用されている扁平型アクチュエータ

図 27.3 リニア直流モータ（LDM）[5)]

イルに鎖交する磁束密度〔T〕, I: コイルに流れる電流〔A〕である。

図 27.3（a）は，ストローク内の磁束の向きが同じ単極型 LDM であり，外形寸法を一定とした場合，ストロークが大きくなるにつれてヨーク内の磁気飽和が起きるためギャップ内の磁束密度が小さくなり，ストロークの広い範囲での推力を大きくすることが困難となる[6]。

図（b）は，動電型スピーカの磁気回路そのものであり，加振機やレーザ光用レンズの焦点調節など短ストロークのアクチュエータとして利用されている。図（c）は，磁気ディスク装置に組み込まれた扁平型 LDM であり，希土類磁石が数量ともに最も多く利用されている例である。

27.1.5 リニア同期モータ（LSM）

LSM は，回転型同期モータを原形とし，「電機子と界磁磁極との相互作用により，移動磁界の移動速度に同期して磁極のある可動体側が移動するモータ」であり，入力周波数に同期して動作する。

LSM は界磁の構成によって，電磁石型，永久磁石（PM）型，バリアブルリラクタンス（VR）型に分類される[3]。**図 27.4** に，永久磁石を界磁として電機子を可動側としたリニア同期モータの構造を示した[5]。図（b）は二次側を両側式にしてコイル可動型にしたリニア同期モータである。

電機子鉄心は絶縁処理を施した薄い電磁鋼板を積み重ねて作られる。永久磁

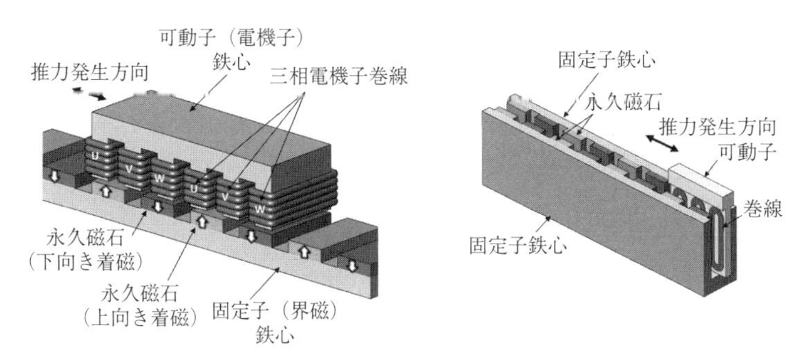

（a） 永久磁石界磁型リニア同期モータ　（b） コイル可動型リニア同期モータ

図 27.4 リニア同期モータ（LSM）[5]

石界磁型LSMは界磁に励磁電流を必要としないため，構造が簡単で出力密度が高く高効率という特長を持つ。永久磁石LSMは弱め界磁制御ができないため，高速鉄道用には不向きであるが，近年の希土類磁石の高性能化に伴い，速度や位置を制御するサーボ用を中心に，半導体製造装置，液晶製造装置，工作機械，一般搬送用などの産業用途に数多く用いられている。

27.1.6　リニアステッピングモータ（LSTM）

LSTMは，「入力パルス信号に応じて所定のステップずつ運動（歩進）するモータ」と定義され，リニアパルスモータ（linear pulse motor，LPM）と呼ぶこともある。LSMとLSTMを合わせて広義のリニア同期モータとみなすことができる。高速・高精度を追求して閉ループ制御を行う場合は狭義のLSMとの区別が付きにくい。また，磁気回路の構成によって，リラクタンス型，永久磁石（PM）型に分けることができる。

図27.5に示すLSTM[5]は永久磁石と電機子巻線（励磁コイル）によって励磁される。図のLSTMは四つの励磁コイルに入力するパルス電流が一相励磁パターンの場合，入力パルス電流に対応して極歯ピッチの1/4ずつ移動する。これは，永久磁石型（permanent magnet type）LPM（PM-LPM）であり，磁石を用いない構成のLSTMは可変リラクタンス型（variable reluctance type）LPM（VR-LPM）と呼ばれることがある。

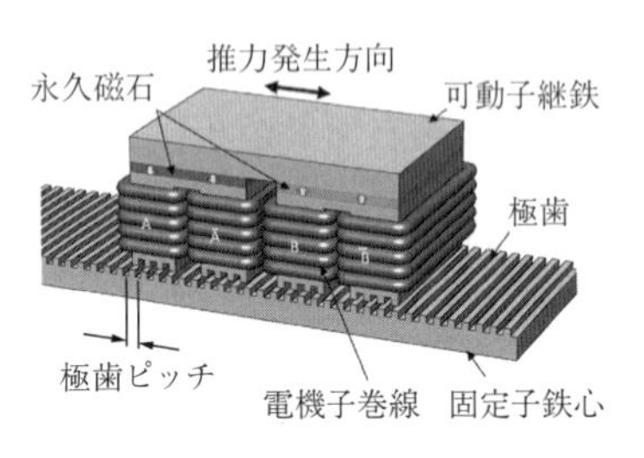

図27.5　リニアステッピングモータ（LSTM）[5]

27.1.7　リニアアクチュエータ

図27.6(a)に示すリニア振動アクチュエータ（LOA）[3]では，一般に可動子をばねで外部に固定して，固有の振動数を持つ系を構成する場合が多い。図(b)のリニア電磁ソレノイド（LES）は通称ソレノイドと呼ばれ，そのストロークはあまり大きくとれない（数mm程度）が，小型の割に比較的大きな

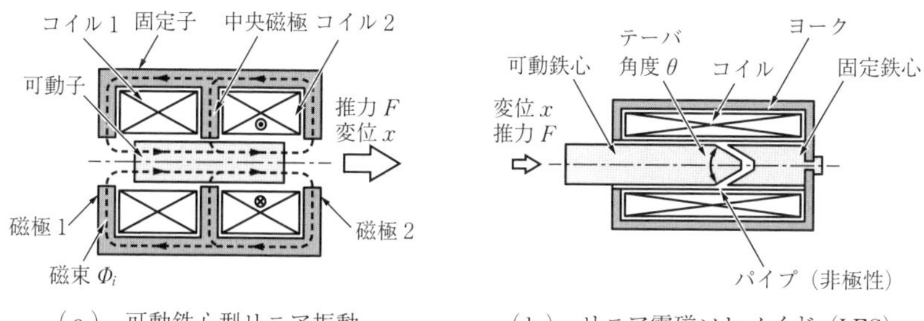

（a）可動鉄心型リニア振動アクチュエータ(LOA)　（b）リニア電磁ソレノイド（LES）

図 27.6　リニアアクチュエータ[3)]

吸引力（推力）が得られる特徴がある。

27.2　リニアモータの特性評価

電気機器の特性を比較評価するには効率があるが，リニアモータは比較的短い動作範囲を加速・減速して動作させるものであり，効率以外の特性評価も必要である[7)]。リニアモータの良さを表す特性値として以下の3点がある。

（1）　推力/入力比

（2）　推力/体積比

（3）　推力/質量比

特性値を算出する推力とは始動推力のことであり，入力は入力電力である。これらリニアモータの特性算定は**図 27.7** の点線で囲まれた体積と質量から求める[3)]。

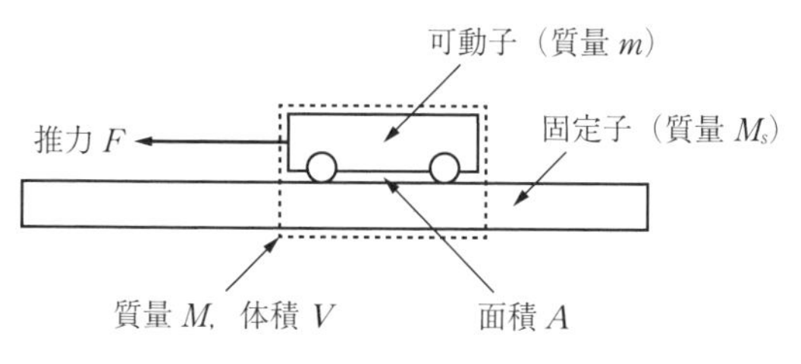

図 27.7　リニアモータの特性算定[3)]

27.2.1　推　力　定　数

リニアモータの推力定数 K_f は，モータの静推力を測定し，入力電流 I と静推力 F の傾きから算出できる。

$$K_f = \frac{F}{I} \quad \text{〔N/A〕}$$

27.2.2　モ ー タ 定 数

高頻度加減速用途に対してモータ定数の評価が有効である。モータ定数 K_m は，推力を銅損 W_c の平方根で割った値であり，以下のように，推力定数をコイル抵抗 R の平方根で割った値に等しい。

$$K_m = \frac{F}{\sqrt{W_c}} = \frac{K_f I}{\sqrt{I^2 R}} = \frac{K_f}{\sqrt{R}} \quad \text{〔N/W}^{0.5}\text{〕}$$

27.2.3　推力 2 乗密度

モータ定数は，一般的に体積が大きくなると増加する。体積の異なるモータを比較するには，以下に定義される単位体積当りに換算されたモータ定数 2 乗密度 G が評価される。

$$G = \frac{K_m^2}{V} = \frac{F}{W_c} \cdot \frac{F}{V} \quad \text{〔N}^2/(\text{W}\cdot\text{m}^3)\text{〕}$$

27.2.4　パワーレイト

高頻度加減速用途では，負荷となる対象と直結した状態でいかに高速に加減速できるかが求められる。そこで，所定の負荷に適合したサーボモータを選定する指標として定格パワーレイト Q_r が定義されている。

$$Q_r = \frac{F^2}{m} \quad \text{〔W/s〕}$$

ここから負荷を駆動する実効加速度 α が求められる。

$$\alpha = \frac{F}{m + m_L} = \frac{\sqrt{Q_r / m}}{1 + m_L / m} \quad \text{〔m/s}^2\text{〕}$$

ここで，m_L は負荷の質量である。

27.3　LSM 高性能化のための磁気回路

27.3.1　推力と垂直力

図 27.2 に示したように，リニアモータは一次側と二次側が面しているため**図 27.8**（a）のように接線力と垂直力が働く。接線力は推力となり，垂直力は吸引力となる。一般にリニアモータの推力を増加させるためには，ギャップ中の磁束密度を増加させることが有効であるが，そうするとますます一次側と二次側の吸引力が増加することになる。特に，産業用途で多用される PM-LSM において，垂直力は接線力の 10 倍以上にもなることがあるため，片側式リニアモータでは支持機構の負担が大きくなってしまう。そのため，両側式にする，または円筒型にするなどして垂直力を相殺し，推力を増加させながら支持機構の負担を軽減している。このとき，図 27.8（b）に示すように，磁気力の作用面について単位面積当りの接線力，すなわち接線応力 σ を評価する。

$$\sigma = \frac{F}{S}\quad [\mathrm{N/m^2}]$$

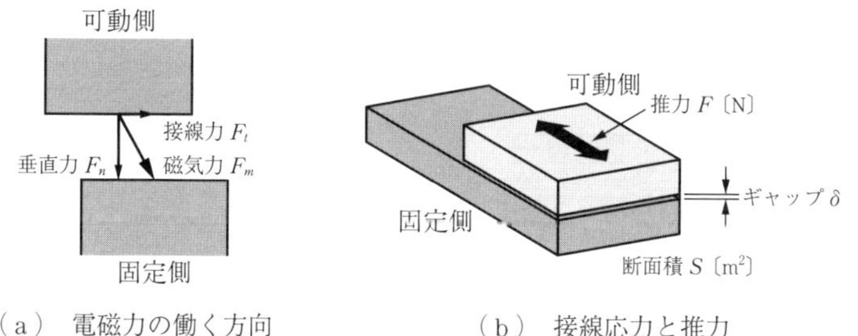

（a）　電磁力の働く方向　　（b）　接線応力と推力

$F_m = \sqrt{F_n^2 + F_t^2}$〔N〕
接線力 F_t〔N〕
垂直力 F_n〔N〕
➡ 推力 F〔N〕
接線応力 σ〔Pa〕
$\sigma = \dfrac{F}{S}$〔Pa〕

図 27.8　接線力と垂直力

27.3.2　永久磁石の配置

通常，界磁の永久磁石はギャップ面に向いて着磁される。ストローク方向に着磁する構造も提案されていたが，多くはギャップ方向への着磁であった。近年，回転型の磁石埋込型のように，ストローク方向に着磁された永久磁石の間に極歯を挟んで同極が対向するように構成されたリパルジョン配置の界磁や，ギャップ面に向いて着磁された永久磁石間にストローク方向に着磁された永久磁石を入れてヨークを使用しないハルバッハ配置の界磁磁極が提案されている。

図 27.9（a），（b），（c）にそれぞれの界磁磁極の構造を示し，図 27.9（d）にそれらのギャップ内磁束密度の比較を示した[4)]。通常の磁石配置ではギャップ内磁束密度は永久磁石内の磁束密度とほぼ等しいので，永久磁石を厚くしても 0.8 T 程度にしかならない。リパルジョン配置は永久磁石間の極歯に磁束を集中でき，ギャップ内の磁束密度を大きくできる。しかし，磁極ピッチが大きくなるにつれて通常の構造に比べて永久磁石の断面積が小さくなり，発生磁束

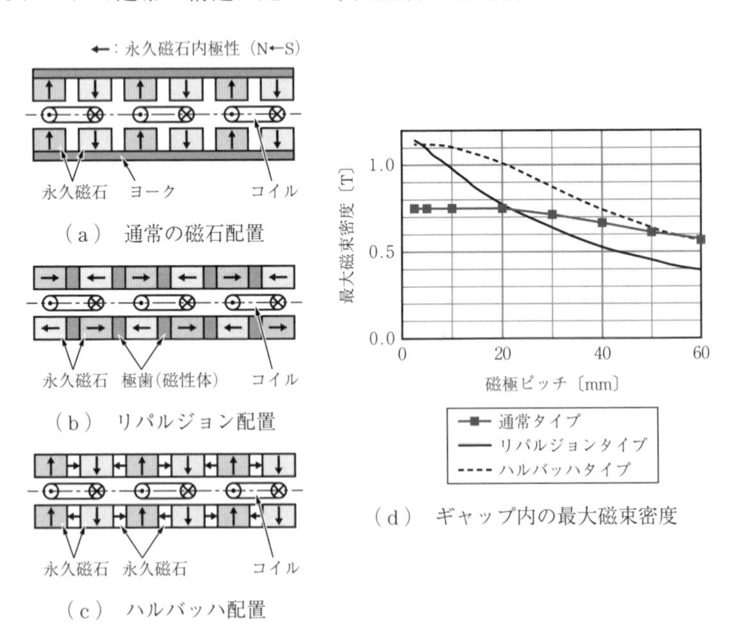

図 27.9　PM 界磁による磁束密度[4)]

が少なくなるためギャップ内の磁束密度は小さくなる。ハルバッハ配置は通常の構造のヨーク部分にも永久磁石を配置することにより，より起磁力が大きくなりギャップ内の磁束密度が大きくなる。磁極ピッチが大きくなるにつれ，ストローク方向に着磁した永久磁石の効果がなくなる。

27.3.3　高性能化 LSM の例

〔1〕　磁路構成による分類

LSM の特性は，**図 27.10** に示すように，磁気回路の構成を工夫することによって向上させることができる[3),4)]。図（a），（b）はギャップに永久磁石が直接面しているので表面磁石型，図（c），（d）は，磁石がヨークに埋め込まれているため磁石埋込型，図（e），（f）は界磁の永久磁石を使用せず，リラクタンス変化により推力を発生させるためリラクタンス型である。図（a）は，界磁に対向する電機子の先端に永久磁石をハルバッハ配置としている。図（d）の IP-LSM は，界磁の永久磁石をリパルジョン配置にしている。図（a），（c）は，磁極ピッチを小さくすることによる推力アップの効果もある。図（c），（d）は永久磁石界磁による接線応力だけでなく，ヨーク位置によるリラクタ

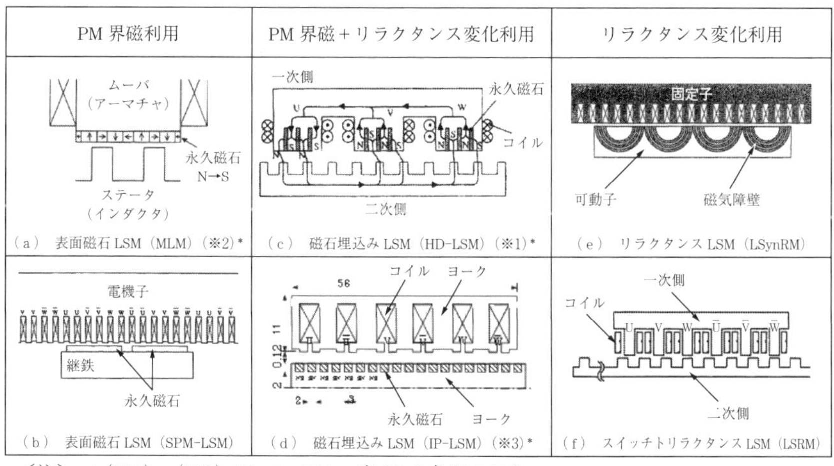

（a）　表面磁石 LSM（MLM）（※2）*
（b）　表面磁石 LSM（SPM-LSM）
（c）　磁石埋込み LSM（HD-LSM）（※1）*
（d）　磁石埋込み LSM（IP-LSM）（※3）*
（e）　リラクタンス LSM（LSynRM）
（f）　スイッチトリラクタンス LSM（LSRM）

〔注〕　*（※1）～（※3）については，表 27.2 参照のこと。

図 27.10　LSM の磁路構成による分類[3)]

ンス変化をも推力に寄与させているため推力が向上する。

図（e）は，回転機のシンクロナスリラクタンスモータ（SynRM）を直線的に展開したリニアモータである。磁石を使用していないため温度による減磁の心配もなく，低コストが期待できるが，位置センサによる閉ループ制御が必要である。LSynRM の推力 F は

$$F=\frac{\pi\left(L_d-L_q\right)i_d i_q}{\tau}\quad〔\mathrm{N}〕$$

ただし，L_d，L_q：d，q 軸インダクタンス，i_d，i_q：d，q 軸電流，τ：ポールピッチで表され（L_d-L_q）をいかに大きく設計できるかが重要である。

図（f）は，LSynRM と同様に磁気的突極性によって生じるリラクタンス推力のみで動作するが，集中巻きであることが特徴である。

〔2〕 円筒型 LSM

図 27.11 は，永久磁石可動型の円筒型 LSM（PM-CLSM）の例である[8)]。永久磁石をハルバッハ配置とし，磁石使用量の軽減を図り，円筒型にすることに

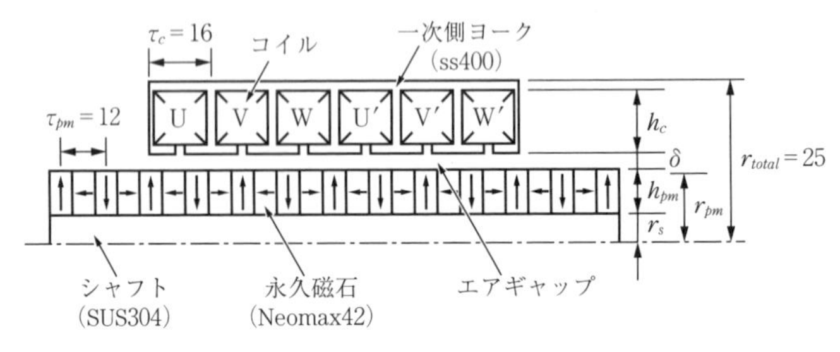

（a） 構　造

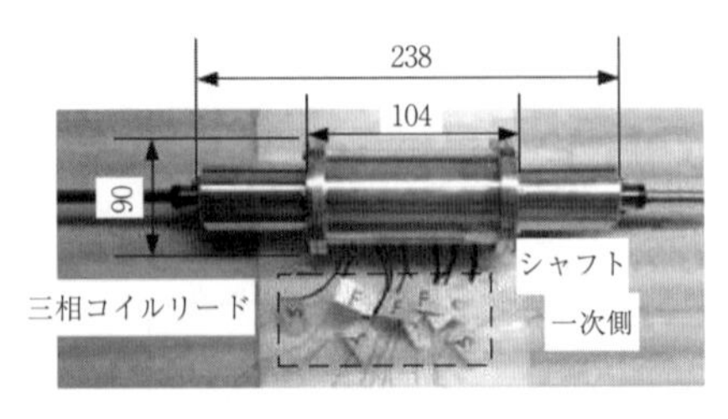

（b） 外　観（単位：mm）

図 27.11　円筒型 LSM（PM-CLSM）[8)]（※ 4）

よって小さなギャップを保ちながら支持機構の負担を軽減している。

〔3〕 **高推力化両側式 LSM**

図 27.12 は，両側式 LSM の例であり，電機子巻線は集中巻きとしている[9]。通常の磁石配置でも従来の PM-LSM に対して，高性能な LSM ができるが，磁石をハルバッハ配置として，ギャップ部に軟磁性体を付加し，電機子には方向性ケイ素鋼板を採用し，電機子鉄心の形状最適化を行った結果，さらに高性能な TI-LSM の実現が可能になった。

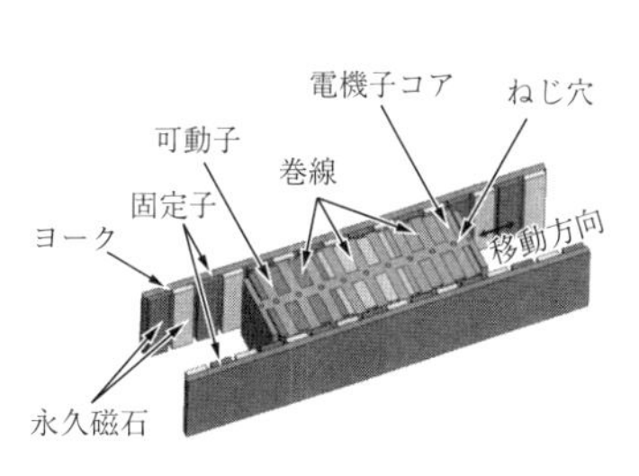

（a） TI-LSM の基本構造

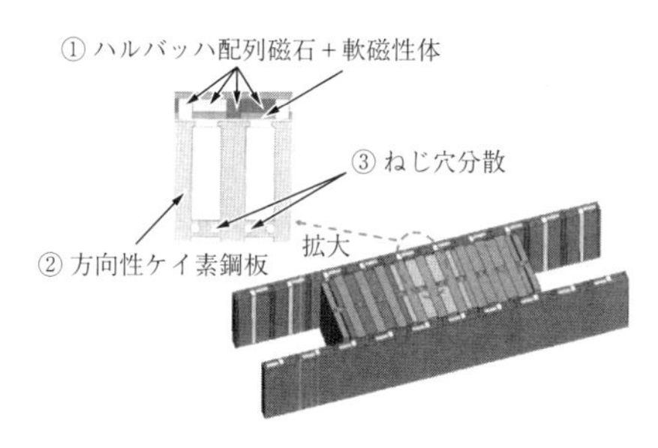

（b） 高推力化 TI-LSM（※2)′

図 27.12　高推力化両側式 LSM[9]

27.3.4　高性能化 LSM の比較評価

すでに製品化されている一般的磁気回路構造の LSM についてモータ定数 2

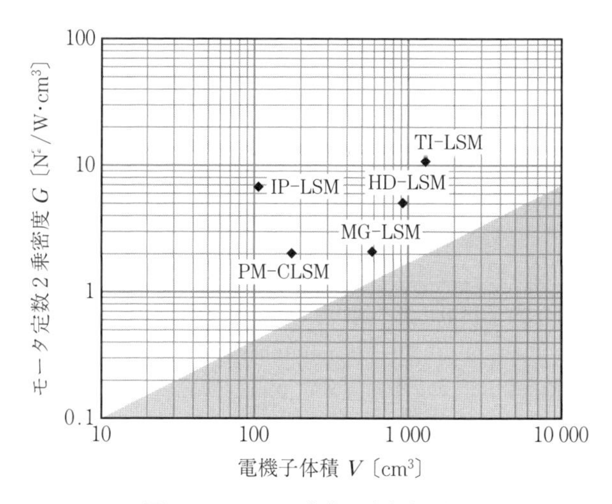

図 27.13　モータ定数 2 乗密度比較

乗密度を調査した。その結果，**図 27.13** の右下部分に分布することがわかった。それに対して，図 27.10 および図 27.11 中に示した※ 1 ～ 4 の 5 種の高性能化した LSM は，**表 27.2** にも示したように，従来の構造の LSM の特性を大きく上回っていることがわかる。

表 27.2　5 種の LSM の特性値比較

	単　位	HD-LSM	MLM	IP-LSM	TI-LSM	PM-CLSM
電機子体積	cm^3	916	577	106	1 286	173
推　力	N	880	930	119	1 600 peak	214
推力定数	N/A	52	45.2	300	125	143
モータ定数	$N/W^{0.5}$	68	34.6	26.6	117.2	16
モータ定数 2 乗密度	$\dfrac{N^2}{W\cdot cm^3}$	5	2.1	6.7	10.7	2.03
〔注〕		(※ 1)	(※ 2)	(※ 3)	(※ 2)′	(※ 4)

引用・参考文献

1) 電気学会：“リニアモータとその応用”，電気学会（1984）.
2) 正田英介編著：“リニアドライブ技術とその応用”，オーム社（1991）.
3) 電気学会：“リニアドライブ技術とその応用に関わる用語”，電気学会技術報告，第 911 号（2003）.
4) 電気学会：“産業用リニア電磁駆動システムの要素技術とその動向”，電気学会技術報告，第 1154 号（2009）.
5) 電気学会：“産業用リニア電磁駆動システムの要素技術とその応用”，電気学会技術報告，第 1195 号（2010）.
6) 矢島久志，脇若弘之：“可動コイル型リニア直流モータの設計のための推力定数と寸法の関係”，電気学会論文誌 D，Vol.117-D，pp.863-869（1997）.
7) 電気学会：“産業用リニアモータの特性測定方法と評価方法”，電気学会技術報告，第 1024 号（2005）.
8) F. Azhar, H. Wakiwaka, K. Tashiro, and M. Nirei：“Design and Performance Index Comparison of the Permanent Magnet Linear Motor”, Progress In Electromagnetics Research M, Vol.43, pp.101-108 (2015).
9) 柿原正伸，星俊行，鹿山透，大戸基道：“高推力密度コア付きリニアモータの開発”，電気学会論文誌 D，Vol.132，No.4，pp.480-486（2012）.

おわりに

モータ駆動システムが自動車をはじめ，船，飛行機といった移動体全般にまで適用拡大が続いている現在，その主要素材の一つである磁性材料の役割は今後ますます重要なものとなっていく。一方では，磁気に関する大学での講義が減少しているといわれており，その基礎を学ぶ機会をできるだけ多く持つべき状況にある。そうした中，モータ駆動システムにおける磁性材料に関して基礎から応用まで全般にわたる技術を幅広く概括できる本書は，それなりに存在意義があるものと思っている。本執筆に当たりご協力いただいた各章の執筆者および関係各位にあらためてここに厚く御礼を申し上げる。

今回，本の執筆に当たりできるだけ統一性を図ろうと，例えば磁界の単位をA/mにしていただくなど協力をしていただいた。しかし，磁気分極，磁化，J, M, 飽和磁化，飽和磁束密度，渦電流場など用語，記号，定義にいくつか齟齬が残っている。よく見るとそれぞれの立場，意義，その使い方，評価などで差異が生じているといえる。電気および磁気の関係者と今後よく話し合いたいと思っている。

モータの応用が進み，各分野で研究，開発，設計，製造が幅広く行われ，モータ駆動システムの社会的ニーズが高まっている。しかしその割に，その関連の大学の研究室の数が少なくなっているのが現状である。このため，モータ，パワーエレクトロニクス，磁性材料を習得する機会を得ずして社会に出て同分野に従事しなければいけない状況が続いている。

本書はこうした異分野の技術者，研究者にも配慮してできるだけ基礎事項を抽出し丁寧に説明したつもりである。しかし，いかんせん不勉強なところも多々あると思っている。種々ご指摘を受ければ幸いである。

最後に，読者各位におかれましては本書を契機としてそれぞれの専門分野をさらに深め，当該分野の発展に大いに貢献されんことを期待して終わりの言葉とする。

索　　　引

—— **編著者略歴** ——

1981年　東京大学工学部電子工学科卒業
1983年　東京大学大学院工学系研究科修士課程修了（電気工学専攻）
1986年　東京大学大学院工学系研究科博士課程修了（電気工学専攻）
　　　　工学博士
1986年　新日本製鐵株式会社
2010年　豊田工業大学教授
　　　　現在に至る

モータ駆動システムのための 磁性材料活用技術
Practical Use Technology of Magnetic Materials for Motor Drive Systems

2018年9月27日　初版第1刷発行　★

検印省略

編著者	藤崎（ふじさき）　敬介（けいすけ）
発行者	株式会社　コロナ社
	代表者　牛来真也
印刷所	新日本印刷株式会社
製本所	有限会社　愛千製本所

112-0011　東京都文京区千石 4-46-10
発行所　株式会社　**コロナ社**
CORONA PUBLISHING CO., LTD.
Tokyo Japan
振替00140-8-14844・電話(03)3941-3131(代)
ホームページ　http://www.coronasha.co.jp

ISBN 978-4-339-00912-5　C3054　Printed in Japan　（横尾）